"红楼梦"中的建筑与园林》《"万叶集"与中国文化》《"小猎犬"号科学考察记》《100 Plants that Almost Changed
00 种影响世界的植物》《1421：中国发现世界》《1434：一支庞大的中国舰队抵达意大利并点燃文艺复兴之火》《1491：
y to the Centre of the Sun》《16 世纪以来的景观与历史》《16 万光年之外的礼物：我的中微子发现之旅》《18 世纪的大
um Ludwig Cologne Collection》《20 世纪不明现象编年史：111 个震惊世界的未解之谜》《20 世纪物理学》《21 世纪与
he World Could End》《A Beautiful Questions: Finding Nature's Deep Design》《A Brief History of Mathematical Thought》
ns by Measured Scales of Hue, Valus, and Chroma》《A Comparative Exhibition of the Visual Idioms of Western and Eastern
《A History of Invention: From Stone Axes to Silicon Chips》《A History of Mathematics: An Introduction》《A History of
s of Japan》《A Many-Colored Glass: Reflections on the Place of Life in the Universe》《A Monograph of the Paradiseidae, or
ems: Linnaeus and the Dream of Order in Nature》《A Pattern Language》《A Philosophy of Gardens》《A Short History of
ng World》《A World History of Art》《Aduanced Engineering Thermodynamics》《Alan Turing: The Enigma—the Book that
The Complete Photography》《America's Other Audubon》《American Ornithology, Or the Natural History of the Birds of the
States and Canada》《An Introduction to Color》《An Ocean Garden: the Secret Life of Seaweed》《And It Came to Pass-
f the Animal World》《Animal Earth:The Amazing Diversity of Living Creatures》《Archi-Graphic: An Infographic Look at
chitecture》《Are Clothes Modern?》《Arrival of the Fittest: Solving Evolution's Greatest Puzzle》《Art & Technology in
esign as Art, A Contemporary Guide》《Art et technique au Xixe et Xxe Siecles》《Art Forms from the Abyss》《Art
《At Home: A Short History of Private Life, Illustrated Edition》《At Home》《Athenian Black Figure Vases》《Athenian
le: Lessons from A Life in Science》《Bad Ideas? An Arresting History of Our Inventions》《Bamboo in Old Japan:
Conceptual Complexity》《Battle: The Story of A Historic Clash Between World System and World system B》《Bauhaus
tion of Design》《Bee and Wasp Cells》《Behind the Picture Window》《Between Rophael and Galileo: Mutio
d other Attemps to Figure without Equations》《Big Character Poster: Work Chart for Designers》《Bio Design:
spired By Nature》《Birds of America》《Birds of the World》《Birds, Butterflies and Other Wonders》《Black
《Bleu: Histoire D'une Couleur》《Botanical Sketchbooks》《Brainworks》《Branches》《Brief Candle In
ller to the Children of the Earth》《Butterflies of the World》《Carl Linnaeus: The Delarna Journey Together
ng and Hope》《Chair》《Change by Design: How Design Thinking Transforms Organizations and Inspires
ure of Living Systems》《Chasing The Sun: The Epic Story of the Star That Gives Us Life》《China
lates of Butterflies》《Chinoiserie:The Vision of Cathay》《Christopher Alexander: The Search for A
nius of The Metropolis》《Classics of Design》《Color, Environment, and Human Response》《Color:
Visual World》《Community and Privacy: Toward a New Architecture of Humanism》《Concerning
of Social Dynamics》《Convection Heat Transfer》《Cosmigraphics:Picturing Space Through Time》
ical Description of the Universe》《Cosmos》《Countdown: Our Last, Best Hope for A Future on Earth?》
s》《Critical Path》《Curiosity: How Science Became Interested in Everything》《Curious Beasts: Animal
ne》《Dark Matter and the Dinosaurs: The Astounding Interconnectedness of The Universe》《Darwin's Garden》
ost: Genius, Obsession, and How Leonardo Created the World in His Own Image》《Death On Earth:Adventures In
nventions, People, Publications, and Events that Rocked the World》《Design and Form》《Design as Art》《Design for
v the Constructal Law Governs Evolution in Biology, Physics, Technology, and Social Organization》《Design Issues》《Design
n the Land》《Design Since 1945》《Design with Constructal Theory》《Design, Inspiration, Delight: The Painter's Garden》
arien》《Discoveries and Inventions: From Prehistoric to Modern Times》《Divine Golden Ingenious: The Golden Ratio As a
You Matter? How Great Design Will Make People Love Your Company》《Dr. Eckener's Dream Machine: The Great Zeppelin
ng》《Earth, Inc.》《Education Automation》《Einstein, Picasso: Space, Time, and the Beauty that Causes Havoc》《Elements
nce of Evo Devo and The Making of The Animal Kingdom》《Endless Forms: Charles Darwin, Natural Science and the Visual
ectacular Skeletons》《Evolution: The Whole Story》《Evolution:A Visual Record》《Explorations in Congnition》《Explorers:The
eholder: Johannes Vermeer, Antoni van Leeuwenhoek and the Reinvention of Seeing》《Fantastic Realities》《Feathers: The
Crabs of Diverse Colour and Extraordinary Forms, Which are Found around the Islands of the Moluccas and on the Coasts of
low Plants Have Shaped World Knowledge, Health, Wealth, and Beauty—An Illustrated Time Line》《Florence and Baghdad:
》《Foliage》《Food: The History of Taste》《Forces of Nature》《Form Follows Nature: A History of Nature As Model for
Western Cultural Life》《From Energy to Information: Representation in Science and Technology, Art and Literature》《From
gs and Other Domestic Adventures》《Garden of Eden: Masterpieces of Botanical Illustration》《Gardens of the world: The
一条永恒的金带》《General Morphology of Organisms》《General Natural History of Fishes》《Glimpses of Unfamiliar
haic Period》《Greek Sculpture: The Classical Period》《Greek Sculpture: The Late Classical Period》《Grunch of Giants》
Famous Views of Edo》《Histories of the Animals》《History of Design: Decorative Arts and Material Culture 1400—2000》
ife in Drawing》《Homo Deus: A Brief History of Tomorrow》《How the World is Made: The story of Creation According to

太湖石与正面体

园林中的艺术与科学

方海　著

中国电力出版社
CHINA ELECTRIC POWER PRESS

图书在版编目（CIP）数据

太湖石与正面体：园林中的艺术与科学 / 方海著. —北京：中国电力出版社，2018.2
ISBN 978-7-5198-0231-8

Ⅰ. ①太… Ⅱ. ①方… Ⅲ. ①园林艺术－研究－中国 Ⅳ. ① TU986.62

中国版本图书馆 CIP 数据核字（2016）第 306246 号

图片摄影：王　昀

出版发行：中国电力出版社
地　　址：北京市东城区北京站西街19号（邮政编码100005）
网　　址：http://www.cepp.sgcc.com.cn
责任编辑：王　倩（邮箱：ian_w@163.com）
责任校对：李　楠
装帧设计：锋尚设计
责任印制：杨晓东

印　　刷：北京盛通印刷股份有限公司印刷
版　　次：2018年2月第一版
印　　次：2018年2月北京第一次印刷
开　　本：889毫米×1194毫米 16开本
印　　张：28.5
字　　数：358千字
印　　数：1–3000册
定　　价：98.00元

对于任何一个民族和任何一种文明而言，
园林都是人与自然之间联系的最佳方式

——作者

序

常青 / 中国科学院院士

在中国说到“园林”二字，人们便会想到文人士大夫的私家宅园或皇家苑囿。历数蓬莱归墟和昆仑玄圃的神话意境，掇山叠峰和凿池藏脉的写意山水，借景园外和障景园内的浑沌边界，等等，这些中国古典园林的景观精要，与古典文学和艺术的精华一样，早已是人类文化遗产的重要组成部分，而于现代城市生活却恍若隔世。但是中国古代园林中还有一类天然和人工相交融的公共性或半公共性开放景观，如唐长安的曲江风景区，《清明上河图》中的东京汴河场景，船移景异的扬州运河两岸风光，半城半山一水连的杭州胜景。这些传统的景观意象，依然是塑造当代城市开放景观可资汲取的宝藏。

赖特在《鲜活的城市》一书中说过，“建筑要根据土地来设计，而不是把设计就这么‘放到’土地上面”，也即建筑应有机地嵌入地貌。确实，由于历次建造活动产物的叠加，地貌增添了人为景观的多个维度和多种质感，这就是西方较早称之为地景（风景）园林的术语landscape gardening，以及后来的另一个相关术语landscape architecture。据此，在中文语境中，看似可从不同侧重面将之译为“风景园林学”“风景建筑学”或“景观设计学”等，但这些术语实质上均一样，都是意指人为景观与自然景观浑然天成的造景和理景之学。因此，感性且具知性的景观设计，必定要细究人工造景与天然风景的脉络关系。

由此联想到“地文学”geomorphology一词，即关于地貌形态及其变化的学问，就犹如“天文”“水文”等概念一样，本来都是指大自然的物质构成特征及其演化规律，并非人为景观概念。但韩国建筑师承孝相却试图融通二者，故而生造了一个landscript的英文词，他将之也称作“地文”，意指人的活动在土地上留下的印记，就如同书写在大地上的文字一样。这很富于诗意，属于一种他称之为“地文美学”的表述吧。从这个事例可以看出，人为景观绝对离不开与天然风景的关联。所以，在建筑设计和城市设计中，重塑人为景观与自然景观的融洽关系，重建传统景观与现代景观的文脉关联，确实是建成环境设计者无法回避的专业使命和挑战。

20多年前。方海教授曾与我同在东南大学建筑研究所跟随郭湖生先生研习建筑历史与理论，一起参与了东西方建筑比较研究课题。他的新作《太湖石与正面体：园林中的艺术与科学》一书，源自对其同事王昀教授《中国园林》摄影专集所作的评论，其中从中国园林摄影的特殊图像和语意谈起，追溯其研究历程及图像沿革，进而质疑其造园意匠的传承模式，引领读者深度思考中国园林设计的辉煌与局限。他在书中依托多年欧洲留学生涯和跨国工作经历的厚重积淀，从东西方园林的对比研究入手，以崭新的观察视角和犀利的批判眼光，探索了设计科学的形式逻辑，开辟了中国园林研究走向国际化的新途径，在思考的广度和深度上均可圈可点。

是为序。

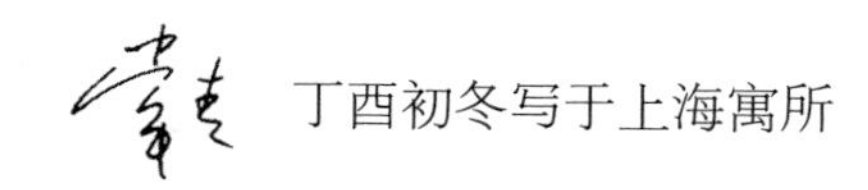
丁酉初冬写于上海寓所

自序

关于中国园林的深度思考与评论

方海

对于任何一个民族和任何一种文明而言，园林都是人与自然之间联系的最佳方式，而中国园林更是中华民族最重要的文化遗产之一。古往今来，历朝历代，中国的文人墨客和三教九流无一不在用各种方式歌颂园林，以至于千百年来人们对中国园林的感受和描述因主题的千篇一律而固步自封，因手法的一味自恋而思想僵化，更因长期的对外来文化的盲目排斥而自闭于世界园林的发展大潮之外。对于中国园林，无论是诗意的浪漫颂扬，还是严肃的学术研究，我们都已经习惯于那些耳熟能详的描绘和结论，从曲径通幽、瘦皱漏透、景观因借、梅兰竹菊，直到天圆地方和天人合一,千变万化的中国园林最终幻化为一种消极的哲学模式和心灵疗伤场所。除了文学描述，我们无法确切溯源秦汉与唐宋园林，已成功列入联合国遗产的明清园林是我们今天可以明确感受的文化瑰宝，然而，渐渐的，我们发现我自己在很大程度上早已停留在这些明清园林的衣钵之上而难以自拔，当欧美要引介中国园林文化时，我们只能复制这些明清园林当中的一个，当国内要建设新景观时，我们依然是抄袭、复制、改编、重组这些明清园林。曾几何时，我们已无法走出明清园林了，我们如同丧失了造血功能一样只能哀叹

"大师已去，再无大师"，我们因长期闭关自守而漫漫地迷失在周而复始的的中国明清园林中，以至于完全忘记或漠视这个世界上还存在着各具特色的欧洲园林、伊斯兰园林、印度园林和源自中国的日本园林。我们确实应该拓展和转换我们惯常的园林思维方式了，在这方面，拙著《太湖石与正面体：园林中的艺术与科学》希望能在中国设计研究和园林批评方面迈出坚实的一步，而且在思考广度和深度方面有所突破。

笔者早年师事于已故著名建筑学家郭湖生教授，研习中国建筑史和设计理论，郭先生的教诲"论从史出"始终影响着我们的学术思维模式。自1996年赴北欧攻读博士学位而后又在芬兰工作多年，这种留学生涯和跨国工作经历促使笔者不仅在东西方学术思维之间广泛游走，而且因个人兴趣及项目研究需求而将其对建筑与设计史论的研究兴趣广泛扩充，从建筑史、设计史、园林史、景观史到自然史、科学史、数学史和哲学史都有所关注和涉猎。作为扬州人，笔者对园林始终有一种天然的依恋。扬州是中国历史上长期与苏州相比肩的园林之都，至今仍是非常吸引人的园林城市，而笔者的童年就成长于著名的个园和何园之间，从而使其无论走到何处都有很深的园林情结，这种情结到了欧洲则逐步转化为对中国园林的深层思考，由此开始思考此拙著中的疑惑与不解：东西方园林为何不同？为什么西方的园林能够成为科学发展的母体和艺术创意的发源地，而中国的园林则大多成为官场失意者和循世者的回归场所？为什么现代科技和现代建筑与设计都源于西方，而拥有博大精深的文化传统的中国却只能追随？为什么我们虽拥有可以列入联合国文化遗产的苏州和扬州园林，但这两个城市在过去一百年建造的新型园林却与其他中国城市的现代园林一样缺乏创意、粗枝滥造甚至不堪入目？笔者由此展开对太湖石与正面体：园林中的艺术与科学的思考。

《太湖石与正面体：园林中的艺术与科学》源自笔者对王昀教授去年出版的《中国园林》摄影专集所作的评论，这篇名为《中国园林的图像和语意》的文章作为本书的绪论部分，从现代摄影所产生的中国园林的特殊图像和语意谈起，追溯中国园林的研究形态，检视中国园林的图像表达沿革，进而质疑中国园林意匠的传承模式，希望引领读者深度思考中国园林设计的辉煌与局限，同时通过跨界思考，重新审视中国传统绘画和书法艺术的现实和当代中国建筑和工业设计的发展现状：在当今全球化信息化的时代，中国书法如何发展？中国水墨画的革新为何举步维坚？中国当代绘画和雕塑为何难以摆脱追随西方潮流的拙劣模仿？中国当代建筑、家具和工业设计在中国已昂然成为世界第二大经济体之后为何难以逃脱抄袭、模仿与复制的诟病？针对这些问题，笔者在本书中力图从全新的角度观察和研究园林，并进而从对园林的研究转入对设计科学的探讨。在两年多的写作时间内，笔者不仅多次回到老家扬州，并前往苏州、无锡、杭州、北京、承德等地重新考察体验中国园林，也利用各种机会去意大利、法国、英国、德国、奥地利、瑞士、捷克、匈牙利、西班牙、葡萄牙、瑞典、丹麦、挪威和芬兰等地参观西方和伊斯兰园林的经典作品，而后又专程考察日本园林，通过实地调研和史论阅读的交互穿插，达成对世界诸种园林系统尽可能全面而深层的理解，积数十篇短文而成新著《太湖石与正面体：园林中的艺术与科学》。

从园林的发展中我们能感受世界的发展和人类历史的发展，西方国家能够在近现代主导世界，西方园林就是这一发展进程的缩影。当我们看到西方园林培养着来自全世界每个角落的动植物和矿物品类时，中国园林是否还能够仅仅满足于“梅兰竹菊”四君子或“松竹梅”岁寒三友？当我们看到从西方园林中走出莫奈、塞尚、梵高，走出博纳尔、马蒂斯、克利时，中国艺术是否还能够仅仅满足于水墨变幻的自我循环或简单追随西方大师的风格意向？笔者在《太湖石与正面体：园林中的艺术与科学》中的研究力图以崭新的观察视角和犀利的批判眼光，从东西方园林的对比研究入手，探索设计科学的形成规律，开拓关于中国园林研究的国际化新途径。从园林到博物学，笔者通过对比东西方园林的设计手法和图像表现传统，展现设计科学的渊源。从博物学到自然科学，笔者将探索的视野扩展至数学、天文学、地理学、生物学、医药学、工程学、宇宙学和广义的设计学等，揭示设计科学的内涵。园林研究所引发的最伟大的成就是自然科学与人文科学的融合，笔者在此追述艺术与科学的缘分，动物的设计智慧，大自然的色彩，以及从格罗皮乌斯、柯布西耶到阿尔托，从富勒、帕帕奈克到诺曼所发展出来的设计科学的理论建构。笔者的研究表明，中国园林既需要从科学的角度进行更深入的探讨，也需要与世界其他园林系统进行更广泛的对比交流，我们已拥有源自古代的园林梦境，但我们更需要面向新时代的园林天堂。

导读

关于太湖石与正面体

方海

美国现代设计大师与教育家科拜斯教授选登在《Posters》书中的代表作是他1950年为哈佛大学Fogg艺术博物馆的《A Comparative Exhibition of the Visual Idioms of Western and Eastern Civilization》展览设计的海报。整个设计简洁有力，用西方文明史中被后人反复研究引用的柏拉图规整多面体图案代表西方文明，用中国园林中最常见的太湖石图案代表东方尤其是中国。前者强调严格的几何明晰性和科学思维，后者则展示模糊的自然图形的随意性和浪漫思维，而两者之间唯一的相似处就是线条的持续与连贯，象征着两种文明以不同方式连贯发展，但各自发展过程与性质却大不相同。

西方文明从毕达哥拉斯、柏拉图、亚里斯多德到达·芬奇、丢勒、海克尔等哲学、科学与艺术大师都以严格的几何学研究为主体修养，从而使西方园林的发展以几何规范布局为主流，并从中发展出博物学和其他自然科学；而另一方面，西方园林的科学化发展模式亦为艺术家提供了丰富而精彩的创作园地，从而使艺术史上最重要的观念革命的发生都与园林有密切关系。反观中国自宋代以来以太湖石为代表的园林模式却不断引发中国文化发展中的悖论状态。自春秋诸子百家以来，以道家和儒家为代表的中国主流思想都尊崇大自然，讲述社会的和谐，并引发中国古代博物学的萌芽及早期辉煌，然而宋代以后，尤其明清，中国文人士大夫阶层全面进入以玩赏奇石、注重表面装饰为基础的魅惑机制。当西方艺术家和科学家从园林中发展出由博物学引申开来的自然科学和设计科学之时，中国艺术家和文人阶层却沉溺于园林奇石的“瘦皱漏透”畸形美学而不能自拔，全面陷入并满足于玩好之物的表面纹理及装饰模式，基本丧失对园林中所富含的博物学及相关科学原理的探索之心。

按照科拜斯教授对其海报设计的解读，作为海报主体的柏拉图规整多面体和中国园林中的太湖石的唯一共性就是两者所内含的线条的连续，然而连续的模式却完全不同。柏拉图的规整多面体拥有理性，可以度量，能够按比例复制，由此引导一种探索精确的科学模式的理性精神；而中国园林的太湖石则充满随意，无法度量，更不能按比例复制，它们在大自然中随机形成，虽能在一定程度上引导人们对大自然的敬畏，却主要鼓励一种浪漫而不求甚解的非理性精神，从而使痴迷于太湖石的皇族士大夫们迷恋于大自然生成物的表面装饰的魅惑，却没有人深究这些太湖石的形态是如何生成的，更无人探索太湖石的材料构成和环境分析。《太湖石与正面体：园林中的艺术与科学》正是由两条线索出发，在艺术浪漫与理性精神的叠加与交织中，展开一场从中西方园林文化到设计科学的深度探讨。

目 录

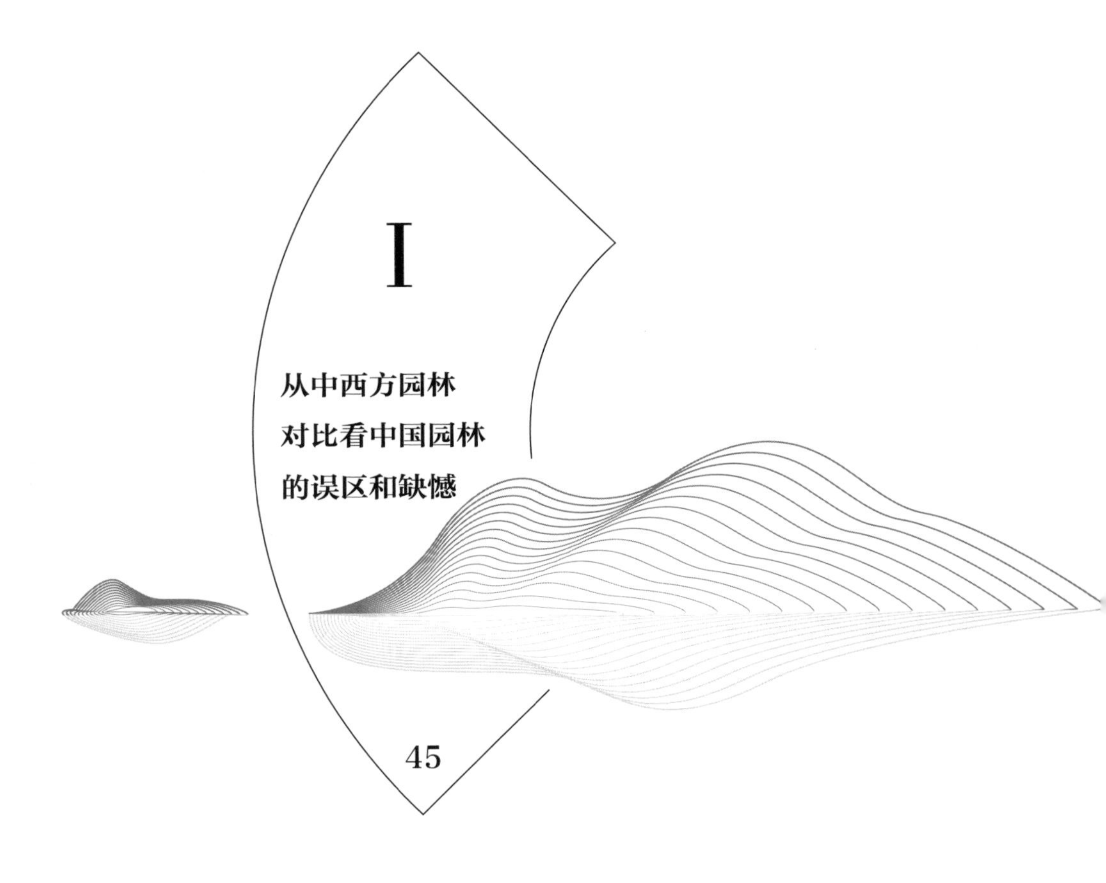

I

从中西方园林对比看中国园林的误区和缺憾

45

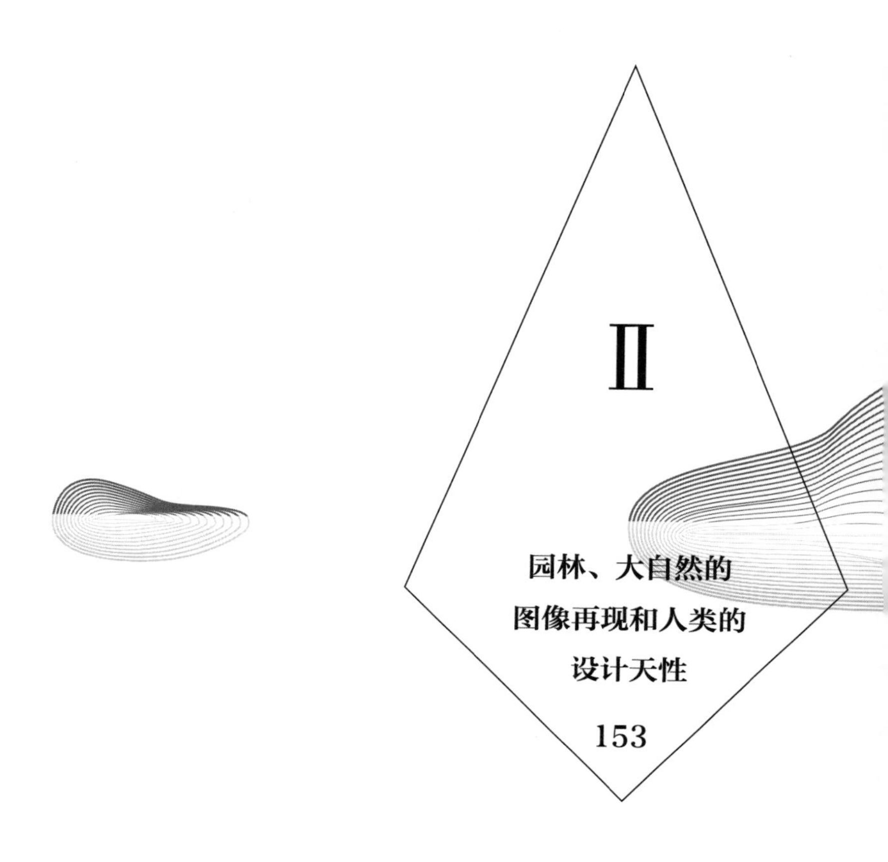

Ⅱ 园林、大自然的图像再现和人类的设计天性 153

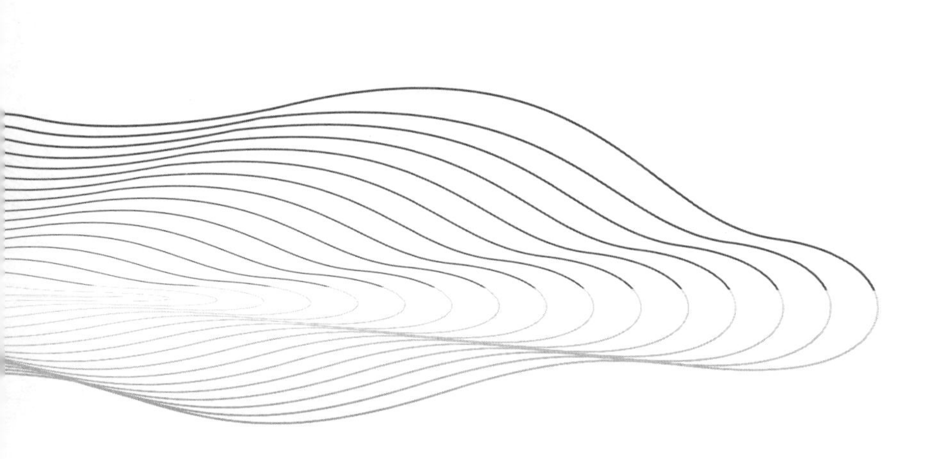

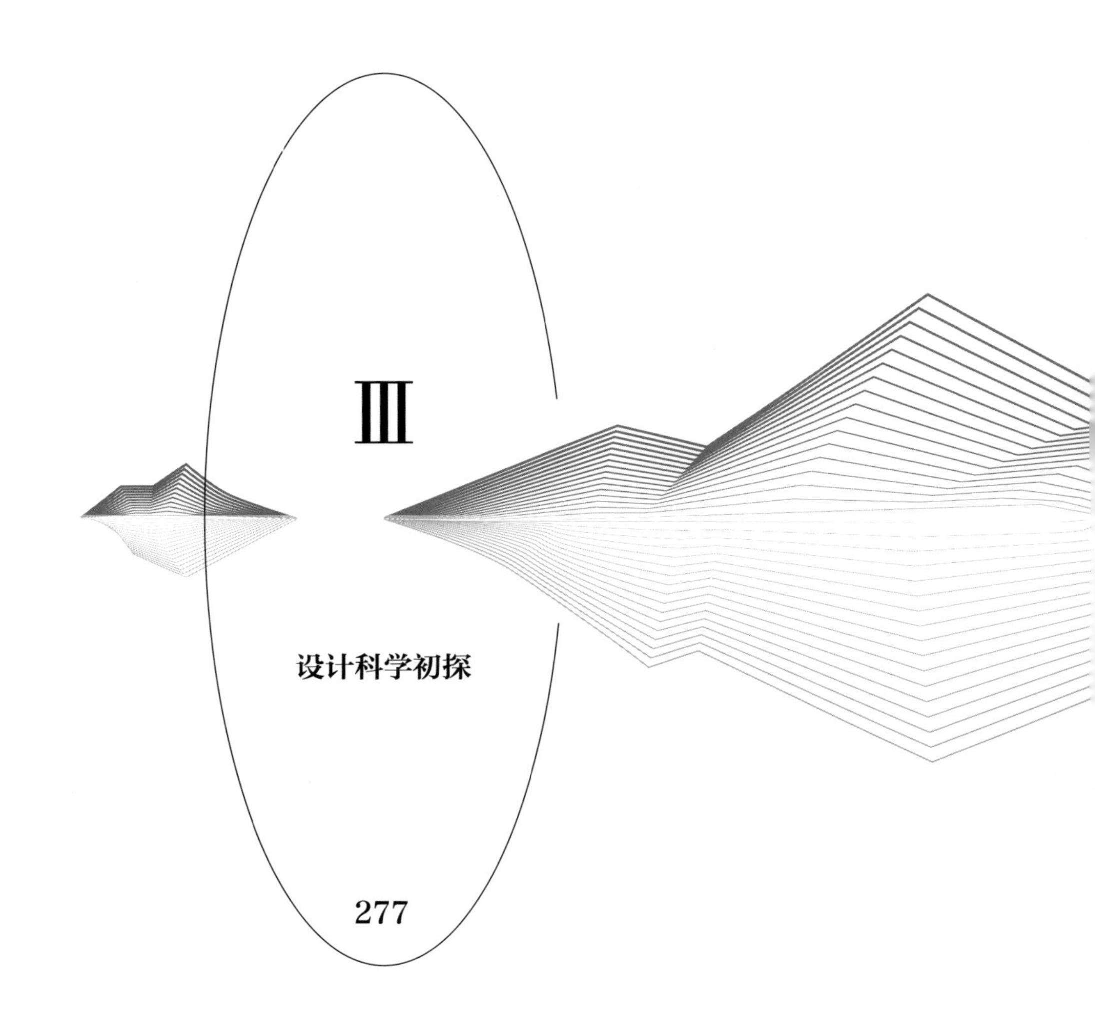

Ⅲ

设计科学初探

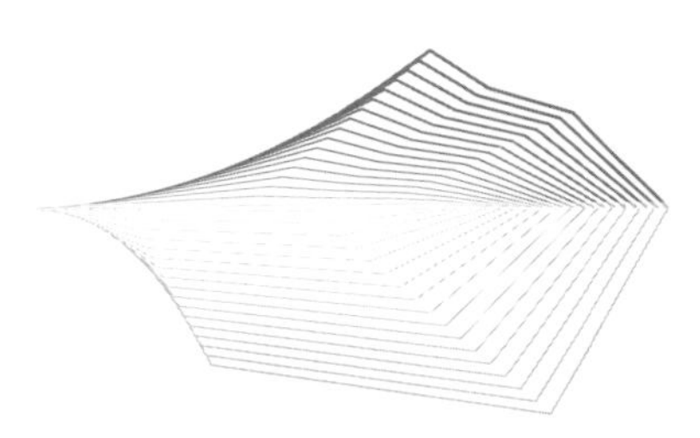

结　语

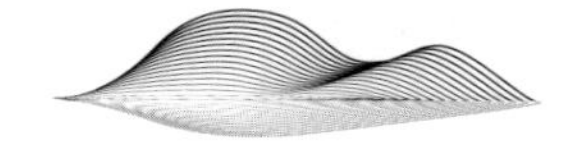

园林反思与
中国当代博物学热

绪论

中国园林的图像和语意

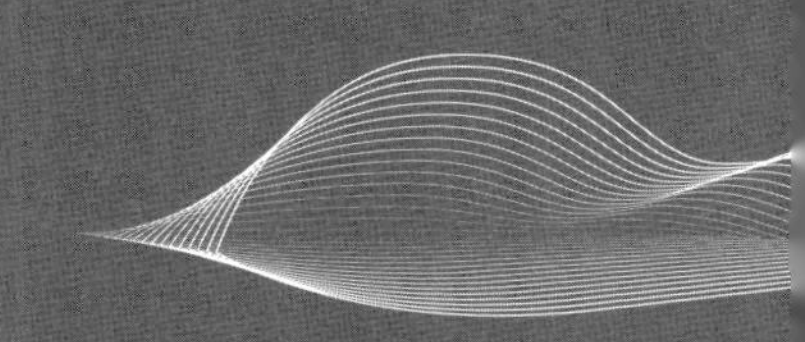

2014年中国电力出版社出版了一套中国园林经典丛书，共计三本，即王昀著《中国园林》，宁晶著《中国园林史年表》和曹汛著《造园大师张南垣》。在当今国内外园林类书籍汗牛充栋的书坊间，该丛书并没有掀起太大的波澜，仔细观之，便可体味到这套丛书从引人注目到发人深省的学术内涵，尤其在当代中国建筑及园林领域多数人都习惯于自说自话或孤芳自赏的情形下，这套丛书在貌似未完成的外表下所展现出来的学术功力更能体现出这几位学者的涵养和对学术研究的执着，从而引发进一步的思考，套用当今世界最流行的学术提问：当我们在讨论中国园林时，我们在表达什么？当我们在讨论摄影时，我们在表达什么？当我们在讨论中国园林的图像和语意时，我们在表达什么？

1　中国园林的研究轨迹

中国的园林固然独特，但绝非仅有。实际上，世界各地的不同历史时期的园林都个性鲜明且精彩纷呈。相对于西方欧美国家和东方日本对其园林艺术发展史的翔实记载和研究，中国人对中国园林的研究基本是零散的，明确留存下来的能称之为园林记录或研究的专业文献只有先秦的《考工记》，元代薛景石的《梓人遗制图说》，明代文震亨的《长物志》，明代周嘉胄的《装潢志》，明代造园大师计成的设计专著《园冶》，清代李渔的《闲情偶寄》，清代李斗的《扬州画舫录》等著作，中国园林的其他记录则有两种方式：诗歌文字著录及版画图像记录，后者如高晋的《南浔盛典名胜图录》、阮亨的《广陵名胜图》、赵之壁的《平山堂图志》以及麟庆的《鸿雪因缘图记》等。

欧洲各国对各自民族园林艺术的研究和记载在文艺复兴之前

也同中国一样是零散的，但文艺复兴之后的意大利、法国、英国、西班牙、荷兰、德国及北欧诸国对其园林艺术的研究都非常系统而翔实，并进而产生侧重点及论述立足点各不相同的西方园林史和世界园林史。此后的欧美学术界则遵循“论从史出”的学术准则，开始从哲学、社会学、心理学、民族学、民俗学、艺术学及文化发展的角度全面而深入地论述园林艺术及其本质。例如美国著名学者史蒂芬尼·路斯（Stephonie Ross）于1998年出版的《What Gardens Mean》（美国芝加哥大学出版社），主要于从哲学的角度思考园林的意义，同时也关注园林在世界艺术史当中的地位，以及园林在文化与文明发展中的积极作用，从深层次多方面探讨园林的神秘魅力。更多的学者则从对比的角度全方位研究园林及其姐妹艺术，如园林与诗歌、园林与绘画、园林与建筑、园林与音乐、园林与雕塑、园林与景观、园林与旅游、园林与文化等。

国内对西方园林的介绍在20个世纪90年代以前几乎是空白，东南大学童儁曾试图写一篇《欧式园林》，却停笔于1970年而未能完成。1991年中国建筑工业出版社出版日本学者针之谷松吉著，邹洪灿译的《西方造园变迁史：从伊甸园到天然公园》，此后中国各大学相继开始了对中西园林的比较研究，其代表性作品是周武忠著《寻求伊甸园：中西古典园林艺术比较》，由东南大学出版社2001年出版。直到最近几年，中国出版界开始引进欧美日学者从多学科多角度全方位研究园林的有关专著，如英国学者戴维·库珀（David E. Cooper）著，侯开宗译《花园的哲理》（商务印书馆，2011），美国学者罗伯特·波格·哈里森（Robert Pogue Harrison）著，苏薇星译《花园：谈人之为人》（生活·读者·新知三联书店，2011），英国学者伊恩·怀特（Ian Whyte）著，王思思译《16世纪以来的景观与历史》（中国建筑工业出版社，2011），英国学者汤姆·特纳（Tom Turner）著，林箐等译《世界园林史》(中国林业出版社，2011)，英国学者佩内洛普·霍布豪斯(Penelope Hobhowse)著，童明译《造园的故事》(清华大学出版社，2013)，英国学者罗利·斯图尔特(Rory Stuart)著，周娟译《世界园林：文化与传统》(电子工业出版社，2013)，日本学者小野健吉著，蔡敦达译《日本庭园：空间美的历史》(南京大学出版社，2014)，以及英国学者弗兰克·理查德·考威尔(Frank Richard Cowell)著，董雅等译《作为美术的园林艺术：从古代到现代》(华中科技大学出版社，2015)等。

外国人对中国园林关注很早，如英国建筑师威廉·钱伯斯(William Chambers)在18世纪后叶考察中国建筑及园林并著有《东方园论》(台湾版汉译)，以后亦有许多西方学者以不同方式关注和研究中国园林，但日本园林却随后受到更大关注，这一方面是由于日本对本国园林的保护力度远大于中国，另一方面是由于日本学者对日本和中国园林研究的深度和广度都远大于中国，日本在明治维新以后超级强盛的综合国力当然也是重要原因，再加上国际建筑大师如布鲁诺·陶特和格罗皮乌斯等人的欣赏和宣传，日本园林长期以来成为东方园林的主要代表。实际上，中国学者对本国园林的系统研究亦源自日本和欧美学者的启发和引导，如中国园林最杰出的两位集大成者刘敦桢和童寯分别留学于日本和美国。

我国第一位出版园林专著的学者是民国的叶广度，他就是受日本学者的启发，并于20世纪20年代考察日本园林之后，回国写成中国人论述中国园林的第一部专著《中国庭园概观》并于1932年在南京出版，最近由当代中国出版社再版，观其书后所列参考书目，除日本学者的相关著作外，亦有中国早期园林研究者的著述或译著，如童玉民著《造庭园艺》，奚铭已著《庭园三要素之组织》，范肖岩著《造园法》，陈植著《都市与公园论》，鲁迅译《艺术论》，张其昀著《西湖风景史》及程演生辑《圆明园考》等。

对中国园林进行系统而科学的研究则始于童寯，通过对苏州、扬州、杭州一带江南园林的实地踏勘、摄影和测绘，童寯于1937年写成《江南园林志》，随后历经战争波折，终于1963年由中国工业出版社出版。童寯对园林的兴趣既广且深，这从百花文艺出版社2006年出版的童寯著《园论》目录中可见一斑：中国园林、满州园、石与叠山、欧式园林、江南园林、中国园林对西方的影响、苏州园林、随园考及造园史纲等。

对中国园林的划时代研究成果来自刘敦桢及其科研团队，他们从1953年起开始对苏州园林进行科学普查，1956年刘敦桢完成《苏州的园林》，1960年完成《苏州古典园林》初稿，1963年定稿，却因种种原因迟至1978年才由中国建筑工业出版社正式出版，并立刻成为中国园林研究领域至今无法超越的学术经典，在国际上也被译成多种文字的版本。

此后，中国学者对中国园林的研究开始蓬勃发展，陈从周1983年出版《扬州园林》，1985年出版《说园》，树立了中国园林研究的另一种学术范例。1986年彭一刚从建筑设计的角度出版《中国古典园林分析》，该书随即成为我国高校建筑学师生学习中国园林的入门宝典。20个世纪80年代中国园林研究界非常活跃，张家骥成为刘敦桢和童寯之后学术成果卓著的学者，他1984年完成《中国造园史》的写作，并于1987年由黑龙江人民出版社出版，此后又于1989年完成《中国造园论》的写作并于1991年由山西人民出版社出版。正如艾定增在《中国造园论》的序中所说，该著作突破了前辈学者的时代局限性，应用全息理论来研究中国园林，将社会、历史及文化的大系统与园林学有机地结合起来进行剖析，既从微观到宏观，又从宏观返回到微观，全方位地观察与思考。我国著名林学家陈植亦于1989年完成《中国造园史》，该论著更多地从科学和造园的角度论述中国园林，遗憾的是该书迟至2006年才由中国建筑工业出版社出版。同样是1989年，另一位学者杨鸿勋完成《江南园林论》的写作，并于1994年在海峡两岸出版。

作为中国园林研究成果重要标志的园林辞书在20个世纪90年代开始出现。1997年山西教育出版社出版张家骥编著的《中国园林艺术大辞典》，作为我国第一部造园艺术及科学的工具书，该书在中国园林研究及应用两方面均有开创之功。2001年华东师范大学出版社出版了陈从周主编的《中国园林鉴赏辞典》，该书最重要的特色是附有一篇近40页的“中国园林历史大事年表”。

进入21世纪之后的中国园林研究方兴未艾，尤其表现在园林通史及通论方面的论著。2001年东南大学出版社出版潘谷西编著《江南理景艺术》，2003年中国建筑工业出版社出版《苏州古典园林营造录》，2005年有多部园林通史出版：清华大学出版社出版周维权著《中国古典园林史》（初版1999年），上海三联书店出版魏嘉瓒著《苏州古典园林史》，中国林业出版社出版邵忠编著《苏州古典园林艺术》，2006年则又有中国建筑工业出版社出版汪菊渊著《中国古代园林史》（初版1996年）。2013年中国电力出版社出版王其钧著《中国园林》，2014年上海人民出版社出版王毅著《中国园林文化史》（初版《园林与中国文化》1990年），与此同时江苏凤凰科学技术出版社出版蓝先琳著《中国古典园林》，该书从内容及图片上起到了中国园林的集大成研究作用。

昆曲《牡丹亭》中有句名言：“不到园林，怎知春色如许。”改革开放后的中国，更多的人越来越醉心于中国园林的魅力，从而引发更多的学者从不同的角度去探讨中国园林的奥秘。首先是继续对中国古典园林进行深入系统的本体研究，尤以结合教学的制绘为核心，2007年东南大学出版社正式出版刘先觉、潘谷西合编的《江南园林图录：庭院景观建筑》，其内容来自1963年的测绘图。又如学苑出版社2008年出版日本学者冈大路著，瀛生译《中国宫苑园林史考》，2010年中国大百科全书出版社出版《圆明园百景图志》，2011年学苑出版社出版焦雄著《圆明园史迹图考》等。与此同时，不仅传统的园林圣地如苏州、扬州不断出版相应的园林论著，而且中国许多地区及城市都开始研究出版当地的园林资源，如广陵书社2003年出版《扬州园林甲天下》，同济大学出版社2014年出版都铭著《扬州园林变迁研究》。此外也出现大量关于园林与城市与建筑关系的研究专著，如2004年湖北科学技术出版社出版傅礼铭著《山水城市研究》，2005年远方出版社出版王铎著《洛阳古代城市与园林》等。

其次是对有关园林的典籍的再版、注释及深入研究，如先秦的《考工记》，汉代张衡《西京赋》和班固《西都赋》，北魏杨炫之《洛阳伽蓝记》和郦道元《水经注》，西晋石崇《金谷诗叙》，东晋陶潜《桃花源记》，唐代王维《辋川集序》，北宋司马光《独乐园记》和李格非《洛阳名园记》，明代文震亨《长物志》和计成《园冶》，清代李渔《闲情偶寄》和李斗《扬州画舫录》以及沈复的《浮生六记》等著作。随着这类研究的广泛和深入，国内外学者开始关注中国园林与诗歌、小说、绘画和建筑的内在而系统的联系，由此出版一大批学术成果，如百花文艺出版社2008年出版关华山著《“红楼梦”中的建筑与园林》，江苏人民出版社2009年出版美国学者杨晓山著，文韬译《私人领域的变形：唐宋诗歌中的园林与玩好》，三联书店2012年出版美国学者高居翰、黄晓、刘珊珊著《不朽的林泉：中国古代园林绘画》，以及上海人民出版社2014年出版居阅时著《中国建筑与园林文化》等。

最后是海内外学者对中国园林的随笔思考及多层面多角度研究总结，反映出中国园林在文化生活的方方面面所展示的人生寄托和追求，如三联书店2006年出版居阅时著《庭院深处：苏州园林的文化涵义》，中国建筑工业出版社2008年出版夏昌世、莫伯治著《岭南庭园》，紫禁城出版社2011年出版张淑娴著《明清文人园林艺术》，三联书店2014年出版汉宝德著《物象与心境：中国的园林》，2015年出版吴欣主编，柯律格等著《山水之境：中国文化中的风景园林》等。

读图时代也为中国园林研究打上烙印，山东画报出版社借《老照片》系列的出版在全国产生影响力，随后自然涉足园林研究，2002年先与同济大学出版社合作，出版摄影珍藏版的陈从周著《说园》，在国内外产生极大影响力并一版再版，由此引发出版社约请有关学者进行中国园林的分解式深入研究，在2003—2005年间先后出版摄影珍藏版的（由张锡昌摄影）系列园林元素研究，如覃力《说亭》，尹文《说墙》及《说井》，韦明铧《说台》和《说厅》，张锡昌《说弄》等。

我国目前为止对园林的研究主要表现在三种并行不悖的不同研究深度的层面上，其一是文献梳理及分析，进而深入到系统化的历史年表的制作；其二是设计理念及空间分析，从建筑学及设计学的视角深入解析中国园林的理景规划和设计元素的生成发展规律；其三是哲学思想及文化内涵，从人类学、图像学、符号学、神话学、民俗学等新老学科全方位分析中国园林的内在品性和设计意匠。尽管坊间已出现相当数量的中国园林书籍，但对以上三个层面的园林研究还远非完整，如在第一层面我们始终期待更加全面而系统的中国园林的历史年表制作，因此宁晶的《中国园林史年表》恰好在这个方向迈出坚实的一步，如果再假以时日进行补充完善，同时选好相关图片，可以期待该书成为中国园林领域的重要工具书和专业参考书。同样在第一层面并兼及第二层面，我们非常期待国内外学者对历史著名造园大师们的系统学术研究，这种研究不仅涉及时代背景方面的文献工作，而且深入剖析具体设计作品的考察、记录、测绘及建筑学与设计学研究，在这方面，曹汛的《造园大师张南垣》实际上填补了中国园林研究的一个空白。该书如能补充图像资料及具体设计案例的空间及设计元素方面的分析，则必将成为中国园林研究的重要典范，中国园林领域实际上期待更多这类研究。而在第三层面同时兼及第二层面，国内的相关研究非常空白，中国长期的文化封闭和惯常的非抽象思维习惯使我们的学术研究大多停留在就事论事的具象层面，尤其在当今世界摄影技术和艺术突飞猛进，新兴人文学科如图像学、符号学等学科的影响力日益广泛和深远之时，对中国园林的研究也应在多层面多角度进行深入细致同时赋予创意的研究。王昀的《中国园林》在这方面进行了大胆的尝试，并取得内涵非常丰富的阶段性成果。毕业于日本东京大学并作为开业建筑师的王昀，因长期进行聚落研究，考察足迹遍及世界各地，其国际视野为他带来对中国园林的复合式思考：中国园林的图像学内涵和园林意匠的摄影诠释，它们共同演绎着中国园林的深层意义。

中国电力出版社2014年出版的《中国园林》以大开本充分展示了作者王昀的摄影意向及对中国园林的独特解读，这些特点在此前出版的《建筑与聚落》和《建筑与园林》中已见端倪：即用视角决定关注方式，用细节阐释中国园林史。与此同时，王昀决心坚守摄影艺术最初的本质和正宗，用黑白图像表达思想和意念。然而，这部大开本的《中国园林》虽然在图面上摈弃了黑白灰以外的色彩，它们带给读者的却是更为丰富的“色彩”，以及与这些“色彩”时刻相伴的，启发读者心扉的对中国园林、对摄影和对图像学的无尽的思考。

2 摄影的力量

2006年4月6日至7月23日，伦敦的维多利亚与艾尔伯特博物馆举办了题为“现代主义：设计一个新世纪1914—1939”大型展览并出版相应书籍，在为现代主义定义的几种元素中，除机器、家具、健康文化及乌托邦之外，摄影被列为现代社会发展的最重要因素之一。正如包豪斯灵魂教师兼现代摄影史上最重要艺术大师莫霍利–纳吉1923年断言："摄影的知识与书写的知识同等重要。未来的文盲将是那些不知如何使用照相机的人，他们就像现在那些不会用笔写字的人一样。"

在距今不到两百年前，现实生活中除了用绘画和制图的方式外，尚没有一种可以永久地保存亲友面容和美丽风景的方式。直到法国科学家尼塞福尔·涅普斯（Nicephore Niepce）发明了摄影术之后，真实地永久地记录画面才成为一种可能。摄影术的发明对全球范围内的人类社会、艺术、教育、历史和科学都产生了极为深远的影响。

摄影的发明是人类渴望永久记录真实生活的必然结果，早在公元10世纪阿拉伯科学家阿尔·哈曾（Al–Hazen,965—1035）第一次完成了系统的针孔成像和暗箱试验；到15世纪文艺复兴时期，一批前卫艺术家利用暗箱作画，在一个更高层次上去追求现实主义；直到19世纪涅普斯的出现终于迎来摄影术的真正发明：1816年他制作出第一张摄影照片，1823年制做出第一张照片的复制品，1826年用暗箱制作出第一张永久性照片。1839年涅普斯与法国艺术家路易·达盖尔（Louis Daguerre,1787—1851）合作研发摄影术；1841年另一位现代摄影的发明人，英国发明家威廉·亨利·塔尔伯特（William Henry Talbot）发明用负片制作大量正像图片的方法；1848年英国发明家阿切尔（Frederick Areher）发明了湿版摄影法；1861年大科学家麦克斯韦（James Clerk Naxwell）制做出第一张彩色照片；1871年英国发明家马多克斯（Richard Maddox）发明了干版摄影法。伟大的摄影术，也许是人类历史上传播最快的技术发明，在它被发明并完善的百年过程中，它几乎同时同步地向世界各地传播。

清代后期的中国处于腐朽没落的状态，对来自西方的大多数新科学新技术都大力排斥，却唯独对摄影术敞开了胸怀。在最近出版的《逝年如水：周有光百年口述》中，作者作为中国过去百年发展的最直接见证人，时常回忆起这样的状况：中国在抗战之前与欧美日发达国家在时尚文化方面的差距并非很大，摄影即这方面的重要实例。晚清中国摄影的相对繁荣据说与慈禧太后喜爱摄影有关，这从最近十几年出版的摄影图册中可以得到证实。

紫禁城出版社1994年出版了《故宫珍藏人物照片荟萃》和《帝京旧影》，前者是慈禧太后和皇室成员及满清官员等人的留影，后者则是当年故宫建筑景观的真实写照。北京出版社1996年出版的《旧京史照》则展现了更多的当年老北京生活的方方面面，外文出版社2001年出版的《外国人镜头中的八国联军：辛丑条约百年图志》更专门再现中国在那个不堪回首的屈辱岁月中欧美日外敌的真实形态。

最近出版的一大批关于中国早期摄影发展史的著作则全面反映了摄影术即使在其发明的最初状态的时代就已在晚清中国扎根，而这种扎根不仅表现在皇室及贵族范畴，而且广泛表现在中国社会各阶层及山川河流与城乡景观。2011年2月8日至5月1日在洛杉矶保罗·盖蒂博物馆举办了题为“丹青和影像：早期中国摄影”的大型中国摄影展，从多角度展示了1839年至1911年间的中国摄影历史。2015年1月华东师范大学出版社出版《一个瑞士人眼中的晚清帝国》，用精彩清晰的照片重现了瑞士商人阿道夫·克莱尔1868年的中国游记。而中国摄影出版社2011年至2014年陆续出版的英国学者、摄影史作家泰瑞·贝内特（Terry Bennett）著，徐婷婷译的《中国摄影史》系列则以各种语言的摄影史料为素材，对摄影术发明之初传入中国的半个世纪在中国进行过摄影活动的国外摄影师和本土摄影师做出详细考证和研究，我们可以体会到晚清的中国在摄影方面并非落后。

摄影最初的目的是永久记录，于是必然与此前承担此功能的绘画产生纠结，在技术上承担记录功能之外，在艺术上最初是作为绘画的助理，但最终却完全独立发展成为当今极为显赫的艺术门类，如今遍及世界各地的各种摄影大展说明了这一点。与此同时，绘画也在摄影的刺激和启发下，开始逐渐跳出一味记录与呈现的单一功能，转入深层次的艺术创意思考，从而产生印象主义与后印象派、立体主义与野兽派、构成主义与风格派、纯粹主义与未来派、表现主义与抽象派、超现实主义与达达派等各执一词的现代艺术流派，从不同角度揭示艺术发展的规律，从多角度多层面展现艺术表达的魅力，而现代艺术的百花齐放又转向刺激和启发摄影的无尽潜力。2012年法国著名的Flammarion出版社出版了艺术史家Dominigue de Font-Reaulx所著《Painting and Photography 1839—1914》，该书对摄影与绘画交相辉映的发展有精彩的论述。而同样出版于2012年的另一本书，即由Marvin Heiferman编著的《Photography Changes Everything》，则全面总结了摄影在信息时代的无所不在的功能和社会影响力：摄影改变了我们对美和希望的感知；摄影改变了我们的期待意念；摄影改变了我们的日常信念；摄影改变了我们与环境的联系；摄影改变了影响力的含义；摄影改变了社会与文化层次；摄影改变了我们所"期待"的真实；摄影改变了我们购物的模式；摄影改变了我们的交往方式；摄影改变了我们的世界观和责任感；摄影改变了我们对微观世界的知识；摄影改变了我们对宇宙的认识；摄影改变了我们的视觉影像模式；摄影改变了杂志的内容及形象；摄影改变了医学诊断和治疗方式；摄影将自然现象转化为经典图像；摄影改变了艺术史的教学；摄影改变了国际事件的进程；摄影改变了超感觉的感知；摄影改变了我们对光本身的理解；摄影改变了法庭运作；摄影改变了真实性的标准；摄影改变了我们对新物种的知识；摄影改变了我们对贫穷的感受；摄影改变了我们的自我体认；摄影改变了文化史的记叙；摄影改变了我们的归属性；摄影改变了我们的生活故事；摄影改变了我们的公众形象；摄影改变并塑造着国家形象；摄影改变了政治信息的包装；摄影改变了艺术家的创作方式；摄影改变了科学数据的模式；摄影改变了我们记录和回应社会变迁的模式；摄影改变了我们对金融安全的感知；摄影改变了全世界的视觉表达方式；摄影改变了通信方式；摄影改变了新闻模式；摄影改变了我们对食品的感知方式；摄影改变了我们阅读世界的方式；摄影改变了旅游的模式；摄影改变了战争的进程；摄影改变了我们对建筑的体验；摄影改变了土地的使用和规划；摄影改变了我们对城市的体验和理解；摄影改变了我们对视觉的期待模式；摄影改变了我们对历史的体验；摄影改变了我们对日常事物的反映程度；摄影改变了我们的记忆功能；摄影改变了我们的整体记忆模式：记住什么？能记住多少？

一部摄影的历史，就是近现代全世界的历史。摄影与艺术的跨界交融改变着艺术，摄影与建筑的跨界合作改变着建筑，摄影与设计的跨界协同改变着设计，摄影与服装，摄影与科学，摄影与技术，摄影与全社会的方方面面，其跨界交流与相互启发都在改变着我们生活在其中的整个世界，同时，摄影的发展也在改变着摄影自身。

晚清没落的中国，对新科技和新艺术形式大都持排斥心理的慈禧唯独对摄影兴趣浓郁；20世纪长期封闭的中国，因种种原因对现代艺术及相关科技大都以主动和被动方式进行排斥的政府也同样为摄影留有一片天地。早在1957年中国电影出版社就已出版苏联艺术家德科与格罗夫尼亚合著，罗幼伦译《摄影构图》，1983年辽宁美术出版社又出版美国著名摄影大师安德烈亚斯·法宁格（Andreas Feininger）著，张益福译《摄影构图原理》，此后的中国终于全面开始了对国外摄影大师及摄影史的大量介绍，如中国摄影出版社1986年出版英国作者兰福德（Langford）

著，谢汉俊译《世界摄影史话》，2002年三联书店出版英国艺术家伊安·杰夫里（Ian Jeffrey）著，晓征和筱果译的《摄影简史》，2010年世界图书出版公司出版英国摄影史家凯伦·史密斯（Karen Smith）和美国摄影大师刘香成（Liu Heung SHing）编著的《上海1842—2010：一座伟大城市的肖像》，而2011年则看到中国摄影出版的丰硕成果：浙江摄影出版社出版英国摄影史家帕梅拉·罗伯茨著，胡齐放等译《百年彩色摄影：从彩屏干版到数码时代》，中国青年出版社出版顾铮编著《中国当代摄影艺术》，以及三联书店出版陈申、徐希景著《中国摄影艺术史》，2012年初世界图书出版公司出版美国摄影史家埃里克·伦纳（Eric Renner）著，毛卫东译《针孔摄影：从传统技法到数码应用》，2012年底中国摄影出版社出版了美国摄影史家内奥米·罗森希拉姆著，包甦等译的《世界摄影史》，中国在某种意义上基本上跟上了世界摄影发展的步伐。

西方世界对摄影的关注与出版从来不曾中断过，如牛津艺术史系列中的《The Photography》等专著，早已成为大众摄影手册。1999年英国出版界领军Phaidon出版社隆重推出Bruce Bernard编著的《Century: One Hundred Years of Human Progress, Regression, Suffering and Hope》，从此引发全球范围的摄影出版、摄影展览和摄影研究热潮，欧美各地的著名博物馆和美术馆纷纷推出种类繁多的摄影大展，并伴随着广泛而深入的学术研究成果，如德国Taschen出版社的系列摄影经典《20th Century Photography: Museum Ludwig Cologne Collection》《A History of Photography: From 1839 to the Present, The George Eastman House collection》《Alfred Stieglitz Camera Work: The Complete Photography》《Karl Blossfeldt: The Complete Published Work》等，英国Thames&Hudson出版社出版的Juliet Hacking编著《Photography: The Whole Story》，德国Konemann出版社出

版的《Photo Journalism》，2002年英国著名的出版社Laurence King Publishing出版著名艺术史家Mary Warner Marien著的《Photography: A Cultural History》，2008年另一家英国著名出版公司H·F·Uumamn出版由Encyclopaedia Britannica和Getty Images合编的《History of the World in Photographs》，2014年英国DK出版社又推出《Photography: The Definitive Visual History》，与此同时，德语、法语、俄语、意大利语、西班牙语、日语出版机构也出版有大量摄影史论及相关研究文集。除通史类的摄影研究外，科学摄影尤其展现出令人震撼的美丽，如美国Firefly Books出版社2007年推出的由Brandon Broll主编的《Microcosmos: Discovering the World through Microscopic Images from 20 x to over 20 Million x Maganification》，该书同美国国家地理出版社出版的大量宏观宇宙及地球探险系列摄影书籍一道，展示着人类对大自然和人类自身目前所能认识到的极限状态。

20世纪的摄影世界群星灿烂，其中最耀眼的一颗当属被誉为20世纪最重要艺术大师之一的拉茨洛·莫霍利–纳吉。这位天才的匈牙利艺术家，其一生都秉承这样的理念："摄影的敌人是惯例——关于如何去做的既定法则。对摄影的拯救来自于实验"。莫霍利–纳吉由前卫艺术家的身份成为一代摄影大师，创新实验即是他的工作方式，也是其艺术创造的结果。他创造的摄影作品以对摄影科学化的理解开创了全新的视觉体验之路，他创立的光影绘画及光影动态雕塑更是开天辟地，影响深远。作为德国包豪斯最重要的教授之一和美国新包豪斯的创办人，莫霍利–纳吉在世界摄影史、艺术史及现代设计教育史上的地位是无人能够超越的。在设计理念、建筑体验和艺术创造的思想方法上，莫霍利–纳吉影响了几乎每一位当代最重要的建筑大师，从格罗皮乌斯、密斯、柯布西耶到阿尔托。著名艺术家曼·雷是另一位划时代的摄影大师，作为当时欧美最重要的前卫艺术家之一，曼·雷对摄影的理解和实验极具独创性，开创了影响全球的超现实主义摄影流派，从艺术和技术两方面都对摄影进行了全新的诠释。此外，美国摄影大师安塞尔·亚当斯近七十年的摄影生涯对大自然和风景摄影做出了最重要的贡献；加拿大摄影大师优素福·卡什则以其一系列国际名人经典肖像对现代人像摄影做出了独特的贡献；而匈牙利摄影大师罗伯特·卡帕的战地摄影则以大无畏的献身精神理解现代新闻摄影，其名言“如果你的照片拍得不够好，那是因为离炮火不够近”早已鼓舞着一代又一代新闻摄影师。法国摄影大师亨利·卡蒂埃–布列松是用镜头关注和记录日常生活的天才，他的每一幅貌似普通的照片都会引起观者视觉和心灵的双重震撼，并进而引发人们对社会的深入思考。

在20世纪，建筑摄影师们的工作往往被人们忽略，因为人们早已习以为常地将照片视为实物本身。而事实上，建筑摄影并非仅仅记录建筑，更重要的是审视建筑，评判空间，进而改进和提升设计品质。优秀的建筑摄影师会用自己独特的视角和哲学的思考进行观察和记录，并时常发现建筑师自己都不曾注意的建筑范畴和主体，同时，建筑摄影师的优秀作品也是对建筑师的促进、激励，甚至是引领。在这方面，美国建筑摄影大师埃兹拉·斯托勒以其对世界各地经典作品的精准而全面的记录汇成一部非常完整的现代建筑经典作品画廊，中国建筑工业出版社出版的“国外名建筑选析丛书”就是斯托勒经典建筑摄影作品的一次巡视。而当代芬兰建筑摄影大师尤西·第艾宁则以自己最充沛的精力诠释芬兰当代建筑，在某种意义上，第艾宁的建筑摄影是芬兰现代建筑引领全球设计品质的一种催化剂，因为其摄影作品本身对质量和设计细节的无尽追求时常迫使建筑师团队更加注重细节的设计和对材料的深入研究与选择。

英国Thames&Hudson出版社2005年出版Susan Bright著《Art Photography Now》，其前言首页即引用著名艺术评论家Aaron

Scharf的说法："摄影发明于1839年，当时很多艺术家天真地认为它会保持现状，并主要担当艺术的杂役，显然，这些完全是傲慢而无意义的想法。"事实上，19世纪末到20世纪初期的一批前卫艺术大师们如德加和蒙克也确实是将摄影作为绘画的辅助手段从而创造出其划时代的绘画作品。然而在随后的时代，摄影不仅独立服务于社会，更成为现当代艺术创作的主体媒介。吉林美术出版社2010年出版的摄影馆个案丛书介绍的一批当代摄影大师如杰夫·沃尔、辛迪·舍曼、荒木经惟、吉尔伯特与乔治等，都是以多种多样的摄影手法介入艺术创作的当代艺术家，他们早已成为当代艺术创作的主流之一。

美国著名作家苏珊·桑塔格出版于1977年的《论摄影》在世界各地不断再版，已成为摄影界的圣经。桑塔格在该书中深入探讨了摄影本身的发展及本质属性，包括摄影是否是艺术，摄影与绘画的相互影响，摄影与真实世界的关系，摄影的捕食性和侵略性等。桑塔格认为摄影表面上是反映现实，但实际上摄影影像自成一个世界，一个影像世界，企图取代真实世界。由此，谈论摄影亦成为讨论世界的一种方式。中国的摄影由于历史、文化等多种因素，长期以来都以纪实新闻为主，因为政治导向主导一切，自主艺术创作长期以来无法展现。即使是纪实摄影的正常亮相也是改革开放多年以后的事件。江苏美术出版社在20世纪90年代初开始出版《老房子》系列，山东画报出版社则在20世纪90年代后期开始定期出版《老照片》期刊，并不断再版结集出版，深受社会关注。随后广西师范大学出版社在21世纪初隆重推出"秦风作品系列""秦风老照片馆系列""温故影像系列""摄影民国风系列"及"纸上纪录片系列"，自此以后，大陆及港台各家出版社出版了各种类型的纪实摄影，中国也进入由各级官员担任摄影协会领导的全民摄影时代。

中国摄影的第一阶段是自然化纪实，如广西师范大学出版社2015年再版的英国19世纪摄影家约翰·汤姆逊著《中国与中国人影像》；第二阶段是新闻纪实，如中国摄影出版社2013年出版的人民画报社编《国家记忆：中国国家总报的封面故事》；第三阶段是泛政治纪实，如陕西师范大学出版社2005年出版的《黑镜头》摄影系列；第四阶段则是艺术摄影，如顾铮所著《中国当代摄影艺术》中当代中国艺术家渠岩的系列纪实摄影“生命空间”“信仰空间”和“权利空间”系列。在当代中国，全民摄影和信息化时代，以上各个摄影阶段的风格手法都被重复实践着，却唯独缺少中国建筑师和设计师的呼声或建议，他们至今没有发出应有的声音，从某种意义上讲，王昀的《中国园林》是中国建筑师对当代摄影艺术的一种声音，这种声音是中国建筑师和设计师从画图匠人进入思考者的行列的开端，其本身则是对中国园林的意义、设计手法、语境内涵、图像学及符号学理念的深层思维。

由于种种原因，建筑师、设计师与摄影的关系在相当长的时间内被削弱甚至被完全掩盖了。只是当人类进入21世纪以后，欧美各地的出版社、博物馆与相关机构才开始出版和展示许多建筑大师、设计大师的摄影作品和摄影笔记或摄影游记，如格罗皮乌斯的美国摄影记，阿尔托的意大利摄影记，伊姆斯夫妇的印度摄影记行，英国设计大师Terence Conran的自然摄影灵感日记也是去年才出版。而最典型的则是柯布西耶的摄影专著，此前全球建筑师对柯布西耶的印象都是随时随地用画笔作记录的建筑师，这在相当大的程度上是一种误解，从而令人难理解柯布西耶设计生涯的不同阶段所表现出来的五花八门的技术与艺术灵感都是从何处来的。

柯布西耶的名言“眼睛够不着的，让镜头来办”表达了这位建筑大师对摄影的深刻理解。柯布西耶与摄影和摄影师的关系在最近出版的三本书中被充分展现，其一是英国Thames&Hudson出版社2011年出版的Jacgues Sbriglio著《Le Corbusier&Lucien Herve, the Architect and the Photographer: A Dialogue》；其二是英国Thames&Hudson出版社2012年出版的Nathalie Herschdorfer&Lada Umstatter编著的《Le Corbusier and the Power of Photography》；其三是德国Lars Müller出版社2013年出版的Tim Benton著《LC FOTO: Le Corbusier Secret Photographer》。当柯布西耶曾在某个场合声称他很早就放弃摄影时，人们很难想象他在1902—1921年及1936—1938年间拍摄过如此大量的照片，现在看来，只有通过这些由大师本人拍摄的图片，我们才能真正体会柯布西耶对机器的理解，对大自然规律的认识，对日渐消失的人类传统工艺的情感，以及柯布西耶的绘画与雕塑作品的内在灵魂的源泉。此外，柯布西耶在全球的巨大影响力固然源自他在建筑、城市规划、建筑理论、绘画及雕塑诸方面的综合成就，但摄影对其作品的传播无疑具有相当深远的意义。

中国的建筑摄影、设计摄影和时尚摄影实际上都处于刚刚起步的阶段，就建筑师对摄影的关注和理解而言，王昀的《中国园林》是非常积极的开端，但该书的意义并非仅此而已，其深层意义则在于建筑师对园林的图像思考是跨界设计的一种积极观念，而这种观念所产生的结果时常是超越时代的。江苏美术出版社2010年出版的英国艺术史家罗杰·弗莱（Roger Fry）著，沈语冰译《弗莱艺术批评文选》的译者导论中，提到“令熟悉建筑史的读者感到惊讶的事实”，即弗莱在1912年至1921年所著建筑评论，领先于更为著名的现代主义建筑的宣言，如柯布西耶出版于1923年的《走向新建筑》。跨界的思维，变幻的角度，往往带来对某一问题的更深入、更彻底、更全面的思考。我们对中国园林的研究已逾百年，不仅研究内容及研究方法在相当大的层面上陈旧僵化，而且在设计实践中也难以展露其催生设计杰作的功能，无论从学术研究的角度还是从设计实践的角度，王昀的《中国园林》都是一种极具启发意义的摄影实践和艺术研究笔记，它在园林表象的记录中也从不同的层面揭示出中国园林的图像含义和设计语意。

3 中国园林的图像和语意

关于中国园林，如今在书坊间已充斥太多的文字，这其中也有太多的自说自话和无意义的反复引证。王昀的《中国园林》并无长篇文字研究，而让照片自己说话，通过每一个慎重选择的视角所捕捉到的中国园林的构成元素以及诸元素间的起承转合，来表达作者对中国园林的图像和语意的深层理解。作为建筑师的王昀在此无意于系统探讨并解决中国园林所引发的诸类问题，但决心用独特的摄影视角来提出问题：中国园林的图像模式是如何生成的？中国园林的语意内涵有哪些系统？中国园林的特质包含哪些内容？中国园林与世界各地不同风格的园林尤其是西方园林的区别在哪里？中国园林的设计传统是如何传承的？当我们至今仍然全神贯注于苏州和扬州的经典中国园林时，如何思考当代中国园林的设计及建设现状？

王昀的《中国园林》所引发的上述问题迫使笔者对中国园林进行重新考察和思索，并进而考察欧洲园林以便同时用广角镜和显微镜观察中国园林。笔者首先利用回家乡扫墓的机会再度参观扬州的个园和何园，并随后参观久负盛名的平山堂和大明寺景区；然后又专程去苏州考察留园、拙政园、狮子林、网狮园以及建筑大师贝聿铭设计的苏州博物馆新馆和忠王府园林；最后利用两次欧洲国际会议间隙及暑假期间抽空参观德国、法国、丹麦、瑞典，以及匈牙利、奥地利、捷克、西班牙和意大利等地的皇家园林和私家园林，同时也细致考察了几位北欧设计大师的私家花园，如芬兰设计大师库卡波罗的内庭花园和瑞典设计大师阿克·阿雷克森（Ake Axelsson）的后花园。上述一系列实地参观考察为笔者带来更多的问题：东西方园林的不同发展是源自不同的地理环境和民族生活习性？或是源自图像表达的不同模式？园林图像的语意内涵与其他艺术门类如绘画和雕塑的内在关联如何？东西方园林设计的不同图像表达模式对各自园林的传承和发展有哪些影响？

美国时代生活出版公司于2000年隆重推出由著名考古学家戴尔·布朗（Dale Brown）主编的《失落的文明》丛书系列共24卷，全方位探索过去的世界，以考古学家与其他科学家的发现，把古代人及其文化生动地重现出来。华夏出版社和广西出版社于2000年引进版权出版中文版。依考古发掘成果，该丛书24卷人类早期文明史有如下分布：欧洲部分共8卷，分别是《早期欧洲：凝固在巨石中的神秘》《凯尔特人：铁器时代的欧洲人》《爱琴海沿岸的奇异王国》《希腊：庙宇、陵墓和珍宝》《伊特鲁里亚人：意大利一支热爱生活的民族》《罗马：帝国荣耀的回声》《庞贝：倏然消失的城市》《北欧海盗：来自北方的入侵者》；近东和中东部分共5卷，分别是《美索不达米亚：强有力的国王》《苏美尔：伊甸园的城市》《波斯人：帝国的主人》《安纳托利亚：文化繁盛之地》《圣地耶路撒冷》；远东部分共3卷，分别是《古代中国：尘封的王朝》《古印度：神秘的土地》《东南亚：重新找回的历史》；非洲部分共3卷，分别是《埃及：法老的领地》《拉美西斯二世：尼罗河上的辉煌》《非洲：辉煌的历史遗产》；美洲部分共5卷，分别是《辉煌瑰丽的玛雅》《灿烂而血腥的阿兹特克文明》《印加人：黄金和荣耀的主人》《安第斯之谜：寻找黄金国》《北美洲：筑丘人和崖居者》。笔者从该系列丛书中展示的波澜壮阔的人类文明发展史中试图寻找各地区各民族的图像生成模式和相应的语意内涵，力图在各自独特的雕塑、绘画及器物装饰体系中体验并归纳其图像表达的社会及历史根源。古老的非洲很早就已发展出极强的写实传统并广泛表现在雕塑和绘画上，这种传统因种种缘由既没有消失也没有在非洲本土继续发展，而是传播到欧洲从而促使欧洲最终发展出完整的科学化的写实传统。同样古老的近东和中东地区作为人类最古老的文明发祥地也很早就发展出装饰意味更浓的写实体系，这尤其体现在其雕塑和浅浮雕作品中，这一传统对邻近的欧洲影响巨大，但其自身文明却在后来随着伊斯兰文明的崛起而走向装饰的极致。欧洲以雕塑和绘画为主流的图像传统在早期吸收了来自非洲埃及文明和美索不达米亚文明的影响，但在希腊罗马时代便早已建立趋于科学化的写实传统，并从此延续至今。美洲的图像传统更多的是与鬼神相关，神界图像在生活中占有绝对的统治地位，由此丧失人间的活力，导致最终的轻易灭亡。远东各国自古就呈现多元化发展，印度和东南亚各国的图像完全依托于宗教的滋养，日本则由于封闭而产生严格自律的图像体系及园林风格，中国由于极其深远的历史源流和广阔的地理景观而融合神界与凡间，最终发展出"在似与不似之间"的图像美学，广泛而深入地影响到中国绘画、雕塑、建筑、园林及日常设计的诸多方面。

人世间本没有绝对的真理，欧洲科学化的图像传统和中国"在似与不似之间"的图像美学都以强大的生命力发展至今，其间两者在不同历史时期都有不同程度的相互交流与影响，并共同走进信息时代，但各自的图像传统就如同人类遗传基因一样不断传播。

要探讨中国园林的图像和语意，自20世纪80年代即传入中国的比较文化研究方法仍然不失为最有效的方式，笔者在此打算从雕塑的发展及其对绘画的影响，印刷及版画的发展及其对图像模式的影响，以及园林的设计与生成模式所产生的图像学意义这三个方面比较中国与欧洲在图像思维及相关语意发展方面的异同点及可能的生成因素。

关于世界艺术史、欧洲艺术史和中国艺术史，世界各国早已出版有各种文字的通史及专史著述不计其数，笔者在此以中文版著述为文献主导，兼以部分英语文献，先看有关西方艺术史的文献。

首先是三联书店出版的两种《艺术的故事》，即英国学者贡布里希版和美国学者房龙版。其次是英美学者的大量艺术史论著，如中央编译出版社版英国史蒂芬·法辛主编《艺术通史》，国际文化出版公司版英国休·昂纳和约翰·弗莱明著《世界美术史》，台湾木马文化版英国保罗·约翰逊著《新艺术的故事》，中国外研社版英国马丁·坎普主编《牛津西方艺术史》，上海人民美术出版社版美国玛丽琳·斯托克斯塔德和迈克尔·柏思伦著《艺术简史》，世界图书出版公司版美国H·W·詹森著《詹森艺术史》，以及其他各国学者的艺术史论著，如百花文艺出版社版法国雅克·蒂利耶著《艺术的历史》，海南出版社版加拿大约翰·基西克著《全球艺术史》，以及海南出版社版由波兰、法国、德国、葡萄牙学者合著的《西方艺术史》等。这些艺术史论著，清晰展现了欧洲的写实传统如何在科学思想的引导下健康发展，而英国Thames & Hudson出版社的《艺术世界》丛书，则更为详尽地系统介绍了希腊罗马艺术传统的发展细节，其中尤其英国著名考古学家John Boardman所著的古希腊艺术研究系列影响巨大，其中包括《Greek Art》《Greek Sculpture: The Archaic Period》《Greek Sculpture: The Classical Period》《Greek Sculpture: The Late Classical Period》《Early Greek Vase Painting》《Athenian Black Figure Vases》《Athenian Red Figure Vases》《Athenian Red Figure Vases: The Classical Period》，除了Boardman这批经典著作外，该系列还包括Thomas H. Carpenter著的《Art and Myth in Ancient Greece》，A·D·Trendall著的《Red Figure Vases of South Italy and Sicily》，Reynold Higgins著的《Minoan and Mycenaean Art》，R·R·R·Smith著的《Hellenistic Sculpture》等著作，这批建立于科学发掘和系统研究基础上的学术论著，展示了古希腊如何在一种独一无二的地理和政治环境下建立了特定的民主制度并由此引导公民对人类自身进行追根究底的研究，这种研究又因时代的局限与神话人物共享，但即使神话人物实际上也完全是人间社会各色人事的化身。流传至今的雕塑作品无以计数，令人能想见在当时各种雕像是如何充斥于社会生活与工作的方方面面，写实性是希腊雕像最重要的特性，凭借某些雕像所存有的刻字，后人可以轻易重构当时希腊人的日常面貌及生活方式。

同样在这套《艺术世界》丛书中，Nigel Spivey著《Etruscan Art》和Mortimer Wheeler著《Roman Art and Architecture》为人们展现了古罗马如何全盘继承古希腊的雕塑天分并在规模和手法上将其发扬光大，可以想象，在当时，绘画尚未成熟发展，更没有摄影术的时代，雕塑成为人们留影的唯一方式。日本作家盐野七生所著《罗马人的故事》15卷巨著中，对各个时代主要人物的精细描绘基本上来自大量流传下来的雕塑。在古罗马帝国时期，对重要政治人物的最严厉处罚是“彻底毁灭雕像及相关图像”，可见雕塑在古罗马时代有着何其重要的地位。而当欧洲进入漫长的中世纪，尽管有哥特教堂和大量工艺美术方面的成就，但中世纪仍被普遍认为是一个黑暗与落后的时代，其根本原因就是中世纪雕像与人物绘画的衰落，在Janetta Rebold Benton所著的《Art of the Middle Ages》里，我们能全面体会到关于中世纪黑暗的诸多含义，在科技停滞、天灾人祸之外，几乎所有流传下来的图像人物无不流露出呆滞的程式化模式，即使配以相关文字记载，后人也难以分辨人物所属。然而，欧洲之所以成为后来的欧洲，是因为欧洲人对理性思考和科学探索的天然追求，并伴随着对艺术的写实主义探索。在上海人民出版社出版的美国学者玛格丽特·金（Margaret L. King）著《欧洲文艺复兴》和英国艺术史家伊芙琳·韦尔奇（Evelyn Welch）著《文艺复兴时期的意大利艺术》中，我们可以看到欧洲人如何从漫长的中世纪苏醒过来，而苏醒之后的首要任务就是复兴古希腊和古罗马的政治制度、科学精神、社会习俗和艺术追求，在艺术上的科学探索成为文艺复兴艺术创作的基石，由古希腊开创的写实主义雕塑与绘画在文艺复兴时代终于又被续为正朔，并从此主导西方艺术的主流发展。雕像对科学化的精准要求自然影响绘画的写实主义追求，绘画的卓越进程又进一步促进雕塑艺术的发展，西方艺术在写实主义的道路上终于走到极致，直到迎来摄影术的发明。

中国的雕塑传统同样源远流长，但写实传统的发展历程却与欧洲不同，最终与中国绘画一样，以“似与不似之间”作为图像表达的理想状态。北京师范大学出版社2006年出版的由李希凡总主编的《中华艺术通史》14卷本和2011年出版的由王朝闻、邓福星总主编的《中国美术史》12卷本全面展示了中国艺术传统是如何形成和发展的，其中雕塑由骨雕、玉雕、金属雕铸、石雕、木雕、砖雕、竹雕、瓷雕直到漆雕的精彩发展历程，而雕塑的发展又如何与绘画及建筑的发展相呼应并共生发展，上述艺术门类的发展对中国人的日常生活尤其是园林生活产生了极大影响。当古希腊已发展出非常成熟的写实主义雕塑风格时，同时代的秦汉中国在雕塑的模式方面已由早期的抽象人物形象和青铜礼器的繁复装饰纹刻走向两种雕刻系统，其一是以秦始皇兵马俑为代表的用于阴间世界的半写实主义雕塑，该传统此后延续两千年，不同程度地用于后世墓葬的明器制作模式中；其二是以汉代画像石、画像砖为代表的平板浅浮雕象征主义雕塑，该传统此后渐渐融入佛教石窟艺术当中并最终消亡。文物出版社出版的《中国石窟全集》全面而系统地展现了中国佛教艺术的辉煌发展历程，从克孜尔到敦煌，从麦积山到炳灵寺，从云冈到天龙山，从龙门到巩义市，从大足到安岳再到南方晚期佛教石窟雕塑，见证了图像文化如何传播并如何与当地艺术传统融合。佛教自印度北传途中在白沙瓦地区与希腊化艺术风格交汇后产生新型的佛教造型传统，中国人民大学出版社2007年出版的德国著名考古学家和探险家A·格伦威德尔（Albert Grunwedel）著，赵崇民、巫新华译《新疆古佛寺：1905—1907年考察成果》中可以充分见证新疆的佛寺雕塑的原型大都是中亚和印度人种，最近大量出版的斯文·赫定、斯坦因、伯希和、勒柯克等考古学家们的考察报告提供了更多的实例。

石窟雕塑进入中国后在图像上不可避免地会与本地人物造型相融合，这种融合到大足石窟阶段达到高潮。与此同时，中国佛寺雕塑也在同步发展，如山西佛光寺、南禅寺等都存有唐代雕塑的实例，它们明显带有西域胡人的图像模式，而宋代的晋祠雕塑则塑造出完美的本土人物，到明朝的双林寺彩塑阶段，神界人物与凡界的本土人物图像又交融为一体。然而，不管这些雕塑图像如何演化，它们基本上没有进入古希腊、古罗马意义上的写实主义阶段，其造像理想仍然是“似与不似之间”。

对于中国汉代画像石、画像砖的收集与研究，鲁迅是伟大的先驱者，如今我国关于汉画像研究已成显学，徐州、南阳、山东、四川等省市的汉画像石砖博物馆更有鲜活的实物展示。如同欧洲19世纪以前作为绘画及雕塑主体的神话和宗教故事要用完整而系统的象征图像结合徽铭来表达一样，汉代画像石、画像砖的内容也是完整而成系统的传统象征图像。广西美术出版社2015年出版的贡布里希著，杨思梁、范景中编译《象征的图像》中对欧洲传统雕塑和绘画中的象征系统进行了详细论述。该书提到，早在1593年，意大利作家切萨雷·里帕（Cesare Ripa）已出版《图像学》一书，堪称艺术创作中拟人形象的标准大百科，而这一类的图像百科手册专著在欧洲不同地区、不同时代都不断出现。这种情况与中国对汉画像的诠释完全一样，每一幅汉画像图像都源自历史故事和中国古代神话传说，如果没有这种艺术图像诠释学，那么汉画像上的高度图案化和装饰化的人物形象和故事情节是难以分辨清晰的。这方面最典型的是历代学者对山东武梁祠汉画像的研究诠释，其中最有代表性的研究是美国学者巫鸿著，柳杨、岑河译《武梁祠：中国古代画像艺术的思想性》。

但是，尽管都是作为象征的图像艺术，中国汉画像与欧洲古代雕塑和绘画却有很大区别，其最根本的区别是：欧洲雕塑与绘画在内容上是象征主义，但手法上却是愈来愈追求极致的写实主义；而汉画像艺术则在内容及表现手法两方面都是象征主义的。这种根本性的艺术创作的区别也同样延伸至中国版画和西方版画的区别，而中国版画正是中国园林的主要表达和设计方式。

2016年6月在意大利，为配合米兰世博会，欧美各大博物馆联手举办了盛大的达·芬奇展览，题为“Leonardo Da Vinci: The Design of the World”并由Skira出版社出版同名巨著。在此前后米兰Giunti出版社出版《Leonardo:Art and Science》，意大利Leonardo出版社出版《The Book of Codex on Flight by Leonardo Da Vinci: From the Study of Bird Flight to the Flying Machine》，牛津大学出版社出版《Leonardo: The Marvellous Works of Nature and Man》，德国Taschen出版社出版《Leonardo Da Vinci: The Complete Graphic Works》；海峡两岸的出版社也纷纷跟进，如重庆出版社出版《达·芬奇笔记的秘密》，北京理工大学出版社出版《哈默手稿》，台湾大是文化出版社出版《破解达文西：亲眼看见，这份手稿如何启发了人类文明与科学》，新星出版社和译林出版社分别出版《达·芬奇笔记》。达·芬奇作为意大利文艺复兴的标志性大师，其贡献是多方面的，甚至可以说是全方位的，但其贡献中流传最广的还是绘画，达·芬奇为研究人体的细微构造而进行的解剖工作是划时代的，因此能使其绘画作品达到写实主义的顶峰，同时引发整个欧洲对科学和艺术的极大兴趣。

达·芬奇忙碌的一生并没有很多时间制作版画，对版画艺术和技术的突破是由北方文艺复兴的标志性大师丢勒来完成的。丢勒的版画是欧洲版画的第一座高峰，对文化尤其是设计模式的广泛传播意义重大，使欧洲大量的设计遗产得以最大限度地传承，反观中国，木刻版画起源虽早，却发展缓慢，更因其过多的模式化及象征性，对中国设计文化如园林的有效传承没有起到应有的作用。丢勒的木版画最终达到了版画艺术的某种极致，其写实性甚至能与油画相提并论，对人物及世间万物的刻画准确而精细，从而不仅推动了绘画艺术的重大发展，而且大幅度促进了科学、技术领域的研究，精准而全面的科学技术类插图成为欧洲文艺复兴以后科学飞速发展的重要助力。丢勒之后不久，荷兰大师伦勃朗横空出世，以其无法超越的铜版画建立起欧洲版画的第二座高峰，再往后是英国的荷加斯，意大利的比拉奈西，西班牙的戈雅和法国的多雷，他们分别以对社会的描绘，对城市的记载，对政治的关注和对历史的诠释建立起欧洲版画的一座又一座高峰。

由英国著名科学史家查尔斯・辛格（Charles Singer）、E・J. 霍姆亚德（E・J. Holmyard）、A・R.霍尔（A.R. Hall）和特雷弗・I.威廉斯（Trevor I. Williams）主编，200余位专家撰稿的七卷本《技术史》巨著由牛津大学出版社于1954—1978年出版，是迄今为止最具权威的科技通史。上海科技教育出版社于2004年出版由陈昌曙、姜振寰、潘涛主持翻译的《技术史》中文版。该书近四千幅插图选自从四千多年前古埃及的绘画到20世纪中叶的实验室照片，其中有一半以上的插画直接引自欧洲各国不同时期的绘画、木版画、铜版画、石版画及设计草图。这些来自欧洲从公元前后到公元19世纪的各种版画及绘画，都具有如下几个特点：其一是比例与尺度的精确性，达・芬奇式的精细描绘得以处处体现；其二是透视的合理性，从古希腊到文艺复兴时期欧洲人对透视的科学追求最大程度地表现在这些科学与技术领域的制图上；其三是体量的真实性，这方面主要体现在阴影的表达，严格符合透视规律的阴影的表达是形成体量真实感的基本保障。从古希腊开始的欧洲强烈的雕塑艺术传统自然要求绘画能给予相应的体量描绘，对光和阴影的理解与描绘成为艺术家的基本功。这些科学、合理而准确的设计插图从一个侧面说明了为什么近现代科学和技术几乎都是在欧洲产生的，而中国具有悠久历史的科学传统为什么没有在近现代开花结果。

明代著名学者王圻和王思义于明万历三十七年出版的《三才图会》，这部影响广泛的明代最重要的图文类书，堪称明代百科全书，包括天文、地理、人物、时节、宫室、器用、身体、衣服、人事、仪制、珍宝、文史、鸟兽、草木等共106卷，“图文互证，细大毕载，是资钩稽”。约半个世纪后，明代著名科学家宋应星于崇祯十一年了出版了《天工开物》这部被誉为明代中国科技百科全书的重要著作，该书的大量插图尤其精美，基本代表了当时中国木版插图的最高水平，因此该书在中国科学史和世界科技史中均占有重要地位，先后被译为日、英、德、法、俄多种文本出版。这两部优秀的学术著作的版刻插图按中国版画发展的要求看来确实可称优美，对记录中国的科技成就并传播知识也毫无疑问起到非常大的作用。然而，如果与《技术史》中大量同时期的欧洲版刻插图相比，则我国明代的这两部学术著作的插图在多数情况下都不具备欧洲版刻插图的三大特点，即比例与尺度的精确性、透视的合理性和构件体量的真实性。这也许能够从某种意义上解释为什么中国古人发明了许多伟大的物品但自己却不能继承其精华，最后被别人超越。例如，中国人发明了造纸术，但现代的传统手工纸都是日本最好，而现代纸则是芬兰最好；中国人发明了印刷术，但德国人古腾堡对印刷术的再发明却很快领先于中国；中国人发明了指南针，但却是西班牙人和葡萄牙人将该发明的成果最大化并借之发现美洲；中国人发明了火药，但却是欧洲人将火药用于可以科学控制的武器并进而称霸世界；中国人发明了漆器，但日本人却因其高超的漆器工艺长期被全世界公认为是漆器的发源地；中国人发明了陶瓷，并以此为中国命名，但业内人士都明白，当代世界最好的陶瓷大多在日本和韩国。

英国汉学家柯律格教授是研究明代物质文化的专家，曾著有《大明帝国：明代的物质文化和视觉传统》和《雅债：文徵明的社交性艺术》，在其最近由三联书店出版的《长物：早期现代中国的物质文化与社会状况》中，作者以独到的立论，对文震亨的名著《长物志》进行了系统而深入的研究，其中提出一个非常重要的细节，即中国晚明至清初的一大批关于物质文化与设计时尚的著述中设计部分如家具、门窗、园林构件等都有极其精细的描述，甚至包括具体的尺寸。在此柯律格认为，正因为有如此的尺寸描述，所以《长物志》及著述大都没有插图。但实际上，只有尺寸描述而没有具体插图在设计上是无法完整传承的，这也是中国大量最优美的传统工艺最终会失传的原因。事实上，即便是有插图，甚至是非常丰富的插图，但如果这些插图达不到尺寸和透视的合理标准，也同样会不断造成歧义，从而在不同程度上影响工艺的传承。

最明显的实例是中国宋代的《营造法式》、明代的《鲁班经匠家经》、清代《工部工程营造则例》和民国的《营造法源》等设计著述，它们都配有大量插图，但对后人而言依然艰深难懂，因此需要专家学者们花费大量时间去猜测和解释，并时常需对照留存下来的设计实例才能真正搞懂著述中的部分专业术语。再以宋代名著《营造法式》为例，自20世纪30年代中国营造学社兴起，以梁思成、刘敦桢为首的一批当时中国第一流的建筑学者即开始注释该书，直到半个世纪后才出版其半部的注释工作，下半部的注释工作到现在已经历三代建筑学者的努力仍未出版最终能够基本定论的成果。这是中国传统制图的局限和缺失，在中国建筑与园林的发展上都成为负面力量，也因此使中国传统建筑和园林难以再生佳作。

著名学者蒋星煜所著《中国隐士与中国文化》1988年由三联书店出版，2009年由上海人民出版社再版。该书对中国隐士阶层进行了系统研究，尤其研究了中国隐士与中国绘画、诗歌及茶文化的关系，但却未能关注中国隐士与中国园林的关系。实际上，中国园林的形成与发展与历代中国隐士有非常密切的关系，早在魏晋南北朝时期，即有“大隐隐于市，小隐隐于野，中隐在园林”的说法，到了唐代则变为“大隐隐于朝，小隐隐于野，中隐在园林”。在江苏人民出版社2009年出版的美国学者杨晓山著，文韬译《私人领域的变形：唐宋诗歌中的园林与玩好》一书中，作者以白居易、牛僧孺、裴度、刘禹锡、欧阳修、苏轼、王侁为例描述了中国早期园林的发展状况，对这些并非真隐士的中国古代官员兼学者来说，隐于朝的大隐生活太险恶，逃遁山野的小隐生活又太过荒凉，于是作为中隐的城市私家园林便自然成为他们平衡社会责任与个人道德、缓解精神紧张与享受物质文化的中间地带，中国隐士实际上是中国园林发展的最重要推动者。

中国园林的发展与传承最重要的当然是实物，即历代留传下来的园林作品，但因改朝换代及战乱因素，中国园林作品能完整留存下来的几乎没有。因此中国园林真正的传承发展主要依靠图像文献及师徒传带。从浩若烟海的中国园林图像宝库中我们可能观察到可以用于传承的设计文献主要是两大类：即绘画与版刻图像，此外则是大量的文字记录，将它们结合起来，后人才有可能尽可能完整地复原往昔存在的中国园林实例。

从某种意义上讲，无论是大隐、小隐还是中隐，中国文人和隐士们都在创造着园林。北宋王希孟的《千里江山图》中的数十组山居环境是小隐中的理想园林，同样来自北宋的张择端的《清明上河图》中的市井庭院与皇家苑囿则是大隐中的典型园林，而作为中隐园林图像志的历代园林绘画，更是对中国园林进行了全方位的记录，由三联书店2012年出版高居翰、黄晓、刘珊珊合著的《不朽的林泉：中国古代园林绘画》中对绘画中的中国园林进行了系统梳理。这些绘画中的园林作为绘画的功能是完美的，但却无法替代设计图，因此各地后来依据古代绘画来修复园林的实例大都以失败收场。美国著名艺术史家方闻教授著，李维琨译《超越再现：8世纪至14世纪中国书画》2011年由浙江大学出版社出版，该书明确揭示出中国古代绘画的真实功能：超越再现，寓意象征，富含理念，展示精神。

中国实际上是一个天然的园林大国，无论何种形式的图像资料，其描绘的场景一定都是园林景观或者至少与某些园林要素相关，从图像学的角度来看，中国艺术家对园林的设计与创作活动充满活力和创新能力，以名著《红楼梦》为例，这部几乎完全以园林生活为背景的经典名作，吸引着无数艺术家以不同手法展示他们对红楼梦大观园及其他相关园林的理解，如中国书店出版的《汪惕斋手绘红楼梦粉本》，中国书店出版的《改七乡红楼仕女图》，天津古籍出版社出版的《红楼梦图咏》4卷本，以及作家出版社出版的《清孙温绘全本红楼梦》等，这些园林绘画及版刻杰作本身就是精美艺术品，是超越再现的中国绘画，因此对园林设计与修复的指导作用是非常有限的，这也是中国各地修建了多处大观园景区，但却没有一处令人真正满意的原因。

中国最早的版画保留至今的来自唐代武则天时期，自唐到宋辽金时代，中国留存的版画大都为佛经插图，至元代完全世俗化，到明代则完全以戏剧小说插图为主要表现媒介，同时也大量用于诗歌、游记、笔记文学的插图。中国版画自诞生起就始终遵循着两个方面的原则：其一是由中国绘画遗传过来的“超越再现”的原则，其二是木版技术主导的原则。前者使中国版画除色彩外，基本上表达着与中国绘画相同的内容；后者对木版技术的坚持则使中国版画从一开始就放弃了在铜版和石版方面的新型技术的探索，从而使中国进入现代以前的所有门类的版画都使用木刻版画的图像学原则，在相当大的程度上丧失了创新的活力。尽管如此，中国古代版画在追随中国绘画的“超越再现”的原则的基础上，仍然创造出大量传统版画的精品，它们同样以长卷和册页为主要表现形式。

中国园林长卷版画的第一精品当属刊行于明万历年间的《环翠堂园景图》，原版图近15米长，精确描绘了明代文学戏剧家汪廷讷所建“坐隐园”，环翠堂则是坐隐园的主厅，该版刻的绘画者是明代著名画家钱贡，刻艺家则是明代杰出的版画艺术家黄应祖，两位艺术大师的精心合作，成就了徽派版画的经典之作，同时也是明代园林设计的杰出作品。该作品尽管也遵循“超越再现”的基本理念，但却最大限度地描绘坐隐园的现实，运用我国园林山水画和界画的独特表现图式，不仅描绘园林，而且展现了园林的主人和客人及服务系统。清代版画相对于明代则处于明显的衰落状态，但也出现了一个时代的园林长卷版画杰作，如赵之壁的《平山堂图志》中的三幅精美而壮观的扬州园林景观长卷，在相当大的程度上精彩再现了当年扬州园林的鼎盛状况。此外，清代著名画家王原祁、宋骏业等绘制的《万寿盛典图》堪称清代宫廷版画奇葩，除全方位展示城市、街道、园林、宫殿、市井之外，也精准描绘了康熙时代的政治、经济、文化、民俗、宗教诸方面，因此时常被称为清宫版“清明上河图”。

中国园林册页版画的第一精品则可能是《绘图新校注古本西厢记》中的二十幅园林景观系列。该系列园林图由文徵明入室弟子钱穀绘制，徽州另一位版刻大师黄应光刻制，其中对园林景观中各类设计元素的描绘都臻于经典，如亭台楼阁、室内家具、曲廊栏杆、山体湖石、古木花卉等都完美再现了名剧《西厢记》中庭园生活的优雅背景，因此成为另一组明代园林设计的典范。清代园林册页版画的著名作品则有《御制圆明园图咏》和《鸿雪因缘图记》，两者虽则非常精美，但绘制手法日趋程式化，在图像学意义上已包含有更多的象征语意，其山川、河流、城市、人物、舟车、房屋的图像表达基本遵循相应的程式化原则，在园林设计层面已基本放弃了细节。

文震亨在《长物志》中列出的十二卷名目有室庐、花木、水石、禽鱼、书画、几榻、器具、衣饰、舟车、位置、蔬果和香茗。但作为依然以农业立国的明清王朝，对农耕的重视仍是第一位的，其重要体现就是康熙题词、清宫著名画家焦秉贞绘制的《御制耕织图》，这套清宫经典版画，其内容虽是农耕与纺织，但画家的表达图像都是风景园林的理念，令人立刻联想起陶渊明式的田园生活。而作为“长物”的花木、水石、书画、器具之类，在明代晚期已成为文人雅士阶层在园林建造中竞相攀比的领域，因此出版了大量的带有专业研究性质的学术版画，包括前朝的优秀版画著作都能进入晚明士大夫阶层的雅玩流通领域，如晋·郭璞《尔雅音图》，宋·李诫《营造法式》，元·李衎《竹谱详录》，宋·米芾《宝晋斋法帖》，明·萧慈《玉华洞腾景图》，明·黄凤池《唐诗画谱》，清·郝懿行《山海经笺疏》等。这些雅玩“长物”在后来的社会发展中有些被继承或发扬光大，另一些却被忽视或因无人有机会继承而被彻底遗忘了。德国汉学家雷德侯著，张总译《万物：中国艺术中的模件化和规模化生产》2005年由三联书店出版，该书对中国文化进行了极具启发性的探讨，从文字与印刷，建筑与绘画，青铜器与陶瓷，到漆器与丝绸等日用器物，中国人艺术设计活动中的模件化及规模化生产的能力在很大程度上能够解释中华民族在相当长一段时间内的文明聚合力。但与此同时，中华民族也在诸多领域丧失了曾经铸造中华民族灵魂的鲜活的创造力，并在传播已有的文化遗产的过程中，因主客观的多种原因继续失去中国传统的艺术与设计创作智慧中的相当一部分宝贵的内容。

笔者的家乡扬州在过去的20年花了很大气力重新恢复园林城市的美誉，最初也确实信心满满，志在必得，邀请海内外大批园林设计专家参与设计指导，而整个建设过程更是建立在拥有一大批原始的扬州园林图像及文献的基础上，除上述赵之壁《平山堂图志》之外，与之前后略约同时期的清代中后期扬州园林图像（包括绘画与版画）就有：高翔《扬州即景图册》（1712年），高凤翰《平冈松雪图》（1725年），袁耀《邗江胜揽图》（1747年），清宫《南巡盛典》（1776年），袁耀《扬州四景》（1778年），《广陵名胜全图》（1776—1790年），《扬州画舫录》插图（1795年），《江南园林盛景图册》（1795年后），以及《广陵名胜图》（1850年）等。这些精彩的图像志文献理应让扬州迅速恢复经典园林城市的辉煌状况，然而到目前为止大量恢复的园林景观最多也就是差强人意，聊胜于无，有些甚至是惨不忍睹。为什么会出现这样的局面呢？客观而言，扬州的园林城市建设或许还是全中国（至少在大陆地区）最好的，许多其他城市的园林状况已不忍多谈。

北京大学出版社今年（2015年）初刚出版的赵柏田著《南华录：晚明南方士人生活史》对明代中后期江南园林的兴建活动有大量生动而翔实的描述，我们从中能够想见，当同时期的欧洲人将其大部分的人力、物力和财力投入到教堂建设之时，中国晚明江南的士人们是如何将其人力、物力和财力投入到园林建设的。收藏家项元汴，剧作家屠隆，戏剧大师汤显祖，制墨大师罗龙文，画商吴其贞，文学家张岱、文震亨、公安三袁和李渔，造园大师计成和张南垣，文学家兼造园大师祁彪佳，学者吴伟业、钱谦益和阮大铖，制香大师董若雨，说书大师柳敬亭，梦幻大师黄周星，艺术大师陈洪绶，商界大亨汪然明，文学家兼艺评家周亮工等，他们一生中的全部或大部分时间实际上都在忙于建造自己的私家园林。两位职业造园大师计成和张南垣更是仅以其造园成就名垂青史，前者有《园冶》这样一部专业园林设计与建造论著传世，后者则在大江南北为诸多文化名人创造出大量园林精品。然而残酷的现实是，计成去世后因无后人继承其事业，其园林营造的精华设计遗产随即失传，《园冶》只能流传图像学意义上的模式，却不能传达造园大师的造园创意精神；而张南垣虽有幸有四个儿子继承园林营建的家业，但却一代不如一代，以至张氏造园手艺亦很快失传。

笔者在思考中国园林的图像和语意内涵问题时，开始关注更大范围与中国园林相关的传统图像文献，如三秦出版社2004年再版清代大学者毕源所著《关中胜迹图志》，科学出版社2007年出版张驭寰著《中国古代县城规划图详解》，湖南美术出版社2009年出版刘昕、刘志盛编《湖南方志图汇编》，这些方志图像文献集中展示了中国古代官方对城市、园林及山川的图像学定义；又如人民美术出版社1960年版《芥子园画传》，中国书店1984年版《古今名人画稿》和《续近代名画大观》，以及去年（2014年）刚刚再版的元代画家李衎著《竹谱》，这些画谱类图像学文献则非常典型地诠释着中国的艺术与工艺智慧在模仿、抄袭与创新之间的自由徘徊；再如华宝斋书社1997年版《金刚经感应图说》，上海古籍出版社2002年版《钦定补绘萧云从离骚全图》，岳麓书社2004年版《佛家的传说》，天津人民美术出版社2004年版《明刻历代列女传：仇十洲绘图真迹》，华宝斋书社2004年版明代客兴堂本《水浒传》和《西游记》，清代两衡堂本《三国演义》和清代同文书局本《红楼梦》，中华书局2007年版《仙佛奇迹》，以及广陵书社2013年版《百美新咏图传》，这些文学类、宗教类、历史类图像文献代表着中国最广大的民众对图像传达的基本观念和对相关的语意内涵了解和接受的限度。一方面中国传统木刻版画在晚明艺术高峰之后开始总体衰落，另一方面中国版画在图像本身的营建中所形成的简单化、程式化及模糊化集中发展成为一种强大的“去科学化”的艺术与设计观念，从而使我国古代大量的科技与设计文献即使有插图也难以真正流传，因为真正的匠心传承依赖于师徒父子的口心相传和手足传带，一旦传人无继，相应的设计艺匠及手艺技法就随之失传。

反观欧洲的图像传统，自古埃及和古希腊就有精确记载日常事物的传统，古罗马建筑师维特鲁威的《建筑十书》在两千年后的今天仍然允许人们照图施工，到文艺复兴之后欧洲人对建筑与园林设计的图像文献注入更为科学化的内涵，以德国艺术巨匠丢勒为代表的绘画大师即为多部科学著作和百科全书做版画插图，这种伟大的传统代代相传至今，以至于当代艺术大师如毕加索、克利、康定斯基和马蒂斯等都曾为科学和文学名著绘制版画插图，其插图的高度科学性和艺术创意时刻传承着欧洲科学与艺术共同发展又相互交融的优秀传统。这种传统在欧洲早已成为大众普及的文化事件，并因此能使第二次世界大战之后的德国、英国、波兰、苏联等国能在废墟之上原样恢复往日的城市、建筑及园林景观的辉煌。

在摄影术被发明和发展之前，乃至普及之后，欧美以科学记录为基本导向的精致绘画是欧洲及全球科技发展的推动力量之一，大量的科学的对大自然的观察和绘制，不仅最直接地推动科学的发展，而且其本身也成为无可替代的艺术珍品。大科学家林奈和达尔文的所有考察足迹都伴随着详尽而科学的实例图和写生绘画，而以绘图成就著称于世的科学大师当属美国博物学家奥杜邦和德国科学家兼艺术大师恩斯特·海克尔。奥杜邦对美洲鸟类和走兽的终身观察和描绘本身构成一道独特的科学景观，他于1852年出版的《Birds of America》和《Viviparous Quadrupeds of North America》立即成为跨越科学和艺术界限的划时代博物学巨著，并随后由英国铜版画大师罗伯特·哈维尔为其所有绘图翻刻铜版，从而使该作品以惊人的速度流传于欧洲、美国及世界上的各个地区，对博物学、动物学及生态学的发展起到了极大的推动作用。2011年该书由北京大学出版社以《飞鸟天堂》和《走兽天下》为书名出版中文版，让更多的中国人欣赏奥杜邦笔下的绝版自然。德国科学家海克尔的兴趣点则更多地集中在海洋生物，并以其令后人叹为观止的绘图将大自然的绝美图像永远留存并传承后世。1862年海克尔出版德文版的《Art Forms in Nature》和《Art Forms from the Ocean》，在随后的岁月中该书的各种文字版本在全世界广泛流传，南方日报出版社也于2015年出版中文版的《自然界的艺术形态》。

事实上，中国古代的科学家和艺术家长期以来亦有对大自然进行纪实绘制的博物学传统，如中医古籍出版社2011年再版的《中医古籍孤本大全·本草图谱》中的精美而写实的草木鱼虫和飞禽走兽就是明代博物学家周仲荣、周祜和周禧父子三人绘制的。这种浓郁的中国博物学传统实际上延续至整个清代，海峡两岸的故宫博物院近年出版的故宫经典系列中的《清宫鸟谱》《清宫鹁鸽谱》《清宫兽谱》和《清宫海错谱》等从一个侧面展示了中国古代博物学及图像学曾经保持的强大的写实传统和科学态度。遗憾的是，这批精美的大自然图谱大都深锁宫苑，为皇室人员所独有，在图像学意义上基本丧失了传播价值，从而也失去了积极的社会意义。另一方面，中国长期以来几乎只发展木刻版画，即使木刻版画的巅峰作品在写实与精细程度方面也无法与丢勒及其后世的欧洲版画大师相比，而铜版画和石版画进入中国已是清末民初的事件，因此，包括园林图谱在内的所有最精致的中国设计及博物学绘画难以得到有效传播，而能够传播的中国图像文献又大都缺少科学的精确和透视的造型，更缺少设计细节的表达，这样的图像文献无论对图像学本身的发展还是对设计实践的指导都会产生负面的影响。

从中国绘画到中国木刻版画，即使是达到绘图和刻版两方面的巅峰之作，如故宫出版社2013年再版的明代焦竑著，丁云鹏绘的版刻名著《养正图解》，以及前文提及的明代《环翠堂园景图》，在图像学方面也没有欧洲传统的科学透视和用于展现体量的阴影系统，从而使中国古代版刻无论怎样优雅精美，都无法达到科学意义上的写实。再加上中国长期以来没有发展铜版和石版画系统，从而使中国版画的表现力在写实精确度和手法的多样性方面都逊于西方。然而，东西方的文化交流是必然的，“西画东渐”和“东画西渐”在不同的时代都以不同的形式和程度发生着。欧洲绘画中的透视法和阴影系统终于在明末清初开始传入中国，并开始非常缓慢的传播。中国传统版画中的程式化图像所形成的千篇一律的人物造型和建筑模式开始受到挑战，园林图像中的诸多元素开始尝试用更有表现力的绘图法进行表达。

从晚明开始进入中国的欧洲各国传教士都是饱学之士，他们都能写善画，为中国带来的不仅是上帝的福音，而且是欧洲当时已取得的各种科技成就和艺术信息。在以利玛窦和郎世宁为代表的欧洲传教士群体中，德国著名学者阿塔纳修斯·基歇尔所著《China Illustrata》于1667年在荷兰阿姆斯特丹出版，该书所配大量木刻版画插图很可能是最早用西方透视法及阴影原则表现中国建筑、园林、任务、器物和大自然的版画作品，该书由大象出版社2010年以《中国图说》书名出版中文版。进入21世纪之后，中外学者开始对东西方绘画及图像意念交流的过程发生浓厚的兴趣并出版一系列研究成果。2002年中国美术学院出版社出版莫小也著《十七至十八世纪传教士与西画东渐》，2007年中华书局出版江滢河著《清代洋画与广州口岸》，2008年紫禁城出版社出版夏崇正著《清宫绘画与西画东渐》，商务印书馆最近两年也出版了一系列关于这个课题的研究，如英国学者孔佩特著于毅颖译《广州十三行：中国外销画中的外商1700—1900》，龚之允著《图像与范式：早期中西绘画交流史1514—1885》，郭亮著《十七世纪欧洲与晚明地图交流》等。

尽管丢勒等文艺复兴大师在木版画方面也取得巨大成就，但从对科学的精细表现能够被广泛传播的图像的意义上讲，铜版画起到了更大的作用，它起源于14世纪的欧洲，在文艺复兴前期，当时的意大利和德国的发达的手工业和印刷业蓬勃发展，由金属雕刻发展为直接用于印刷业的金属凹版制版，从而开创铜版画。令人惊异的是，铜版画传到中国来的时间并不晚，但却没有在中国产生有效的回应。早在明万历十九年（1519年），西方传教士利玛窦就携带一批欧洲基督教题材铜版画来到中国，并赠予中国徽墨大师程大约，后者选择其中四幅，作为附录编入其万历三十三年出版的《程氏墨苑》中，名为“利玛窦题词及记有罗马注音的天主教宣传图”，见上海古籍出版社1994年再版“中国古代版画丛刊二编”系列第六辑《程氏墨苑》。遗憾但又无可奈何的是，当时程大约只能将他喜爱的这四幅欧洲铜版画的木版画以木版摹刻的方式收入《程氏墨苑》中，但无论如何，这四幅欧洲铜版画的中国木版摹刻图像还是让相当一批中国人第一次看到富有明暗阴影、形象生动逼真的欧洲铜版画风格。也许是因为铜版画对绘图、雕刻、印刷及纸墨等元素的要求都非常严格，从而使铜版画制作工艺对长期习惯于木版雕刻的中国出版商过于费工费时且耗资颇巨，也许因为《程氏墨苑》中欧洲铜版画的中国木版形象过于简陋，无法充分展示欧洲铜版画的表达魅力，直到晚明至清初在中国未闻有铜版画的制作。铜版画的真正制作是在清代康熙后期，由当时在清廷的西方传教士引入中国。意大利传教士马国贤于康熙五十二年（1713年）主持印制的铜版《御制避暑山庄三十六景诗图》是中国铜版画的开山之作。

学苑出版社2002年出版《铜版御制避暑山庄三十六景诗图》，其中不仅复制了马国贤主持印制的清代著名宫廷画家沈喻绘制的园林绘画册页“避暑山庄三十六景诗图”，而且并列复制清代宫廷木刻大师朱圭和梅裕风刻印的沈喻同绘册页，以便观者可以对铜版和木版画对比欣赏。据故宫博物院研究员翁连溪研究比较，该书中的两个版本中，铜版刻本《避暑山庄三十六景诗图》在构图、内容、画面尺寸诸方面都以木版为据，但对于园林景物的刻画更为繁细，注重透视的表现，明暗对比强烈，山石林木，殿阁楼台，云纹水态等刻画立体感极强，这些都是中国传统木版画作为平版白描式线刻手法所无法表现的。两相比较，艺术风格及表现力度都不一样。对木版诗图而言，马国贤的欧式铜版诗图是一种再创造和再升华。

同样令人非常遗憾的是，马国贤的铜版诗图虽有望对中国传统木刻版画发生更广泛的启发作用，却因当年康熙批示“只印四部妥善收藏”而使该图册的流传仅限于极小的皇家圈子中，尽管该诗图的一部分甚至由马国贤于1724年带到欧洲。不过，与欧洲当时的铜版画作品比较之下，中国印制的首批铜版画在绘画、雕刻、印刷诸方面都颇为逊色。翁连溪在文物出版社2001年出版的《清代宫廷版画》中追述了铜版画在康熙朝之后在中国的发展状况，其中乾隆朝是中国宫廷铜版画刊刻的鼎盛期，其间刊刻的最为著名的铜版画系列作品为《平定准噶尔回部得胜图》计十六幅，这套全景式构图的大幅铜版画作品却是由当时在清廷供职的欧洲传教士绘图，送回欧洲雕刻铜版并在法国最终完成雕刻及印刷的，从1765年画稿完成送到法国，至1775年铜版印刷完成再运回中国，用了10年时间。两年后由在乾隆宫廷供职的西方传教士画家贺清泰、艾启蒙再绘《平定两金川得胜图》十六幅，但这回是在北京制作铜版并印刷，1785年全部完成。这以后，由欧洲画家传承西方绘画技法的中国宫廷画家开始涉足铜版画绘制，如姚文瀚、杨大章、贾金、谢遂、庄豫德、黎明等清宫画师1788年开始绘制《平定台湾得胜图》十二幅，并于1792年在北京完成铜版雕刻及印刷。随后的乾隆五十九年（1794年）完成《平定廓尔喀得胜图》八幅，乾隆六十年（1795年）刊刻完成《平定苗疆得胜图》十六幅，嘉庆三年（1798年）刊刻完成《平定仲苗得胜图》四幅，道光十年（1830年）刊刻完成《平定回疆得胜图》十幅，这批铜版画基本上由清代中国宫廷画师绘图，内府造办处镌刻铜版印刷，其整体绘图、镌刻、印刷水平与欧洲传教士绘制、法国名家雕刻并在法国印刷的《平定准噶尔回部得胜图》相比，总体图像学的视觉效果稍逊，但其绵细的笔法对山体树石和园林房屋的描绘能反映出中国画师和刻工显然在将中国传统木刻绘风及雕刻技法融入铜版画的绘刻之中，这种中西结合的典例，如果不是因为中国清廷版画作品的长期封闭，本应在中国结出令人满意的艺术果实。至于专门的园林绘图，在康熙年间的避暑山庄三十六景诗图之后，乾隆五十一年又见证中国画师刻工刊刻完成的《圆明园长春园图》铜版画二十幅，其精美细致的程度很快得到欧洲传教士艺术家们的赞叹，足显中国铜版画的惊人潜力。

中国宫廷铜版画封闭式绘制的状态延续到清末，直到光绪年间，中国艺术家王肇宏赴日留学接触铜版画技术，回国后出版《铜刻小记》首次公开在中国介绍铜版画技法，引发中国民间对铜版画的关注，而此时清宫廷早已停止了铜版画的刊刻活动。晚清中国也引进了石印版画技术，1884年开始面世的上海《点石斋画报》可谓经典巨献，这套石印刊刻的晚清民俗画报同当时的其他时尚刊物如《启蒙画报》《时事画报》《赏奇画报》《北京画报》《星期画报》《人镜画报》《醒俗画报》等一道，为中国绘画图像学注入了新鲜血液，然而此时的中国园林早已江河日下，精湛的造园技艺已失传良久了。

一个国家艺术传统的特征明显影响并左右着这个国家的设计品味和技艺传承，中国古代园林的图像学成就显然是不健全的，用于观赏和技艺传承的中国园林图像志在表现技法、构图、精细程度和科学性诸方面都存在程度不同的片面性。最近看完毕加索的艺术传记，看到这位大艺术家如何像学徒一样刻苦钻研铜版画技法，我们不得不感叹：中国木刻版画的技法毕竟还是简单的，尽管它们在相当程度上也同样在创造辉煌。

中国的园林艺术当然曾经辉煌，但也令人哀伤地不断遭遇毁坏和技艺的失传，实物的失传源自人为和自然的双重灾难，技艺和创意的失传则由于中国园林图像学的缺陷与封闭。没有师徒父子眼对眼和手把手地传承，传统的中国园林图像志无法单独担当准确或基本正确地传承设计意匠和技艺手法诸方面的工作。当造园大师离世，其开创的造园意匠也随之失传，因此中国晚明至前清造园经典高峰之后，再无经典，苏州、扬州与无锡的江南经典园林已成为绝唱，如何看待它们，如何研究它们，这些都并非简单的问题。王昀的《中国园林》让我们认识到中国园林更多的语意内涵和图像思维，也同时引导人们对百年以后中国园林研究的反思。

长期以来中国太多的重复性表象研究为中国园林带来的只能是粗俗理解及相应而来的假古董复兴。同时，狭隘的民族主义情结则为中国园林带来大量的自说自话，以至于时常忘掉中国园林只是世界园林大家庭中的一个成员，人类还拥有欧洲园林、伊斯兰园林、印度园林、日本园林等，因此我们不得不扩大我们的研究视野。而对中国园林的研究，无论是深度和广度，我们都还有大量的工作要做，我们需要完整的中国园林图表研究，需要大量深入细致的造园大师个案研究，需要以开放的心态广泛使用望远镜、放大镜和显微镜对现存的经典中国园林进行科学的、多角度的、外科与内科解剖式的研究。此外，多学科的跨界设计思维对中国园林研究至关重要，精神意匠分析、结构主义、符号学、图像学、解构主义等对园林的全面理解都会带来益处。当中国园林的图像学意义受到质疑时，以多角度摄影为代表的新型图像模式会为新时代的园林语意带来启发。王昀的《中国园林》已显露出用现代思维观察中国园林的多维镜头，时而以设计的眼光，时而以艺术的视角，时而以科学的思维，最终以跨界理念引发对中国园林的全新理解。

从中西方园林对比看中国园林的误区和缺憾

在2016年5月底由英国诺丁汉大学承办的Cumulus世界建筑设计和媒体艺术院校联盟的年会上，有两位主题发言人引人注目，即第一位演讲人——来自英国科学总部的丹尼尔·格拉瑟尔博士（Dr. Daniel Glaser）和最后一位演讲人——同样来自英国的著名艺术家沃尔夫冈·布特里斯（Wolfgang Buttress）。他们的发言发人深省。格拉瑟尔博士的演讲主题是“科学、艺术与人类社会”，布特里斯则与德国生物学家马丁·本西克博士（Dr. Martin Bencsik）一道，伴随着优雅的小提琴，以表演的方式，向与会者介绍荣获2015年米兰世博会“建筑与景观最佳展馆”这一最高荣誉的“蜂巢”英国馆。

联想到2010年上海世博会上由英国著名设计师托马斯·赫斯维克设计的备受全球盛赞的“种子圣殿”英国馆，令人感叹当代英国的综合创造力。近年由美国某机构发布的全球综合科技创造力排名如下：美国第一，英国第二，日本第三，法国第四，德国第五，芬兰第六，以色列第七，瑞典第八，意大利第九，丹麦第十……英国作为非常老牌的发达国家，连续几百年保持如此旺盛的创造力，确实令人深思，而格拉瑟尔博士的主题演讲正好展示了当代英国和欧美国家科学与设计界的思维方式与设计关注点。

格拉瑟尔博士认为，当今人类社会的和谐发展在相当大程度上取决于科学与艺术跨界融合的完美程度，当代的建筑师和设计师与一百年前和五十年前的同行前辈们所面临的局面完全不同，敬业的最显著标志已变为对新知识的热情和对多学科的理解，格拉瑟尔在科学领域分别举出生物学、物理学、化学、技术、工程和数学，在艺术领域则举出视觉艺术、新媒体艺术、电影、表演、音乐、设计和建筑等，只有在上述两大领域的多层次全方位的跨界交融中，当代建筑师、设计师和艺术家才能创造出无愧这个时代的伟大作品和产品。最后，格拉瑟尔从哲学的高度提出当代优秀设计的十项评判指标：创造力、合作性、实验性、革新性、洞察力、独特性，发现新事物的能力、事务性、批判性及研究性。对照这些指标，连续两届世博会的英国馆设计确实能够实至名归地独领风骚。

2015年米兰世博会的主题是“滋养地球，生命的能源”，艺术家布特里斯的设计理念是一种独特的现代花园的观念：由果园和花园作为引导空间，最后进入别具一格的“蜂巢展馆”，这种观念尤其突出了人类与蜜蜂的相似性和关联性。作为引导空间的现代园林由草地、果园、花园及其间蜿蜒曲折的小路组成，游客先以熟悉的心情进行随性体验，然后便进入一个圆形露天剧场，在此可观赏“蜂巢”，进行休闲交流，这里也作为晚间表演和观影空间。主体结构是离地3米高的大矩形，内部中心是椭圆形空间，人们分批进入“蜂巢”内部，通过独特的设计亲身感受真实的蜂巢生活片断。在这里，艺术家与生物学家密切合作，在蜜蜂专家马丁博士的科学研究成果引导下，设计通过一组产蜜昆虫的实时输入，使光杆产生有规律振动，从而使整个建筑生动活泼起来。在“蜂巢”内部，精心设计的音频效果能够让你听到蜂王呼唤的声音，当蜜蜂活动增加到一定的定量时，整个展馆的LED灯都会点亮。

2010年上海世博会上英国馆“种子圣殿”时至今日仍让人由衷赞叹设计师的旺盛创造力。出生于1971年的赫斯维克拥有建筑学、设计学和艺术学的多重学位，其跨界的学科背景注定他的设计实践一定会突破传统，以至于他30岁出头就被英国设计界誉为“新时代达·芬奇”。然而赫斯维克最强劲的思维则是与科学家合作，从而发现设计的突破口。为了设计2010年上海世博会的英国馆，赫斯维克向生物学家马德琳·哈雷博士（Dr. Madeline Harley）、种子分类学家沃尔夫冈·斯杜比（Wolfgang Stuppy）和视觉艺术家洛伯·凯赛勒（Rob Kesseler）反复请教，最终获得“种子圣殿”的独特创造灵感。这是一种另类的现代园林作品，其主体视觉形象是一个圆角立方体，表现大自然中的最基本形态，其表面布满发光的“小触须”，展示出一种简洁而又引人入胜的设计语言。主体展馆周身插满约6万根长达7.5米左右的透明亚克力杆，这些亚克力杆向外伸展，不仅能随风轻摇，而且每一根里都含有不同种类、形态各异的植物种子。“种子圣殿”集建筑、景观和园林于一体，将科学、技术和艺术设计结合得天衣无缝，堪称现代设计经典。

反观上海和米兰世博会上的中国馆设计，与英国馆相比，无论在设计思想、创作理念，还是在实施手法上都存在相当大的差距。中国当代的建筑与设计，同中国园林一样，在科学与艺术的跨界融合方面处于时代断层后的初创阶段，在设计思想上，中国当代建筑师和设计师们大多还沉浸于一种“剪不断理还乱”的对“本土设计”和“传统文脉”的梦呓之中，而设计思想的误区必然造成创作理念上的缺憾，首先是狭隘的“传统”观念，使中国设计师们时常忘记自己已生活在信息时代的地球村，总是热衷于从中国传统建筑中寻找灵感，或者直接挪用中国传统设计中的形式和色彩；其次是短视的“模仿”手段。因中国书法和水墨画的传承多由“临、仿、模”入手，由此造成中国当代水墨画的困境，同时也造成中国设计师、艺术家表现手法和整个社会对原创的漠视，历年的中国馆设计，要么借助于中国传统艺术表现手法和符号，如剪纸、斗拱、灯笼等，要么借用或改编国外已有的设计作品，缺乏原创理念的中国设计，难以与世界设计强国竞争；第三是表面化的“主题”创作，从中国传统的装饰出发，中国设计师们时常落入过度包装的泥潭，从而因忽视甚至忘记真正的功能需求而喧宾夺主，琳琅满目的月饼包装早已成为一种新常态，移植到具有国家脸面功能的中国馆中，则出现“中体西用”的多媒体图像展示和土特产商品布置，从而与亚非拉展馆处于同一设计档次；第四是严重缺失的“科学”思维和跨界设计理念，当今中国的建筑师、设计师、艺术家、科学家、工程师、文学家基本上各自为政，尚未形成跨界设计的工作状态，而设计师与艺术家群体所普遍缺失的“科学”思维是我们的设计构思大多浮游表面的重要原因。中国园林是分析中国当代设计的绝好标本，本文拟从科学和艺术创造两方面进行论述，从而对中国当代建筑和设计带来相应的启发。

1　中国园林和世界园林

笔者在上篇“中国园林的图像与语言”中已论及中国园林的软肋问题，其一就是中国古代园林的图像学成就是不健全的，仅从观赏和技艺传承角度观之，中国古代园林图像与西方和日本已有差距，更不要说从科学研究的角度看问题了。其二就是中国园林的传统功能过于消极和单一，无论是高居堂庙之上的士大夫们用于失势之后的疗伤之所，还是佛道术士们的修为之地，都是用于逃避现实、消极循世的场所，从而从根本上丧失其作为研究大自然，进行科学进取的基地的功能。其三是中国园林的封闭性贻害深远，这种封闭性在微观层面上表现在高墙封闭下的自娱自乐，在相当大程度上缺乏人们在观察大自然方面的广泛交流，偶有天才灵光闪现的成果，也很快埋没于历史当中；然而这种封闭性在宏观层面上为害更显，长期封闭锁国使中国传统士大夫们只知中国园林而忘记或完全不知世界上还有更多拥有不同哲学理念和表现手法的园林艺术品类，如埃及园林、意大利园林、西班牙园林、法国园林、英国园林、北欧园林、土耳其园林、伊斯兰园林、印度园林、日本园林等。

任教于英国格林威治大学的汤姆・特纳（Tom Turner）教

授在过去的40年研究和访问了全世界各地不同风格的园林，用实地考察和文献阅读参照研究的方法，深入浅出地介绍了人类对园林的理解、建造和使用习俗：人们为什么要造园？为什么世界各地会产生不同类型的园林？特纳于2005年出版《园林史：公元前2000—公元2000年的哲学与设计》（电子工业出版社2016年2月中文版），2010年出版《亚洲园林：历史、信仰与设计》（电子工业出版社2015年9月中文版），2011年出版《欧洲园林：历史、哲学与设计》（电子工业出版社2015年8月中文版），2013年出版《英国园林：历史、哲学与设计》（电子工业出版社2015年9月中文版），从书名中我们已能看出作者对于西方园林设计理念的分析具有哲学的高度。《园林史》讲述西方园林的发展史，4000年的跨度，考察出西方园林源自埃及和西亚，再传播到希腊及欧洲各国，而后至美洲和其他地方，园林设计哲学的发展追溯至柏拉图和维特鲁威的著作，而古希腊数学家欧几里得的划时代著作《几何原本》作为建立空间秩序最久远最权威的逻辑推演语系，对西方园林主流中的几何式构图起到决定性作用。《园林史》主要讲述西方园林及伊斯兰园林，并不包括中国和东南亚园林体系，着眼点放在“哲学与设计”，其后的《欧洲园林》和《英国园林》也同样以“历史、哲学与设计”为主题。然而，特纳的《亚洲园林》的主题则是“历史、信仰与设计”，“信仰”与“哲学”相对比，揭示出中西方园林设计理念的根本出发点的区别，“信仰”重主观冥想，“哲学”重理性推演；“信仰”强调寄情山水，自由曲线及无为而治，“哲学”则注重观察和分析研究大自然，进而发展出理性科学及民主法治；“信仰”尊崇“临、仿、模”，“哲学”提倡艺术创意，从而导致中国园林及所有艺术与工艺领域言必称古，而西方园林则成为科学和艺术发展的源泉和基地。令人惊叹的是，在人类如今主宰的地球上，“信仰”与“哲学”都有其存在的理由和价值，并相互借鉴和补偿，实际上，人类文明的进步正是建立在不同文化相互交融的过程中。

科学发展到今天，人们越来越深刻地认识到，在无所不包的世界意象中，万事万物之间存在着千丝万缕的联系，而东西方不同的文明以不同的方式来表达和推演这种联系。英国科学史家约翰·米歇尔（John Michell）和艾伦·布朗（Allan Brown）于2009年出版《神圣几何：人类与自然和谐共存的宇宙法则》（南方日报出版社2014年2月中文版）一书，集中探讨以几何学为线索的宇宙法则，正如作者在其另一本书，出版于2005年的《一个激进传统主义者的自白》中所说："即使你不是新时代的人，也不难明白人类与自然能和谐共存需遵守的唯一通世法则就是至高无上的宇宙的法则，它是宇宙学对于理想的和谐状态和平衡比例的定义。每一个古老的人类文明得以持久的神秘根基就存在于这种和谐与平衡中。"实际上这种和谐与平衡包括不同文明之间相互学习、借鉴与共赢的过程，这一点尤其体现在宇宙间神秘的圆周率π值当中，奥妙无穷的π是一串以3.141592653……开始，永远没有尽头的数字，东西方数学家与现代的大型计算机都曾挑战π，但从来不能达到数字的尽头。《神圣几何》记有这样一件趣事：有一项古怪的研究曾引起爱因斯坦的注意，因为这项由剑桥大学地球科学系教授汉斯·亨里克·斯托朗姆（Hans-Hendrik Stolum）开展的研究揭示了自然界中原本就存在π。研究中他测量了地球上一些流域较长的河流：首先他对河流源头到入海口的直线距离进行测量，而后又不厌其烦地测量实际的曲线长度，最后他发现直线长度和曲线长度之比接近1与π的值3.14之比。在《数字之谜》一书中有一篇马克·阿兰·欧瓦克耐思关于这一发现的报告，他指出这些河流的实际长度与直线长度之间相同的偏差体现了秩序与熵或者混沌之间的比例。另外，由于自然界中运动的物体都倾向于沿着圆形路线前进，河流也同样摆脱不了这种欲望。虽然它们的目的地是大海，但它们宁愿沿着圆形路线前进也不愿在直线上直行。这些有趣的猜想引诱我们远离科学写实主义的乏味进而转入灵性想象的光辉之中。在这种灵性想象的延伸中，西方园林语境中的几何式直线意象与中国园林中的曲线意象之间也存在一种π比例，这应该也是冥冥之中宇宙学的一种和谐关系，揭示人类的园林理想必然要由“信仰”和“哲学”这两种设计理念的互补来实现，同时也暗示“信仰”和“哲学”园林派别的双方都需吸取对方的养分，否则必然在某些时代出现偏差。

特纳的《亚洲园林》中关于“中国的道教、佛教园林”一章，概括性地介绍了中国几乎全部的园林类型：大型宫殿庭院、小型住宅庭院、文人园林、僧人园林、隐士园林、用于生产食物和花卉的园地、陵园、书院园林、享乐园林、狩猎公园、神山等。在中国，无论是传统聚落还是各类园林，人们都非常热衷于设计“龙脉”这样一种象征吉祥与威严的“信仰”标志。中国园林中的水永远都不会方正规则，曲折有致是最典型的要求，“水沿着阻力最小的路径流淌，从而积蓄了力量。人类也可仿效于此，以最小的努力，与自然和谐相处，这就是无为的哲学。”石景是中国园林中不可缺少的关键元素，尤其是以太湖石为代表的各类造型奇特的石头，千万年来受到从知识阶层到普通百姓的痴迷热爱，因为它们充分体现出自然的能量对大地的塑造，这些曲率无限变化的湖石或各类山石所产生的无穷尽的曲线构成不仅体现其自身与直线的对比关系，而且通过象征所带来的形象兴趣成为中国园林“信仰”结构中的必要元素。然而这种寻求象征的过分行为也不可避免造成对科学观察的漠视，从而导致中国园林后期的停滞状态。而同属于东方园林流派的日本园林却稳步发展，并且在现代尤其受到欧美的赞叹，这是因为与中国园林相比，日本园林更加纯净，更加深刻，更注重工艺和科技，也更强调艺术创意，这就如同日本浮世绘与中国版画的对比，源自中国版画的日本版画青出于蓝而胜于蓝，以精准而丰富的造型技艺创造出独特而自成一体的日本艺术形象，并且在近现代影响欧美几代艺术大师，值得中国园林和艺术界深思。

中国园林真正的活力是文化吸收和融合的能力，并集中体现在中国园林的发展实际上是儒释道三家融会贯通的结果，即儒家“处江湖之远”带来的“隐”，佛教对信仰、庙宇和庭院的热爱，道教对水、石、树木及花草的强调。中国的城市建筑严谨对称，而园林则妙趣横生，多彩轻松，尤其体现在园林建筑当中，中国园林建筑的设计大都远离官式法式，因地制宜，变幻无穷，园林设计中的门窗部分尤其突出地展示了这一点。在欧洲园林中，门窗基本上都是长方形，而在中国园林中，门窗则有圆形、椭圆形、扇形、葫芦形、梅瓶形、叶子状、文字象形图案等，千奇百怪，充分呼应大自然的多样性。

在人类发展的大多数时期，东西方的文化交流是对等的，然而，这种对等的平衡却在欧洲文艺复兴及大航海时代被打破了，从此中国趋于封闭，而西方则开始全方位吸收世界各地的文明营养和财富，正如刘东在《海外中国研究系列》总序中所言：“中国曾经遗忘过世界，但世界却并未因此而遗忘中国。令人感叹的是，在20世纪60年代及其后20年间，就在中国越来越闭锁的同时，世界各国对中国的研究却得到了越来越富于成果的发展。而到了中国门户重开的今天，这种发展就把国内学界逼到了如此窘境：我们不仅必须放眼海外去认识世界，还必须放眼海外来重新认识中国；不仅必须向国内读者移译海外的西学，还必须向他们系统介绍海外的汉学。”中国人曾经非常有创造力，这是不争的事实，但中国人往往只满足于一种朴素而原始的初级发明，而后再不愿关心别的民族如何发展如何进步，这也是可悲的事实。中国人很早就发明了纸张和印刷术，但后来日本的传统造纸超越了中国，欧洲则在现代造纸和印刷技术两方面都经多层面革新而远超中国多年，从而更有效地加速了现代知识的整理和传播；中国人很早就发明了火药，传到欧洲却很快变革为火炮，并由此使欧洲走上征服世界的路程，即使是中途又传回中国，中国人仍更痴迷于火药最初的娱乐功能，从而与世界的平等竞争失之交臂；中国人发明了指南针，却只能将其用于“天圆地方”的狭隘王国中，而15世纪的欧洲航海者手上有了指南针之后，从13世纪开始的航海科学便迅速攀峰，他们不仅环绕了非洲，还发现了美洲大陆。最近商务印书馆出版了一本台湾学者祝平一著述的小书《说地：中国人认识大地形状的故事》，讲述了一段西方科技文明如何进入中国并重构我们的生活经验与知识建构方式，同时影响我们的世界观和知识体系的故事，对当代人来说，“地球是圆的”是毋庸置疑的常识，但中国人接受这一常识的过程却异常复杂。

中信出版集团今年刚出版的《谁在收藏中国》（卡尔·梅耶，谢林·布莱萨克著，张建新，张紫微译）讲述的是北美对中国艺术、建筑和考古持续不断的痴迷故事，实际上是美国、加拿大猎获，展示中国文化遗产的历史。对中国人来讲，这只能在少许的文化虚荣心基础上，构筑一部伤心的文物输出史。笔者在过去的20年走访欧洲和日本的各大博物馆，不仅英国、法国、德国、俄罗斯拥有庞大的包括中国文物在内的全球各种文化遗产的系统收藏，而且其他几乎所有欧洲国家如西班牙、奥地利、匈牙利、捷克、瑞士、丹麦、瑞典、芬兰、比利时、荷兰、葡萄牙、意大利等都有惊人规模的世界各大文明和中国文物的系统收藏和研究。反观中国，除了故宫博物院有一批当年欧美使节和传教士带来作为礼物的“奇珍异宝”之外，我们成百上千的博物馆中只有中国自身的出土之物。世界离中国很近，并反复用望远镜、广角镜和显微镜观察和研究中国；中国却离世界很远，时常近在眼前却不相识。

在世界几大园林风格中，无论从理智上还是情感上，中国园林都是最需要时间慢慢体会的，这是因为中国园林如同中国传统卷轴山水画，需慢慢展开方能见佳景，当年威廉·钱伯斯爵士（Sir William Chambers）曾两次访问中国，回欧洲后就出版了两本书，即1757年的《中国的建筑意匠》和1772年的《东方造园论》，从而使神秘优美的中国园林在欧洲风靡一时。然而，中国园林却过多地满足于自己的小情境和小空间的经营规划，固守于传统寓意的少数植物如梅兰竹菊和山水景致如太湖石等，而西方园林则早早进入科学研究的范畴，广收薄种来自世界各地的奇花异草不仅成为社会时尚，更成为科学探索和艺术创造的园地。中国的园林研究应该更多地关注林奈如何在他的瑞典花园中研究植物分类，关注布丰如何在他的法国花园中分析动植物的生长规律，关注卢梭如何以大自然为花园书写植物学通信，关注歌德如何在他的德国花园中发现植物变形的秘密，关注达尔文如何在他的英国秘密花园中孕育伟大的进化论，关注孟德尔如何在他的奥地利修道院花园中发现遗传的规律；与此同时，中国的园林研究还应关注莫奈的花园、塞尚的花园、马蒂斯的花园、伯纳尔的花园和克利的花园。

2 中国古代的博物学传统

与欧美博物学相比，中国古代的博物学有非常独特而悠久的传统。这种博物学传统源自大自然景观，发展于各类园林庭院，并最终形成包罗万象同时又鱼目混珠的学术集成。这其中有中医的成就，也有各类真假参半的奇技淫巧，既有中国传统书画的造诣，也有最终导致创新精神缺失的古董雅玩著述。中国古代汗牛充栋的博物学论述直到民国时代才由英国生物化学家和科学技术史学家李约瑟（Joseph Needham）进行了系统的研究、归类和总结，至今仍在进展中的《中国科学技术史》对中国古代科技发展的每一方面都有详尽的研究计划，2006年由科学出版社和上海古籍出版社出版的《中国科学技术史·第六卷：生物学及相关技术·第一分册：植物学》（以下简称《植物学分册》）第一次用西方现代科学方式对中国古代博物学进行分类及相应研究。

李约瑟的中国植物学研究以文献研读为核心，并不深度涉及与植物学密切相关的中国园林与日用博物传统的范畴，但这种科学而系统的研究本身却能揭示出中国园林发展中的某些特质，如封闭式科学态度及因循式艺术创作思想。《植物学分册》只包含李约瑟庞大的中国科技体系中的第三十八章：植物学，从中国历史中极为丰厚的植物地理学文献入手，分辨中国与欧洲对生物学观念的不同理解，涉及生态学、土壤学、植物术语学及植物命名法，并最终集中关注三大类植物集群：药用植物、食用植物和观赏植物。药用植物是中医药作者完整的学科发展体系的基础，食用植物是中国人在民俗及生理方面的基础，而观赏植物则是中国艺术及工艺创意的理念根基。

而中国传统的博物学分类系统非常庞杂，既有官方修撰的各种丛书、集成大全、类书及专书，又有民间出版的各类笔记、游记及百科全书，学术关注范围非常广泛，关注重点及出版分类亦各有千秋。综合而言，又可分为两大类，即百科全书类和杂感论述类，前者力求包罗万象，后者强调个人观感和一家之言；然而，它们的共同缺憾则是以经验观察为主，绝少深入而系统的现代科学思想意义上的研究和深入探讨。

中国明代进入百科全书的发展高潮，除官方《永乐大典》之外，民间亦出版了不同主题的博物学意义上的中国式百科全书，其中最有代表性的是王圻、王思义编著的《三才图会》和著名科学家宋应星编著的《天工开物》。从这两部百科全书的目录能看出中国古代博物学发展的一个缩影。《三才图会》分上中下三大卷，每卷又包含以天、地、人为主流线索的主题，如上册包含天文1～4卷，地理1～16卷，人物1～14卷；中册包含时令1～4卷，宫室1～4卷；器用1～12卷；身体1～7卷，衣服1～3卷，人事1～10卷；下册包括仪制1～8卷，珍宝1～2卷，文史1～4卷，鸟兽1～6卷，草木1～12卷。《天工开物》更侧重于经济和日常生活，也分为三册，卷上包含乃粒第一（详论农业耕种及各类农具设备），乃服第二（详论丝织工艺及相关机械和工艺），彰施第三（介绍染织及色料工艺），粹精第四（介绍日常生活的相关机械和用具），作咸第五（主要介绍各类制盐工艺），甘嗜第六（介绍制糖及相关甜品工艺）；卷中则包含有陶埏第七（介绍建筑用砖瓦及日用陶瓷的生产工艺）；冶铸第八（介绍日用金属器物的制作工艺），舟车第九（介绍交通用具的制作方式与工艺细节），锤锻第十（介绍冶金技术及相关加工工艺），燔石第十一（介绍矿物产品及相关工艺流程），膏液第十二（介绍食用及日用油料的生产流程），杀青第十三（介绍造纸工艺）；卷下包括五金第十四（介绍各类金属及其采集工艺），佳兵第十五（介绍日用冷兵器及火器），丹青第十六（介绍中国传统绘画颜料），麹药第十七（介绍酿酒工艺）和珠玉第十八（介绍珠宝及相应采集工艺）。在中国历史进程中，每个时代的和平发展期必然会出现大量类似于《三才图会》和《天工开物》之类的民间生活和工艺百科全书，官方的集大成百科如《永乐大典》和《古今图书集成》之类则是民间著述的官方检视。

中华书局2013年出版的一套《中华生活经典》可以更典型地反映出中国古代博物学的民族特征和中国民间学术倾向。这套书的内容大致可分成四大类，由此形成中国古代博物学的内涵，即园宅装潢类；花香茶饮类；文房四宝类和古董收藏类。中国民间的这类博物学著述由来已久，源远流长，至唐宋蔚为大观，到明清则已成为一种全民雅好。这里记录下这四大类中国式博物学论著的书名，从中可以一目了然地看出中国学者和民众的生活关注点。

园宅装潢类包括宋代林洪《山家清供》，宋代杜绾《云林石谱》，明代计成《园冶》，明代周嘉胄《装潢志》，明代文震亨《长物志》和王玉德与王锐编著的中国远古地理风水专著《宅经》；花香茶饮类包括唐代陆羽《茶经》，宋代赵佶《大观茶论》，宋代范成大《梅兰竹菊谱》，宋代欧阳修《牡丹谱》，宋代朱肱《酒经》，宋代陈敬《新纂香谱》，宋代窦苹《酒谱》，明代胡文焕《香奁润色》，明代朱权、田艺衡《茶谱与煮泉小品》，清代袁枚《随园食单》和清代朱彝尊《食宪鸿秘》；文房四宝类则包括中国传统文人最津津乐道的琴棋书画，该丛书选有唐代孙过庭《书谱》，宋代米芾《书史》，宋代朱长文《琴史》，宋代郭思《林泉高致》，宋代苏易简《文房四谱》，宋代张学士《棋经十三篇》，明代项穆《书法雅言》，明代徐上瀛《溪山琴况》，明代周高起、董其昌《阳羡茗壶系·骨董十三说》，清代朱象贤《印典》；古董收藏类实际上是文房四宝类的分支，但自宋代以后更侧重于考古研究的范畴，包括宋代洪遵《泉志》，明代曹昭《格古要论》，明代张谦德、袁宏道《瓶花谱和瓶史》，清代丁佩《绣谱》，清吴大澄《古玉图考》和民国许之衡《饮流斋说瓷》。

浙江人民美术出版社自2013年开始出版《古刻新韵》丛书，以中国历代版画精品为线索，展现中国古代博物学中的图像神韵，后来又加入日本版画精品集成，这其中大部分图录都属于中国古代博物学的范畴，亦含有文学插图和法帖画谱，在广义的内涵上亦同样归属于中国古代博物学。中国人在唐代已发明版画印刷，后传入日本、韩国，再传入欧洲，然而中国古代图版印刷同造纸和火药这些古老发明一样，最后都落后于日本和欧洲，该丛书中选印的日本版画可以清晰地表明这一点。《古刻新韵》的书目内容非常值得关注。

初辑有宋代审安老人《茶具图赞》，宋代宋伯仁《梅花喜神谱》，明代宋应星《天工开物》，明代吕震《宣德彝器图谱》，明代陈洪绶《离骚图》，明代王文衡《明刻传奇图像十种》，明代计成《园冶》，明代洪应明《仙佛奇踪》，清代董浩《授衣广训》，清代张士保《云台二十八将图》，清代焦秉贞《康熙耕织图》和清代王槩《芥子园画谱全集》；二辑有宋代李孝美《墨谱法式》，明代文徵明《停云馆法帖》，明代林有麟《素图石谱》，明代沈继孙《墨法集要》，明代鲍山《野菜博录》，清代上官周《晚笑堂画传》，清代任熊《任熊版画》及清代吴式芬《封泥考略》；三辑有宋代王著《淳化阁帖》，宋代米芾《宝晋斋法书》，元代李衎《竹谱详录》，明代董其昌《戏鸿堂法帖》，明代陈洪绶《陈洪绶版画》，清代改琦《红楼梦图咏》，清代金简《钦定武英殿聚珍版程式》，清代吴其濬《植物名实图考》，清代郝懿行《山海经笺疏》和清代唐秉钧《文房肆考图说》；四辑包括晋代郭璞《尔雅音图》，宋代李诫《营造法式》，明代黄凤池《唐诗图谱》，明代汪氏《诗余画谱》，明代缄懋循《元曲选图》等；五辑包括九种日本版画图册，即湖月老隐《茶式湖月抄》和泉屋弥四郎《插花初学》，松日庵之至《远州流活花初学》，小野兰山、岛田充房《花汇》，片山直人《日本竹谱》，桔保国《画本野山草》，冈田玉山《唐土名胜图会》，大苏芳年《月之百姿》和木树孔阳《卖茶翁茶器图》；六辑继续选印中国传统博物学文献，包括宋代聂崇义《新定三礼图》，元代王桢《王桢农书》，元代忽思慧《饮膳正要》，明代朱寿镛《书法大成》，明代杨尔勇《海内奇观》，清代金古良《无双谱》，清代刘源《凌烟阁功臣图》，清代钱坫《十六长乐堂古器款识考》，清代陈逵《墨兰谱》和清代完颜麟庆《河工器具图说》；七辑则是日本博物学家岩崎常正《本草图谱》十卷。

中国古代博物学传统向来与风俗、民俗密切相关，历朝历代都会有学者关注这方面的内容，著名学者如梁代宋懔《荆楚岁时记》，唐代韩鄂《岁华纪丽》，宋代陈元靓《岁时广记》，明代陆启浤《北京岁华记》和清代顾禄《清嘉录》等。2014年，上海辞书出版社再版了初版于民国年间的由著名民俗和文学史专家杨荫深编著的《事物掌故丛谈》，全书分为岁时令节、神仙鬼怪、衣冠服饰、饮料食品、居住交通、器用杂物、游戏娱乐、谷疏瓜果和花草竹木九大类，探究中国人日常生活中五百多种事物的来龙去脉，继续着中国传统博物学历史与文脉传统。

如果说中国传统博物学中尊重历史与延续中华民族的文脉传统是中国传统学术中的积极方面，那么中国传统博物学中重实用轻理性思维的特性则是中国传统学术中的消极方面，从而导致中国虽然发展出独具一格的中医中药学科系统，但在植物学、动物学、生物学及相关的物理学、化学、数学诸方面都从明代后期开始落后于欧洲了。中国历史上虽曾有过具有世界眼光的开放时代，如汉唐，但自明代后期起中国人开始锁国自守。美国汉学家薛爱华（Edward Hetzel Schafer）著，吴玉贵译《撒马尔罕的金桃：唐代舶来品研究》中，我们能看到大唐盛世的舶来品涵盖了社会生活的方方面面：人种、家畜、野兽、飞禽、皮革和羽毛、植物、木材、食物、香料、药物、纺织品、工业用矿石、颜料、宝石、金属制品、世俗日用器物、宗教用品及书籍等。遗憾的是，当欧洲开始文艺复兴并进入大航海时代，中国则开始了数百年的闭关自守时代，从博物学和园艺的角度观之，当欧洲人开始在全球探索不同物种时，中国人只能满足于本土的植物花草。

从李约瑟《植物学分册》中我们能看到中国古代植物学的发展非常明显以药用和食用植物为重点，而在广西师范大学出版社2007年出版的朱晟、何瑞生著《中药简史》中，中药在中国博物学和植物学中的突出地位仅从历代的本草学著述当中就能略见一斑。《中药简史》在系统介绍中药发展概况，炮制的起源与发展，汤药剂型的历史，成药与剂型的历史，古今药用度量衡之差异，中国古代炼丹术，以及中国古代医药化学之后，开始探讨“为什么近代医药化学没有在中国产生”的问题，实则是“李约瑟之问”的一个分支问题。作者在介绍欧、美、日国家医药化学的迅猛发展后，强调了中国古代玻璃工艺的落后导致中国近代医药化学的停滞，然而，整体科学思维的不健全和研究领域的封闭也许是更加致命的因素。我国中医中药固然取得了极大成就，但却同时使我国历代学者丧失了全球化的视野，最明显而直接的后果就是中国园林景观的封闭式自娱自乐，并由此进入发展的停滞状况，正如笔者在上篇中所提及的目前各城市园林建设中遭遇的“低质煞风景”现象。我国的中医中药千百年来虽能自成一体，但也绝非包医百病，事实上，进入近现代的中国医疗行业是以西医为主流，或者中西医在不同意义上的结合。中国园林在长期发展中的封闭状态，虽能满足近现代以前中国文人士大夫的情感与休闲需求，却因现代世界的逼近和自身传承体系的弊端而日趋衰落。中国园林需要接触世界，需要吸收世界园林大家庭中不同时代、不同民族的发展因子，进入近现代的中国本该如此，如今信息时代的中国更应如此。

笔者在上篇文章中提及中国古代园林设计理念和手法在传承过程中的问题时曾指出：中国古代造园世界中实际上曾经大师辈出，并因此留下无数经典作品，由此形成中国园林的独特风貌并曾影响全球；然而由于缺乏科学而有效的传承手段，以致历代造园大师虽身怀密不告人之奇巧，积累私相授受之秘术，却因种种原因不能传人而带入坟墓。这是中国古代技艺传承的一个方面，中国古代技艺传承的另一个方面则是“奇技淫巧”的盛行在诸多层面影响和妨碍中国传统技艺的科学化、系统化、健康化发展，这种情况在园林领域如此，在中国古代其他技艺领域同样如此。在群众出版社2012年再版的杨钧编著《中国古代奇技淫巧》中，作者从浩如烟海的史籍中收集了数百种“绝技”，并分为七大部分：奇技术巧部、制赝鉴真部、工艺制造部、琴棋字画部、医药方术部、酒茶膳食部和武功猎杀部。其文献来源既有历朝历代名不见经传的笔记和小说，也有许多名垂青史的学术和文学名著，如《清稗类钞》《梦溪笔谈》《酉阳杂俎》《骨董琐记》《古今秘苑》《广雅》《花镜》《本草纲目》《农桑辑要》《事林广记》《齐民要术》《群芳谱》《宗稗类钞》《太平广记》《夷坚志》《博物志》《太平御览》《文房肆考》《神农草木》《格古要论》《辍耕录》《东坡笔录》《考盘余事》《异闻录》《后汉书》《太平清话》《武林旧事》《抱朴子》《客斋诗话》《淮南子》等。如此多的名著记载着如此多的“奇技淫巧”，足以说明中国传统技艺思想的一种基本态度。记录中的这些绝术奇技，有一部分当然是中华民族曾经培育出的惊世技艺，如传世千百年的青铜器、瓷器和诸多工艺极品，亦如当今仍在传承的杂技绝活；然而另一部分则无疑多为没有任何科学根据的传闻和编造，而中国文化基因中有非常强的喜好神奇传闻并使之合理化、神秘化的传统，这也是因为中国传统科学技术大多是经验主义通过试错法得出结果，因此每当我们的先辈们遇到抽象的问题或过于复杂的事件时就会借助于神秘主义的解释，“奇技淫巧”是其中一个方面。

在包括园林在内的中国传统技艺领域，“奇技淫巧”的盛行在相当大程度上阻碍着科学思想的发展，人们因寄希望于“奇迹”而失去对理性的追求。于是在中国园林中我们会遇到太多的“只可意会不可言传”的秘诀，体会到太多的虚无缥缈的“意境”，面临一代又一代“旷世绝技”的失传。如同我们将太多的哲学理念最终归属到“天人合一”，中国传统技艺和园艺中我们也传承着太多的“不可言传之绝技”，在这样的文化传统境遇中，首先是集体无意识状态下的去科学化的“不求甚解”，这其中最典型的实例就是中国传统版画插图曾经引领世界，但很快被欧洲和日本超越；其次则是文化传承过程的不可预知性，从而导致真正大师的离世往往意味着某一种技艺的终结。

3 墨竹与墨梅：中国的画谱传统

在李约瑟的《植物学分册》中，对中国植物学文献的总结归纳，除了药用和食用植物外，最重要的当属观赏植物群体，而其中最重要的满载中国文化信息的植物就是流芳千古的四君子“梅兰竹菊”，其中的“竹”和“梅”又与富含中华民族积极向上精神的松树一道被尊称为“岁寒三友”。千百年来，中国文学和艺术中“四君子”“梅兰竹菊”和“岁寒三友”“松竹梅”成为永恒的表现主题。这其中竹与梅既是岁寒三友又是四君子，成为中国文人和士大夫以及整个社会关注与歌咏的首要对象，因此墨竹和墨梅这两种中国绘画艺术中的独特门类的产生和发展就成为历史和文化发展的必然。

即便单纯从生物科学的角度观之，竹子也是具有独特生物学和生态学意义的植物，因为竹类植物是现有禾本科植物中最原始的类群。正如《植物学分册》中“竹”章节的记载：“没有哪一种植物比竹类更具有中国景观的特色，也没有哪一类植物像竹类一样在中国历代艺术和技术中占据如此重要的地位。因此，很自然，全部植物学论著中最古老的就是关于竹类的著作，其植物学和准植物学的写作传统比其他植物要长得多且更有连续性。”千百年来，中国人生活中的方方面面都能轻易与竹子有关联，我们吃竹笋，用竹器，住竹楼，在竹纸上画墨竹……事实上，竹的汉字形象本身就是墨竹绘画的基本笔画单元，墨竹的产生在相当大的意义上是对竹字的自由挥洒，墨竹因此成为中国古代“书画同源”的最佳样板，更是中国文化传承的典型范例。

中国古代文明的发展不仅赋予竹子以伦理和宗教的寓意，而且使竹子成为一种社会美学的象征，翻开《古今图书集成》可以看到，竹部的文录达到十一卷之多（博物汇编草木典第186～196卷），它们是竹子的百科全书，更是中国竹文化的具体展现。中国美术学院出版社2011年出版的许江主编，范景中撰文的《中华竹韵》以开阔的视野梳理了古今中外对竹文化及相关文化与艺术发展状况的论述。笔者参照该书和《植物学分册》，以及两种不同版本的元代李衎竹谱专著，即浙江人民美术出版社2013年《古刻新韵》三辑之《竹谱详录》和中华书局2014年《钦定四库全书·竹谱》，发现中国古代竹文化实际上有三条发展路线，即文人咏竹，画家画竹，以及科学家记录与研究竹。

文人咏竹始自中国最古老的记言历史《尚书·禹贡篇》，《诗经》咏竹时已将竹子的生态特色与美德相联系。以后历代咏竹，到六朝“竹林七贤”时代竹子的文化内涵得到确立，到唐代时，爱竹、观竹、养竹、咏竹成为时尚，六朝人对竹子的朴素赞美，到唐代竹子被升格为代表气节的胸襟。刘禹锡、元稹、白居易等著名诗人都留下优美的咏竹诗篇，并以白居易的《画竹歌》和《养竹记》最为著名。到了宋代则达到中国咏竹风尚的高峰，咏竹名家辈出，苏东坡、文同、沈括、欧阳修等都留下传咏不绝的颂竹名篇，苏东坡和文同更成为墨竹艺术的最主要贡献者。

中国画竹的历史应该可以追溯到魏晋南北朝，实例如新疆吐鲁番阿斯塔那187号墓出土的屏风画残片等。但墨竹则有可能始于唐代，到宋代1120年编撰《宣和画谱》时，墨竹已成为独立门类。元代画竹大师兼植物学家李衎在其《竹谱详录》卷一的前言中简述了中国画竹的早期发展史。

“盖自唐王右丞、萧协律、僧梦休、南唐李颇、宋黄筌父子、崔白兄弟及吴元瑜，以竹名家者才数人；右丞妙迹，世罕其传，协律虽传，昏腐莫辨，梦休疏放，流而不反，自属方外。黄氏神而不似，崔、吴似而不神，惟李颇形神兼足，法度该备，所谓悬衡众表，龟鉴将来者也。墨竹亦起于唐，而源流未审。旧说五代李氏描窗影，众始效之。黄太史疑出于吴道子。迨至宋朝，作者寖盛。文湖州最后出，不异杲日生堂，爝火俱息。黄钟一振，瓦釜失声。豪雄俊伟如苏公，独终身北面。世之人苟欲游心艺圃之妙，可不知所法则乎？画竹师李，墨竹师文，刻鹄类鹜，余知愧矣。”

中国科学家对竹类的系统研究和记录始于六朝刘宋时代，当时一位官员学者戴凯之大约在公元460年完成第一本竹类专著《竹谱》，李约瑟认为该书可能也是全球所有文明中的第一部竹类专著。该专著开启了以后历朝历代的竹类研究体例，唐宋以后的论竹著作不仅在研究方法上和文章结构上仿效该《竹谱》，而且其中许多专著的书名都仍叫“竹谱”，例如宋代初年高僧惠崇的《竹谱》和北宋学者吴辅所撰《竹谱》。此外，北宋初年另一位高僧赞宁完成一部《笋谱》亦流传下来。竹类研究到元代开始飞越，可能与元代产生大批画竹大师有关，其中的李衎无疑是一位画竹的集大成者，他同元代著名画家如赵孟坚、管道升、柯九思、高克恭、钱选、吴镇、倪瓒等人一道，成就了中国墨竹艺术的辉煌，然而，与吴镇的《竹谱图卷》和其他画家的画竹文摘相比，李衎表现出更多的科学家的品质。正如《古刻新韵》三辑《竹谱详录》的出版说明所介绍的：“《竹谱详录》是一部关于竹的种植培养、赏竹用竹的百科全书，也是一部有关画竹的艺术论著。李衎在晋代戴凯之《竹谱》的基础上，登会稽，涉云梦，泛三湘，观九嶷，南逾交广，北经谓淇，遍观各地产竹，最终编著成此书。此书卷一为《画竹谱》和《墨竹谱》，前者以位置、描墨、承染、设色及笼套多个步骤介绍画竹的方法；后者则着重对墨竹的竿、节、枝和叶的讲解。卷二概述竹的各部分名称和形态。卷三至卷七详尽介绍近四百种竹子及其传说等文化背景。”

李衎的植物学研究和画竹实践在相当大程度上促进了元代和明清中国墨竹艺术的发展。李衎之后约50年，另一位元代植物学家刘美之撰写了题为《继竹谱》的专著，增加了以前未能记载的20多个竹类品种。到了明代，著名隐士学者高濂，即《遵生八笺》的作者，又在1591年出版了一部篇幅更大的竹类专著，也叫《竹谱》，其描述的竹种更多，同时包括繁殖和栽培方法。清代最重要的竹类植物学家则是陈鼎，他于1670年出版的《竹谱》详细记载了一些比较特殊的竹类，尤其是中国西南云贵一带的野生竹类。

中国墨竹经过两千多年的文人咏竹、画家画竹、科学家研究竹的文化氛围的熏陶与培育，成为大师辈出的独特绘画门类，以至于中国绘画史上出现一大批专门画竹或主要以画竹名垂百世的艺术家，如宋代文同，元代李衎、吴镇，明代王绂、夏泉，以及清代的郑板桥和金农。中国墨竹的意义在于它不仅是绘画的一个门类，而且是中国新型绘画的标志，完全不同于曾经占主流的金碧青绿、勾勒填彩的工笔手法。同时，中国墨竹也透过题材本身来追求笔墨中的韵味，表达笔墨之外的诗意，抒发多姿多彩的艺术灵性。当苏东坡以朱砂画竹而被人问及“竹有红色否”时，其回答：“有谁见过墨竹呢？”其理念和艺术领悟实际上是后世印象派和表现主义的先河。中国墨竹的艺术创意本身是划时代的，随后，墨竹的美学价值和象征意义，在宋代又促使了墨梅的产生。此后，以墨竹和墨梅为代表的中国画谱成为越来越庞大的艺术传统，并在相当大的程度演化为艺术创意的负担，由此形成中国传统水墨艺术在现代社会的困境。

关于梅花和梅谱著述，《植物学分册》主要是从科学史研究角度进行了阐述，宋代著名学者范成大被认为是系统研究梅花的植物学家。他通过在自己的花园和果圃中种植12种以上不同品种的上千株梅树，研究梅花的生长形态和外观品质，最终于1186年前后出版《梅谱》一书，李约瑟认为该书是全球历史上专门研究梅花的最早著作。以后不久，宋代学者张镃在1200年左右撰写出版《梅品》，对当时已知的梅花品种重新进行描述和分级。而南宋学者宋伯仁在1238年出版的风格独特的《梅花喜神谱》则为中国传统赏梅展示了艺术上和社会学意义上的新的路径，在此，作为艺术家的宋伯仁以植物学家的严谨科学精神，对梅花从第一个花蕾绽开到结果实，直到花瓣全部脱落的各个阶段都进行了非常精细地绘图。该书的本意并非纯学术研究，而是当时作为南宋官员的宋伯仁面对金朝灭亡和蒙古入侵的局面，以梅花暗喻时局。但其中具有科学内涵的100幅木版画则实际成为墨梅的初始画谱，对后世影响深远，到元代则有以王冕和吴太素为代表的一大批梅花学者和艺术家将《梅花喜神谱》的精神发扬光大，而吴太素1352年撰著的《松斋梅谱》既是中国梅花研究的集大成著，也是现存最早的有关如何创作墨梅的图谱。

美国布朗大学教授毕嘉珍（Maggie Bickford）对墨梅在过去的千年当中如此受人青睐并进而成为最广泛实践的东亚水墨画题材之一的现象具有浓厚的兴趣并写成《墨梅》专著，（江苏人民出版社2012年版毕嘉珍著，陆敏珍译《墨梅》，刘东主编《海外中国研究丛书》之一），该书是对墨梅的第一次完整描述，全面论述了中国画派中一种艺术创作类型的形成，充分采用跨学科的方法，论证了艺术、文学、文化和政治，以及群体，个人的活动如何相互作用而产生新型画派及其相关联的画谱范例。作者以充实的文献近距离观察中国墨梅如何出现于12世纪初期的宋代，而后在14世纪的元代形成范式，以批评的眼光考察墨梅如何从宋代精英文人的艺术选择演化为中国绘画主流艺术的过程。

《墨梅》的研究共分四个部分，第一部分为“梅花传统的建立”，其结论部分从自然界中的梅花讲到宋代学者范成大的“范村梅谱”，再通过梅花画和咏梅诗来界定自然与绘画中的梅花，以及通俗文化中的梅花。第一章开始论述“中国文化中的梅花”这一中国以植物为题材的水墨画中仅次于竹类的主题，从文献研究中发现中国赏梅习俗始于南朝，盛于唐朝，北宋开始系统化的植物学研究，而到了南宋则是墨梅大受赞叹的时代。第二章“梅花术语入门”，介绍梅花研究和艺术创作中的独特语言，以及与梅花相关联的个人品行与政治内涵，如梅花与季节轮回，梅花的瞬间美感与永恒品性，梅枝的坚忍与重生，孤独的梅花美人与梅花隐士，官梅与野梅，政治与友谊等主题。第三章“梅花美学”则介绍梅花艺术的野趣和雅趣模式，并最终引申为作为文人画梅花美学终极象征的墨梅。

第二部分是“绘画中的梅花：宋代之前与北宋的发展”，第四章到第六章系统论述了早期梅花主题的绘画进程，由文本记载到图像记录，到北宋《宣和画谱》时梅花已是仅次于竹类的植物主题。宋徽宗的大力提倡和亲身实践使墨梅绘画达到高峰，最终建立与墨竹并驾齐驱的墨梅门类。

第三部分是“墨梅流派的产生与早期发展”，先由导论引出对墨梅的多层次定义，而后用第七章到第九章介绍两宋墨梅的开拓性发展，从仲仁开创墨梅流派到扬无咎的经典墨梅，再到赵孟坚的《梅谱》，然后则是南宋墨梅的风格化进程中文人梅画和院派梅画的分野，从而使墨梅艺术趋于精致和多元，为元代墨梅的发展高峰完成铺垫。

第四部分是“蒙元统治下的墨梅艺术：元朝时期墨梅流派的重构”，包括第十章到第十二章的内容。墨梅发展到元代已形成完善的墨梅意向观念，对图像和题词的解读形成基本稳定的模式，新派墨梅大师崛起，王冕和吴太素成为现代墨梅传统的奠基人。从此以后，从明清到近现代，中国墨梅艺术从未中断，即使科学性的创意渐行渐远，墨梅对大众的艺术普及和自娱自乐的功能却从未消失。

如果说墨竹的形成多少有些“自然而然”的意味，那么墨梅的建立则需要艺术大师们更多的观察和提炼。因为大自然中竹子是由圆柱的根、圆锥形的杆、球形的节和矛状的叶片所组成的简单几何形状，与书法具有形态学上的相似性，也就是中国文人画技艺中最基本的画法。然而梅不是竹，虽然梅花在开花期内并不具有形态和触觉上的复杂性，但画梅时仍需找到记录梅花丰富形态与纹理模式的线性结构，以王冕为代表的宋元两朝艺术大师们完成了这一步骤，并在以后的岁月中始终被模仿，很难被超越，直到清中期以金农为首的扬州画派才在墨梅和墨竹领域带来某些新气象。

中国人从早期的咏竹咏梅到隋唐及其以后的画竹画梅，再到宋元两朝的墨竹墨梅，这个过程不仅是绘画形态上的简单转变，而且是艺术观念上的深刻升华，世间并无墨色的竹与梅，宋代艺术大师们面对文人的“墨色”和大自然的竹与梅，要从三个层面去思考如何结合墨的独特品质和竹与梅的自然形态与美学内涵：首先，宋代艺术家将竹与梅分别作为独特的绘画题材单列出来；其次，艺术家通过观察自然中的竹与梅来完善墨竹与墨梅的形貌与构图，进而强调竹与梅所特有的植物学形态和它们在文学、哲学和伦理学领域发展出来的理想意象；第三，艺术家通过发展技巧来展示水墨画法的可能性，从而用中国水墨画独特的能力来表现墨竹与墨梅美学。这一进行时态的关键在于显著的风格化，即画谱的形成和发展。

附有木版画图例的竹谱梅谱对后世的深远影响不仅表现在竹与梅题材的创作指导，而且更为广泛地表现在画谱作为一种绘画培训工具的广泛运用，从而建立起中国自宋代以后书画艺术实践中强大的画谱传统，这种传统曾经使中国成为一个独特的艺术国度，但也同样成为中国现代艺术创作进程中难以轻易摆脱的桎梏。

从戴凯之的《竹谱》到李衎的《竹谱详录》，从范成大的《范村梅谱》到吴太素的《松斋梅谱》，图解式的竹谱和梅谱不仅其本身成为百科全书式的作品，同时也是艺术启蒙的教科书。这些精美的竹谱和梅谱流传到明代后期，一旦与当时发达的木刻版画工艺结合，立刻使墨竹与墨梅艺术门类得到前所未有的传播，并引发中国画谱的风行与普及，紧随其后的是各种《兰谱》《菊谱》《梅兰竹菊谱》《松竹梅画谱》等，到清初的《芥子园画传》时达到巅峰，成为此后最具影响力的东亚绘画图谱。实际上，自元代以后，明清至今六百余年间，中国绘画从梅兰竹菊到花鸟，从山水到人物，大致都进入画谱时代，当我们看到文徵明的《拙政园三十一景册》，会体会到明确的画谱意味，到了清初钱维城的《西湖三十二景图》，则已成为典型的画谱范例。每个古老的城市都会有文人画家创作出画谱式景点图像，以南京为例，有明代朱之蕃、陆寿柏编绘《金陵四十景图像诗咏》，有清初高岑编绘《金陵四十景图》，有清中期徐上添编绘《金陵四十八景》，还有民国徐寿卿、韵生编绘《金陵四十八景全图》，中国画谱的沿袭传统使得图绘传承的大众普及非常容易，却也使艺术创意难以出现，各个时代的金陵景物实际上是以同一种图谱承担着艺术传承的重任。与此同时，从另一个角度观之，《芥子园画传》和之前明代胡正言的《十竹斋书画谱》都仍充满创意的艺术氛围，但之后的谱虽然种类繁多，如《晚笑堂画传》《点石斋丛画》，以及各种《古今名人画稿》和《近代名画大观》，却呈日落西山之势，与整个社会的发展和艺术品味的融合不断拉开距离。

墨竹与墨梅及相关图谱在相当大程度上并在一段很长的历史时期内对中国全民艺术品位的提升起到非常积极的作用，这些指导性画谱往往能有效地将墨竹与墨梅及其他题材从文人专属的领域中解脱出来，这些门类绘画的基本技巧由此可以传授给那些无甚才气的职业画家和业余画师，为他们提供理论原理和技巧方法。在任何朝代，要直接获取大量成名画作并入艺术大师的小圈子都是少数人的机会，因此必然有大量无名画师转向刊印的画谱以作为自己的艺术指导。

然而，随着时代的发展，画谱传统的消极作用也越来越明显，尤其当我们步入20世纪的信息时代，当整个社会都面临全球范围内的激烈竞争从而呼唤创意之时，画谱的保守性立刻成为现代创意的阻碍。艺术创意的缺失直接导致建筑、景观、园林及设计学诸门类创意观念的贫乏，当这个世界要求更多的前无古人的创意时，画谱传统下的中国仍然习惯性地依赖古人既定的模式，当世界各国从未停止吸收中国传统智慧的时候，我们对世界的态度却忽冷忽热。中国的绘画和画谱都曾经如同西方艺术一样以科学的态度进行摹写，宋代绘画科学化的写实能力几乎是无可超越的，但随后我们的画谱形成强大的传统并走向教条，随之而来的是我们的园林、建筑、艺术与设计的各个门类都走向封闭和教条，直到改革开放的时代，这是我们应该重新认识画谱传统的时代。

在中国长期的画谱传统影响下，我们的艺术家、设计师、建筑师们总是自动形成寻找固定“画谱”模式的习惯。当西方现代园林设计早已走向艺术与媒体跨界交融时代时，我们的现代园林设计依然紧紧抱住传统模式的教条框架或直接引用西方现代的设计产品；当西方建筑设计早已与符号学、现象学、神经科学及自然科学各门类密切结合从而创造出“种子圣殿”和“蜂巢展馆”时，我们的现代建筑依然追随着国际同类造型语言的步伐；当西方工业设计早已进入材料研究与感性工学全方位交织设计的时代从而全面注重产品的视觉、触觉、味觉、听觉等诸种感官反应模式时，我们的家具和工业产品设计却依然停留在以造型为出发点同时直接借鉴西方先进产品功能的阶段……与此同时，我们的绝大多数艺术家们也分为两大阵营，其一继续因循老祖宗的画谱传统，其二抛弃中国画谱但转向西方“画谱”，因此，当代中国还处于传统的画谱时代。

4 西方园林：世界物种大交换时代的缩影

当我们开始将目光转向西方园林时，当我们开始关注对西方园林发展有决定性影响的世界大探险及随之而来的全球物种大交换时，我们不禁回望中国古代博物学传统及其对中国园林发展的影响，前两章的内容刚好从两个方面揭示了中国古代的园林发展所带来的内在消极因素：狭隘的科学性和僵化的艺术性。前者主要表现在中国博物学的研究由于眼界的狭隘，只是将研究的目光聚焦于有限的范围。同时又在这有限的地理范围内将关注的重点放在医药用植物和食用植物，以及一部分观赏植物。我们当然发展出博大精深的中医药体系，但我们现在也知道西医体系同样重要；我们当然可以在相当长的历史时期内为中国以非常有限的耕地养育世界第一庞大的人口而自豪，但我们现在也知道中国历史上循环往复的大饥荒及相关灾难，更重要的是我们现在知道中国多次解决大饥荒的根本是全球物种大交换所引进的玉米和番薯等耐旱易植作物。后者表现在中国源远流长的艺术传统中因宋代以后画谱传统的盛行而忽视原创的活力，我们当然发展出独步于世界艺术之林的水墨画体系及墨竹与墨梅这类融中国书法与绘画于一体的艺术门类，但进入近现代时期的我们终于发现西方更强大的艺术传统及其创意理念和表现手法对现当代艺术和设计的决定性影响。

在人类园林发展的历史长河中，有些园林风格消亡了；有些园林风格不断发展壮大并影响全球；有些园林风格曾经影响世界，但却因其固有的弱点而在近现代停滞了发展的脚步，其典型就是中国园林。中国人由乐山乐水而发展出山水景观美学，从而逐渐演化出私家园林、寺庙园林、皇家园林和公共园林这几种园林类型，直到明初郑和大航海时代，中国园林同中国其他诸门类科技成就一样，都是领先于世界的。然而，当中国人自豪地向欧洲和世界各国输出当时最先进的科技文化之后，我们自己则开始趋向闭关自守，固步自封，中国的园林艺术在明代直到清代中期都仍在蓬勃发展中并成就一批如今在江浙一带仍能体现出传统文化魅力的江南私家园林，但实际上这种发展已经埋下不健康的病根。当中国园林非常专注地执着于少数具有中国传统文化内涵的植物如梅兰竹菊时，西方园林早已全力收集来自全球的花草物种，而园林形态本身虽以规则化几何形式为主流，但仍接纳并采用来自全球的各种风格，如中国风格、日本风格、印度风格和伊斯兰风格，更重要的是西方园林最终发展成为西方近现代科学尤其是博物学、植物学、化学、生物学等学科的思想宝库和实践基地，从而为世界的发展带来更大的推动力量。当中国园林专注于集中赞美少数植物并发展出独特的艺术门类如墨竹和墨梅时，西方园林对来自全球物种的综合关注引发其彻底的科学的写实风格，而后由写实风格进入机械与动力时代，再发展出现代艺术的诸种风格并引领全球艺术、设计、建筑、景观、园林及多媒体艺术的全方位发展。

西方园林的决定性发展缘自以大航海为代表的全球探险活动，遗憾的是，早年并不缺乏探险精神和探险经验的中国人在1493年以后的全球化探险进程中落伍了，或者说基本上是缺席了。大象出版社2015年出版的《中国脊梁：王立群解读华夏历史人物》一书中，作者选取10位为中华民族的建立和发展立下不朽功勋的伟大人物，包括孟子、屈原、苏武、张骞、卫青、霍去病、李广、华佗、王安石、岳飞，其中至少有五位是以文化或军事的方式为中华民族开疆拓土，探险世界，成为中国的脊梁。实际上中国人探索大自然、开拓新世界的精神并不遥远，张骞之后有班超，卫青、霍去病，之后有李世民、李靖，以及法显和玄奘，直到明初郑和建立当时全球最大的航海船队并远赴至当时人类可能达到的最远的地方。郑和之后，欧洲人接过了探险世界的接力棒。

世界知识出版社1988年出版了苏联科学史家约·彼·马吉多维奇著，屈瑞、云海译《世界探险史》，该书原名为《地理发现史钢》，详细记述人类历史上数百次重大探险活动，从公元前2世纪中国探险家张骞出使西域，一直写到20世纪50年代大批科学家登上南极冰原。中国人开了好头，从某种意义上引领了人类对世界地图的探索与绘制，却止于玄奘和郑和。山东画报出版社2006年出版了美国地理学家纳撒尼尔·哈里斯多著，张帆等译《图说世界探险史》，中国人只出现在第一章“早期的探险家”中，以后二至十章则基本缺席。最近十年间国内开始陆续出版世界各国在探险史和博物学方面的专著，例如人民邮电出版社2014年出版英国著名探险家罗宾·汉伯里–特尼森著，黄缇萦译，孔源审《环球探险：改变世界的伟大旅程》，以及海南出版社近两年出版的世界科幻小说之父儒勒·凡尔纳传世杰作系列《地理发现史：伟大的旅行及旅行家的故事》《18世纪的大航海家》和《19世纪的旅行家》。在所有这些探险史著述中，中国人的名字仅止于张骞、班超、法显、玄奘、长春真人和郑和，而在Firefly Books出版社2005年出版的由意大利科学史家Andrea De Porti著述的精美图册《Explorers:The most Exciting Voyages of Discovey—From the African Expeditions to the Lunar Landing》中，中国人则完全缺席。

三联书店1993年出版了法国作家阿兰·佩雷菲特的名著《停

滞的帝国：两个世界的撞击》，讲述两百年前的大英帝国以给乾隆祝寿为名向中国派出马戛尔尼勋爵率领的庞大使团，以寻求贸易合作。然而，长期的闭关锁国使中国从最高统治者到普通百姓都对外部世界的巨大进步和西方的科学文明一概不知，并始终为自己处于“盛世”而盲目地沾沾自喜。当时的中国官方自信地认为英国是仰慕中华文明才遣使远涉重洋为皇上祝寿的。而事实是，英国在率先实现工业革命之后，当时已是西方第一强国，因此当年中英的对话尚未开始就注定中国要失败了。学术界争论已久的马戛尔尼觐见乾隆时是否下跪的问题并非单纯的礼仪之争，而是两种文明的撞击，具有深刻的象征意义。佩雷菲特作为曾七次担任法国文化部长的政治家和历史学家，对马戛尔尼当年访华一事做出这样的评论：“如果这两个世界能增加它们之间的接触，能相互吸取对方最为成功的经验；如果那个早于别国几个世纪发明了印刷与造纸、指南针与舵、炸药与火器的国家，同那个驯服了蒸汽并即将驾驭电力的国家把它们的发现结合起来，那么中国人与欧洲人之间的文化交流必将使双方都取得飞速的进步，那将是一场什么样的文化革命呀！”遗憾的是，历史不能假设，闭关锁国只能导致文明与国家的衰落，最终无力抵御帝国主义的侵略。

不同种族、不同国家之间的文化交流是任何力量都无法阻挡的，无论它们在何时何地，无论隐藏有多深，无论旅途多么艰险，人类群体中总会出现一批先驱者愿以生命的代价探索文明的足迹及其相关的奥秘。看看一百多年前世界列强的探险家们对中国西域和西藏地区的关注和考察能让后人更深刻地体会到文化交流与文化侵略的内涵，中国人在这场探险运动的后期有幸加入，显示出中国进入现代世界的端倪。以瑞典斯文·赫定，英籍匈牙利人斯坦因，法国伯希和德国格伦威德尔和勒柯克，日本大谷光瑞和桔瑞超等考古学家和地理学家为代表的一批世界级探险家最终揭开中国西域和西藏的神秘面纱，从此创立藏学、西域学、敦煌学、吐鲁番学等以丝绸之路为主体文化背景的多种文化学科，其成果在近百年后终于在这些学科的故土出现，如斯坦因的《西域考古纪》《古代和阗》《斯坦因中国探险手记》《踏勘尼雅遗址》《西域考古图记》《亚洲腹地考古记》及《沿着亚历山大的足迹：印度西北考察记》等；斯文·赫定的《我的探险生涯》《游移的湖》《亚洲腹地旅行记》等；伯希和的《伯希和西域探险纪》《伯希和西域探险日记1906—1908》《伯希和敦煌石窟笔记》等；以及安特生的《甘肃考古记》，格伦威德尔的《新疆古佛寺：1905—1907年考察成果》，法国探险家古伯察的《鞑靼西藏旅行记》等。这些划时代的学术著作在非常晚的时代出现中文版本，从一个侧面说明中国在相当长的时代不仅对中国之外的世界缺乏关注，而且对我们自己的文化传统也非常漠视，其结果必然是僵化、落后、被动、失败。

西方世界飞跃式发展的开端是文艺复兴和大航海时代，因此西方世界对它们的研究从来没有中断过，并时常出现令人震惊的学术新成果，最近一段时间，尤其是进入21世纪之后，中西方学者对中国明初大航海与文艺复兴的关系进行了更多的梳理，这其中最引人注目的是英国学者加文·孟席斯（Gavin Menzies）及其两部引起东西方学界轰动的著作《1421：中国发现世界》和《1434：一支庞大的中国舰队抵达意大利并点燃文艺复兴之火》（简体中文版由人民文学出版社2012年出版）。对于西方学术界探讨已久的关于意大利文艺复兴为何能达成知识井喷现象，孟席斯提出了一种基本自圆其说的“一家之言”。与此同时，美国科学家李兆良在2006年退休之后因偶遇美洲发现的中国宣德金牌而深度介入中国古代文化交流史和外交史的研究，并于2012年出版《坤舆万国全图解密：明代测绘世界》，而后又在2013年出版《宣德金牌启示录：明代开拓美洲》，通过大量第一手文献和实地调查，用实物比较中国、美国、欧洲三方的文化发展特征，从而得出如下结论：其一是明代中国人曾登陆并开垦美洲，纠正错误的欧洲中心历史观；其二是明代人探访美洲不过是中国人重拾旧地，中华文明在美洲留下许多文化痕迹，远可追溯至史前时代；其三是明代不止环球航行，而且测绘了第一张详细的世界地图，在美洲留下不少文化痕迹和物种交流。中国历史上曾有过的拓展海路的航行，应该比中国官方留下的有限记载庞大而辉煌许多。

然而，中国曾有的航海辉煌却在明初突然断裂，而中国人此前的全球性开拓也可能更多地侧重于宣示权威，而非商业及物种的广泛交流，以致中国文化中依然长期固守本土物种，并因地大物博而自我满足，中国的园林醉心于主观意向的追求，以有限的物种构筑文人心目中的小天地。与此同时，西方园林作为全球物种大交换时代的缩影，不仅成为皇家与民众的休闲场所，而且成为科学家的实验场地和艺术家的创作园地。

美国当代著名史学家查尔斯·曼恩近年出版的两部巨著非常全面而深入地研究了物种大交换所开创的世界史，即2005年出版的《1491：前哥伦布时代美洲启示录》和2011年出版的《1493：物种大交换开创的世界史》，前者由中信出版社2014年出版中文版，后者由中信出版集团2016年出版中文版。曼恩在这两部著作中及时呈现了生物学家、人类学家、考古学家和历史学家的最新研究成果，并展示了后哥伦布时代的生态与经济往来网络是如何促进了欧洲的振兴，摧毁了当时的中国，震惊了非洲，从而改变了世界。后一本书的绪论是如此开头的："就像其他著作那样，这本书也始于花园。"笔者立刻意识到，曾经充满创意和趣味的中国园林，随着物种大交换时代中国的宏观失策和封闭短视，在明代以后开始衰落了，从此再无充满科学精神的创意，而只能满足于有限元素和少量固有物种的孤芳自赏的游戏当中。

曼恩告诉我们，三个多世纪以来，中国平民的食物并非水稻，而是番薯。科学家们将哥伦布看成是无意中开启了全球范围内爆炸性生物交换的人，在他建立了东西两半球的联系之后，数以千计的动植物物种在大陆之间往来不绝，这是地球上自恐龙灭绝以来生命史上最重要的事件。被历史学家称为“哥伦布大交换”。这就是为什么“意大利有番茄，美国有橙子，爱尔兰有马铃薯，秦国有辣椒，以及中国有番薯的原因”。曼恩这样解释番薯在中国的历史性作用：“番薯，和另一种美洲迁入物种玉蜀黍一样，的确帮助中国走出了灾荒。但是它们也引发了另一次灾难。传统的中国农业主要种植水稻，这种作物必须在湿润的河谷地带才能生长。番薯和玉蜀黍则可以在中国干旱的高地上生长。成群结队的农民走出去，砍掉了这些高地上的森林，结果就是灾难性的水土流失。淤泥填塞了黄河与长江，引发了导致数百万人丧生的大洪水。受自然灾害困扰的中国在争夺全球霸权的竞赛中落在了后面。”曼恩也深入研究了郑和：郑和的大航海1405年开始，1433年结束，他曾横渡印度洋，最远到达非洲南部，七次航海，政治上完胜，然而远航没有继续下去，它成为政治内斗的牺牲品，最终，郑和的所有航海记录几乎都被封锁了。直到19世纪，中国都没有再派船驶出国界。

曼恩在其著作中引用了多位研究者的结论来解释中国为什么会中断大航海活动，以及由此带来的负面后果。许多研究者认为，中断航海是中国社会思想严重偏狭、僵化的象征。“为什么中国没有再多花一点力气，绕到非洲南端，进入大西洋呢?”兰德斯在《国富国穷》中这么问，其回答是“中国人缺乏视野、重点，以及最重要的好奇心。”并认为受制于儒家思想、自傲而自满的中国是“一个不积极的改进者和一个糟糕的学习者”。墨尔本大学的历史学家Eric Jones在关于西方如何攫取政治主导地位的论著《欧洲奇迹》中，也类似地将中国拒绝海外冒险归咎于“空洞的文化优越感”和“过度的自我关注”。在郑和之后的这个帝国“从海洋撤离，变得只关心内部”。加拿大麦吉尔大学的政治学家John A.Hall在《权力与自由：西方崛起的原因与后果》中称，中国“困在同一个阶段超过两千年，相比之下，欧洲却像跨栏冠军一样前进”。充满了创业精神的葡萄牙、西班牙、荷兰和英国，将儒化的中国拖入外部世界的粗糙与混乱当中。

然而，也有学者并不认同上述论点，他们也不相信终止航海的行为就能证明中国文化缺乏好奇心或驱动力。他们认为，无论郑和航行多远，他都没有遇到比他的祖国更富强的国家。从技术上来说，中国当时已经遥遥领先欧亚大陆上的其他地区，异邦能提供给中国的只有原材料而已，但得到这些根本无须派遣庞大的船队远航千里万里。美国乔治·梅森大学的政治学家Jack Goldstone观察到，明朝完全可以派郑和跨过非洲，抵达欧洲，但明朝随后中止了长途航海活动，“原因和美国中止送宇航员登月一样：那里没有东西能证明值得为此支付如此大的成本。”

可是，在更大的范畴上和更深层次的意义上，明初中国中止航海的负面意义显得非常巨大，实际上，闭关自守在秦汉之后渐渐成为中国社会发展的主流，张骞与班超是汉朝开拓世界的绝响，法显与玄奘则更多的是宗教意义上的取经，而郑和则是传统中国社会探险精神的最后一次高调亮相。郑和之后的世界级海上霸主则是葡萄牙人和西班牙人，随后是荷兰人和英国人，以及随之崛起的日本人、德国人、法国人和美国人。明朝和其后的清朝终于被卷入全球性的物种与文化交流网络。顷刻之间，中国的经济和社会文明的诸多方面与欧洲（一个曾被认为太穷而不足挂齿的地方）和美洲（一个中国朝廷还不知其存在的地方）牵连了起来。

我们回到英国学者加文·孟席斯，他在2002年出版的《1421：中国发现世界》中宣称：中国人最早绘制了世界海图；中国人先于哥伦布到达美洲大陆；郑和是世界环球航行第一人。

6年后，他又在《1434：一支庞大的中国舰队抵达意大利并点燃文艺复兴之火》中宣布意大利文艺复兴也是中国人引发的。孟席斯考证出，1434年，一支中国舰队抵达意大利，向罗马教皇尤金四世赠送了明朝皇帝的大量礼品，其中包括欧洲当时没有的世界地图、天体图和中国古代科技典籍。通过对比研究，孟席斯发现佛罗伦萨的数学家托斯卡内里、阿尔伯蒂、库萨的尼古拉、雷吉奥蒙塔努斯，以及文艺复兴的首席全才达·芬奇等人震惊后世的许多著述和发明，其实都是从这些中国科技古籍中获取的灵感，因为它们的很多机械设计图和中国古籍的图片“惊人相似”。

不过，即使孟席斯的研究成果能够被百分之百地证实，中国人也无法真正高兴或满足，因为历史的事实是意大利文艺复兴的巨人们，从布鲁乃列斯基、达·芬奇再到伽利略，创造了近代科学与艺术的辉煌，开启了欧洲现代文明的进程。由哥伦布开创的全球物种大交流时代，为西方园林带来了世界各地的物种，不仅丰富了欧洲人的各类花园的布局，而且开拓了欧洲人的视野，从而最终改变了欧洲人的世界观。从林奈到达尔文，一代又一代欧洲科学家们从他们的花园观察和探险收集中思考科学规律，由植物学到博物学，再到物理学和化学，到生物学，西方的园林成为西方科学发展的重要基石。从达·芬奇到莫奈再到克利，一代又一代欧洲艺术家们从他们的花园培养和对自然的深刻思考中激发艺术创意，由描绘到透视，由印象到抽象，再到艺术与科学理念的结合，西方的园林同样成为西方艺术发展必不可少的温床。反观中国园林，由于过早地成为失意官员退守家园的领地，因此难以主动接纳来自域外的物种和风气，以“梅兰竹菊”为代表的中国园林有限的物种培养传统，自然而然地将本来就有限的来自世界各地的物种排斥在中国园林之外，于是，中国园林物种的单调无法支撑科学的认知体系，以墨竹墨梅为代表的超强的中国文人画艺术传统也将中国艺术引向僵化的境地。

5 达·芬奇的意义

五百年来，人们一直对天赋异秉的达·芬奇充满好奇，因为他在历史上创造出的多数成果都罕有匹敌。众所周知，这位意大利巨匠堪称人类历史上最伟大的艺术家，但这只是他的一小部分成果而已。他不但是一流的画家、雕塑家和音乐家，还是杰出的科学家，最为著名的成就包括设计出领先几个世纪的飞行器和前无古人地绘制出精确的人体解剖图。他是才华横溢的数学家、卓有建树的建筑师和工程师，发明了从厨房用具到自行车再到潜艇原型的伟大发明家、植物学家、博物学家、设计师、制图师、哲学家……适用于他的头衔实际上还远不止于此。

2015年5月，笔者在出席米兰理工大学承办的Cumulus世界建筑、设计和媒体艺术院校联盟的年会时，有幸参观当时盛大开幕的“列奥纳多·达·芬奇展”。出于对达·芬奇的发自内心的崇敬，米兰宫的“达·芬奇展馆”庄严肃穆，摩肩接踵的参观人流都屏住呼吸，依次仔细观摩“达·芬奇展”当中的每一件珍品。令人窒息的达·芬奇手稿册页的精美，绘画和雕塑作品所展现的无法超越的艺术造诣，以及研究人员依据达·芬奇的设计图复制出的各种机械模型，在展示着达·芬奇的天才和勤奋，让观者流连忘返。

我们可以说，达·芬奇是人类历史上第一位将艺术与科学完美结合并发展出系统的设计科学的伟大学者。从芬奇小镇到佛罗伦萨，从米兰到罗马再到欧洲各地，达·芬奇虽然也阶段性地拜师学艺，但他毕生以大自然为师，正如他在笔记中所言：“大自然是最伟大的伴侣，忽视自然的人注定徒劳无功。”达·芬奇购置的最早的房产就是带有一个葡萄花园的房屋，从而使他在享受园艺乐趣的同时，得以近距离观察植物果蔬。实际上，根据记载，达·芬奇直到晚年都拥有一座马厩，豢养着马匹，这些马匹不仅是他日常出行的坐骑和锻炼身体的伴侣，更是他艺术创作的模特和动物学研究的对象。达·芬奇终其一生都在用日记和笔记的方式勤奋写作，将对大自然方方面面精致细微的观察翔实记录并分析研究，用诗意和日常幽默的语言记录所有他感兴趣的世间万物。达·芬奇以大自然为师并因此得以观察和发现艺术、科学和设计系统中的诸多原理，并随后将这些原理用于他的艺术创作和发明创造的实践当中。

实际上，对达·芬奇的发现和研究至今仍在进行当中，了解和学习达·芬奇的过程就像与一位超常规智慧天才的对话，无法用历史上已存在的规则进行限定，正如弗洛伊德所说："他就像一位早早苏醒过来的人，而其他人还在黑暗中沉睡。"达·芬奇去世后的近五百年间，他的许多笔记、作品和其他遗物也都消失在黑暗当中，人们还在四处收集、整理和研究，以期尽可能全面而完整地了解人类历史上的这位罕见天才。

作为人类历史上最重要的艺术大师之一，达·芬奇发展出完美的模式和技法来描绘人类和自然万物，并以精致入微的准确描述，同时用文字和绘画及雕塑来表现事物。通过观察、记录、批评与归纳总结，达·芬奇发展出符合科学发展规律的艺术理论并将其运用于自己的绘画和雕塑的创作实践中，从而创作出以《蒙娜丽莎》《岩间圣母》和《最后的晚餐》为代表的划时代杰作。

达·芬奇酷爱音乐，但他对音乐的热爱又远胜于普通的音乐爱好者，因为他不仅是一位音乐表演者，而且是一位大自然声音的研究者，同时又是许多乐器的发明者、设计者和制作者。达·芬奇对时间的兴趣使他成为钟表学工程师，他对钟摆有系统的研究及实验记录，对钟表的设计画出大量的构思图。达·芬奇在机械方面的兴趣更是全面表现出他作为一流科学家和工程师的优良素质，除了在普通机械方面的诸多发明之外，他对水力动力学和空气动力学的研究都具有开创性的科学意义。达·芬奇一生都在尝试用他的伟大发明来减轻劳动人民的辛劳，设计出诸如自行车和飞行器这样超越时代的机械装置，同时也作为军事工程师和建筑师，设计和制作出用于战争及和平建设的大型机械，而达·芬奇绘制的各种地图也同样远远领先于他所处的时代。

达·芬奇之所以取得如此巨大的成就，是因为他对艺术理论和设计科学的系统而全面的研究，并将其建立在对大自然的长期观察和研究之上。出于天才，更出于勤奋，达·芬奇发展出一整套堪称完美的观察大自然同时又尊重大自然的方法，他以至今尚未收集完整的笔记揭示出一种无止境的好奇心，从而使他能够同时关注并深入探讨绘画技艺和水利工程，在研究动物骨骼系统的同时又设计并制作乐器，在同时设计几件机械装置的同时也在考虑另一处大型雕塑的安装及壁画的新型绘制手法。达·芬奇的大量设计构思远远超前于他所处的时代，实际上，他的许多设计项目在两百多年之后才被后人完全理解并制作出来。

关于达·芬奇的出版物，在世界各地早已汗牛充栋，而且至今仍有增无减。有关达·芬奇的著作，大致可分为四大类：第一类是作品集，包括全集和选集的各种版本；第二类是各类传记，从乔治·瓦萨里的《著名画家、雕塑家、建筑家传》(下文简称《名人传》) 到今天依然层出不穷的不同体例、不同侧重点的达·芬奇传记版本；第三类是达·芬奇笔记研究，两百年来，各国学者对分别典藏于全球三十余处博物馆、图书馆、美术馆及私人收藏馆中的达·芬奇笔记进行着深入细致的研究工作，其中亦伴随着达·芬奇新手稿的发现，使这项工作近乎成为一种无止境的探索；第四类是关于达·芬奇的各种专项研究及引申研究，人们从艺术、科学、技术、哲学与诸多方面分析研究达·芬奇的卓越成就及对后世的引领和启迪。

第一类作品集中，可以说目前世界主要语言都已出版达·芬奇作品集，其中又以绘画作品集为主，笔者所见最令人难忘的是德国Taschen出版社2003年出版的重达七公斤的《Leonardo da Vinci:The Complete Paintings and Drawings》绘画全集，由Frank Eöllner主编。Taschen出版社2003年还出版了另一部达·芬奇研究的巨著，即由Johannes Nathan和Frank Eöllner共同主编的《Leonardo da Vinci:The Graphic Work》，该书是对散落于各地的达·芬奇笔记和手绘图稿的综合研究，具有极高的史料价值。此外，由意大利Skira出版社为配合2015年米兰宫举办的“达·芬奇展”而出版的《Leonardo da Vinci:The Design of the World》堪称最新版本的达·芬奇综合论著，由Pietro C. Marani和Maria Teresa Fiorio主编，集全球十五位著名的达·芬奇学者协力著成，其十二章的内容亦即“达·芬奇展”中十二个展室的主题内容，分别是Drawing as the Cornerstone;Nature and the Science of Painting;The Dialogue of the Arts; The Dialogue with Antiguity; Anatomy, Physiognomy and the Motion of the Soul; lnvention and Mechantics; Dream; Reality and Utopia; The Unity of Kwowledge; De coelo e mundo: lmages of the Divine; The Leonardesgue: The Diffusion of the Models of Leonardo and the “Trattato della Pittura”; The Myth of leonerdo,上述十二章也即十二个展室的内容全面概括了达·芬奇一生的方方面面，同时也是对两百年来全球达·芬奇研究工作的一个总结。

第二类是各种达·芬奇传记，其开山鼻祖则是达·芬奇同时代的画家和作家乔治·瓦萨里于1550年所著《著名画家、雕塑家、建筑家传》(即名人传)，其中的《列奥纳多·达·芬奇》一章是达·芬奇的最早也是最权威最真实的传记，因此成为后世所有达·芬奇传记的模式和资料来源，其中的大量章节被后世反复引用。该书中文版最新版本由中国人民大学出版社2004年出版。1607年，法国艺术出版社出版了瓦萨里《名人传》的法文版，而英文版的第一个译本则由乔纳森·福斯特夫人于1850年完成，随后由加斯顿·德维尔于1912年为梅迪奇协会完成新译文并由伦敦麦克米伦出版社出版，该书为十卷四开插图本，堪称瓦萨里《名人传》出版史上的一个高峰。《名人传》之后的达·芬奇传记的出版至今没有中断过，法国学者欧仁·明茨在1898年完成的《列奥纳多·达·芬奇：艺术家、思想家、科学家》是瓦萨里之后对达·芬奇生平及艺术与科学成就的一次完整巡礼，该书由人民美术出版社2014年出版陈立勤译中文版。随后的重要达·芬奇传记则是俄罗斯作家梅勒什可夫斯基完成于1905年的《诸神复活：列奥纳多·达·芬奇传》，该书很快由Erich Boehme译成德文并由柏林Verlag von Th.Knaur Nachf出版社出版，随后又由Bernard Guilbert Guerney译成英文并由英国Garden City出版公司出版，我国著名翻译家郑超麟早在1941年就开始从德文版翻译并于1942年交由中华书局出版，后由三联书店于1988年、1989年、1992年和2007年出版。英国学者Mantin Kemp于1981年完成的一部达·芬奇研究传记《Leonerdo da Vinci: The Marv ellous Works of Nature and Man》由牛津大学出版社同时在英国和美国出版，该书因其严谨的考证分析而受到国际学术界的一致赞扬。1998年，意大利著名的达·芬奇学者卡罗·卫芥教授出版新一轮《列奥纳多·达·芬奇传记》并由上海书店出版社出版李婧敬译中文版，作者毕生研究达·芬奇的笔记手稿，因此他的达·芬奇传不仅是一部“传记”，而且正如另一位意大利资深达·芬奇学者卡罗·佩德雷蒂所言“也是一本关于列奥纳多的工具书和一部细腻的心理分析佳作”。紧接着，英国学者Michel White完成另一部达·芬奇传纪《列奥纳多·达·芬奇：第一个科学家》，三联书店在该书出版次年即2001年即出版由阚小宁译的中文版。而意大利作为达·芬奇的祖国，从来没有停止对本民族头号天才的研究，自2010年开始，由亚历山德罗·委佐齐主编的文艺复兴三杰系列由意大利Scripta Maneant出版社陆续出版，中文版由潘源文翻译，2016年初由东方出版社出版，其中《达·芬奇：永无止境》卷是最新版本的达·芬奇传奇生涯编年史。进入21世纪以来，全球对达·芬奇的研究仍在进展中，如台湾学者2015年出版《蒋勋破解达·芬奇之美》，由北京联合出版公司推出大陆版本；又如三联书店于2016年出版的美国作家舍温·努兰著，谢晗曦译《达·芬奇》，以及电子工业出版社2016年出版的英国作家丹尼尔·史密斯著，肖竞译《天才的另一面：达·芬奇》等达·芬奇传记译著。

第三类是达·芬奇笔记研究。这应该是一项永远都在进行中的学术征程，这一方面是因为达·芬奇的各种手稿笔记极为庞杂且分别典藏于世界各国，另一方面是达·芬奇的遗作及手稿还在被发现的过程中。达·芬奇笔记手稿保存最集中的地方包括意大利米兰安博图书馆收藏的《大西洋手抄本》，英国温莎堡皇家图书馆收藏的《温莎手稿》，西班牙马德里国家图书馆收藏的《马德里手稿》，法国巴黎法兰西学院收藏的《达·芬奇手稿系列》，意大利都灵皇家图书馆收藏的《鸟类飞行手稿》，意大利米兰特里夫齐奥图书馆收藏的《特里夫齐奥手稿》，英国伦敦大英图书馆收藏的《阿朗戴尔手稿》，美国西雅图比尔·盖茨收藏的《莱斯特手稿》，（又称《哈默手稿》），以及巴黎法兰西学院收藏的《亚斯柏罕手稿》等，此外，达·芬奇的笔记手稿和绘画册页还分别典藏在许多国家的博物馆和图书馆中，如德国的汉堡美术馆，科隆瓦尔拉夫·理查兹博物馆，法兰克福国立艺术学院，柏林国立博物馆，以及魏玛美术馆等；美国的贝玉思博物馆，大都会艺术博物馆，以及新泽西的巴巴拉·皮亚塞卡、强森基金会等；英国的牛津基督教堂，牛津阿西默林博物馆，剑桥菲兹威廉博物馆，爱丁堡苏格兰国家美术馆等；意大利的佛罗伦萨乌菲兹美术馆，威尼斯学院美术馆，都灵瑞理图书馆，罗马Cabinetto delle Stampe档案馆等；法国的巴黎卢浮宫博物馆，勒恩艺术博物馆等；以及奥地利的阿尔伯蒂那艺术博物馆，匈牙利国立博物馆和荷兰鹿特丹波曼布尔根博物馆等。对博大精深的达·芬奇笔记手稿的研究是一项漫长的世界性学术活动，主要有两种研究方式，其一是对某一部分手稿所进行的专项研究；其二是摘录不同来源的达·芬奇语录所进行的综合研究。前一类专项研究的对象主要是达·芬奇笔记中独立成册的或者专注于某一种或几种研究课题的，例如初版于1974年的瑞士并在1988年和1990年在美国出版的由Ladislao Reti主编并由Emil M.Buhrer负责版画设计的《The Unknown Leonardo》就是一部专门研究马德里国家图书馆收藏的两册达·芬奇笔记的学术专著。另一部类似的专著则是出版于2009年由Edoardo Eanon研究完成的《The Book of the Codex on Flight by Leonardo da Vinci: From the Study of Bird Flight to the Airplane》，该专著对典藏于都灵皇家图书馆的达·芬奇的《鸟类飞行手稿》进行了深入细致的研究，结合现代化技术设备做出各种实物和媒体模型，归纳出人类飞行的梦想由达·芬奇到莱特兄弟的发展演化过程。1994年，比尔·盖茨以3080万美元购买了达·芬奇在米兰期间撰写的连续72页的《哈默手稿》，后改回为《莱斯特手稿》，并随后以展览和出版的方式公之于世。中国出版界对此反应非常热烈，北京理工大学出版社于2013年出版李秦川译本《哈默手稿》，随后译林出版社于2015年初出版周莉译本《达·芬奇笔记》，而吉林出版集团股份有限公司则在2015年底出版戴光年译本《达·芬奇手记》。后一类综合研究的对象则是典藏于世界各地的达·芬奇笔记及相关作品，按特定的主题进行摘录研究，如英国学者William Wray编著的《Leoardo da Vinci in His Own Words》2005年由英国Grange Books PLC出版。而美国学者安娜·苏（H.Anna Suh）主编的《Leonardo's Not ebooks by Leonardo da Vinci》也在2005年由美国Black Dog & Lenventhal

Publishers出版，并于2014年由湖南科学技术出版社出版刘勇译本《达·芬奇笔记》。2012年，由法国巴黎科学城、意大利米兰达·芬奇科技博物馆、欧洲航空防务与太空公司和德国慕尼黑德意志博物馆共同策划，欧洲九位跨界专家共同编著的《Leonardo da Vinci: La Nature et l'invention》由巴黎EDLM出版，而海峡两岸均以很快的速度出版了秦如蓁译本的中文版，其中台湾版为《破解达文西：亲眼看见，这份手稿如何启发了人类文明与科学》，大陆版则名为《达·芬奇笔记的秘密》。此外，中国还出版有多部其他版本的达·芬奇笔记，如三联书店于2007年出版由英国艾玛·阿·里斯特编著，郑福洁译的《达·芬奇笔记》；新星出版社2010年出版的杜莉编译的《达·芬奇笔记》则源自1651年由法国出版商拉斐尔·杜弗里森根据达·芬奇记手稿整理出版的古老版本；而光明日报出版社于2012年出版的戴专译本《达·芬奇艺术与生活笔记》所据底本则为1906年英文版《达·芬奇笔记》。

第四类关于专项研究及引申研究又可分为两组，其一是基于达·芬奇手稿笔记文献的专题研究；其二是达·芬奇生涯各方面的引申研究。前者出版物中最多的是关于达·芬奇对人体解剖学的研究，如意大利Giunti出版社1998年出版的由Marco Cianchi撰文的《Leonardo Anatomy》和CB Publishers于2010年出版的由Sara Taglialagambe著Carlo Pedretti作序的《Leonardo & Anatomy》。专题研究中其他主题还有很多，如Giunti出版社2000年出版的由Claudio Pescio和Enrica Crispino主编的《Leonardo Art and Science》，以及同样是Giunti出版社2005年出版的由多米尼哥·罗伦佐（Domenico Laurenza）编著Mario Taddei & Edoardo Eanon绘图的《Leonardo's Machines: Secrets & Inventions in the Da Vinci Codices》，该书由南方日报出版社2015年出版胡炜译本中文版，名为《达·芬奇机器》。后者关于达·芬奇引申研究有大量出版物，最早的应该是弗洛伊德于1910年出版的《Leonard da Vinci: A Memory of His Childhood》，弗洛伊德自此开创一种艺术品鉴的新视角，该书由金城出版社于2014年出版阎伟萍译本《达·芬奇的童年回忆》。2004年，美国著名物理学家兼艺术家B ü lent Atalay教授出版《Math and Mone Lisa》，将人们从《达·芬奇密码》的神秘与虚幻世界带回达·芬奇的真实科学理念和规律当中，该书由中信出版社2007年出版牛小婧、邹莹译本《达·芬奇的数字迷宫》。美国著名专栏作家戴夫·德威特（Dave Dewitt）也同样受到丹·布朗《达·芬奇密码》的启发，开始关注意大利饮食文化，最终于2006年完成《Da Vinci's Kitchen: A Secret History of ltalian Cuisine》，借由全才达·芬奇在烹饪方面的成就，将掩映其后的意大利烹饪图景展示出来，电子工业出版社于2015年出版梅佳译本中文版《达·芬奇的秘密厨房：一段意大利烹饪秘史》。美国科学史家托马斯·米萨（Thomas J.Misa）从技术史角度研究达·芬奇，由达·芬奇入手，探讨欧美五百年间科学与技术发展的各种特点，并于2004年和2011年两次出版《Leonardo to the lnternet: Technology and Culture from the Renaissance to the Present》，河北教育出版社于2016年3月出版吴南海译本中文版《从达·芬奇到互联网》。最近，牛津大学荣退教授Martin Kemp与法国著名光学工程师帕斯卡·柯特（Pascal Cortte）合作，于2010年出版《La Bella Principessa: The Story of the New Masterpiece rpiece by leonardo Da Vinci》，三联书店已于2015年出版王艺译本中文版《美丽公主：达·芬奇“新作”鉴定记》。

人类幸有达·芬奇，他因为无止境的求知欲和几乎在当时所有科学、技术及艺术领域的开创性成就而被称为“文艺复兴完人”。然而，文艺复兴之所以能在意大利佛罗伦萨展开，绝非仅有一个达·芬奇，而是拥有一大批在诸多领域都有卓越建树的科学家和艺术家，如“文艺复兴三杰”中的米开朗基罗和拉菲尔，数学家和建筑师布鲁乃列斯基，著名科学家伽利略等。英国著名学者Chritopher Hibbert所著《Florence: The Biography of a City》一书从社会和文化史的角度阐述了佛罗伦萨为什么和如何发展成为文艺复兴的核心城市。笔者在佛罗伦萨的伽利略博物馆参观时，很快被馆藏大量的精密科学仪器所震撼，达·芬奇的机械天赋终于被一大批后来者们继承了，这些仪器直接引导着化学、物理学、天文学、生物学、机械学、数学和艺术学的大发展。Giunti出版社出版的《Museo Galileo: Masterpieces of Science》一书中所记载的相当一批科学仪器都曾出现在当年汤若望、利马窦和南怀仁等西方传教士带给中国宫廷和皇帝的礼单上，遗憾的是，中国当时的权贵们要么毫无兴趣，要么有点兴趣但也仅仅局限于宫廷大墙之内。

达·芬奇的艺术源于大自然，但也同样延续了意大利绘画讲述科学和精确的传统，从乔托、乌切洛、马萨乔、弗兰切斯卡、安杰利科、韦罗基奥到同时代的吉兰达约和波提切利，他们都同达·芬奇一样孜孜以求地探索着绘画中的写实传统和科学本质，最终在达·芬奇、米开朗基罗和拉菲尔手中结成硕果，达到欧洲写实绘画和透视法描绘的高峰，成为后世无法超越的楷模。而达·芬奇在工程、设计、透视、数学诸方面的专长也同样既得益于大自然的灵感，也受益于前辈大师如布鲁乃列斯基、阿尔伯蒂和布拉曼特的实践和教诲。Giunti出版社1996年出版的Paolo Galluzzi所著《Renaissance Engineers:from Brunelleschi to leonardo da Vinci》一书中系统分析了文艺复兴时期意大利的工程学传统。

得益于前辈大师的启迪，更受教于大自然的灵感，达·芬奇发展出对艺术与科学、工程与技术、生活与娱乐几乎全方位的热爱，并由此引导着文艺复兴时期的意大利在艺术上实践突破式成就的同时，在数学、天文学、物理等自然科学诸领域都有划时代的卓越建树。美国南加州大学的Alexander Marr教授2011年完成其专著《Between Rophael and Galileo: Mutio Oddi and the Mathematical Culture of late Renaissance Italy》，该书由芝加哥大学出版社出版，对达·芬奇极力倡导的艺术与数学、艺术与科学的结合在意大利如何开花结果进行了生动论述。达·芬奇的意义跨越了时代，超越了国界，至今仍激励着人类。当我们在思考中国园林发展的误区和缺憾时，达·芬奇的意义同样是发人深省的，他从童年在祖父花园中被花果鸟虫所吸引，到成年后购买自己的花园住宅，对花园的观察引导达·芬奇逐步进入大自然的运作机制的核心层面，从而引发了之后的艺术革命和科学革命。

当中国的园林主人和园艺师们沉浸于故国与乡愁从而将园林大多作为心灵避难和施展阴谋的场所时，达·芬奇却将全身心的爱和好奇心灌注于大自然中，双方从而表现出对待大自然和对待园林的不同态度。

当中国的园林主人和园艺师们用浪漫的诗歌和写意的书画来描绘其园林设计和园艺景致时，达·芬奇和他所代表的文艺复兴艺术家们却在努力学习和发展几何透视法，以便准确地表达园林景观及其中的各种动植物，而准确科学地描绘园林的景观和自然万物等影响着自然史和博物学的发展。这实际上已构成科学革命的代表特征之一，即全面强调经验和观察是寻找真理的手段。达·芬奇及其以后的艺术家和科学家们在阅读古代自然史文献时，早已切身感受到只凭古人的文字来研究物种的难处，是引发图文并茂的作品，这固然是中世纪欧洲的一桩极大的进步。然而，中世经手抄本上的动植物论述，即便配图，却非写实，如同中国古代至近代几乎所有木板插图的模式一样，它们要么是专业抄手从更早版本临摹而来的，从而基本上是愈来愈粗糙，要么是配图本身并非唯实目的，而是象征或抒情性质。而达·芬奇所引发的艺术与科学革命则强调准确精细的并非出于装饰的配图，从而激发读者进一步研究并试图与实际物种进行比较的决心。在欧洲，当唯实的配图蓬勃发展的同时，文字方面也出现自然主义科学化的进展，博物学与生物学的井喷式发展由此展开。

前文曾提到，当中国古代文人和艺术家们发展出墨竹和墨梅这些别具一格的中国艺术模式时，中国园林的发展也因此蒙上阴影，因为对文人学者们所酷爱的少量植物品类如“梅兰竹菊”的极度偏执，中国园林的发展逐步陷入一种单调而病态的循环，这种消极循环发展状态在短期内并不彰显，人们在封闭的大环境下依然可以手眼传承精彩技艺并自得其乐。然而一旦国门大开，进入全球一体化，任何封闭的系统都必然受到创伤，中国园林近两百年来的枯萎和停滞就是这种创伤的结果。而达・芬奇的成就所引导下的西方园林的发展则走上了一条不同的道路，对物种的科学而精致的描绘激发人们进一步探索大自然的愿望，大航海时代又直接带来更多观察大自然并收集和描绘物种的机会，从而为欧洲园林带来不断丰富的物种，并进而引发博物学及其他科学的加速发展，为社会带来巨大利益，这正表现出科学革命的另一个代表特征，即关心自然的知识肯定有益于人类生活的改善。

6 西方园林与博物学传统

关于圣经中的花园，成书于公元前1000年的《雅歌》和定稿于公元前500年左右的《创世纪》被认为是园林历史方面的重要文献，且对犹太教、基督教和伊斯兰教传统下的园林设计都非常重要。《雅歌》中的园林以流水和植物为主，植物包括石榴、海灵草、甘松、乳香、番红花、菖蒲、肉桂和没药树等，其中大部分都是外来品种，反映出西方的人类文明从一开始就倾向于交流物种。《创世纪》中的伊甸园则是一种理想园林，包括果园、蔬菜园、花卉园和各种水池。在人类最古老的两大文明即美索不达米亚和埃及，花园也是其发达文明的重要标志，而早期的花园基本以经济植物为主体，如美索不达米亚的果园植物包括枣、椰树、果树和各种蔬菜，而古埃及园林中曾经栽培过的植物，根据英国学者Tom Turner在《欧洲园林：历史、哲学与设计》中的研究，包括五大类，即花卉类，如虞美人、矢车菊、圣母百合、锦葵、纸莎草和睡莲等；食用类，如苹果、东非榈、角豆树、蓖麻、野无华果、枣椰树、埃及李树、杜松、橄榄、开心果、石榴和葡萄等；香草类，如香芹、胡荽子、薄荷和百果香等；香料植物类，如指甲花、桃金娘等；蔬菜类，如蚕豆、鹰嘴豆、黄瓜、大蒜、扁豆、莴苣、西瓜和洋葱等。在古埃及，强大而稳固的法老统治体系早已建立了影响后世几千年的西方园林系统，包括私家园林、宫廷园林、寺庙园林、水果与蔬菜园和动植物园。

后来的古希腊和古罗马全盘吸收美索不达米亚和古埃及的园林文化遗产，尤其是如下特点：圣湖与圣林、规则化道路、列柱廊庭院、植物主题柱头、多层台地、长方形水池和植被、象征性植物、葡萄架绿廊和动植物园。西方园林包括后来发展出来的伊斯兰园林，从此发展出园林设计的三大原则：几何式规则布局，植物经营，以及物种的国际化交流。西方园林在此三大原则下激发出对科学的好奇及系统研究，由植物到博物再到生物，并兼及数学、天文、物理、化学，最终形成近现代完整的科学体系，同时也以设计科学带动整个人类的现代化发展进程。

即使在漫长的中世纪，欧洲的花园设计也同大教堂设计一样，从来没有忘记几何意义上的完美追求，而修道院作为欧洲中世纪最重要的知识宝库，更是以园林的设计与经营作为学术研究的基础，其种类繁多的园林为文艺复兴及其后欧洲的科技发展打下良好基础，如公墓果园、医务花园、绿色庭院、执事花园、酒窖花园、葡萄园及厨房花园等。随后的巴洛克和洛可可园林则在几何式布局方面更为注重对轴线的强调，发展出单轴、交叉轴、长轴、放射性轴等多种景观布局模式。到了18世纪，物种与造园理想的国际化交流成为发展主线，中国园林、印度园林、伊斯兰园林等东方园林思想大量涌入，不仅成就了英国的自然式园林，也形成将意大利别墅、法国城堡和英国自然景观园林结合成折中主义风格的德国园林，在物种大交流的前提下更为注重外来植物的收集与研究。

前美国历史学会主席、美国著名学者Joyce Appleby教授于2013年出版了一部重要论著《Shores of Knowledge: New World Discoveries and the Scientific lmagination》，该书通过对从哥伦布到达尔文的西方探险史的研究，揭示出西方探险家与科学家之间密不可分的联系，认定探险就是科学，即人类由于对大自然的好奇心而引发的波澜壮阔的探险过程最终带来现代科学的诞生。Appleby教授强调，当年哥伦布第一次探险归来觐见西班牙的弗迪南国王和伊莎贝拉王后时，除展示黄金外，还用热带花草和鹦鹉吸引了西班牙宫廷和民众的注意力，从而引发此后波及欧洲各国的探险热潮。于是，不断丰富的域外动植物不仅充实着欧洲各国的园林，而且挑战着宗教理念，引发科学的进步。哥伦布之后的欧洲，从贵族到民间科学达人，都开始建立花园来收藏世界各地的动植物，充满新鲜感的目光和好奇心引发系统化的科学实践，并必然导致科学的进步和争论，从而鼓励更广泛更深入的探险活动。自从瑞典植物学家卡尔·林奈发明后来为学术界广为接受的植物命名系统并派出学生四处收集新植物品种，各国的博物馆、植物园和科学协会都将其目光转向大自然，各国政府支持下的世界范围内的大探险进入新的时代。从麦哲伦到库克，从洪堡到达尔文，探险与自然科学从此合为一体。

现在全球早已公认哥伦布1492年登陆西半球标志着世界史的

关键时刻。然而，耐人寻味的是，虽有越来越多的证据表明中国人在哥伦布之前很久即已踏上西半球大陆，中国却与现代科学的发展失之交臂。当美洲的地理地质、人文历史、植物花卉和飞鸟鱼虫吸引并迫使欧洲科学家和政治家在大力丰富和发展欧洲园林艺术的同时开始改变对大自然的理解时，中国人却仍然以实用主义的心态关注并引进以番薯和玉蜀黍为代表的食用和药用植物，从而使我们在园林的发展中长期固守中国境内有限的花草品种，并在对“梅兰竹菊”等少数植物进行过度的伦理化和艺术化的歌咏声中丧失对博物学和生物学的科学研究方面的热情和机会，中国园林发展过程中的艺术性自恋和科学性自闭最终导致中国园林中物种的贫乏、景观的单调、表现的失真和设计传承的中断，并由此带来中国园林艺术在近现代的停滞甚至倒退。

达・芬奇之后，欧洲人对大自然的好奇心越发强烈，而哥伦布则将这种好奇心发挥到颠覆性的地步，于是整个欧洲在文艺复兴及其以后的岁月中，从王公贵族到普通平民，都以更大的热情发展和培育园林，由此带来博物学尤其是植物学的飞跃发展，各国的园艺大师们争相著述出版，于是又带出发展中的问题：物种命名的随意性所带来的混乱对科学的发展是致命的。1707年，洪堡之前的两位欧洲最伟大的博物学家诞生于瑞典和法国，他们的到来为科学的发展带来秩序，成为欧洲博物学和园林艺术发展的里程碑。

卡尔・林奈是一位非常早熟的科学家，早在1730年，只有23岁的林奈还是乌普萨拉大学的学生时，他已构思出以植物的花蕊性别作为分类基础的系统思想，并为此开始收集资料，以期证明自己对植物分类系统的大胆构思。他先去北极地区考察拉普兰一带的山川地貌和植物分布，而后于1734年夏天带领8位青年科学家再次踏上博物学考察旅程。2007年，瑞典Gullers出版社第一次出版林奈1734年Dalarna考察笔记《Carl Linnaeus: The Delarna

Journey Together with Journeys to the Mines and Works》。当时只有27岁的林奈已经是瑞典小有名气的植物学家，他带领这支年轻的考察队伍详细考察了瑞典Dalarna地区的地理地质、物理及矿产、植物和动物、农业与民俗等诸多方面，除详尽的文字记录外，他们还绘制了大量精美而精确的图例，这其中林奈对该地区矿产和采矿业的精细入微的记录成为后来瑞典由传统农业国跃升为发达而富足的工业国的基础文献。1735年，28岁的林奈以其革命性的植物性别分类系统及与人类性别系统的全面比较研究震惊了世界，其有效性及合理性使之迅速被欧洲同仁所接受，并逐步取代其他的植物分类系统，从此至今，林奈植物分类法都是植物学研究的基本方法。关于林奈对分类系统的研究，瑞典的Natur & Kultur出版社也在2007年出版一部精美的学术专著《A Passion for Systems: Linnaeus and the Dream of Order in Nature》，该书由瑞典著名学者和植物摄影家Helene Schmitz构思策划，她独特而唯美的花蕊照片可以被看作林奈对大自然秩序之梦的一种当代诠释。另一位作者Nils Uddenberg教授负责文字论述，从学术角度追溯林奈如何执着于植物命名和分类并因此从一位年轻的瑞典植物学家成长为影响全人类的科学家的经历。第三位作者是瑞典自然史博物馆的Pia östensson博士，他作为专业植物学家，对Helene的图片进行专业解读。他们共同努力回答了如下问题，即林奈如何创造植物分类系统？他为什么如此痴迷于对世间万物进行命名和分类?

与林奈同龄的法国博物学大师布封则采用完全不同的方式研究植物学并取得同样伟大的成就。对后来的集大成者洪堡来说，林奈提供了科学探险的榜样，而布封则提供了园林研究的范例；如果说林奈为洪堡展示了植物学理论探讨的奥秘，那么布封则以更加宏观的思考引发后来法堡对植物学和生态学以及整个人类科学尤其环境科学做出革命性的科学贡献。

与林奈的早熟和少年成名不同，布封早年的学业多次转向，曾在不同学校学习数学、法律和医学，直到1730年遇到英国学者金斯敦公爵，才决定了自己对博物学的终身目标，当然，他以前的学习也同样成为后来完成《自然史》巨著的基础。布封的命运转折发生在1739年法王路易十五任命他为御花园的御书房总管之时，从此以后，布封就以这座欧洲第一园林为基地，开始他庞大而系统的博物学写作。布封负责管理的法国御花园，不仅拥有数量众多的植物，而且源源不断地购入来自世界各地的动物、矿物等品类标本，从而使布封下决心编写一部完整的《自然史》。1748年布封在《学者日报》发表其《自然史》写作计划，准备完成15册《自然史》，其中包括动物9册、植物3册和矿物3册，但最终他完成了庞大的36册，而且其中尚未包括贝类、鱼类、昆虫和微生物等品类。1749年，《自然史》前三册出版，其中第一册包括《自然史方法论》和《地球的形成》，第二册包括《动物史》和《人类史》，第三册则为《人种演变史》，前三册出版后极为轰动，很快在欧洲影响整个学术界。其后出版的各个分册则分别描写胎生兽类、鸟类、矿物、植物诸大类，其中包括最能代表其进化思想萌芽的《自然的世代》，因此达尔文认为“布封是现代以科学眼光探讨物种起源问题的第一人”。布封在1788年4月16日临终之前，以极大的毅力让人搀扶着在御花园走了一趟，向自已为之奉献了半个世纪生命的皇家园林中的一草一木深情告别，集中彰显了花园式植物学研究的重大意义。人民日报出版社2008年出版了陈焕文编译的《自然史》缩译彩图本，湖南科技出版社则于2010年出版何敬业、徐岚译本的《自然史》精华版。

林奈和布封的杰出成就为欧洲的博物学家们指明了研究方向，也为欧洲的园林带来的活力，园林物种的丰富为园林的发展提供了越来越多的设计可能性，而各种园林的扩张及相应的科学研究和理论印证又需要人们看到更多的物种，这种情况在哥伦布发现新大陆之后表现得更为强烈。

从15世纪后期到17世纪的近两百年间，西班牙和葡萄牙在航海探险的竞争中遥遥领先，整个太平洋两岸基本上都留下了他们的足迹。随后近一百年荷兰则异军突起，他们发现并占领太平洋上的大量岛屿。从17世纪末到18世纪早期，英国开始介入太平洋探险竞争，并在之后的近百年奋斗当中，逐步击败西班牙、葡萄牙、荷兰及法国等对手，从18世纪后期开始成为全球航海事业的新霸主。这其中，为科学探险做出杰出贡献的最重要代表就是詹姆斯·库克。商务印书馆2013年出版了新西兰学者比格尔·霍尔编著，刘秉仁译的《库克船长日记："努力"号于1768—1771年的航行》，该书堪称数百年欧洲大航海科学探险的巅峰之作。作为18世纪南太平洋探险的第一手记录，它不仅解决了困扰人类千年的"南方大陆之谜"，发现了澳洲大陆和新西兰诸岛屿，而且在以库克船长为首的全船探险家、科学家和各领域学者的共同努力下，完成了航海测绘、地质地貌、矿物、植物、动物、人文风俗诸方面的精细记录和图像描绘，极大刺激着欧洲博物学同仁的好奇心和探险欲，也为欧洲园林的发展带来更大的期待。库克船长成功的科学探险航行直接引导二十多年后洪堡划时代的南美科学考察，从而更大幅度地推动欧洲科学的进程，但更重要的还是物种大交换所带来的园林与景观的发展，以及由此引发的生态学与进化论的思想萌芽的培养和成长。

在欧洲，18世纪至19世纪之所以能成为博物学大发展的时代，不仅在于无所不在的园林大发展和一大批博物学家的辛勤工作，也在于几十位影响深远的哲学家和文学大师们对博物学所投入的精力及其非常专业的学术著作，这其中最为著名的就是法国启蒙思想家卢梭和德国文学家歌德。

卢梭很早就对植物抱有浓厚的兴趣，但因欧洲多年来植物命名系统的混乱而不知如何入手，因此只能将其作为茶余饭后的消遣谈资。1735年林奈出版划时代巨著《Species Plantarum》（植物种志），其中所包含的对六千多种来自不同气候环境的物种所做的描述，对卢梭带来巨大震撼，燃起他倾心研究植物的热情，他认为“世界上没有哪项研究比植物学研究更适合我天然的品味。”北京大学出版社2011年出版的熊姣译本《植物学通信》是卢梭对植物学的通俗研究，反映出那个时代对植物学和博物学的一种普遍兴趣和欣赏水准。

与卢梭浪迹田园时所做出的灵感式植物学研究不同，歌德的研究非常专业。作为一代大文豪的歌德，在其漫长的一生中做过多种科学研究，如光学研究、骨骼学研究、生物形态学研究等，但最引人注目的则是植物学研究。歌德对植物学的兴趣由来已久，1776年魏玛公爵送给他一个花园之后，他对植物学的兴趣一发不可收拾，并在相当长的时期成为其主要兴趣点。歌德一生大多数时间都拥有自己的花园，并坚持在花园中有规律地栽种植物，养殖动物。此外，歌德自学多部欧洲已出版的植物学著述，特别是林奈的《植物种志》更是他多年苦心研读的经典，他对这位伟大的植物学家充满深深的景仰和敬畏，然而并不盲从。1790年歌德出版《The Metamorphosis of Plants》，该书2009年由MIT出版社出版英文版再版，并由Gordon L.Miller导读并配图，重庆大学出版社2014年出版范娟译本的中文版《植物变形记》。该书源自歌德对叶的形态结构所产生的浓厚兴趣，通过他在意大利和法国、德国等地的多年观察和对比，歌德意识到叶与即将生成的生殖细胞同样重要，二者间存在不可分割的密切关联。“叶”是一个动态变化的器官，它逐步从子叶变形为茎生叶、萼片、花瓣、雄蕊和雌蕊等，这个过程就是歌德所说的“植物的变形”。歌德通过对植物变形的研究又进一步认识到有机体之间及有机体与大自然之间的联系，由此开启生态学的思路。这种思路随后由洪堡在南美考察中加以检验并发展，形成完整的现代生态学理念，最终由达尔文发展出划时代的进化学说。歌德对科学插图的重视是欧洲科学体系严谨求实思维的突出体现，这种传统源自古埃及与古希腊，在中世纪亦没有中断，文艺复兴之后更由于印刷术的发达和多种版画艺术的兴盛使得欧洲的博物学插图达到登峰造极的境界。反观中国，虽然很早发明印刷术，却仅限于木版印刷，而需要思维精细的科学思想又长期受到政治和浪漫文风的负面影响，从而使得中国古代直到民国的博物学插图大多数都处于粗制滥造的状态，不仅严重影响了中国博物学的发展，而且使中国园林失去了健康发展的动力。

林奈和布封之后欧洲最伟大的博物学家当数德国科学家和探险家亚历山大·洪堡。洪堡在生前及之后的两百年都被看作是世界上最伟大的科学家之一，然而两次世界大战之后其名望在英语世界大受影响。最近英国著名作家Andrea Wulf出版新著《The Invetion of Nature: The Adventures of Alexander Von Humboldt, the Lost Hero of Science》，通过对洪堡一生的回顾再次将洪堡在科学史上的地位还原，“我们为什么要回望洪堡?不仅因为洪堡丰富多彩的探险人生，而且因为他教给我们如何正确看待自然。当今世界，我们依然处于艺术与科学、主观与客观的分离当中，洪堡的视野和思想因此拥有更大的意义”。

今天，我们一方面进入信息时代，每天享受着生活的诸种便利，另一方面却又面临着日益严重的环境问题，因此我们需要反思，洪堡的学说和教诲证明了他的远见卓识，我们更深刻地体会到博物学理念对当代全球环境的重要性，更广泛地理解了科学、艺术与诗意之间的关联对环境的决定性意义。今天，全球的生态学家、环境学家、自然科学家、设计师和自然作家的基本观念大都根植于洪堡一百年前对艺术、科学、技术、工程和设计的系统思考。正如歌德所说，“洪堡有如喷泉，数不清的泉眼不断流出各种想法，其他人用容器接住即可”。Wulf坚信，这座洪堡喷泉永远都不会枯竭。

洪堡如同达·芬奇一样，对世间万物都有浓厚兴趣：植物、动物、河流、山石，他永不停歇地观测星空，测绘大地，描绘景观，关注风土人情。洪堡认为，自然是一种生命之网和地球综合力，并首先认识到世间万物之间具有千丝万缕的联系，这种思想彻底改变了人们认识自然和理解世界的方式。

洪保的思想源自博物学，而后扩展至科学与技术的各个领域，其思维模式建立在两个层面的基础上。其一是对大自然的广泛调研，从而使其能从整体的层面和视角将世界看成一个整体；其二是与欧洲最伟大的博物学家、思想家和科学家的广泛而深入的交流，如康德、歌德、席勒和谢林等。洪保在南美探险考察途中首创的“大自然图表”第一次从气候学和地理学角度将大自然归纳为地球统合力，从而让我们看到“变化中的统一”。与林奈和布封诸位博物学前辈不同，洪堡并非就事论事地给植物分类说明，而是从气象和地理环境的视角观察动植物，这种伟大的思想至今仍在影响着今天的生态系统理论。这幅著名的“大自然图表”后来出版在洪堡的第一部学术著作《Essay on the Geography of Plants》中，并迅速影响全球。

作为历史上第一部生态学著作，洪堡的《Essay on the Geography of Plants》引发了博物学和整个西方科学的革命。洪堡之前的博物学以分类观念为主导，千百年以来植物都是按其与人类的关系进行分类，如食用、药用和装饰。欧洲17世纪的科学革命使博物学家们开始更理性地研究植物，更系统地关注植物的种子、叶子和花蕊的异同和规律，这其中以林奈的成就最有影响力。欧洲和中国的植物学发展到林奈时代，双方的科学水准相当，直到洪堡横空出世，彻底改变了欧洲以分类学为主导的博物学研究传统，终于使东西方的植物学研究拉开距离。当洪堡引导欧洲进入一种全新理念的博物学思维时，中国的博物学依然停留在以食物、药用和装饰为分类主体的狭隘的思维范围，从而使中国园林始终处于一种封闭的自循环并导致后来的衰落。

洪堡在《Essay on the Geography of Plants》中构建的新博物学通过将关注植物本身扩展到分析植物、气候和地理的相互关系，与林奈的植物组团分类不同。洪堡以地区和气候带进行分组研究，并充分结合文化、物理和生物方面的诸多元素，引导人们以全新的视野观察大自然。

洪堡的下一部著作《Views of Nature》再次影响全球。该书的影响力不仅体现在其革命性的博物学理论，而且在于其写作的模式：将精细的科学观察、丰富翔实的景观描述和诗意的语言有机结合，创造出影响至今的科学研究方法。该书不仅影响了职业科学家，而且影响了文学家和政治家，如达尔文、爱默生、梭罗、维尔纳、杰弗逊和玻利瓦尔等。1814年洪堡开始出版《Personal Narrative》的第一部，以科学游记的方式详细记述其南美考察的经历。该书直接引导达尔文后来加入“贝格尔”号的科学考察，并成为日后世界各国科学家和探险家们的标准工作模式，从而使博物学在全球蓬勃发展。

自1834年开始，洪堡开始撰写其划时代的科学巨著《Cosmos: A Sketch of the Physical Description of the Universe》，并于1845年出版第一卷。该卷的核心部分是百页前言，阐述洪堡所理解的生物世界，在近两百年前已经为我们展示出今天视为正常课程的生态学基础。该卷的其余三部分则介绍天体世界；地球研究，包括地磁学、海洋学、地震学、矿物学和地质学；以及有机生命，包括植物、动物和人类。1847年洪堡出版《Cosmos》第二卷，系统介绍全新视角的人类发展史，以前所未有的观察视野写作科学研究模式的人类发展史，其关注点包括诗歌、艺术、园林，包括农学和政治，也包括情感和知觉，并着重于人类在科学、发现和探险方面的辉煌历史，从亚历山大到阿拉伯世界，从哥伦布到牛顿。1850年洪堡出版该书的第三卷，关注宏观世界，从行星到银河，从光的形成到彗星。随后的第四卷则专注于对地球更为专业的研究，涵盖地磁学、火山学和地震学。1859年是洪堡生命的最后一年，他以《Cosmos》第五卷告别这个世界，该卷延续对地理学和植物学更为系统的研究。通过《Cosmos》的出版，洪堡率先提出生态系统理论，解释人类与森林、气候灾难和科技的错综复杂的关系。

对博物学和科学史的发展而言，洪堡最伟大的贡献是打破以人类为中心的自然观，从而彻底改变人类对大自然的态度。自古希腊以来的两千多年，人类沉溺于“人类为核心”的自然观模式中无法自拔。亚里士多德声称“大自然是为了人类而创造万物”，直到1749年，伟大的科学家林奈仍秉持“万物为人类所创造”的理念。17世纪英国哲学家培根认为“世界是为人类创造的”，法国科学家和哲学家笛卡尔虽意识到自然万物的复杂性，但仍认为“人类是大自然的主人和拥有者”。18世纪法国最伟大的博物学家布封对自然界植物、动物和矿物都有了更完备的知识，却只是将对大自然的体认局限于狭隘的收集、分类和数学抽象。洪堡彻底改变了这种对自然的狭隘或错误的理解，并警告人类一定要系统关注大自然的多种力量是如何工作的，自然万物之间是如何联系的，而人类在大自然面前是如何渺小……“人类如果不以正确的态度研究大自然并进而遵循大自然的发展规律，那么结果必然是灾难。”

洪堡也是历史上第一个将大自然与政治、殖民和民主自由结合的科学家。他坚信大自然是个自由的王国，而人类只是其中的一个组成部分，从而呼吁人类在保护和尊重自然的同时关注人类社会的民主建设。这种思想对北美洲的杰弗逊和南美洲的波利瓦尔都产生了非常积极的影响。

洪堡终生酷爱园林并长期在园林中漫步、思考和写作，他对欧洲园林的发展也做出了最直接的巨大贡献。1804年当他从美洲考察归来时，随船带回的植物标本有六万余种，涵盖六千个植物属类，而其中的两千多个属类都是当时的欧洲人从未见过的。此后欧洲园林顿时平添数千种植物类型，极大丰富地发展了欧洲园林设计的理念，并积极促进了欧洲博物学和自然科学的发展。然而更重要的是，洪堡的划时代成就暗示未来的科学家和探险家们：世界比人们想象的要大得多，认识大自然是无止境的。

洪堡的榜样直接鼓舞和引导着的日后欧洲、美洲和世界各国的科学家和探险家们，从英国的达尔文和华莱士到德国的海克尔，从美国的梭罗到法国的法布尔，从比利时的梅特林克到英国的希洛诺夫斯基，再到美国当代著名科学家爱德华·威尔逊，他们都是洪堡的学术思想和工作模式的继承者。

在人类植物学发展史上，洪堡之后不久，达尔文又建立起博物学的另一座高峰，并进而发展为进化论影响着全人类的发展进程。达尔文的学说来自三方面的源泉：其一是以洪堡为代表的前辈科学大师的学术成就；其二是他随“小猎犬”号（即“贝格尔”号）的环球科学考察；其三是他在花园中的观察、思考和研究。最终的结果则是影响人类至深至广的科学著作《物种起源》。

达尔文的第一部著作是1839年出版的《The Voyage of the Beagle》（又名为《A Naturalist’s Voyage Around the World in H.M.S “Beagle”》），该书不仅是影响深远的博物学专著，而且是19世纪英国散文作品的卓越代表。该书出版后很快被译成各种文字并在世界各地出版，最早的中文版是1942年商务印书馆出版的由黄素封翻译的《达尔文日记》。然而最权威的中文版本则是1957年科学出版社出版的周邦立翻译的《一个自然科学家在贝格尔舰上的环球旅行记》，该译本后来由周国信校注补译后由上海远东出版社于2005年再次出版。随着中国博物学热的兴起，该书在中国又有多种译本面世，如2014年6月湖南科学出版社出版李绍明译本并由著名科学家沃森导读的《贝格尔号航海志》和2014年8月中国青年出版社出版的李光玉、孔雀、李嘉兴、周辰亮译本的《“小猎犬”号科学考察记》。

2008年，英国学者迈克尔·博尔特（Michael Boulter）出版《Darwin's Garden》，详细论述达尔文的园林情结及园林环境对其科学研究的决定性影响，该书2011年由海南出版社出版洪佼宜译本《达尔文的秘密花园》。自1836年达尔文环球考察归来，他不仅整理出版了《The Voyage of the Beagle》，也在花园写作中完成一大批科学著作，如世界上最早的行为学著作《人类和动物的表情》《人类起源和性选择》，博物学名著《动物和植物在家养下的变异》，以及《物种变异笔记本》《植物的运动》《兰花的传粉》《食虫植物》《珊瑚礁的分布和构造》《植物壤土和蚯蚓》等。北京大学出版社2005年开始出版“科学元典丛书”系列，其中包括多种上述达尔文经典著作，而重庆出版社 2005年出版的何滟编译的《物种起源：进化与遗传的全面考察及经典阐释》则成为大众科普的范本。与此同时，另一位英国植物学家华莱士的经典著作《The Malay Archipelago》也由中国多家出版社不断出版，如中国人民大学出版社2004年出版彭玲、袁伟亮译本《马来群岛自然科学考察记》和中国青年出版社2013年出版张庆来、徐学谦、栾明秀、张达仁译本《马来群岛自然科学考察记》。

美国作家和哲学家梭罗在洪堡的学术思想引导下，对大自然产生了无与伦比的兴趣，通过在瓦尔登湖畔两年又两个月的隐逸生活，于1854年出版《Walden; or, Life in the Woods》这部美国最著名的博物学论著。该书出版后很快传到欧洲并以各种文字出版，中国已有多种译本，并在2004年耶鲁大学出版社出版了梭罗研究学者Jeffrey S.Cramer的全注疏本之后，于2015年由华东师范大学出版社出版杜先菊译本的《瓦尔登湖》全注疏本中文版。

德国博物学家和艺术家海克尔从小受到洪堡和达尔文的强烈影响，对自然、艺术、设计和科学都有极大兴趣，并最终在艺术与科学交叉兴趣的碰撞中实践了博物学研究的突破。海克尔从小受到动物学、植物学和绘画的专业训练，最后在海底生物世界发现了更多的大自然奥秘。当他在显微镜中看到放大数百倍的海生动植物的精致构造后，他的艺术天赋和科学想象力同时被激发出来，从而使他能够一边观察显微镜中的海生动植物，一边用画笔将它们描绘出来，尤其对放射虫系列的生物绘制更是成为博物学研究中的经典。1862年海克尔出版两卷本博物学专著《Die Radiolarien》，树立起海生动植物研究的标杆，1866年海克尔出版另外两卷本生物学巨著《General Morphology of Organisms》，这部专门研究有机体结构和形式的专著受到达尔文盛赞。随后的漫长岁月中海克尔在继续广泛的博物学研究的同时，用大量时间和精力绘制生物标本，创造出科学制图与艺术创意紧密结合的精彩范本，集中体现在19世纪末到20世纪初陆续出版的《Art Forms of Nature》，这批精彩绝伦的科学制图，不仅为现代博物学平添光彩，而且对当时和后来的艺术家、建筑师、设计师和工程师也带来了无尽的灵感启发。海克尔在1899年出版其最后一部重要著作《The Riddle of the Universe》，论及人类的身体与灵魂及其与世界万物的关联，论及科学与宗教，以及知识与信仰，将博物学研究提升到前所未有的高度。海克尔的博物学研究给欧洲园林带来了巨大的思想冲击，从而使现代园林的观念从陆上动植物扩展到海洋动植物，并进而延伸至世间万物。欧洲园林的不断发展有赖于科学的进步尤其是博物学的发展，而园林的发展和扩张又反过来影响人们进行更深入、更广泛的科学探索。

在19世纪末20世纪初的法国，法布尔陆续出版了一系列集自然科学和人文关怀于一体的昆虫百科全书，如《昆虫记》，它将博物学家的视野从植物转向平时鲜少引人注目的昆虫世界。作者法布尔伟大的法国植物学家、动物行为学家和文学家。他数十年如一日，在自己的小花园中研究与写作，并对各种昆虫进行系统的关注研究，极大地丰富了园林设计和培育的内涵。早在1923年《昆虫记》即由周作人译介到中国，近百年来不断有新的中文译本面世，成为中国现代博物学热潮中的核心读本之一。如1999年海南出版社出版蒋豫、赵斌译本《法布尔观察手记》系列，2002年天津社会科学院出版社出版王大文译本《昆虫记彩图故事版》，2001年花城出版社首度出版梁守锵译本《昆虫记》全本十卷，2010年江西科学技术出版社再度出版陈一青译本《昆虫记》全本十卷插图本，2011年中国华侨出版社出版王光波选译的《昆虫记大全集》，2012年中国大百科全书出版社出版杨坤改编的儿童版《法布尔昆虫记》。实际上，除了《昆虫记》外，法布尔还著有其他博学专著并陆续介绍到中国，如中国市场出版社2008年出版法布尔著，孙永华、陈超译本《地球的奥秘》，北京联合出版公司2012年出版法布尔著，韩国秋亦兰、李济湖编绘，邢青青、洪梅译本《法布尔植物记》，以及中国青年出版社2016年出版法布尔著，梁煜译本的《原野的故事》。

欧洲的哲学传统和文学传统与博物学传统始终是密切相关的。从亚里士多德到卢梭和歌德，这个伟大传统一脉相承。进入现代又有一大批学者继承，其中最突出的一位就是比利时剧作家、诗人和散文家莫里斯·梅特林克。在文学作品之外，梅特林克还著有一批优美的博物学著作，如1900年出版的《The Life of the Bee》和1907年出版的《The lntelligence of Flowers》。金城出版社2012年出版张恒译本《蜜蜂的生活》，新星出版社2013年出版葛文婷译本《花的智慧》。

7 西方园林与艺术创作传统

自从人类的心中有了伊甸园，人们对园林和花园的渴望、追求和建设就从来没有停止过，并用多种艺术模式追寻心目中的理想园林及其影像。其中最重要的三种艺术模式分别是文学、景观环境和绘画，而东西方在这三种艺术模式上对园林的表述又大相径庭，由此影响到今天东西方在文化建设诸多方面的差异。就园林与文学表现方面而言，中国文学多以遁世的心态寻求内心的避难所；而欧洲文学则多以反思的立场将园林作为出发点，进而追求更大场景的演化。就园林与景观环境的关系而言，中国园林都以封闭的格局阻碍自己对大环境的关注，从而一方面使自己身处其中的总体景观环境日益恶化而不自知，另一方面亦使自己的园林小天地因知识的自闭而走向停滞和衰退；而欧洲园林则在大部分历史阶段都以开放的思想接受来自世界各地的信息和知识，从而在不断丰富自身园林景观的同时亦使自己身处其中的全社会总体景观环境得到科学的发展，并进而促进以博物学为代表的各门类自然科学的勃兴和发展。就园林与绘画的发展与创造而言，中国绘画虽曾经历唐宋园林绘画的辉煌，但随后却不断退入保守主义的画谱传统当中，以追摹古人为主要艺术创作模式，从而丧失创意的动力，最终与中国园林一道步入衰落的境地；而西方绘画则在对园林的追思中捕获大自然的运作秘密，从而能始终保持充沛的创造力和与园林互动进化的积极动力。

最近台北时报文化出版公司出版艾芙琳博洛克–达诺（Evelyne Bloch–Dano）著，周伶芝译本《花园的故事：一趟穿越历史的漫步，去拜访法国文豪笔下的花园》，对欧洲文学尤其是法国文学中对花园的描述进行梳理。实际上，在世界各地的文学作品中，对花园和园林的描绘几乎都是不可缺少的。《花园的故事》有两部分内容，第一部分涉及花园的历史，包括作为神话中乐土的花园的起源，作为诸神花园的古埃及、古希腊和古罗马园林，作为宗教理想及象征的中世纪庭园，作为存在哲学和生活艺术的文艺复兴园林，作为知识园地的法国园林和作为东西方文化融合标本的英国园林。第二部分则进入小说中的花园，从身兼哲学家和博物学家的卢梭开始，进而进入乔治·桑的非常专业的自然庭园，而后对几位最著名的法国作家如巴尔扎克、司汤达、福楼拜、雨果和左拉的作品中的花园进行分析，从中发现花园景观的存在是上述艺术大师的作品不可或缺的元素。随后，作者又进入普鲁斯特的记忆中的庭园，以及纪德身兼作家和园艺师的写作生涯等，从中突显西方园林与文学创作的密切联系。

园林是人文环境的细胞，是景观建筑的最基本单元，园林的发展对景观和人文环境的塑造具有举足轻重的作用。美国著名学者Norman T. Newton在1971年出版的《Design on the Land: The Development of Landscape Architecture》中所叙述的西方景观建筑的发展历程都是以各个时代的园林发展为出发点，从古代西亚和古埃及开始，园林就是人居环境中的决定性单位。而伊斯兰园林首先是天堂的象征，然后是城市景观的核心。欧洲园林发展到古罗马时期出现帝王和官员的别墅花园，其规模越来越大，成为后来欧洲各国的皇家园林，直到最后，园林的理想传到美国，皇家园林在没有皇家的新大陆转化为国家公园。

1975年美国著名学者和景观建筑师Geoffrey和Susan Jellicoe夫妇出版《The Landscape of Man: Shaping the Environment from Prehistory to the Present Day》，该书由Thames & Hudson出版社在1987年、1995年和2006年不断再版，在西方园林和景观建筑学领域影响很大。该书共28章，意欲系统论述人类历史上28种园林景观的设计学派。前17章组成第一部分，讲述从史前到17世纪人类不同文化所创造的园林景观模式；后11章组成第二部分，介绍18

世纪以来三百年间全球范围内景观园林的发展状况。与Newton的《Design on the Land》专注于欧美景观理念的演化不同，《The Landscape of Man》以全方位的视野审读人类对园林和城市景观的体认。耐人寻味的是，该书将古代园林分为三种文明：即中心文明、东方文明和西方文明。中心文明即西亚美索不达米亚文明，始于苏美尔人，历经亚述文明、波斯文明和萨珊帝国，而后进入伊斯兰世界，迅猛发展的伊斯兰文明，向西到西班牙，向东到印度，由此连接东西方。伊斯兰文明在全球的中心地位持续到18世纪初，而后的世界大致分为东方和西方。从美索不达米亚到伊斯兰文明，花园因代表天堂而被赋予崇高的社会地位，花园的理念由此成为人类景观和环境建设的核心元素，直到今天，西班牙的阿尔罕布拉宫和印度的泰姬陵仍被列为最美的园林建筑。该书所涉及的东方文明包括印度、中国、日本和哥伦布之前的美洲，然而这四种文明实际上各不相同，甚至有极大的差异性：古代印度文明受到印度教和佛教的全面教化，其园林景观带有浓厚的宗教气息；中国古代园林则完全是世俗生活的理想模式；日本园林虽源自中国但却更加内省和简约并因此成为现代设计的灵感源泉；而哥伦布之前的美洲园林则是自然神崇拜体系下的产物，集宏大的神性规模和血腥的礼节仪式于一体，最终消失在全球化的潮流中。该书讨论的西方文明涵盖从古埃及到文艺复兴的漫长时代，欧洲园林的最基本特征如几何式布局、植物展示、轴线主导等在古埃及园林中即已完美呈现，至古希腊、古罗马发扬光大，并在日后的时代不断加入科学探索的内容，而欧洲各国间的纷争与交流又促使其园林因多元化而平添活力，到大航海带来全球物种大交流之后，欧洲园林不仅进入其园林景观发展的鼎盛期，而且直接促进博物学和自然科学的发展。与此同时，欧洲园林也分化发展出不同的设计学派，如意大利园林、法国园林、英国园林、西班牙园林、德国园林和北欧园林等。

《The Landscape of Man》第二部分标题是“The Evolution of Modern Landscape”，讲述过去三百多年全球范围内园林景观的发展，从中可以看出全球化趋势对园林景观的巨大影响。在18世纪，作者列有三大学派，即西方古典主义、中国学派和英国学派；在19世纪，作者则介绍三个地域风格，即欧洲大陆、英伦群岛和美国；在20世纪，作者全面概括世界各地园林景观的发展状况，包括欧洲、美国西半球的新世界和东半球的旧世界，最后简述全球景观发展的新趋势，其最大的关注要点即全球化、信息化背景下人文功能主义的设计理念。

当我们思考园林与景观发展的关系及其在中国的表现时，有三本书值得关注。其一是芬兰哲学家约·瑟帕玛（Yrjö Sepänmaa）著《The Beauty of Environment》，该书由湖南科学技术出版社出版武小西、张宜译本《环境之美》；其二是美国学者伊懋可（Mark Elvin）著《The Retreat of the Elephants: An Environmental History of China》，该书由江苏人民出版社出版中文版《大象的退却：一部中国环境史》；其三是另一位美国学者马立博（Robert B.Marks）著《China: Its Environment and History》，该书由中国人民大学出版社出版关永强、高丽洁译本《中国环境史：从史前到现代》。这三部著作非常值得中国学者和官员关注，中国的环境数千年来一直处于不断恶化的进程当中，如今更是加剧恶化，中国园林设计理念中封闭而保守的思想引发中国人对宏观环境和景观的漠视，而长期由文人主导的中国园林又因其退守一隅自得其乐的心态放弃理性的博物学探讨，从而使中国的环境问题长期缺乏政府层面和科学理性层面的关注，其前景非常令人担忧。

自古以来，园林与艺术尤其是绘画的关系最密切。园林为人类提供保护、休闲和艺术灵感，无论是人工的封闭花园还是开敞的自然公园，象征着天堂的园林为一代又一代艺术家提供创作灵感。从某种意义上说，园林的形态决定着绘画创作的模式，如中世纪绘画中的花园往往以围墙相隔，从而使邪恶元素被挡在天堂之外；中国园林大都以有限的几种观赏植物配合山石湖石形成缩微景观，由此带来中国绘画不断走向保守主义的画谱传统；日本园林受禅宗思想影响至深，以枯山水树立内省景观，因此日本绘画亦走向简约风格并同时强调理性精神；而现代园林则以大自然为宏观参照，强调多元化艺术创新，由此引导出莫奈的印象主义绘画、克利的理性神秘主义绘画和恩斯特的超现实主义绘画。对鲁本斯而言，花园是一种温馨的私人空间；对弗里得瑞克来说，花园是人类与大自然之间的中介；而对梵高而言，花园则是化解悲伤的屏障。

上帝创造人类就在伊甸园中，伊甸园由此成为人类的第一个花园并自然成为日后所有花园的原型，而人类也因此具有热爱园林、创造园林的天性，园林是天堂的化身，所有的宗教都有园林场所的梦想，任何美梦又往往终结于园林当中。

古往今来，任何时代的园林与绘画都演绎着相辅相成的关系，园林的进步带来绘画题材和手法的创新，园林的主题是所有时代绘画作品的永恒的表现模式。以欧洲园林为代表的西方园林自文艺复兴开始尤其注重园林的理性培育，由此发展出兼具美景观赏和科学研究的花园和公园，并进而对园林设计提出更高的要求：唯有充满创意的园林才会给艺术家带来无尽的灵感，与此同时，艺术大师的真知灼见又反过来促进园林设计的进步。

2006年，法兰克福国立植物馆和慕尼黑国家总部联合举办了一场精彩画展《Design, lnspiration, Delight: The Painter's Garden》，以德国艺术家为主体，同时选取奥地利、比利时、加拿大、法国、芬兰、丹麦、英国、意大利、荷兰、挪威、波兰、瑞士和美国的艺术家，将其园林主题的绘画作品展示并研究，整个展览共分为十个展示主题，分别是“The Painter's Garden:

Design, Inspiration, Delight" ; " What is a Garden? Thoughts of a Botanist" " The Garden of Nature" " Paradise Lost,Paradise Regained? John Constable's Sense of Home and His CloudStudies" " Garden Memories" " An Outdoor lnterior-The Garden Seen from the Terrace" "The lmaginative Space of the lmpressionist Garden" "Gerdens of Love and Suffering" "Visions of Paradise" 和 "Paul Klee's Bofanical Metamorphoses and Garden Fantasies"。当我们看到以丢勒为代表的一大批文艺复兴时代艺术家们对园林的描绘，我们能强烈体会到人类对原始的、最感性的幸福的追求只能在花园中获得，没有艺术大师参与培育的花园大都是苍白无趣的，艺术大师的园林艺术作品则变瞬间辉煌为人类永恒。

从卢梭、歌德到洪堡，我们看到艺术与科学的结合如何引领欧洲园林设计的最新创意并迅猛发展。卢梭和歌德由文学和哲学介入博物学，洪堡则将博物学与艺术创作融为一体，并进而提升到社会理念和人类前途的高度。在此之前欧洲博物学家们往往需要去意大利参观古典园林，自卢梭、歌德和洪堡之后各国君主和政要纷纷建立自己的私家花园，由此引发新一轮博物学热并立刻带动绘画艺术和科学研究的飞跃进步。以洪堡为代表的欧洲博物学家群体，为欧洲园林注入全新活力。来自全世界的动植物种类在丰富欧洲园林物质景观的同时也极大地开拓着欧洲园艺师和艺术家的视野，并从此使欧洲绘画艺术飞跃的步伐不断向前迈进。

从康斯太勃尔到柯罗再到德拉克罗瓦，欧洲各国的艺术大师们用他们的画笔推动着绘画艺术在深度和广度两方面大踏步前行，艺术的进步同时丰富着欧洲园林的设计理念和设计手法。柯罗从植物的收集和描绘转而关注并着迷于花园场景的氛围叙述，最终达成一种田园牧歌式的园林设计理想。德拉克罗瓦的艺术目光则远远超越时代，他从创意到理念彻底摆脱古典主义的束缚，并将眼光从欧洲移向东方，由此使其绘画作品中的东方园林元素占有突出地位，跨文化的艺术融合使德拉克罗瓦的艺术创意震惊古典主义盛行的欧洲，为后来的马蒂斯、毕加索、康定斯基和克利开辟了道路。与柯罗和德拉克罗瓦不同，康斯太勃尔在绘画不久就将其注意力从园林景观中的地面转向天空，他对天空、云海的长期研究和描绘形成欧洲园林设计的科学背景传统，从而使人们不仅关心园林中的动植物本身，而且关心与动植物密切相关的气候、地理及整体环境，集中体现了绘画艺术与园林设计的积极互动。

对印象派画家而言，园林既是他们进行艺术创意的试验田地，又是测试技术手法的媒介。对于前期印象派画家而言，园林首先是一种物质存在，是作为天堂观念的寄托，从毕沙罗到马奈再到莫奈，园林引导他们从室内到户外，园林也由此变成画家社交的场所、爱情的乐园、幻想的基地和工作的平台。他们在园林中重新发现光的科学原理，在花卉中间悉心体会色彩的组合规则，在从园林到户外大自然的空间里支起画架并编织全新的色彩。当雷诺阿在花园中描绘野餐的男女时，阳光与园林的交织光影使他创造出水乳交融的经典印象派人像。与此同时，莫奈则在自己的花园中数十年如一日地观察荷花与睡莲，将日复一日的平淡时光转化为科学分析之后的光影组合，莫奈晚年的巨幅睡莲系列最终成为花园催生绘画杰作的典型范例。

与前期印象派大师不同，后期印象派更多地借助科学知识铸造艺术辉煌。修拉深入研究光学后结合园林景观中不同物体对光的不同反映创造出点彩派画法。塞尚则热衷于博物学并对大自然中树木植物的结构及生长规律抱有浓厚的兴趣，并由此出发将古典主义绘画引入结构分析的领域。梵高在短暂的绘画生涯中绘制大量园林，将其对艺术创造的渴望和对美好生活的向往都倾注在园林中。而高更则在厌倦巴黎的都市生活后，远赴塔希堤岛寻访世外桃源式的另类花源，创造出充满神秘主义色彩的现代主义绘画。

在现代艺术大师中，克利与园林的关系应该是最深的。克利既是一位教师又是一位艺术家，因此他有一种独特的天赋，可以将艺术之美详细记录。对克利而言，大自然是他取之不尽的灵感之源。克利从小到大的全部作品中描绘花园、公园和庭园的绘画占有非常大的比例，这其中既包括真实存在的园林，如德绍的国王花园和突尼斯的伊斯兰庭园，也包括大量想象中的梦幻园林，其中充满域外动植物或克利自己构思出的生物标本。克利一生都对植物的结构和生长规律充满浓厚的兴趣，他每天散步时都会收集花卉、枝叶和种子果实，带回家进行分类和收藏，作为其艺术创作的参考和灵感之源。

2008年瑞士伯尔尼的克利博物馆举办展览《In n Paul Klee's Enchanted Garden》；选取近两百幅克利绘制的与园林和植物相关的绘画集中展示克利的艺术创意与园林的密切关系。该展览分为五个展区，其主题分别是“Paul Klee and Plants: Botany, Gardens, Landscapes with Nature”；“Carl von Linne and Paul Klee:A Meeting”；“Genesis and Garden:The Case of lnterner Park”；“Thinking with Klee”。克利的一生都与植物结缘，花园景观及博物学是克利艺术主题中的核心。克利与大自然的对话并非局限于外形的描绘，而是对大自然内在规律的探求和解释。其更感兴趣的是大自然运作的本质和规律并时常用艺术手法将它们绘制出来。克利从小就迷上瑞典博物学大师林奈，其藏书中包括林奈的几乎所有著作。随着年龄的增长，克利广泛阅读布封、洪堡、歌德、海克尔等博物学大师的经典著作。对科学研究的极大兴趣使克利的艺术作品带有浓厚的理性主义氛围，同时又含有丰富的神秘主义因素，由此引导克利对艺术的思考跨越人间的花园和天堂的乐园，充满哲学意味和对人类学、社会学及政治学诸方面的深度思考，因此对现当代一大批思想家都产生很大影响，如福柯、海德格尔、梅洛-庞蒂以及本雅明等。

超现实主义绘画大师恩斯特与园林的关系却是非常现实的。恩斯特用绘画和雕塑创造的超现实主义园林建立在对自然史的批判性认知基础上，当恩斯特意识到任何画家都不可能百分之百地精确描绘园林万物时，他开始收集树叶并用多种树叶直接印刷制版复制在纸张和画布上，这种全新的绘制技法直接来自大自然，其目的则是完美表现大自然。随后，恩斯特将这类绘制技法引申到树叶之外的其他物品，并交叉印制，产生一种介于现实和想象的魔幻效果，艺术家在此借助自然元素来揭示更深层的自然现象。

观念艺术和行为艺术的创始人博伊斯的艺术生涯也是源自花园。虽然在其全部艺术档案中关于花园和植物的作品并非很多，但却占有决定性地位。然而，博伊斯并非像大部分艺术家那样精确地描绘花园植物，他最感兴趣的是植物的形式及其形成的过程。通过阅读康德、谢林、歌德和黑格尔，博伊斯认识到植物转型的奥秘，并特别关注不同植物在生长转型过程中的形态发展模式，尤其是转型的关键性时刻所带来的创意灵感。博伊斯从对园林的观察中力图发展出一种方法用于结合艺术与科学，并进一步推动社会改革。后来的观念艺术和行为艺术使博伊斯走得很远，从多方面颠覆了传统艺术观念，然而他对环境和生态的关注却始终密切联系着他挚爱的花园。

西方园林长期以来作为西方艺术创作的主题、艺术创意的灵感之源和艺术活动的催化剂伴随着西方艺术一路前行，同时也促进了科学的发展。反观中国园林，以多层面的消极循世观念为主导，使中国园林在很大程度上政治压倒科学性，虽有宏观范畴内自得其乐的艺术追求，却总是因为视野的狭隘和创意观念的局限而极大影响着中国绘画的发展和进步。宋代以后的中国绘画正如宋明之后的中国园林，基本上处于一种自循环的停滞状态。中国绘画中愈来愈强大的画谱传统成为中国绘画的主流，笔法必遵宋元大象，题材多为梅兰竹菊，年复一年的主题重复僵化着中国艺术创作的神经，面对国际化、信息化时代的到来，中国艺术界由惊奇到追随，从追随祖先笔法改为模仿西方思潮，并影响了从建筑到工业设计的几乎所有的创意设计领域。中国的园林、艺术、建筑和设计诸领域若真想摆脱追风模仿的境地，真正的出路是重视科学，关注艺术与科学的融合，深入研究设计科学及其应用，同时研究本民族最优秀的传统设计智慧，并在此基础上建立独具特色的新中国主义设计科学和艺术风格。

8 日本园林与日本创新模式

20世纪70年代中叶，笔者刚从东北出生地辽阳回到祖籍扬州不久，就赶上中日两国启动“中日邦交正常化”的一件大事：日本在1300年后首次决定护送鉴真大师的肉身漆塑回到鉴真的家乡扬州，当年的小城扬州立刻成为全国新闻热点，同时也是“中日邦交正常化”的起点。生于初唐武周垂拱三年，历经盛唐开元治世的鉴真是我国著名律宗大师，唐代著名医学家、建筑学家、艺术家和博物学家，也是我国第一位到日本开创佛教律宗的开山祖师，其成就代表着日本太平时代的文化高峰。鉴真为弘扬佛法六次东渡日本的经历可谓惊天地，泣鬼神，而前来请鉴真的日本留学僧荣睿和普照等人的完美表现更是突出体现了日本民族为学习先进文化所展示出的认真与执着。整个唐宋时代，日本派出数千名不怕牺牲的学者僧人，前赴后继前往中国“西天取经”，直到在南宋后期关闭国门，而后又被美国打开大门，开始向欧美学习时，日本学者依然展示出同样的执着与严谨，并因此取得了巨大成就。

今天的日本已成为与欧美并列的代表全球先进科技与文化的

三极之一，以其全方位的文明水准向全世界展示了人类发展的一种先进模式。进入21世纪的17年间，日本人共获得17项诺贝尔科学奖，平均每年一项，在全球名列前茅。此外，国土只有中国的二十五分之一，人口密度却是中国2.45倍的日本在几十年前就已实现了中国人千百年来的梦想：民主法治国家与廉洁政府；174个国家免签；众多的世界一流大学；全球第一的良好治安；全世界唯一没有狂犬病的国家；食品安全；全民医保；环境优美无污染；老人长寿世界第一；连续多年高中毕业生就业率百分之百；人均产值是中国的30多倍；日本制造了世界第一个三角插头，第一艘航空母舰，第一张CD、DVD、蓝光光盘，第一台电子计算机CAS10，第一只石英手表，第一台笔记本电脑，第一台录像机，第一台液晶电视……中国无论怎样抵制日货，依然无法阻挡成千上万的中国游客去日本购买拖把和马桶盖，更不要说我们日常生活中无处不见的日本汽车、日本服装、日本建筑、日本食品等，在汤森·路透评选出的《2015年全球创新企业百强》榜单中，日本以40家高居榜首，力压美国的35家，中国内地则无一家入围。

一千年前，中国是日本的老师，近代以来，日本则成为中国的老师。我国近现代科学和艺术的诸多名词术语大多来自日语，中国近现代的主要革命家和学者，不仅多在日本学习和工作，而且时常前往避难，从康有为、梁启超到章太炎、秋瑾，从孙中山、黄兴到蒋介石、何应钦，从罗振玉、王国维到鲁迅、郭沫若，他们的人生与学术都与日本有着千丝万缕的联系。今天的日本为何出类拔萃？除了在不同时代才能全心全意向最先进的文化虚心学习之外，日本文化中有哪些固有的文明因子能随时保持着固有与创新的双重品质？日本园林应该是日本文化最典型的代表。日本园林源自中国却不同于中国园林，学习欧洲都绝不追风。日本园林从一开始就建立起自律而执着的设计模式，讲究科学却又非常唯美，讲究自然却又非常精确，由此展现出不同于中国园林、欧洲园林和伊斯兰园林的独具特色的设计风尚。

日本园林在唐代时还是借鉴中国的设计意匠，到北宋时就以自己独有的美学观念发展出具有独立文化意味的园林模式。与北宋同时代的平安时期，日本园艺家橘俊刚以写出划时代的园林设计专著《作庭记》，而中国直到明代后期才出现计成所著《园冶》，宋元时期虽有不同作者对园林艺术的片断描述，却也散佚各处且不成系统。对园林艺术的理论总结是园林健康发展的重要前提，日本园林家所勤于实践也勤于写作，从而带动日本园林的一种严谨而执着的精神进行发展，最终形成一整套自成一体并影响全球的现代园林设计模式。

当中国第一代建筑学家刘敦桢和童寯等开始潜心调研中国江南园林时，日本学者对日本园林的研究早已深入到造园哲学、造园理念和造园手法的系统研究并不断影响着中国园林的研究和发展。刘敦桢早年留学日本，其后来对中国建筑史、园林史和家居史的诸多研究都受到日本学者的影响。笔者在20世纪80年代所读的关于园林的主要著作也多来自日本，如中国建筑工业出版社1984年出版小形研三、高原荣香著，索靖之、任震方、王恩庆译《园林设计：造园意匠论》。实际上，日本学者对日本园林的研究非常广泛而深入，近几年才有中国学者介入相关研究，如宁晶教授所著《日本园林读本》分别由中国建筑工业出版社和中国电力出版社出版。与此同时，许多日本园林著作被介绍到中国，如社会科学文献出版社今年刚刚出版的重森千青著、谢路译本《庭园之心：造园家眼中的日本十大名园》。该书通过精心挑选的十处园林作为实例，强调日本园林区别于欧美园林的几大特征：石组布景，池泉庭院，枯山水和石灯笼，以及红叶与樱花群。不过，笔者所见最引人入胜的一部有关日本园林的著作则是东京News Service出版通迅社1953年出版的Samuel Newsom所著《A Thousand Years of Japanese Garden》。该书的主题编年的方式详细论述日本园林的发展历程和设计模式，选取日本园林一千多年发展史中的典型实例，包括皇家园林、寺庙园林、私家园林和公共园林，来说明日本园林的设计灵魂和表现手法。该书首先论述日本园林的源流和所受影响，而后分章介绍日本园林的主要构成元素，如石组的应用，池泉瀑的规划，枯山水的意匠表达，植物的配造及保养，以及石灯石阶等元素的材料研究。

日本园林虽然源自中国，而且在相当长的时期中日园林共享“亚洲园林”或“东亚园林”的称号，但日本园林却与中国园林有着非常大的区别。当18世纪欧洲着迷于中国园林的曲径通幽和自然情趣时，19世纪的欧洲和美国则被日本园林深深吸引，并由此带来日本园林对欧美现代建筑、室内、景观以及绘画、雕塑及整个审美观念的影响。那么中日园林在哪些方面开始分道扬镳的？首先是对“石”的美学观照方面。当中国始终如一地热爱“瘦、皱、漏、透”的太湖石和其他怪石时，日本的“石组设计”成为日本园林的精神和形象主角，并以完善的设计手法奠定其以“精、准、简、涵”为主者的意匠模式。其次是对“山水”的美学理解方面。当中国以“堆石造山”制作“假山”和“铺石围水”形成“池水”来再造中国人对大自然山水的简单缩微理解时，日本的“枯山水”则用石、沙、苔创造出禅宗理念下的微观宇宙，以最简约的表达手法再现大自然的秩序与规则。日本“枯山水”的精准与简约的美学观念同中国“假山”的随意与堆砌的意念手法形成非常鲜明的对比。第三是对“庭园环境”的设计理念方面，当中国庭园的建筑主体由“亭、台、楼、阁、轩、堂、斋、馆、廊、榭”形成包罗万象的世俗生活空间时，日本庭园的建筑主体则以“茶室”为核心形成静观和内省的精神世界，而且相对于中国庭园建筑的多样化随意化，日本庭园茶室很早建立起定性定量的设计准则。第四是对园林植物的博物学理解方面，相对于欧洲园林追随博物学的发展轨迹在园林设计中以最大热情关注来自全球的动植物的成长和谐调布置，中国和日本园林都以相对有限的植物装点园林，但两者却又发展出大不相同的设计理念：当中国人将赞美的目光集中在以“梅兰竹菊”和“松竹梅”为代表的美学模式的植物群并以无止境的艺术手法反复歌颂时，日本人发展出绝对唯美的“樱花”美学模式并将其发展到生活美学和宇宙观的极致。第五是对几何布局的理解和接受方面，相对于欧洲园林大都以几何式轴线布局完成从皇家园林到寺庙园林，从私家园林到公共园林的规划设计，中国与日本园林的总体布局基本上都是自然式或自由式，但中日两国园林的自然式布局又各不相同：当中国园林中以几乎所有元素甚至包括园林建筑都遵循自然式设计原则时，日本园林设计中的几何原则已随处可见，如几何布局的石组，几何形式的枯山水，非常严格的几何形茶室设计，以及时常修剪成几何形状的植物和花卉。

日本园林源自中国，借鉴欧美，立足本土，不忘初心。日本园林从设计到施工再到维护和研究，处处表现出严谨、系统、深入而全面的态度和处事风格，在日本园林中没有任何死角，所有细节都经过精心设计，如同日本文化的每个方面都经过系统而深入的检视、研究和发展，并吸收全球各民族所长，然后形成独具特色的日本文化内涵，从而让我们不断体会到不同层面、不同方式的日本创新模式，让我们不断接触、体会和欣赏日本文学、日本汉学、日本工艺、日本美学、日本设计、日本建筑、日本电影、日本动漫、日本科幻、日本推理、日本服装，以及日本感性工学。

1933年德国建筑师陶特在日本停留了一段时间并开始着迷于日本园林，当他参观桂离宫之后，立刻断言它是世界级杰作，并介绍给格罗皮乌斯等建筑大师，从而将日本园林进一步推向世界，使之成为日本文化的最杰出代表。日本园林的精致之美、简洁之美、系统之美和自然之美很快成为现代建筑的未来。日本著名学者加藤周一在《日本的庭园》的后记中写道："我越来越觉得，日本的庭园虽然各不相同，但它们有一个集中点，那一点也许很接近日本文化的中心。在遥远的国度，每当我想到日本，总是想到庭园。或许应该说，无论生活环境如何变化，令我难以忘怀的总是京都的园林。"可以毫不夸张地说，日本园林是日本精神的体现，日本文化的核心，日本生活美学的灵魂，当日本在近代开启现代化的进程后，日本园林又成为日本创新模式的基础和精神支柱。

日本的现代化推进离不开一批杰出的启蒙思想家，从福泽谕吉到冈仓天心再到武者小路实笃，几代日本学人走出日本，游历欧美，引介现代欧美文明的同时也深入研究日本文化内涵，为提高日本民族的总体文化水平做出了巨大贡献。这其中冈仓天心对日本艺术与设计的启蒙、发展与推介尤其重要，他在20世纪初旅行欧美期间，意识到西方人对东方世界充满了荒谬的想法及误解，因此相继用英文写下《东洋的理想》《日本的觉醒》和《茶之书》三部论著，此后又出版《中国的美术及其他》等著作，对世人影响深远。由冈仓天心等开创的日本式创新研究模式是日本成功的思想基础，并代有传人，如加藤周一就是冈仓天心的直接继承者之一，其名著《日本艺术的心与形》是了解日本艺术精神的最佳范本。

如同日本园林设计的系统、全面而彻底，日本人对欧美的研究，对中国的研究，以及对日本自身的研究也同样全面和严谨到涵盖其文化的所有方面。我国直到最近才开始系统推介日本学术研究，商务印书馆2012年开始出版《日本学术文库》丛书，其第一辑包括和辻哲郎《风土》，土居健郎《日本人的心理结构》，辻清明《日本官僚制研究》，丸山真男《日本现代政治的思想与行动》，丸山真男、加藤周一《日本的近代与翻译》，加藤周一《知识分子的责任》，冈仓天心《东洋的理想》，石母田正《中世世界的形成》，义江彰夫《日本的佛教与神祇信仰》，津田左右吉《日本的神道》，芳贺矢一《国民性十讲》，京极纯一《日本政治》，以及内藤湖南《日本历史与日本文化》等经典名著。日本人对自身文化的研究自不待言，日文人对欧美先进文化尤其是科技方面的研究更是全面而彻底，任何领域的领先著作和新兴研究，日文版本都会以最快的速度及时出现，这方面的研究早已从高精深的科技和经典学术译介推进到全人类衣食住行的方方面面。著名作家盐野七生最近成为日本通俗学术研究的杰出代表，其15卷巨著《罗马人的故事》已被译成多种文字并成为世人了解罗马帝国和西方古代文化的绝佳范本。随后，她的最新力作《文艺复兴的故事》系列再展日本学术模式的魅力。

当日本向世界敞开大门并关注欧美和世界，世界也同样在关注日本。原籍英国的小泉八方最早向全球介绍日本，出版有《Glimpses of Unfamiliar Japan》，《In Ghosthy Japan》，《A Japanese Miscellaneous of Japan》和《Japan: An Attempt of lnterpretation》等著作。我国最近亦出版其文选《日本与日本人》和《小泉八方散文集》等。国民党元老戴季陶1928年出版的《日本论》是学界研究日本的重要参考著作，“日本人研究中国精细深刻，不遗余力，中国这个题目，日本人不知放在解剖台上解剖了几千万次，装在化验管中化验了几千万次；而中国人研究日本却非常粗疏空泛，对日本我们大多数人只是一味地排斥反对，再不肯做忠实的研究工作……这可以说是思想上的闭关自守”。这番话即使在今天，依然是切中时弊的。然而，以现代人类学的视角研究日本的开山之作当数美国人类学家本尼迪克特1946年出版的《菊与刀：日本文化诸模式》，作者以一个西方人的背景，冷静观察日本独特的文化传统和民族性格，通过日本皇家家徽“菊”的恬淡静美和武士道文化的“刀”的凶狠决绝，揭示出日本人的矛盾性格和日本文化的双重性。与此同时，日本人自己对本民族的研究从未中断过，我国近几年翻译出版的论著包括广西师范大学出版社2009年出版陈舜臣著，刘玮译本《日本人与中国人》，中信出版社2013年出版橘玲著，周以量译本《括号里的日本人》，复旦大学出版社2015年出版内藤湖南著，林晓光译本《东洋文化史研究》，以及上海三联书店2016年出版野岛刚著《被误解的日本人》等。第二次世界大战以后，以美国为首的西方世界对日本的研究不断普及和深入，我国近几年也翻译出版了如下几种：世界图书出版公司2014年出版阿伯特·克雷格著，李虎、林娟译本《哈佛日本文明简史》，上海译文出版社2016年出版傅高义著，丹柳、张轲、谷英译本《日本第一：对美国的启示》，商务印书馆2016年出版威廉·迪尔著，刘曙野等译本《中世和近世日本社会生活》，以及北京联合出版公司2016年出版肯尼斯·韩歇尔著，李忠晋、马昕译本《日本小史：从石器时代到超级强权的崛起》等。中国学者近年来也加入日本研究的行列，如四川人民出版社2013年出版萨苏著《看邻人火烧：日本大发展时代启示录》，电子工业出版社2015年出版徐烨著《亚洲的叛逆：你闻所未闻的“日本特色”史》，华文出版社2015年出版徐静波著《静观日本》等。

在全球五百年历史的汉学研究中，日本是欧美日三极中最为举足轻重的一极。这一方面是因为日本近水楼台，研究起来方便，另一方面也是因为日本人如同园林设计一般的研究态度和方法。上海人民出版社出版的李庆著《日本汉学史》以五卷本巨著篇幅介绍了日本人研究中国文化各层面的概况，令人叹为观止。我国在民国时期曾翻译引介过部分日本汉学名著，改革开放之后，中国对日本汉学的介绍开始了广泛而深入持久的进程。如中华书局出版“日本中国学文萃”丛书，包括桑原骘藏《东洋史说苑》，青木正儿《中华名物考》，小川环树《风与云——中国诗文论集》，兴膳宏《中国古典文化景致》，佐竹靖彦《梁山泊：水浒108豪杰》，入谷仙介《王维研究》，西原大辅《谷崎润一郎与东方主义：大正日本的中国幻想》，广田律子《“鬼”之来路：中国的假面与祭议》，南方熊楠《纵谈十二生肖》，后藤昭雄《日本古代汉文学与中国文学》，中西进《“万叶集”与中国文化》，池田温《敦煌文书的世界》，加藤周一《21世纪与中国文化》，静永健《白居易写讽喻诗前前后后》，笕文生、笕久美子《唐宋诗文的艺术世界》，一海知义《陶渊明·陆放翁·河上肇》，青木正儿《琴棋书画》和冈仓天心《中国的美术及其他》。商务印书馆出版的“世说中国”丛书是另一套以日本学者为主体的汉学研究系列，包括寺尾善雄《宦官史话》，林巴奈夫《刻在石头上的世界》，桥本敬造《中国占星术的世界》，冈本隆三《缠足史话》，川床邦夫《中国烟草的世界》，斋藤茂《妓女与文人》，以及松浦章《中国的海贼》等。广西师范大学出版社出版了日本讲谈社版《中国的历史》十卷本，以及社会科学文献出版社的“让我们一起追寻甲骨文”丛书，包括松山正明《蒙古帝国的兴亡》，田中健夫《倭寇》，檀上宽《永乐帝》，加藤徹《西太后》和堀敏一《中国通史》。丛书之外，中国也翻译出版了内容包罗万象的单行本著作，如中国社会出版社2006年版石川祯浩著《中国共产党成立史》，三联书店2009年版林巴柰夫著《神与兽的纹样学：中国古代诸神》，上海古籍出版社2012年版村上哲见著《宋词研究》，北京联合出版公司2013年版武田雅哉著《飞翔吧！大清帝国：近代中国的幻想与科学》，以及商务印书馆2016年出版横地刚著《南天之虹：把“二·二八事件”刻在版画上的人》等。

著名学者叶谓渠主编的东瀛艺术图库2006年由上海三联书店出版，包括《日本绘画》《日本建筑》《日本文学》《日本工艺美术》和《日本戏剧》，他认为日本文明创造性的发展，坚持了两个基本点：一是坚持本土文明的主体作用；二是坚持多层次引进和消化外来的文明。而日本艺术之美，既来自日本本土文化之源，也得自日本文化与外来文化“杂交”之果：这就是日本民族艺术的特质。关于日本美术史早已有多种文字的论述，上海人民美术出版社早在1988年就已出版町田甲一著，莫邦富译本《日本美术史》，而全球最流行的一部日本艺术史则是Thames & Hudson出版的“World of Art”丛书中的Joan Stanley-Baker所著《Japanese Art》。最近湖南美术出版社出版了美国艺术史家恩内斯特·费诺罗萨著，夏娃、张永良译本《中日艺术源流》，2016年三联书店出版了辻惟雄著，蔡敦达、邬利明译本《图说日本美术史》。

日本艺术的本源可追溯至日本古器铜铎线画和古坟装饰图案，而唐宋绘画则引导日本艺术的飞跃发展，其中唐代佛画发展为“大和绘”，并以隔扇、绘卷和屏风画的形成成为日本民族艺术的独特模式，至桃山时代的狩野派达到高潮。日本水墨画则以宋元绘画为师，又加入禅宗理念和日本固有的“空寂”精神，追求一种恬淡精神。雪舟是这种水墨画的杰出代表，其作品中有相当一部分都是临摹马远、夏圭、梁楷、玉涧等大师的习作，并由此发展出自己的风格。日本版画源自中国并长期与中国同步发展，但在引进西方版画后，则开创了独具日本特色的版画新天地，即后来影响全球的“浮世绘”。日本浮世绘版画自19世纪中叶开始进入世界各地的博物馆或被私人收藏，并由此影响了一代又一代的东西方艺术大师们，如印象派的前期主流大师德加、莫奈、雷诺阿等，而后期印象派大师梵高和高更受浮世绘影响更深，直到马蒂斯、毕加索、劳特雷克、勃纳尔、维亚尔等艺术大师都或多或少收藏有浮世绘版画并在艺术创作中受其影响。日本明治维新之后开始引进油画并很快形成日本的“近代西洋画”，而后又演译为“近代日本画”，其突出代表人物是竹内栖凤。进入现代，日本浮世绘与日本画的融合催生出两位影响力巨大的国际艺术大师，一位是立足于本土的竹久梦二，另一位是立足于巴黎的藤田嗣治。前者创造出清新而时尚的现代浮世绘，并立即在日本广受瞩目，同时受到鲁迅、周作人、李叔同、丰子恺等中国学者和艺术家的赞美和追随；后者则在两次大战之间就已名扬世界，成为与毕加索、莫迪里阿尼、夏加尔、曼雷等大师相并肩的国际艺术巨匠。现当代的日本绘画已形成令世人一目了然的日本艺术模式，并催生出一大批影响世界的绘画大师，如东山魁夷、平山郁夫和草间弥生等。

日本这个民族对形式感有非常独特的体验和认知，并随着千年岁月的积淀发展为独具日本特色的对形式美的理解模式：宏观之美、日常之美和微观之美。这三种美感模式的建立都来自千百年的观照和体验。南京大学出版社2010年出版的中材雄二郎、山口昌男著，何慈毅译《带你踏上知识之旅》系统论述了体验与观照对建立知识模式的意义。在日本，每个时代都有一批脚踏实地探索大自然美感模式的人，他们不断发展着具有日本特色的美感模式。

2015年由德国Prestel出版的Michael Kenna和Yvonne Meyer-Lohr编著的《Forms of Japan》集中展示了日本模式的宏观之美。著者力图通过广泛的观察寻找大自然的本源之美和抽象之美，全书分为五种形式的宏观之美模式：海洋的隔绝形式，大地的力量形式，森林的转换形式，精神信仰的充实形式，天空的外化形式。宏观之美模式来自对宇宙太空的关注，来自对大自然的探险，也来自对人类社会宗教信仰的精神追求。

自摄影术发明以来，日本的照相机、胶卷和数码设备几乎支撑着影像世界的半边天，也自然涌现出以荒本经惟为代表的摄影大师。他们由此发现日本和世界各地更多的日常之美，建立起日趋丰富的日本日常之美模式。1999年日本三芳伸吾出版社出版了岩宫武二和高冈一弥编著的《Katachi: Japanese Sacred Geometry》，该书以材料分类的角度，展现日本日常生活中用纸、木、竹、纤维、泥土、金属和石头制作的千变万化的日常设计器物，在表达日本日常之美模式的同时也展示了日本整个民族对传统工艺的热爱。

微观之美源自科学研究，日本科学家的诺贝尔获奖者阵容是日本发展微观之美模式的最佳备注。日本科学为何代有才人？科学家的科普写作无疑是非常重要的因素。日本第一位诺贝尔奖得主汤川秀树在1949年获奖之前，即于1937年出版《眼睛看不见的东西》（译林出版社2009年出版于康译本中文版），并由此建立日本顶级科学家勤于科普写作的传统，这种传统也延展至日本的建筑师、设计师、艺术家和工艺大师诸群体。福井谦一1981年获诺贝尔奖，1984年出版《学问的创造》（三联书店1988年出版戚戈平、李晓武译本中文版），小柴昌俊2002年获诺贝尔奖当年即出版《16万光年之外的礼物：我的中微子发现之旅》（科学出版社2012年出版梁波、尹凤芝、于放译本中文版），而中村修二2014年获诺贝尔奖，但他于2001年即已出版《我生命里的光》（四川文艺出版社2016年出版安素译文中文版）。

日本创新模式最重要的根基是对本民族工艺传统的珍视，并由这种珍视延展至对从古到今民族工艺的地毯式调研，从皇家正宗收藏到乡野民俗用具，都是日本民族视为瑰宝的工艺传统。2014年上海书画出版社出版了傅芸子先生于1939年写作出版的《正仓院考古记》，系统展示了日本皇室的千年收藏，再现了中国大唐的艺术宝库，中日工艺文化一脉相承，但日本工艺早已在诸多领域超越中国，可谓青出于蓝而胜于蓝，如漆器、铁器、瓷器、竹器等。现代对日本传统工艺文化进行系统研究的开山祖师当数柳宗悦，其重要民艺学著作《日本手工艺》《工艺之道》和《工艺文化》为日本民间工艺研究奠定了理论基础，从而引导一代又一代日本学者和设计师踏上传统工艺研究和再创造的征途。可喜的是，已有相当一批日本工艺研究著作被引介到中国出版，如湖南美术出版社近几年出版的三谷龙二的两部著作《日日器物帖》和《水之匙》，赤木明登的《造物有灵且美》，以及日本樱花事务所编辑出版的《京都手艺人》；广西师范大学出版社出版的盐野米松《留住手艺》；新星出版社出版的日本SML公司编著的《最美之物》；四川人民出版社出版的坂口谨一部《日本的酒》；上海交通大学出版社最近出版的王升远主编"万物简史译丛"系列，包括小山田了三著《桥》，矢野宪一著《枕》，宫内悊著《箱》，山内昶著《食具》，森郁夫著《瓦》，以及吉川金次著《锯》。

瑞士苏黎世大学人种学博物馆于2003年举办了一场名为"Upright, Pliant, Empty-Bamboo in old Japan"的精美绝伦的展览，并由德国Arnoldsche艺术出版社出版展览专书《Bamboo in Old Japan: Art and Culture on the Threshold to Modernity》，展览中日本19世纪的各类竹制用品包罗万象，涵盖日本人日常生活和娱乐的所有方面，其民间工艺质量令人叹服。日本人对传统工艺的尊重和爱惜使之能够全民关注手工艺，仅以竹器为例，即已出版大量竹编工艺手册之类的书籍，如诚文堂新光社最近出版的《The Bamboo Basket Handbook》。

日本人将自己的民族工艺传统视为珍宝，对外来的设计门类及其工艺研究也同样表现出其一贯的"狠劲"，只要他们认定的研究内容及方向，日本学者一定会倾其全力做到极致，他们对现代座椅的研究是这方面的典型案例。日本在传统上是席地而坐的民族，因此，尽管日本人能将来自中国的大多数工艺消化吸收后达到某种超越的境地，却唯独对座椅长期缺乏关注。当日本进入明治维新全面西化的时代，座椅在日本现代生活中愈来愈显重要，于是日本学者和设计师开始关注东西方的座椅文化。他们首先在世界范围内调研各类座椅，进而以各种方式收藏收购，然后就在与世界上最领先的座椅设计国家如芬兰和丹麦的交流过程中开始系统而全面地研究座椅文化尤其是其中的设计科学方面的内容。日本学者关于座椅的研究成果令世界惊叹，更令作为古典座椅故乡的中国的学者和设计师汗颜。在众多的日本学派座椅研究成果当中，由武藏野美术大学岛崎信教授主持的"现代椅子学"

研究最为引人注目，该研究建立在武藏野美术大学的现代椅子收藏基础上，并与早稻田大学和北海道大学合作，完成《The New Theory and Basics of the Modern Chair近代椅子学事始》专著。其主要内容有四个部分，其一是“名椅再思考”，以人体工程学和生态设计为出发点重新思考几款现代著名座椅设计；其二是“近代椅子进化论”，讲述现代座椅设计的革命性进展及相关理论；其三是“近代椅子设计四大潮流”，介绍现当代全球范围内座椅设计的四种原型，即中国明式座椅、英国温莎椅、美国萨克椅和奥地利图奈特椅；其四是“椅子学Chairlogy及座椅测试系统”，首创椅子学概念，并以多层次多向度的舒适度测试系统来完善椅子设计作为一种科学理念进行反思和发展。岛崎信教授2002年出版了另一部专著《A Chair with its Background》，该书选取以芬兰和丹麦为主体的全球各地最具代表性的座椅进行详细分析。随后几年，岛崎信与“东京·生活”博物馆合作，出版了一系列座椅研究著作，包括《美丽的椅子：北欧大师名作》《美丽的椅子：木作名椅研究》《美丽的椅子：胶合板名椅研究》《美丽的椅子：金属名椅研究》和《美丽的椅子：合成素材名椅研究》。除岛崎信之外，日本还有许多学者从事极具日本特色的座椅研究，其中最突出的就是北海道东海大学的织田宪嗣教授。他于2007年出版了《The Illustrated Encyclopedia of Chairs》这部现代座椅百科全书，以精美线图介绍了8133种现代座椅及其设计师，堪称现代家具研究的划时代专著，体现了典型日本模式的设计研究方法。此外，矢田部英正于2011年出版了《椅子与日本人的感性工学》，西川荣明于2015年出版了《图解经典名椅（附年表及系统图）Illustrated Origin of Masterpieces: Chairs》，都是日本座椅研究的重要专著，集中体现了日本学者对学术研究不留任何死角的决绝态度和精细入微的研究毅力。

兼具传统研究和创新意识的日本设计研究模式最终催生一大

批具有世界影响力的艺术家与设计大师，如景观设计大师野口勇，以其独具东方魅力和现代感的雕塑、灯具和景观规划名扬世界；家具设计大师中岛乔治则一生执着于根植于大自然的家具设计，成为自然主义设计风尚的旗手；工业设计大师喜多俊之常年在意大利和日本之间穿梭，以其日本美学理念处理各种现代材料，从而将日本设计美学融入世界设计潮流当中；平面设计大师石本藤雄则立足芬兰，将日本美学元素与芬兰地域主义文化特色巧妙融合，在服装、染织及陶瓷设计诸领域都卓有建树；日本当代造园大师枡野俊明则是日本园林艺术的直接继承者，并在继承的基础上将日本园林传统与现代办公景观和城市规划有机结合，创造出一系列代表当代园林设计最高水准的景观设计作品。

日本的设计研究模式独树一帜，其丰硕的设计成果举世关注，作为与欧美并列的三大主流设计学派之一，日本设计时常成为世界出版物的焦点。最近几年的英语出版物包括2012年英国Merrell出版社出版的Naomi Pollock著《Made in Japan: 100 New Products》，2014年香港Tuttle出版社出版的Patricia J · Graham著《Japanese Design: Art, Aesthetics & Culture》，以及2016年V&A博物馆出版社出版的Gregory Irvine主编的《Japanese Art and Design》。

日本园林使日本民族既趋向于内省的观照，又关注大自然的演变规律，同时发展对任何比自己发达和强盛的民族的崇拜和学习热情。由唐宋文明所引发的千年汉学研究早已成为日本文化的重要组成部分，明治维新以来的西学研究亦全方位融入日本文化。例如，第二次世界大战之后，北欧设计以最快的速度形成战后最重要的设计学派并引领全球设计潮流的健康发展，因此日本设计界在战后半个多世纪以来对北欧设计的学习和研究不遗余力，这方面既有相对专业的研究如Petit Grand Publishing出版渡部千春著《北欧设计》，也有通俗读物如本田直之著《北欧式的自由生活提案》，通过数百年在各方面向世界最强者看齐，日本也在走向最强行列的同时形成具有日本特色的设计研究体系和表现手法，并尤其突出地表现在动漫艺术研究、艺术史论研究、建筑史论研究、设计史论研究、文字与视觉艺术研究及服装研究诸多方面。

日本的漫画、卡通和动漫艺术传统在全球独一无二，正因为日本版画发展到浮世绘时代获得巨大成功并影响全球，日本人才能对这种艺术形成全民热爱，而全民热爱这种艺术又必然促使其更加普及发展。当今强大的日本动漫艺术有其四大历史渊源：其一是日本怪谈文学；其二是日本神妖图谱；其三是日本漫画传统；其四是日本近现代科幻文学。日本怪谈文学时常被称为日本文化的精髓，可参见南海出版公司2016年出版的田中贡太郎著，曹逸冰译《全怪谈》。神妖图谱也是日本国萃之一，日本Pie Books出版社2009年出版的狩野博幸和汤本豪一所著《Mythical Beasts of Japan: From Evil Creatures to Sacred Beings》中有系统性、历史性的介绍，而新星出版社2016年出版的小松和彦编著，宋衡译的《妖怪》，则对日本妖怪和创造妖怪图谱的画师进行分类。日本神妖图谱传统在现代社会依然兴盛，如2014年台湾东贩出版公司出版水木茂绘制《水木茂的日本神怪图鉴》和2016年中信出版集团出版永井一正著，杨清淞泽《刻心》。日本的漫画传统源于日本喜剧能剧与版画艺术的结合，日本Pie Books出版社 2013年出版的由滨田信义和清水勤编著的《Manga: The Pre-History of Japanese Comics》中有全面介绍，日本版画发展史中的历代大师基本上都创作一部分漫画作品，但葛饰北斋无疑是日本漫画的集大成者，日本青幻舍出版社2010年出版了《北斋漫画》三卷，分别名为江户百态、森罗万象和奇想天外，表现出日本漫画大师旺盛的想象力和豁达幽默的创作风格。日本科幻百年发展史再次展示了独特的日本思维模式，并立刻成为世界科幻领域的一个鲜明艺术流派，参见南京大学出版社2012年出版长山靖生著，王宝田等译《日本科幻小说史话：从幕府末期到战后》。上述四种渊源细流，逐渐汇成日本动漫的长河。社会科学文献出版社2011年出版津坚信之著，秦刚、赵峻译《日本动画的力量：手冢治虫与宫崎骏的历史纵贯线》，在简述日本动漫的现状之后着重介绍两位当代巨匠的艺术发展道路。此外，我国关于这两位动漫大师的出版物还包括世界图书出版公司2010年出版手冢制作公司编著，阿修菌译《手冢治虫：原画的秘密》，复旦大学出版社2014年出版杨晓林著《动画大师宫崎骏》和三联书店2015年出版秦刚著《捕风者宫崎骏：动画电影的深度》。当然，随同动漫艺术一同成长的还有日本儿童绘本艺术，上海人民美术出版社2009年版松居直著，郭雯霞、徐小洁译《我的图画书论》中有这方面的概述。

具有日本创新模式特征的艺术史论研究由两部分组成：其一是严肃的学术论著，但具有日本学者典型的全面深究与严谨密切结合的特征，此外也多少带点以日本为中心的观点。这方面的著作非常多，译成中文在中国出版的也不少，如山东美术出版社1990年出版海野弘著，陈进海编译《装饰与人类文化》，上海人民美术出版社1991年出版中川作一著，许平、贾晓梅、赵秀侠译《视觉艺术的社会心理》，吉林出版集团时代文艺出版社2011年出版村上隆著，长安静美译《艺术战斗论：你也可以成为艺术家》等。其二是漫画版艺术史论，尤其是面向青少年类的。它们以卡通和漫画的方式重新解读日本和中西方艺术史论，通俗易懂，简明扼要，以在每一部书中抓住有限重点的方式，以卡通漫画的媒介吸引读者自然关注其他相关书中的其他重点，从而达成另一种方式的深究与严谨的全面结合。这类漫画图解版艺术史论著作在日本极为普及，并在台湾有部分中文版，如台湾原点出版公司2006年出版的高阶秀尔监修，桑田草、郑丽卿译本《写给年轻人的西洋美术史》和台湾易博士出版公司2008年出版的日本视觉设计研究所编著，戴伟杰译《巨匠教的艺术课》，以及刘晓归译《巨匠没说的画中话》等卡通漫画版艺术论著作。

日本现代建筑在整个20世纪直到今天始终大放光彩，大师级人物层出不穷，究其成功秘诀，固然有其传统建筑中充满现代精神的美学法则、基本体系和园林设计都对欧美产生过巨大影响；也固然有其合理的国策和建设制度，其事务所和大型建设公司的双轨制保证日本能在各种类型和尺度的建设中达成最好质量；同时还有赖于日本建筑的国际视野，从早年一大批优秀青年建筑师向欧美建筑大师拜师学艺，到后来日本建筑师在日本和世界各地的职业实践，再到日本建筑媒介的深度、广度和敬业精神，都体现出日本作为世界建筑大国的领导地位。然而，日本建筑业大师辈出并影响全球的另一个重要因素就是日本建筑师的写作热情和著作质量。日本的每一代建筑人，无论是开业建筑师还是教师，都热爱写作并形成一种强大的学术传统，保存并延续着建筑这个行业的智慧线索。从丹下健三、前川国男到槙文彦和矶崎新，从伊东丰雄、安藤忠雄到藤森照信和隈研吾，再到庞大的教师队伍和年轻建筑师群体，几乎每人都保持着不同的写作方式，并逐渐形成非常鲜明的日本研究模式：具体而翔实，严谨而又充满情感，尊崇本民族文化传统又对最新科技抱有信心。矶崎新在MIT出版社出版的《Japan-Ness in Architecture》是日本模式建筑学的杰出代表。安藤忠雄的《安藤忠雄连战连败》和《安藤忠雄论建筑》被译成各种文字，成为建筑系学生的教科书。伊东丰雄的《伊东丰雄建筑论文选：衍生的秩序》《风的变样体》《透层建筑》《伊东丰雄轻盈结构的细部》《建筑：非线性的偶发事件——从SMT到迈向欧陆》和《伊东丰雄的10次建筑探险》等集中体现了日本建筑师的强烈求知欲和冒险精神。藤森照信作为建筑史研究出身的建筑师，更是著述颇丰，如《明治的东京计划》《建筑侦探的冒险：东京篇》《人类与建筑的历史》和《天下无双的建筑学入门》等都受到业内业外人士的好评。隈研吾是当代日本最活跃的建筑师之一，设计项目遍及世界各地，日程安排极为紧凑之余，仍能完成多种论著，如《自然的建筑》《反造型：与自然连接的建筑》和《负建筑》等，体现了作者对建筑、自然和人居环境的独特思考。这批日本建筑大师的成功设计实践和富有独立思想的著述建立在对本民族生活方式和建筑传统深入了解的基础上，与中国文人过于关注政策和文学情调的著述不同，日本学者对其生活方式和日常设计的研究倾注了极大的精力，如柳田国男著《明治维新生活史》等著作，与此同时欧美学者也从不同视角观察日本日常生活，如Charles J.Dunn早在1969年出版的《Everyday Life in Traditional Japan》和三联书店2010年出版的苏珊·B·韩利著，张健译《近世日本的日常生活：暗藏的物质文化宝藏》等。日本学者多年来从不间断地研究本民族的住居文化传统并形成以卡通和动漫插图与科学测绘相结合的图示表达模式，参见日本Kodansha International出版公司1983年出版的Kazuo Nishi和Kazuo Hozumi著《What is Japanese Architecture?》，1986年出版的Chuji Kawashima著《Japan's Folk Architecture: Traditional Thatched Farmhouses》和1990年出版的Atsushi Ueda著《The Inner Harmony of the Japanese House》。清华大学出版社自2010年出版的几部日本住居文化著作可谓日本模式漫画配图研究的典范，包括稻叶和也与中山繁信著，刘缵译《图说日本住居生活史》，光藤俊夫与中山繁信著，刘缵译《居所中的水与火：厨房、浴室、厕所的历史》，以及西和夫与穗积和夫著，李健华译《日本建筑与生活简史》。日本建筑师和学者们的研究当然不会局限于本土文化，他们的观察视野遍及全球，并由此产生大量著述，例如近几年译介到中国的有清华大学出版社2010年出版的后藤久著，林铮凯泽《西洋住居史：石文化和木文化》和2014年出版的小林盛太著，高杰译《建筑设计的原点》，山东画报出版社2011年出版的高桥俊介著，姚淑婧译《巨型建筑设计之谜》，南海出版公司2016年出版的中村好文著，杨婉蘅译《走进建筑师的家》等。日本的卡通漫画传统使日本建筑师和设计师具有非常突出的手绘传统，这其中最著名的当数日本当代最具代表性的舞台设计师妹尾河童。其1976年出版的《窥视欧洲》（三联书店2010年姜淑玲译中文版）和1990年出版的《窥视厕所》（三联书店2011年林皎碧、蔡明玲译中文版）是日本模式通俗建筑学和设计学的典范，启发了后来的一大批建筑师、设计师和各类业余作者，如中信出版社2011年出版的浦一也著，侍烨译《旅行从客房开始：日本著名建筑师素描世界各地最具特色客房》，北京联合出版公司2016年出版的矶达雄都与宫泽洋合著，杨林蔚译《重新发现日本：60处日本最美古建筑之旅》等。

与日本建筑美学同步发展的是当今全球具有愈来愈深远影响力的日本设计美学，它源自日本的民族心理和地形地貌，由冈仓天心和柳宗悦等前辈学术大师精心培养，再经由冈田武彦、喜多俊之、黑川雅之、坂井直树、深泽直人和原研哉等学者大师的全面发展，已成为当代设计学中的一门显学分支。社会科学文献出版社刚刚推出“樱花书馆”丛书系列，即有冈田武彦著，钱明译《简素：日本文化的根本》，该系列还包括竹村公太郎著，谢跃译《日本文明的谜底：藏在地形里的秘密》。重森千青著，谢跃译《庭园之心》和笹冈隆甫著，李宁译《花道》。2016年隆重推出的日本设计美学著作还有：广西师范大学出版社出版的石藤武、佐佐木正人和深泽直人著，寅友玫译《设计的生态学》，电子工业出版社出版的善本出版有限公司编著的《日式设计美学：食服宅馆》和《简约不简单：极简风格产品设计》等。同日本建筑师一样，日本设计师也同样勤于写作，精心构建并不断发展自己的设计美学和设计科学。因无印良品设计品牌而影响全球的原研哉是其中最突出的一位，其著作《设计中的设计》已被翻译成多国文字，他的其他译成中文的论著还有中信出版社出版的竺家荣译的《请偷走海报》，广西师范大学出版社出版的《引人兴趣的媒介》《欲望的教育：美意识创造未来》和《设计私语录：通心粉的孔洞之谜》等。此外，中国最近几年开始出版大量日本设计大师的著作，如山东人民出版社出版的坂井直树著《设计的图谋：改变世界的80个日本创意阴谋》和《设计的深度》，电子工作出版社出版的喜多俊之著《给设计的灵魂：当现代设计遇见传统工艺》和黑川雅之著《设计与死》，山东画报出版社出版的村下直著《设计传奇：仓俣史朗的设计》，以及广西师范大学出版社出版的杉本博司著《艺术的起源》等著作。

日本模式的设计美学涵盖了设计学和建筑学的所有层面，我国近年来虽然加大了译介力度，所引介内容目前也仅止于九牛一毛，但已能看出日本设计学研究的广度和深度。如三联书店出版早川忠典著，胡澎译《神国日本：荒唐的决战生活》，中信出版社出版铃木成一著，匡匡译《装帧之美》等。日本当代最负盛名的视觉设计大师杉浦康平的著作在中国受到广泛译介，包括台湾雄狮美术2011年出版的庄伯和译本《文字的力与美》，中国人民大学出版社2013年出版的李建华、杨晶译本《造型的诞生：图像宇宙论》，中国青年出版社2016年出版的杨晶、李建华译本《多主语的亚洲：杉浦康平设计的语言》等。有关其他领域的还有新星出版社2015年出版难波知子著，王柏静译《裙裾之美：日本女生制服史》，重庆大学出版社2015年出版的鹫田清一著，吴俊伸译《古怪的身体：时尚是什么》，以及中信出版集团2016年出版的中野京子著，孟华川译《桥的故事》。

由日本园林所引导的日本创新模式的诸多领域中，感性工学是最突出的，其影响也是最为深远。感性工学的英文名称是Kansei Engineering,而西方的英语对应名词是Ergonomics,多译为人体工程学或人机工程学。其本质是研究人的身体和情感与人们所居住的建筑及其室内，以及所有用品和工业设计产品的互动关系，是介于建筑学、设计学、医学、生物学、生态学和工程学之间的交叉学科。中国古代家具尤其是座椅的设计是最早从结构层面考虑人体工程学因素的案例，具体手法主要表现为座面的面料组成设计，座面与靠背之间角度的设计及靠背曲线和形式的设计。最迟在宋代中国家具已有基本人体工程学的考虑，到了明代，中国家具已取得非常大的成就，其家具体系中各个门类如桌、柜、床、架，尤其是座椅当中的人体工程学要素已与当时所能达到的生态学、工程学、医学和设计学的相关考量协调一致，能够进入早期设计科学的范畴。然而，结构层面的设计只是现代人体工程学的一个支点，其另外一个支点则是源自欧洲家具系统的触面感性层面的软包设计。与中国家具依赖于使用功能的进化得以发展的轨迹不同，欧洲家具源自古埃及这一很早就非常成熟的古典家具系统，之后历经古希腊、古罗马、中世纪、文艺复兴、巴洛克和洛可可、古典文化和浪漫主义诸多潮流与风格的变迁，其家具的基本结构始终保持稳定，变化的只是不同时代所代表的装饰手法和软包设计，从而使沙发成为欧洲家具系统中最具特色的品类，同时也是人体工程学得以最大限度展示的家具门类。因此，现代家具的发展在设计科学层面的意义，是来自中国家具的结构层面的人体工程学和来自欧洲家具的触感层面的人体工程学的密切结合，最终形成现代人体工程学的基本构架。

现代建筑与现代设计的第一代大师们大多致力于为了打破旧世界的桎梏而提倡一种旗帜鲜明但往往因矫枉过正而失之偏颇的设计理念，如赖特、密斯和柯布西耶，以及格罗皮乌斯和布劳耶尔。他们的家具设计如果以现代人体工程学进行分析和检验则大多是不合格的。20世纪早期的设计大师当中最先有意识系统关注设计中的人体工程学的是阿尔托、柯林特、雅各布森和塔比瓦拉这几位芬兰和丹麦的设计先锋。他们以科学家的敏锐和艺术家的情感为现代人体工程学注入最早的也是最基本的血液和养分。为什么是这几位北欧设计大师率先开拓人体工程学这一设计科学的新领域？固然是因为北方艺术家和设计师与生俱来的对日常生活的关注，就像当意大利画家还在全力描绘神界诸先知时，荷兰和德国画家已开始深入了解并展现每天生活的瞬间与片断，但更重要也是更直接的原因则是北欧长期地处寒冷之地，人们对触感的舒适有更多的渴望，并进而延伸至对家具和日用器物的心理和生理要求。

早在20世纪20年代，当阿尔托看到布劳耶尔、柯布西耶和密斯的钢管椅时，一方面被其前卫的形式语言所打动，另一方面则忧虑其在芬兰使用时身体和心理的舒适度，并因此开始思考如何用木材和布料等触感更温暖的材料替代钢管。当然，一般实木无法达成钢管所创造的现代造型语言，由此引导阿尔托走向研制层压胶合板的科技创新道路。1928—1930年，阿尔托与芬兰当地木材企业通力合作，终于研制出至今已被全球广泛使用的现代胶合板，并用它创造出现代设计史上第一批层压胶合板家具，随后立刻在全球大获成功。从胶合板诞生至今近九十年的时间，世界各国的建筑师和设计师都纷纷设计出各具特色的胶合板家具，但鲜有超越阿尔托者。迄今为止，依然是北欧设计大师们占据着现代家具最重要的舞台，阿尔托、雅各布森、塔比瓦拉、瓦格纳、库卡波罗诸位北欧设计大师基本上就是舒适而人性化设计的代名词，其最重要的原因就是他们都是现代人体工程学的研究者和践行者。

阿尔托毕生致力于“要让普通人用最舒适的家具”，他充分利用胶合板提供的构造弹性和帆布、藤编和面料等软包设计创造出一系列无可超越的现代家具经典。在人体工程学方面，也许只有另一位芬兰设计大师库卡波罗可以比肩阿尔托。库卡波罗20世纪50年代在大学读书时，欧黎·伯格教授曾介绍过瑞典医学家奥克布洛姆关于座椅的座面与后背设计对人类健康影响的研究，从而使库卡波罗立刻领悟了家具设计的秘诀，并在以后六十余年设计生涯中创造出一系列人类设计史上最舒适的座椅。瑞典科学家的人体工程学研究很快从家具领域进入汽车领域，沃尔沃汽车设计开创人机交互设计先河并率先设计出挽救千百万人生命的安全气囊系统，而后，德国、美国、日本、法国、意大利诸国汽车工业都开始进行程度不同以人机交互为主体的人体工程学研究，其中日本的感性工学脱颖而出，最终成为当今最具影响力的人体工程学。

日本感性工程学的发展史见证了日本创新模式的精彩运作，也展示了日本设计界如何将吸收外来文化与研习本民族传统进行有机结合。自从美国福特汽车完成第一条生产线，汽车工业很快成为全球各工业强国展开激烈竞争的舞台，面对美国汽车的先进组装线，德国汽车的精致，瑞典汽车的安全设计，意大利汽车的时尚造型，日本汽车如何与它们竞争成为日本汽车工业人士重点思考的问题。早在1970年，日本北方的Mazda汽车公司开始关注汽车设计中人的情绪与汽车设计的关系，并与广岛大学的学者交流合作，设计出最早的以人机交互原则为基础的汽车，由此设立“情绪工学”，并由广岛大学的长町教授设计团队负责进一步研发。1986年日本学者山本教授在当年的国际人体工学会议进行主题讲演时，首次使用“感性工学”这一词汇，到1988年，长町教授正式将“情绪工学”改为“感性工学”，并在1989年出版《感性工学》一书。1991年日本通产省工业技术学院出台大型研究预案《人类感觉计测应用技术1991—1998》，1992年日本文部省又将《感性工学研究》列入“科学研究费重点领域研究”计划，标志着日本在国家政策层面对感性工学研究的支持。从1993年开始，日本政府和设立学会每年举办感性工学在研究和应用层面的研讨会。随后，日本许多大学开设了设计感性工学专业及相关的研究所。1995年信州大学开设“感性工学研究”专业，同年召开日本学术会议第二次感性工学研讨会。1996年山口大学设置“感性设计工学系”，同年召开日本学术会议第2次感性工学研讨会。1997年日本文部省将国家科学研究费补助金授予《感性工学分科》项目，同时日本学术会议设置“感性工学研究委员会”。1998年日本感性工学学会成立，同年召开日本学术会议第三次感性工学研讨会。此后，日本许多著名大学如九州大学、筑波大学等都开始对感性工学进行系统研究和教学，从而将感性工学的范畴延展至人类衣食住行的所有领域，并影响世界各地。例如九州大学森田昌嗣教授的团队多年专注于感性工学在景观与环境设计领域的研究和应用，包括新媒体与城市风貌的关系，街道家具和个性化设计，旅游景点的标识规划，城市道路与环境装置研究等。

感性工学的要义就是三个层面上的品质模型：其一是质量控制，作为任何产品设计必须达到的品质模型；其二是质量改良，作为单向度要求产品设计达到越来越好标准并最大化占有市场份额的品质模型；其三是质量创新，提倡以全新的有时甚至是颠覆性的创意构思对产品设计进行全方位反思和再创造，以求及时发现大众消费中被忽视的或是潜在的问题，提出新的设计理念，最终引领人群和整个社会的健康消费，这个层面上的品质模型在当今全球进入生态危机的时代显得尤其重要。对现代设计科学来说，感性工学最大的意义就是从定性分析与设计到定量推论式设计。日本园林所蕴含的严谨而彻底的研究习性在感性工学中得到最大程度的延展发挥。依应用目标和设计手法的不同，感性工学可分为三类：第一类是正向定量推论式感性工学；第二类是逆向定量推论式感性工学；第三类是正逆结合型感性工学。三种类型的感性工学的实施程序都是建构设计主体的感性意向语汇和形态要素，并将结果转化为系统以供设计师和业主方不同形式、不同层次的专业咨询。日本感性工学是目前世界上人体工程学领域最强势也最有影响力的学派，同时也是以日本园林为原型发展出来的日本创新模式的典型代表。

Ⅱ

园林、大自然的图像再现和人类的设计天性

人类的发展史自始至终与园林相关，世界各民族的创世纪大都始于园林，最著名的就是伊甸园；而各民族人民最渴望的归宿也是园林，如各种信仰经典中以园林为主体的天堂。园林联系着人类和大自然，人类从园林出发去认识大自然，对大自然的不断认识再来丰富和发展人类的园林。园林是人类综合知识积累的结晶，人们在园林里思考人生，发展科学，拓展博物学的全方位研究。人们在园林中低头观察到规矩的图形，抬头仰望到星空中的宇宙洪范，从而发展出天文学和数学。人们在园林中体会到动植物及世间万物千变万化的生命形态，好奇心将人们引向远方并因此带来无穷无尽的物种生态，园林因此更加丰富多彩。人类文明的标志是文字记载和图像再现，由此再引领人类的好奇天性进入更为广阔而深远的境地，人类发明的显微镜将人们带入分子、原子及无穷尽粒子和虚空的王国，并不断介入人类对自身的观测、研究和深思，结果是医药科学的无止境发展；而人类发明的望远镜和广角镜，则将我们的目光和足迹带到地球的每个角落，带到月球和太阳，带到火星和太阳系各行星，带到无限的宇宙。在这个过程中，人类发展科学成为人类文明的最主要标志，随着从博物学到各门类自然科学的高度发展，人们开始关注人类知识的整体融通，逐渐进入以生物学和设计科学为旗帜的现代跨学科知识领域。现代园林与设计科学之间建立起越来越密切的联系。

1 园林、花园、庭园和公园

园林在中国是一种非常古老的人文景观，尤其强调“林”字，不仅包括以树木为主体的“林”，也包括以堆石而成的“石林”，从而与日本园林中强调个体性格的“石组”有根本性的区别。花园是欧洲园林的俗称，强调的是“花”，引申为植物，欧洲园林的发展在很大程度上就是几何形式的花园的规划和培育；花园也代表伊斯兰园林，伊斯兰园林以花和水池为核心，但更强调几何图案的复杂化运用。庭园多用于表达日本园林，多数日本园林小巧玲珑，以茶庭为核心，环以精心思考的石组和池水，形成兼具自然风貌和几何规则的庭院。公园则首先代表美国园林，当年欧洲人开拓美洲，那里地大物博，以大自然风貌为园林，进而发展为国家公园，后来又影响全世界的景观规划系统。

对人类而言，园林是最亲近最贴身的宇宙，最早的园林就是生命之水和植物存在的圣地，古今中外人类的各种文明对园林的理解虽各有特色，但亦有共性。英国学者Rory Stuart在《Gardens of the world: The Great Traditions》(电子工业出版社2013年出版周娟译文中文版《世界园林：文化与传统》)中提出了人类建造园林的五种动机：其一，园林是人们从政治、经济或日常生活压力中解脱出来，进行精神放松和享受的地方；其二，人们建造园林就是创建一种亲密的社会环境，从古罗马的别墅园林到欧洲中世纪的城堡园林，再到以法国园林为代表的欧洲大陆的主流园林，都能形成一种微观的社会环境；其三，人们建造园林也用于显示自己的财富和权力，即超越他人和征服自然的能力，并在很大程度上转化为研究自然的热情和能力；其四，人类有创造美丽的图案来美化环境，以及创造艺术来展现审美品味和个性的愿望，这种愿望能在园林中得以最充分的满足和包容；其五，随着人类对大自然越来越深的依存关系，人们开始在园林中保护和研究大自然中的濒危动植物物种，从征服自然走向研究自然和保护自然。另一位英国学者戴维·库珀(Daind E . Cooper)于2006年出版《A Philosophy of Gardens》(商务印书馆2011年出版侯开宗译本《花园的哲理》)一书，力求从哲学、伦理学、现象学和历史学等多学科视角，阐述园林除了美化环境、提高生活质量之外精神层面的功能，园林不仅象征着休闲劳作、花木鱼虫和博物学研究，也象征着人与环境的关系，园艺与自然的关系，园艺与其他艺术门类如建筑、绘画和雕塑的关系。人们在观察、体验和培育园林时，会逐渐放宽眼界，开阔思路，获得园林基本功能之外的哲理思考和创意模式，如园林带动博物学的发展，园林引导自然科学的进步，园林促进设计科学的孕育和成熟。

美国作家罗伯特·波格·哈里森（Robert Pogue Harrison）于2007年出版《Gardens: An Essay on the Human Condition》（三联书店2011年出版苏薇星译《花园：谈人之为人》）从文学史的角度探讨“人之为人，为什么与花园息息相关?”的问题，引领读者寻访神话传说、宗教圣典、文学作品及现实生活中的园林模式，如罗马史诗中的仙岛乐园、伊壁鸠鲁师徒深耕细作的植物花园、《十日谈》里青年男女举办故事会的乡村花园、《疯狂的罗兰》中的幻景花园、中国和日本的禅寺庭园、几何构图的伊斯兰园林等。美国密苏里大学的Stephanie Ross教授在其专著《What Gardens Mean》中则力图回答如下几个问题：园林是艺术创作吗？创作一个园林的要素是什么？人们如何体验园林？作者在此立足于哲学，同时也从艺术史、园林史、文化史和思想史的角度多方面、多层面探讨园林的魔幻魅力，并尤其关注18世纪英国景观式园林，因为该模式园林在文化层面上是吸收法国园林、意大利园林、中国园林和日本园林诸种文化因子的产物，在艺术层面上则融会诗歌与绘画等姐妹艺术的表现手法，由此树立欧洲园林的一种典范模式。

不同时代和不同民族对园林的设计和培育方式有着不同的要求，当许多欧洲人对中国园林中犬牙交错的假山感到疑惑时，大多数中国园艺师也很难理解欧洲同行为什么花费大量精力整理草坪；当美国人面对日本庭园中精心布置的石组所蕴含的审美乐趣深感困惑时，许多日本人也同样对美国庞大的国家公园系统产生庭园范畴之外的遐想。1933年德国建筑师陶特惊叹于日本园林之美时，他印象最深的还是桂离宫精致严整而又融入自然庭园的茶庭建筑群；1972年瑞士建筑师Werner Blaser参观中国时，也同样震惊于中国园林的魅力，但他1974年在瑞士出版的专著却是《Chinese Pavilion Architecture》，其关注的重点既不是中国文人传统和“梅兰竹菊”植物模式，也不是代表中国工艺传统的假山系列，而是中国园林景观中的亭台楼阁建筑。不同时代、不同民族对不同园林模式的不同关注角度恰恰是人类文化交流的正常过程和结果，正如英国式景观园林博览中西方园林意匠中的兴趣点创造出最终孕育出达尔文进化论科学思想的“秘密花园”，园林文化的交流丰富着园林物种，对花园物种精益求精的图像再现将人们从博物学思考引向自然科学尤其是生物学研究，再进而催生设计科学。

2 大自然的图像再现传统：中国博物绘画从辉煌到衰落

在人类对大自然的图像进行再现的历史发展过程中，东西方各自建立起自己的传统模式并大体上以一种交替领先的方式引领着人类博物学的发展进程。当古埃及墓室壁画中已出现非常写实的动植物描绘时，中国绘画尚处于启蒙状态，而西方这种领先地位至晚持续到公元6世纪，现存维也纳历史博物馆的一套名为“Codex Aniciae Julianae”的植物绘稿是绘于公元512年以前拜占庭时代的植物图像记录，因其独一无二的价值已被列入联合国教科文组织的“Memory of the World”名录，此后欧洲进入中世纪

"黑暗的"一千年，与此同时中国则以唐宋绘画的辉煌领先于欧洲，也全面影响着日本等周边国家。明代后期当中国在大自然的图像再现方面原地踏步甚至倒退时，欧洲则因文艺复兴和古腾堡印刷术重掌图像创作的领导地位。李约瑟主编《中国古代科学技术史》时，中国古代一千五百年的各类图像绘本和版画成为其科学论证的主要源泉之一，尽管在精度上难以符合后来欧洲科学所建立的标准，却也能完整表达中国古人曾经发现与发明过的各种科学思想和技术成就。实际上，正如笔者在本书上篇第三章所探讨过的，中国古代直至晚清的学术著作中绝大多数版画插图都不具备欧洲同期同类版画插图的三大科学特征，即比例与尺度的精确性、透视的合理性和构件体量的真实性。山东教育出版社2015年出版了杨泽忠著《明末清初西方画法几何在中国的传播》一书，该书介绍了明末清初西方传教士航海东来，不仅给中国带来欧洲数学知识，而且也为中国艺术家和出版商带来西方当时已发展成熟的画法几何知识。这些知识对我国当时的数学、天文学、地理学和绘画及版刻等学科都产生了积极的影响，在这个特别的时代，中西方的传教士兼科学家如利玛窦、汤若望、郎世宁、熊三拔、徐光啟、李之藻、梅文鼎和年希尧等人物都做出了杰出的贡献。然而，中国科技与绘画表现手法方面的衰落一直持续到民国初年，由此导致中国博物学研究方面的全面落伍，并与中国园林和中国建筑的衰败互为表里。广东人民出版社最近刚刚出版了吴国盛著《什么是科学》一书，作者在对科学进行独到而全面的溯本求源之后，回归中国古代科学探讨，建议以自然志著述为主线重修中国古代科技史。然而，就中国古代尤其是明代那一批划时代的科技名著如《三才图会》《天工开物》《农政全书》《本草纲目》和《徐霞客游记》而言，插图的质量依然是中国古代科技著述的短板，清代吴其濬所著《植物名实图考》被认为以"插图精准、文字详细"代表了中国博物学的最高成就，但与同时代欧洲和日本的博物学著作及插图相比，仍然有相当大的差距。

事实上，我们应该说中国宋代和元代的博物学绘画或称花鸟画代表着人类艺术史和博物学发展史上的最高峰，遗憾的是中国宋元精致细微的博物学绘画和相关研究都局限在非常小的艺术圈中，与此同时，宋代虽然发明了活字印刷，但版画插图工艺和技术水平尚未出现突破性进展，难以与达到极致的宋元花鸟画相匹配。近二十年来，随着印刷术和摄影技术的高速发展，中国台北故宫博物院陆续出版了二十九卷《故宫书画图录》，其中包括大批中国皇家传承有序的宋元绘画。而大陆的浙江大学出版社更是投入巨资，出版《宋画全集》二十三卷，《元画全集》十五卷，包括中国大陆及欧美日收藏的几乎全部现存的宋元绘画，其中花鸟画占有非常大的比例，使我们能够近距离、全方位观赏中国博物学绘画巅峰时代的完整作品系列。宋元时代的花鸟绘画写实而工致，堪称博物学图像再现的最佳范本，宋代艺术家兼具科学研究的习性，在政治宽松的时代，有足够的兴趣和闲暇去观察大自然万物并进行精致入微的描绘，为后世留下难以超越的典范。然而，南宋马远、夏圭开始以写意入画，使南宋至元有相当一批艺术家走向写意的道路并逐渐成为中国水墨艺术发展的主流，到明清两朝，写实绘画渐落旁枝并被挤出主流画坛，从而使明代中后期高度发达的中国版画工艺能接受的主要绘画理念已脱离北宋时代科学化的写实主义风尚，以画谱传统为代表的程式化绘画模式占据主流位置，博物学版画插图亦与科学写实风格渐行渐远，实为历史的遗憾。

当然，即使在明清时期，中华民族的博物学写实手法也从来没有彻底丢失，它丧失了艺术与科学发展的主流地位，但仍能以其扎实的写实功底和严谨的观察和刻画态度为中国博物学的发展带来希望。中医古籍出版社2011年再版的明代周仲荣、周祜、周禧绘著《本草图谱》是明代医学和博物学的杰出专著，直接延续了宋元花鸟画的写实传统。而海峡两岸故宫博物院近年出版的大型精美图册《清宫鸟谱》《清宫兽谱》《清宫海错图》和《清宫鹁鸽谱》是中国近代在某种意义上仍在追随世界博物学发展的一个明证，只是遗憾这批高品质的博物学绘本长期深锁宫中，而大众能接触到的明清博物学版刻插图的质量已与欧美甚至日本拉开相当大的距离了。

我们从最近几年浙江人民美术出版社出版的“古刻新韵”丛书系列中可以看出中日两国博物学版刻插图此消彼长的状况。在中国画谱传统的版刻插图中，元代李衎著《竹谱详录》集科学性和艺术性于一体，带有很强的写实主义倾向，到清代陈逵的《墨兰谱》则以写意为主，回想宋代赵孟坚所绘兰花图中完美的写实主义双钩画法，我们只能感叹艺术世风的转变非人力所能轻易扭转。明代鲍山所著《野菜博录》和明代林有麟《素园石谱》，虽然信息量很大并配有基本的图解，但其版刻插图的示意性大于科学性，歧义性大于精确性，发展到清代吴其濬所著《植物名实图考》八卷，虽被有关专家赞为中国古代博物学的最高成就，但却只能限于国内相关著述的对比，与同时期稍早日本学者岩崎常正所著的《本草图谱》十卷两相对照，已能强烈感受到日本学者在学习中国版刻艺术的几百年里已在充分吸取中国版刻工艺合理养分的同时逐渐摒弃中国明清版刻的过度写意和粗制滥造的习性，并大量学习欧美博物学版刻艺术的科学与写实内涵，从而使日本博物学版刻插图进入与浮世绘同步发展的行列。如明治维新早期日本艺术家片山直人著《日本竹谱》虽源自中国元代艺术大师李衎和吴镇等人的墨竹艺术版本，却能在促进其艺术神韵的同时又注重科学性、精确性和完整性，并时刻结合日本本土竹品种的收集和研究。日本这个时期的大量博物学版刻绘本，如橘保国的《画本野山草》和小野兰山的《花汇》等，都能突破中国传统版刻图像的粗放特征而走向精美细致，与日本园林艺术的发展意向一脉相承。

3 大自然的图像再现传统：西方植物学绘本

人类与植物的关系之密切再怎么形容都不会过分。2010年Bill Lans在美国D&C David and Charles出版社出版《Fifty Plants that Changed the Course of History》，讲述无所不在的植物。书中选取50种对人类发展影响至深的植物进行详解，正如Lans所言：人类的生存安全依赖于植物，虽然我们也离不开肉类，但提供肉类的动物也同样是由植物哺育的。2013年Chris Beardshan在英国Papadakis出版社出版《100 Plants that Almost Changed the World》，介绍了更多的植物，以及它们与人类之间各种各样、无穷无尽的相互关系，从而让我们能以一种新的目光观察和评价不同的植物。古往今来，世界各地的植物就不仅是用于食用、药用和园林观赏与培育，它们更被不同的文化用于仪式、占卜和预言等诸方面，从而成为人类的视觉、精神与心智训练的媒介和寄托。在这方面，瑞士EMB-Service出版社1998年出版由Richard Evans Schultes, Albert Hofmann和Christian Rätsch合著的《Plants of the Gods: Their Sacred, Healing, and Hallucinogenic Powers》当中有详细论述。对于人类而言，大自然中的植物是神奇的，人们只能充满敬畏地去观察，并力图以尽可能翔实和完整的描绘进行记录，其后再努力寻求人类与植物之间的合作、和谐与交流、互动。

以欧洲为代表的西方博物学绘本传统由来已久，源远流长，由园林的培育而起，与园林互动发展，同时又在西方科学与艺术之间吸取双方的养分，再以从博物学到生物学，从古典艺术到现代艺术的丰硕成果回馈双方。与中国古代博物绘画和版刻插图艺术相比，西方博物学绘本始终坚持严谨的写实传统、精细入微的科学观察和开阔眼界的探险考察，从古埃及和古罗马，到文艺复兴时期的达·芬奇和丢勒，再到近现代的奥杜邦和海克尔，伟大的西方博物学绘本传统代代相传，蔚为大观，形成西方艺术的独特门类。

在欧美各国，历朝历代都有一大批研究和描绘植物的学者和艺术家，他们在科学观察和研究的同时也努力钻研艺术描绘的技术和流派，并出版了大量相关书籍。这其中一本非常著名的植物学绘本专著是由两位老资格的英国植物学家Wilfrid Blunt和William T . Stearn教授合著的《The Art of Botanical Illustration》。该书由英国ACC Art Book出版社与Kew皇家植物园合作于1950年出版，而后不断再版并被译成多种文字在世界各地出版。该书的写作几乎完全立足于Kew皇家植物园的各种植物，由当年担任植物园负责人的英国著名博物学家兼植物学家William Jackson Hooker爵士和另一位知名植物艺术家Walter Hood Fitch教授共同主持，先后邀请英国和世界各地的30余位植物艺术家去皇家植物园写生，以不同风格手法描绘各类植物，然后再邀请尤其关注美学的艺术大师Wilfrid Blunt和精通植物学和绘本传统的William Steam教授共同编著该书，并使之成为西方博物学绘本艺术的经典。该书从植物艺术家作为西方静物绘画的主体说起，从古西亚和古埃及的植物绘画讲到现代自然主义绘画的诞生，然后从植物的绘画讲到版刻工艺，再从版刻工艺中的木版插图艺术讲到铜版画和其他金属版刻工艺。作者在讲述技术演化的发展历程时，不断穿插介绍每个时代、每种绘画和版刻艺术中涌现出来的大师级人物，他们分别来自意大利、德国、荷兰、法国、英国等几乎欧洲各国。作者并没有忘记适当介绍以中国为代表的东方植物绘画和版刻，限于当年出版印刷技术的水准，作者显然看不到足够多的东方植物绘本，但无论如何，西方几乎全民参与的植物绘画是与以中国为代表的东方贵族式植物艺术无法比拟的。当中国宋元时代精美的写实主义花鸟画到明清时期转向写意风格从而愈来愈脱离科学精神时，西方博物学绘本艺术却越来越科学并走向精致化、系统化和表现手法多元化。随着欧洲大量植物园的出现而涌现的植物绘本著作又引发一大批各种欧洲文字的植物学与博物学的杂志出现，由此催生更多的艺术大师和表现手法。继木版画和铜版画之后，石版画登上绘本舞台并很快成为主角之一，欧美自文艺复兴以来五百年的植物绘本发展史是西方园林的最佳伴侣，也是西方博物学和自然科学的最佳助手，同时其本身也成为西方艺术史中成熟而独立的绘画门类。

德国Taschen出版社2001年出版了由H. Walter Lack主编的植物绘本巨著《Garden of Eden: Masterpieces of Botanical Illustration》，该书以德、英、法三种文字依时代顺序介绍维也纳国家图书馆珍藏的各个时代最经典的植物绘本名作，包括那套来自拜占庭时代的古老的植物绘本。全书精选来自欧洲各国的一万种植物绘本和版刻插图样本，时跨1500年，在展示来自欧洲各个花园和来自世界各地的极端多样性的植物标本时，也同时带来艺术表现手法的多样性。美国的博物学研究和植物绘本技术的发展与欧洲一脉相承。2014年，纽约植物园与耶鲁大学出版社合作，出版由Susan M. Fraser和 Vanessa Bezemer Sellers主编的《Flora Illustrata: Great Works from the LuEsther T. Mertz Library of the New York Botanical Garden》一书，用五大部分共11章的篇幅讲述美国植物学和园艺学及其绘本艺术的发展。首先介绍纽约植物园图书馆的建立；其次介绍植物学著作和版刻插图工艺；第三部分讲述西方植物学发展中的重大突破，包括林奈的植物分类方法，洪堡的生态学理念和美国植物学的开创；第四部分专门阐述美国博物学、植物学和园艺学的发展及其代表性绘本著作，包括由园艺学发展出美国公园并建立美国景观理论的发展历程；最后一部分论述纽约植物园作为美国博物学和植物绘本艺术核心景观的历史作用。

德国Taschen出版社2001年还再版了一部德国植物学的早期经典，由德国著名医学家和现代植物学先驱Leonhart Fuchs编绘的《The New Herbal of 1543：Complete Coloured Edition》，该书的完成离丢勒的时代并不远，完整继承了德国文艺复兴的伟大写实传统，原书稿藏于乌尔姆城市图书馆。该书以近千页的篇幅图文并茂地记录了当时德国知识界已知的1500余种植物，其绘图的精度和完整性都远超于同时代的中国植物绘本版刻插图，甚至优于中国和日本大部分19世纪的植物版刻插图。欧洲的博物学绘本传统是如此根深蒂固，以至于有大批专业和业余植物学家和博物学家将植物绘图作为一种爱好和习惯，如上海译文出版社出版的伊迪丝·霍乐登著，紫云译《一九〇六：英伦乡野手记》。其作者只是英格兰爱德华时代的乡村女教师，却能创造出精致而又不失艺术品味的植物水彩绘本。欧洲园林的不断发展和科学绘本的日积月累使人们将眼光从陆地移至海洋和天空，如德国博物学艺术大师海克尔首创极具艺术表现力的海生动植物绘画，其作品对当时和日后世界各地的建筑、设计、工艺和艺术创作都产生了广泛影响。随着时代发展，植物绘本的表现方式也在与时俱进，数码摄影尤其在海生动植物的研究中大显身手，参见纽约Abrams出版社2014年出版的Josie Iselin编著的《An Ocean Garden: the Secret Life of Seaweed》。然而在任何时代，手绘和版刻的植物学论著都是全社会的最爱，中国学术界和艺术界近几年也开始意识到我国在这方面的差距，并以各大出版社竞相出版各国博物学绘本著作为风尚，如2016年商务印书馆出版《怎样观察一朵花：发现花朵的秘密生活》和《怎么观察一棵树：探寻常见树木的非凡秘密》，鹭江出版社出版《树的艺术史》等。

4 大自然的图像再现传统：西方动物学绘本

与西方植物学绘本传统中从一开始就基本上能用自然主义和理性态度来记载和描绘植物不同，西方动物学绘本经历了从神秘主义到自然主义再到科学化的理性态度这一有趣的过程。为什么会出现这种情况？也许最直接的原因就是人们可以相对容易和简单地观察和记录植物，但却不太容易观察、记录和描绘那些随时移动并且内部构造大都未知的动物。事实上，从博物学到生物学领域，人们对植物界的认识进展相对迅速，而对动物界的认知却经历漫长的过程，直到今天，医学、医药学和生物医学及神经生物学、社会生物学等都依然是处于发展中的学科。有趣的是，这种情况在东西方几乎是同步的。

古代中国动物学及其图像志的发展始终伴随着神话与灵异的内容，从远古的《山海经》到屈原的《离骚》《九歌》，从盘古开天的传说到伏羲女娲的故事，从炎黄二帝到蚩尤舜尧，从大禹治水到华阳国诸方灵异神兽，无数古人凭想象和敬畏而创造出来的中国远古动物被留在历史文献中。中国神话学家袁珂早在1960年由中华书局出版的《中国古代神话》中有这方面的翔实记载。英国汉学家Roel Sterckx在其专著《The Animal and the Daemon in Early China》（江苏人民出版社2016年3月出版蓝旭译本《古代中国的动物与灵异》）中对我国两汉文献做出细致解读，考察古代中国关于动物的文化观念，揭示中国远古时代的动物学观念中即已融入圣贤概念和社会政治权力观念，在动物、人类和灵异之间的界限是非常模糊的，并因此从根本上影响着中国古代动物学绘本在自然主义和理性观念下的发展，以至于明初郑和下西洋带回长颈鹿和狮子等异国动物时，中国官方文献就将它命名为“麒麟”等源自中国传统神话的灵异动物，在千百年中国动物学绘本发展中只能想象大于真实，模糊大于精确，并进而导致中国古代动物版刻描绘都缺乏科学的精度和务实精神。我国著名的十二生肖使用至今，依然包含“龙”这种观念性的灵异动物，而“龙”的绘本形象历朝历代都不相同。

西方动物学在早期发展中也同样包含传统中的神兽与灵异生物，如著名的古埃及狮身人面像和古西亚翼狮，以及流传甚广的人头马。古希腊的亚里士多德在其名著《动物志》和《动物四篇》中，古罗马的普林尼在《博物志》中，都有多种神异动物的描述，直到19世纪初法国博物学家让·巴普华斯特·德怕纳菲和卡米耶·让维萨德所著《Deyrolle》(北京联合出版公司2016年11月出版樊艳梅译文中文版《博物学家的神秘动物图鉴》)依然记载有大量神秘动物，并分为龙与蛇、四足兽、有翼兽、海兽、半人兽和混种兽六大类，每类都图文并茂地详细记录7～9种来自世界各地博物学和动物学著述中传说的灵异怪兽。

然而，西方动物学绘本的主流却脚踏实地沿着写实主义和理性主义发展着，并在19世纪的欧美结出丰硕果实。2013年大英博物馆举办《Curious Beasts》展览，并由策展人Alison E. Wright出版《Curious Beasts: Animal Prints from the British Museum》，该书选取近百幅版画作品，其中包括一批由著名艺术大师如丢勒、博斯、勃鲁盖尔、戈雅、斯塔布斯等绘制的名作，描绘了不同时代的欧洲人看到、听到和想象到的多种动物形象，如鲸鱼、鹿豹、怪胎猪、犀牛等。版画在欧洲出现正值人们对自然世界的好奇心与日俱增，并由此迅速取代架上绘画成为博物学绘本的主体媒介，甚至在摄影术发展之后，各种类型的版画依然是博物学绘本的重要表达手段。该展览所选动物版画都作于15世纪至19世纪早期，分为三大类别：寓言中的动物、观察到的动物和常见的动物。而19世纪开始，随着德国科学大师洪堡和英国杰出科学家达尔文等人的推动和提倡，欧美动物学绘本逐渐以观察到的动物为主体，从而形成科学的描绘和客观的写实风格。

美国自然史博物馆在2012年出版了一本《Natural Histories: Extraordinary Rare Book Selections from the American Museum of Natural History Library》，该书由Tom Baime主编，精选40种自从1877年该博物馆建立以来从世界各地收藏的最精美的博物学绘本著作，其中主要是动物学绘本著作。其中第一部就是瑞士文艺复兴时期的博物学家Conrad Gessner（1516—1565）在1551～1558年间陆续出版的5卷本巨著《Histories of the Animals》，该书成为欧洲现代动物学的开山之作。该书选介的其他重要博物学和动物学绘本著作包括：英国科学家Robert Hooke于1667年出版的《Micographia, or Some Physiological Descriptions of Minute Bodies Made by Magnifying Glasses, with Observations and Inguires Thereupon》；荷兰博物学家Albert Seba于1734～1765年间出版的系列著作《The Richest Treasures of the Natural World accurately Described and Represented with the Most Skillfully Rendered Images for a General History of Natural Science Or Thesaurus》；法国博物学家Louis Renard在1718年出版的《Fishes, Crayfishes and Crabs of Diverse Colour and Extraordinary Forms, Which are Found around the Islands of the Moluccas and on the Coasts of Southern Lands》；德国昆虫学奠基人August johahh rösel von Rosenhof于1758年出版的《Natural History of Native Frogs in Which all things Peculiar to them, Especially those that Pertain to their Reproduction, are Extensively Explained》；德国海生动物学家Friedrith Heinrich Wilhelm Martini和Johanh Hieronymus Chemnitz合著的《New Systematic Shell–Cabinet》；英国昆虫学家Moses Harims于1776年出版的《The Aurelian or Natural History of English Insects》；德国动物学家Marcus Elieser Bloch在1782～1795年间出版的《General Natural History of Fishes》；中国无名画家1830～1871年间绘制的《Chinese Plates of Butterflies》；美国鸟类

学之父Alexander Wilson在1808年出版的《American Ornithology, or the Natural History of the Birds of the United States》；法国深海动物学家Antoine Rizzo于1826年出版的《Natural History of the Principal Productions of Sourhern Europe and Particularly of Those Around Nice and the Maritime Alps》；英国科学大师达尔文名著《The Zoology of The Voyage of H. M. S. Beagle During 1832—1836》；瑞典动物学家Johann Christian Dahiel Von Schreber于1774年出版的《Mammals Illustrated from Nature With Descriptions》；美国动物学家John James Audubon和John Bachman合著并于1845年出版的《The Viviparous Quadrupeds of North America》；英国动物学家Joln Gould于1863年出版的《The Mammals of Australian》；以及美国著名自然学家和鸟类学家Daniel Giraud Elliot在1873年出版的名著《A Monograph of the Paradiseidae, or Birds of Paradise》等。

动物学绘本著作的伟大意义就在于：它不仅描绘了动物的外观形象，而且记录了动物的解剖结构和细部分解图。因此，即使在摄影技术极其发达的今天，博物学绘本都没有丧失其意义。此外，这些优美精致同时又科学准确的博物学绘本自身也都是伟大的艺术创作，它们一方面能为建筑学、设计学、工艺学诸方面提供无穷尽的创作灵感，另一方面又能引导进一步的科学研究。美丽的蝴蝶总是大自然最引人注目的天使化身，世界各地每年都会出版一系列蝴蝶摄影专著，如纽约Abrams出版社2006年出版的由Gilles Martin摄影，Myriam Baran撰文的《Butterflies of the World》。然而与此同时，世界各地也始终不断出版和再版著名的博物学绘本专著，如英国伦敦自然史博物馆1998年再版John Abbot在19世纪上半叶绘制的《Birds, Butterflies and Other Wonders》，美国自然史博物馆2015年出版《The Butterflies of North America: Titian Peale's Lost Manuscript》等。

对人类而言，鸟类是永恒的神奇。达·芬奇从研究鸟类开始设计人类的飞行器，到莱特兄弟发明飞机，再到今天人类每天乘机在天空飞行，人类仍然保持着对鸟类的好奇与尊敬，人们开始关注鸟类的音乐、鸟类的建筑、鸟类的社会习俗和其他生存智慧等并出版了大批学术专著，如美国哲学家和作曲家David Rothenberg在2005年出版的《Why Birds Sing》；英国科学家Colin Tudge于2008年出版的《Consider the Birds: Who They Are and What They Do》，以及英国著名鸟类学家Tim Birkhead同年出版的《The Wisdom of Birds: An Illustrated History of Ornithology》等论著。

5 从丈量世界的两种模式到生命科学与设计科学的发展

人类的创世纪是对园林的一种向往，也是对家园的追求。与此同时，人类不可抑制的另一种向往和追求就是对大自然、对世界的探索，这种探索又回过头来更精美地装点园林、美化家园，而对完美园林的进一步追求又导致人类对大自然和整个宇宙的无止境探索。南海出版公司2015年出版了德国青年作家丹尼尔·凯曼著，文泽尔翻译的《丈量世界》，该书以纪实文学的方式讲述洪堡和高斯这两位著名科学家以不同方式对世界的探索。洪堡是继哥伦布之后最伟大的探险家和地理学家，是与林奈和达尔文并列的最伟大的博物学家。他毕生坚信，唯有对大地进行实地测量和考察，人类才能够掌握世界的尺度。高斯则与阿基米德和牛顿并称史上最伟大的三大数学家，痛恨出远门的他坚持“只要掌握了数学的奥秘，认识世界根本不需要东奔西跑”。同处一个时代的两位德国科学家，以截然相反的方式进行各自的研究，最后却奇迹般地走向同一个目标：丈量世界。他们实际上创造并提倡了人类探索大自然的两种基本模式，即数理思考的模式和实地考察与科学实验的模式。此后人类文明发展的进程一方面是这两种模式的进一步延伸发展，另一方面是这两种模式的交叉融合形成各种新型学科，并以生命科学和设计科学为最典型代表，同时使人类文明的所有知识领域都进入交叉学科的范畴，21世纪的科学与人文是全方位的知识大融通。

然而，无论科学如何发展，人类仍然需要像洪堡一样去实地测量和考察世界，记录和分析世间万物，从人们常见的一片叶和一朵花到几只鸟，从人们日常难以接触的森林野兽到海底动植物，从显微镜下的微观世界到望远镜头中的宇宙洪荒，观看本身已成为一种思考方式，而图像展示和分析过程也已成为认识世界的一种模式。观察模式的多样化必然带来传统科学领域的创新发展，如物理学的发展，化学的发展，以及物理学与化学相互交融而产生的现代材料科学的发展。从人类肉眼可见的物质到肉眼不可见的物质，再到观念中的物质，人们对世界的观察和测量进入一个又一个崭新的领域。

当人类开始进入太空并进而登月，古老的天文学再也无法限定其研究区域，从月亮到太阳，从太阳系到银河系，从银河系再到无边无际的星云，人类开始追问“我们怎么知道什么是真的”。阿西莫夫、萨根、霍金和道金斯等科学家们都试图绘出各自不同的答案，但关于宇宙的起源和归宿，我们并没有任何标准答案，而人类的认识却以多向度、多层次的模式发展出分工越来越细、系统越来越复杂的科学技术分支与学科。

洪堡所代表的对世界的丈量模式引导着博物学与园林的互动进程，带动古老的物理学、化学和天文学，最终引入医学和生物科学的交融发展。而与此同时，高斯所代表的另一种对世界的丈量模式对人类认知大自然始终具有同等重要的意义，实际上，数学不仅具备其自身高贵的学术尊严，更以渗透所有学科的魅力引领人类对世界的理性认知，对当代生命科学和设计科学都有举足轻重的作用。数学和数学史的发展本身就是人类思维模式的一个缩影，传统的几何学直接导致世界各地从建筑到日用产品的基本设计思路，现代的几何学则时常引领着当代艺术的突飞猛进，从康定斯基、克利、马列维奇、蒙德里安到莫霍利–纳吉、罗德琴科、利茨斯基、加博等，这些划时代的艺术大师们都从科学、数学、几何学方面吸收了多层次的养分，而图灵和诺依曼所领导的计算机革命，则将人类带入人工智能的技术变革时代，数学的神秘魅力深不可测。

由洪堡和高斯所代表的丈量世界的两种模式对后世科学最大的贡献就是现代生物学和生命科学的诞生和迅猛发展。著名物理学家薛定谔1944年出版其重要著作《生命是什么》，开启了现代生物学的时代，并最终融合医药科学、博物学、生物学等多领域学科，发展为当今世界最引人注目的生命科学。这其中不仅包括人类的自然史、生物的进化史、生物系统的演变史、生命的密码、种子的秘密、社会生物学、神经生物学，以及生命在宇宙中的地位研究，而且涵盖中西医学史、中西药学研究、人类身体研究和疾病研究等，此外还包含人类饮食文化、厨艺、美味及其与身体和健康关系研究等诸多方面。

作为传统学科的技术史从未停止过前进的脚步，伴随着层出不穷的发现和发明，人类在技术方面的发展几乎是无限的，而技术层面的进步是现代设计科学最重要的基础。然而技术的高度发展带给人类社会的并非都是鲜花，而是伴随着愈来愈多的灾难。当我们目睹赖以生存的日益恶劣的地球环境，我们不得不反思“没有我们的世界”，不得不回溯人类与环境的交互史，不得不通过研习人类发展史来体认“第六次大灭绝”的倒计时，不得不探索未来有可能改变全球的驱动力。

1979年美国数学家Douglas R. Hofsadter出版了一部轰动世界的著作《GEB Godel, Escher, Bach》，该书揭示了数理逻辑、绘画和音乐诸领域之间深刻的共同规律，指出了一条永恒的金带把这些表面上大相径庭的领域贯穿在一起，它还构成了奥秘的思维模式、人工智能和生命遗传机制的基础。于是，人们开始从文明解析的角度思考人类的艺术与科学成就，从科学的角度研究视觉的形成模式，从自然史的角度追溯人类的设计形式的源泉，从而将科学之美和设计之美并行考虑，使艺术和设计与科学融于一体，也由此促进现代设计科学的发展。现代设计科学大致包括如下四个方面的内容：设计实践、设计历史与理论、生态设计学，以及以动物的建筑为主体的仿生学。

设计实践涵盖人类衣食住行的所有方面，并形成各自独立发展的门类，如家具设计、工业产品设计、交通工具设计、交互设计和网络设计等；设计历史与理论包括各种观察视角的设计史，各个时代的设计史，各个国家和地区的设计史，以及团体企业及个人的设计史；而设计理论则包括各种层面的设计评论和设计批评、设计心理学、设计行为学、人体工程学等；生态设计学则源自仿生学，侧重于关注大自然的建构奥秘，以及对建筑、设计、艺术及整个社会结构带来的灵感和启发，从而使人类的设计创造更符合大自然的规律并与自然和谐共处。

6 理解自然与科学：看得见的与看不见的

美国著名科学家阿而拉罕·派斯（Abraham Pais）于1991年出版《Niels Bohr's Times,In Physics,Philosophy,and Polity》，该书由商务印书馆于2001年出版戈革译本的中文版《尼耳斯·玻尔传》。该书中提出玻尔年轻时最欣赏的一段格言来自丹麦科学家尼耳斯·斯提森1688年10月的一次讲演："美丽是我们所能看到的东西；更美丽是我们所理解的东西；最为美不可言的是我们不能领会从而需要探索的东西。"这段格言产生的时代正是荷兰微生物学家安东尼·列文虎克和英国物理学家罗伯特·胡克用显微镜发现肉眼看不见的世界的时期，而玻尔作为现代物理学界仅次于爱因斯坦的大家，更是将人类的目光从分子到原子再到量子全过程推动科学发展的旗手。美国微生物学家保罗·德·克鲁伊夫（Paul de Kruif）曾在1926年出版《Microbe Hunters》，该书早在1982年就由科学普及出版社出版余年译中文版《微生物猎人传》，生动介绍列文虎克、斯巴兰扎尼、巴斯德、科赫、梅契尼科夫等最重要的微生物科学家，充分显示出人类肉眼看不见的细菌与病毒对人类社会发展的关键作用。

人类的肉眼可以看到非常多的大自然万物，例如英国DK出版社1993年出版的《Birds of the World》中的各种鸟类，英国Thames& Hudson出版社2001年出版著名摄影师Harold Feinstein编著的《Foliage》中的各种树叶，以及2013年出版生物学家Ross Piper所著《Animal Earth:The Amazing Diversity of Living Creatures》中众多的海生动物，然而人类肉眼能看到的动植物只占大自然万物中很小的比例，更多的物种需要借助显微镜才能看到，并由此为人类带来更加美妙和惊奇的艺术世界。德国博物学家海克尔就是这方面的科学与艺术大师，他在19世纪末至20世纪初出版的一系列微观生物图册，如《Art Forms in Nature》《Art Forms from the Ocean》和《Art Forms from the Abyss》等不仅是精美的科学论著，更是当时欧洲新艺术运动和现代艺术运动的灵感之源。然而，人类的视觉极限似乎是无限的，新技术与新仪器，新科学与新观念，都在引导着人类视觉的新领域，如皮尔斯·比卓尼（Piers Bizony）和Dr.

Jimal–Khalili合著的《Invisible World》(湖南科学技术出版社于2012年出版杨小山译《美丽新视界：我们前所未见的视觉极限》)，英国Phaidon出版社2002年出版David Malin和Katherine Roucoux编著的《Heaven & Earth: Unseen by the Naked Eye》，以及英国Firefhy Books出版社2007年出版的Brandon Broll编著的《Microcosmos: Discovering the World Through Microscopic Images from 20 X to over 20 Million X Magnification》，人们由此看见更广泛更深入的世界，从而自然、科学、艺术、设计都开始有了新的甚至颠覆性的看法。

视觉感知是人类了解大自然的最重要的途径，但触觉、嗅觉、听觉诸种感知也同样是人类与自然、社会、科技、艺术、设计互动交融的重要方式。然而所有上述感知方式都是建立在直接体验基础上的交互感知，其信息范畴只能局限于可视、可闻、可触、可听的物质表现模式当中，只占世界客观信息量的极小部分，即"看得见的"部分。而"看不见的"部分，以及"听不见的，闻不到的，无法触摸的"部分，则是宇宙存在的主体，如无垠的宇宙、无尽的微观世界，甚至地球内核结构等，都是人类无法通过日常模式进行感知的，唯有科学可以让人类延展感知范畴，科学的进步让人类看到、触到、闻到和听到大自然中更深、更远、更大和更小的信息范畴的内容。众多科学家和科学史学家不断为解释自然和引介宇宙，提出新的见解，这其中最著名的当数美国大科学家兼科学明星费曼，作为20世纪仅次于爱因斯坦、玻尔和费米的顶级物理学家，费曼在众多场合用浅显的语言解释大自然和宇宙，并出版大量著作，除了风靡全球的《Lectures on Physics》(上海科学技术出版社2005年出版，郑永令、华宏鸣、吴子仪等译本《费恩曼物理学讲义》三卷本)之外，费曼更以一系列科普读物闻名于世，如Penguin Books出版《The Characters of Physical Law》等。与费曼同时代的另一位科学大师，并与之同获诺贝尔奖的Steven Weinberg也以独特的视角阐述了自己对世界的理解，其代表作为Penguim book出版的《To Explain the World: The Discovery of Modern Science》。最近几年欧美年轻一代科学家继续从各自不同的角度论述科学的发展，其中最吸引人的是英国的科学史学家Philip Ball新著《Invisible: The History of the Unseen from Plato to Particle Physics》，该书系统地提到了人类与“不可见物质”的错综复杂的交互发展历程，力图揭示独立于人类社会之外不可见的宇宙及其对人类的可能诱惑和威胁。2008年英国Octopus出版集团旗下的Classical Illustrated出版公司出版《Defining Moments in Science: Over a Century of the Greatest Discoveries , Experiments, Inventions, People, Publications, and Events that Rocked the World》，该书充分展示了科学的发展对人类社会的决定性影响力，科学的发展直接决定着人类理解自然、理解宇宙的能力。

中国的全民科学普及虽然落后于欧美日国家，但自民国以来实际上从来没有停止过。尤其从1949年中华人民共和国成立以来虽经历多次政治运动，科学普及工作仍然断断续续地发展，但真正能与世界接轨则是20世纪末，期间中国涌现出一批科学大家开始出版科普著作，如华罗庚、茅以升和竺可桢等，同时有一批专业的科学史学家开始出版科学史专著，如北京大学的吴国盛和上海交通大学的江晓原等，吴国盛著《科学的历程》成为中国视角科学史的代表作，其最近出版的《什么是科学》则开始摸索西方科学精神之外的中国科学精神的内涵。然而，真正全面而多元的科学史著述仍然来自欧美日各国，可喜的是我国21世纪伊始启动大规模引进西方科技著作的工程，从而开始了进入信息时代并真正与世界发达国家接轨的发展进程，如2006年山东画报出版社出版约翰·格里宾著《科学简史》，2008年北京大学出版社出版雷·斯潘根贝格和黛安娜·莫泽著《科学的旅程》，2012年中央编译出版社出版卡普拉（Fritjof Capra）著《物理学之“道”：

近代物理学与东方神秘主义》，2013年浙江大学出版社出版弗里曼·戴森著《反叛的科学家》，2013年北京联合出版公司出版曹天元著《上帝掷骰子吗？量子物理史话》，2014年上海科技教育出版社出版克利福德（Clifford）、A.皮克奥弗（Pickover）著《从阿基米德到霍金：科学定律及其背后的伟大智者》，2015年科学出版社出版约翰·德斯蒙德·贝尔纳著四卷本《历史上的科学》，2016年湖南科学技术出版社出版卡洛·罗韦利著《七堂极简物理课》，以及2016年中信出版社出版的苏珊·怀斯·鲍尔著《极简科学史：人类探索世界和自我的2500年》等。

对于人类肉眼看不到的东西，至今仍在探索当中，尽管科学家们已经发现了很多不同类型的微小粒子，但人类普遍仍以分子、原子和元素来代表裸眼无法观察到的微观世界。化学和物理学的高度发展所揭示出来的微观世界的盛况，在结构、形态、色彩、材质诸方面都带给人类无穷的震撼和启发，这些启发不仅表现在技术开发领域，而且多层次地表现在艺术、设计、建筑、音乐及多媒体制作诸领域，因此这方面的科普著作自然成为科学与艺术之间的桥梁。我国由于长期封闭，在20世纪很少这方面的科普著作，中学课本中的元素周期表成为少数有心人对微观世界进行遐想的基本框架。进入21世纪，中国开始引进大量有关微观世界的科普读物，如2009年译林出版社出版汤川秀树著《眼睛看不见的东西》，该书是作者20世纪30年代的著作。上海世纪出版集团则在2011年出版科普大师阿西莫夫1991年出版的《亚原子世界探秘：物质微观结构巡视》。此外，商务印书馆2008年出版丽贝卡·鲁普著《水气火土：元素发现史话》，人民邮电出版社2011年开始出版西奥多·格雷（Theodore Gray）和尼克·曼恩（Nick Mann）著《视觉之旅：神奇的化学元素》系列，接力出版社2013年出版山姆·基恩著《元素的盛宴：化学奇谈与日常生活》，台湾天下文化书坊2014年出版约翰·布朗（John Browne）

著《改变世界的七种元素》，北京联合出版公司2015年出版马克·米奥多尼克（Mark Miodownik）著《迷人的材料：10种改变世界的神奇物质和它们背后的科学故事》，煤炭工业出版社2015年出版左卷健男、田中陵二著《奇妙的化学元素》，以及北京联合出版公司2016年出版科特·施塔格著《诗意的原子：8种联结你和宇宙万物的无形元素》。

7 理解人类与理解生命

从博物学到植物学和动物学，再到生物学和生命科学，以及永无止境的医学、药学及食品科学，这一系列与生命相关的学科似乎很难完善，但实际上它们同其他科学门类一样都处于持续不断的发展过程中，不可能完善到静止的境界。人类最古老的天文学，千百年来一直蓬勃发展，使人类的视界早已跃出地球，飞出太阳系，进入银河系并又超出银河之外，然而人类却发现宇宙是无界的，而宇宙的起源是无解的，尽管许多科学大师对宇宙的源头和界限提出各种假说，却总是难以证明。与天文学同样古老的数学也从未停止其发展的步伐，历代数学大师不断发现和发明新定律和新公式来应对人类社会的新发展，然而任何数学定律和公式在宇宙的尺度内都有局限性，更无完善可言。物理学曾被认为接近完美，但最终却与化学和材料科学一样仍处于无止境的发展中，人类借助物理、化学和材料科学已制造出数不尽的机器和武器，却依然致力于更轻更强的材料研发以便制造出超光速宇宙飞船，从而早日抵达火星、木星及银河系彼岸，如果人类在未来实现了这些目标，那么我们一定会发展天文学、数学、物理学、化学和生物学诸多领域的新定律、新公式、新材料和新产品。社会科学也同样处于永无止境的发展过程中，人类社会每前进一步都会引发新的问题，从而需要新的学说和理论并进行新的社会改革和实践。

虽然生命科学和与之密切相关的医药科学在过去半个世纪已成为人类科学的主流，吸引着全人类的最大投资和社会关注，然而从某种意义上讲，生命科学和生物学仍被认为发展缓慢，人类除了依赖地球种植和孕育各种物种之外，尚无办法创造出一袋大米、一筐苹果或一棵大树，换言之，人类尚不能确切认识“生命是什么”这个根本问题，而生命科学的研究永远都在发展的过程当中。2003年广西师范大学出版社隆重推出H.G.威尔斯、P.G.威尔斯和鸠良·赫胥黎著，郭沫若译《生命之科学》，该书是早期生命科学研究的经典，1929～1930年初版于英国，对整个人类的生命发展历程用溯本求源的方式进行探索。1979年美国生物学家Lois N. Magner出版《A History of the Life Sciences》，该著作在1985年由百花文艺出版社出版李难、崔极谦、王水平译本《生命科学史》。2009年中央编译出版社出版理查德·福提（Richard Fortey）著，胡洲译《生命简史》。此外，四川教育出版社1990年出版恩斯特·迈尔著，余依晟等译《生物学思想发展的历史》，重庆出版社2012年出版罗伯特·兰扎（Robert Lanza）和鲍勃·伯曼（Bob Berman）著，朱子文译《生物中心主义：为什么生命和意识是理解宇宙真实本质的关键》，北京理工大学出版社2013年出版玛莎·福尔摩斯（Martha Holmes）、迈克尔·高顿（Michael Gunton）著，丛言、胡娴娟、陈瑶译《生命：非常的世界》，以及中国青年出版社2013年出版古德塞尔著，王新国译《图解生命》等。

著名科学家薛定谔于1943年出版《生命是什么》，由此开启现代生物学时代。这本在世界各地以各种文字一版再版的名著，主要论述了三个问题，其一是在香农（美国数学家信息论创始人）的信息论诞生之前即以信息学的角度提出遗传密码的概念，提出大分子——非周期固体——，作为遗传物质（基因）的模型；其二是以量子力学的角度论证了基因的持久性和遗传模式长期稳定的可能性；其三是提出了生命"以负熵为生"，从环境中抽取"序"来维持系统的组织的概念，这是生命的热力学基础。薛定谔的《生命是什么》影响非常深远，随后引发了伽莫夫在20世纪50年代初提出DNA密码假设理论，并最终导致著名科学家克里克和沃森于1953年发现DNA双螺旋结构。沃森在漫长的职业生涯中对科普极度关注，1968年出版《The Double Helix: The Discovery of the Structure of DNA》（上海译文出版社2016年出版刘望夷译本《双螺旋：发现DNA结构的故事》），2003年为纪念DNA发现50周年，与Andrew Berry合著《DNA: The Secret of Life》（上海世纪出版集团2011年出版陈雅云译本《DNA生命的秘密》），2007年，年届八十的沃森出版《Avoid Boring People: Lessons from A Life in Science》。对生命科学而言，与沃森同时代的爱德华·威尔逊堪称20世纪最出色的生物学家和科学思想家之一，其大量著作已被译成中文，如上海世纪出版集团2005～2006年出版的《生命的未来》和《大自然的猎人：生物学家威尔逊自传》，重庆出版社2007年出版的《昆虫的社会》，北京理工大学出版社2008年出版的《社会生物学：新的综合》，以及中信出版集团于2016年出版的《知识大融通：21世纪的科学与人文》。该书继承牛顿、爱因斯坦和费曼以来的开创性道路，展现其对未来知识图景的大胆想象，在相当大程度上可以看作是现代设计科学的基础理论。与此同时，浙江人民出版社也在2016年出版当代"人造生命"之父克雷格·文特尔（J.Craig Venter）著《生命的未来：从双螺旋到合成生命》，该书被认为是对"薛定谔之问"的完美回答。

商务印书馆2016年出版荣格、卫礼贤著，张卜天译《金花的秘密：中国的生命之书》，是对中国古代内丹经典《太乙金华宗旨》的研究和评述。该书传为唐代著名道士吕洞宾所著，但实际作者不详，而内容亦如同中国古代大量典籍一样，用模糊玄秘的语言和手法著述，西方学者时常会从这类异国思维中获取养分，但中国人则可能会更加模糊原本就远离科学逻辑的理念。而西方建立在博物学基础之上的生命科学研究则切实为世界带来进步。如乔治·威廉斯（George C. Williams）出版于1997年《The Pony Fish's Glow: And Other Clues to Plan and Purpose in Nature》（上海世纪出版集团2008年出版谢练秋译文《谁是造物主——自然界计划和自然新识》），弗里曼·戴森（Freeman J. Dyson）出版于2007年的《A Many-Colored Glass: Reflections on the Place of Life in the Universe》（浙江大学出版社2014年出版尚明波、杨光松译《一面多彩的镜子：论生命在宇宙中的地位》），罗素·福斯特（Russell Foster）和里昂·克赖茨曼（Leon Kreitzman）出版于2009年的《Seasons of Life: The Biological Rhythms That Enable Living Things Need to Thrive and Survive》（上海科技教育出版社2011年出版严军等译《生命的季节：生生不息背后的生物节律》），以及乔治·丘奇（George Churth）和艾德·里吉西（Ed Regis）出版于2012年的《Regenesis: How Synthetic Biology Will Reinvent Nature and Ourselves》（电子工业出版社2017年出版周东译《再创世纪：合成生物学将如何重新创造自然和我们人类》）。

现代生物学研究中最神奇的部分应该是大脑和种子的研究，它们对现代设计科学具有多层面的意义，从功能到形式，从动做到表现，处处暗示着设计科学的深层内涵。可喜的是，国内译介国外相关学术著作的深度和广度都在增加，如东南大学出版社2012年出版拉嘉·帕拉休拉曼 、马修·里佐编著，张侃译《神经人因学：工作中的脑》和科学出版社2014年出版John G. Nicholls等著，杨雄里译《神经生物学：从神经元到脑》等。

身兼博物学家、思想家和艺术家的梭罗对大自然中的种子和果实情有独钟，除了在其名著《瓦尔登湖》中有翔实的观察之外，梭罗还著有专书，如上海世纪出版集团2011年出版的王海萌译《种子的信仰》和台湾远足文化事业股份有限公司2016年出版的《野果：183种果实踏查，梭罗用最后十年光阴，献给野果的小情歌》。在2010年上海世博会上引人注目的英国馆“种子圣殿”使世人对种子格外关注，设计师赫斯维克的合作者生物学家Madeline Harley，视觉艺术家Rob Kesseler和种子形态学家Wolfgang Stuppy在2004年和2008年出版了系列著作《Seeds: Time Capsules of Life》《Pollen: The Hidden Sexuality of Flowers》和《Fruit: Edible Inedible Incredible》并迅速被译成包括中文在内的多种文字出版，充分显示出种子、花粉和果实作为植物世界的核心内容所代表的原创内力。最近，曾以《Feathers: The Evolution of a Natural Miracle》闻名的著名生物学家Thor Hanson著，杨婷婷译本《种子的胜利：谷物、坚果、果仁、豆类和核籽如何征服植物王国，塑造人类历史》由中信出版集团出版，让我们再次体验生命是如何在地球上工作的，以及它们如何启发人类的探险欲望和设计灵感。

8 食物、疾病、身体与医药发展

从园林到博物学，再到医药学和饮食文化，其相互间的关系如何发展往往最终形成不同民族的各自不同的生活特色，而且一旦形成就难以改变。欧洲的几何布局式园林与其刀叉主导的饮食文化一脉相随，更与以病理解剖为基础的西医药同源同理；与此同时，中国的自由布局式园林则与筷子主导的饮食文化同根同祖，也与以把脉判断为基础的中医中药血脉相连。中国古语“病从口入”，说明大多数人类疾病都与饮食有关，中国饮食强调“色香味俱全”的同时也造成能源和资源的巨大浪费，中国宴席上遗留的大量残羹冷炙与西方宴席上整洁清晰的形象形成鲜明对比。中国饮食与日本饮食对比的结果，必然和中国园林与日本园林、中国设计与日本设计、中国建筑与日本建筑对比的结果相同。当今时代，人类已进入全球化和信息化，但世界各地的基本饮食依然顽强地固守着自身几千年的传统，因为人类的肠胃和味觉系统经历更漫长的时间演化而成，绝非短时间可以改变，尽管某些改变始终在发生的过程中，如当今遍及全球的麦当劳和肯德基、可口可乐和星巴克。北京美术摄影出版社2013年出版的美国著名的食物化学和烹饪权威哈洛德·马基（Harold McGee）主编的《食物与厨艺》三卷本巨著实际上涵盖了东西方及世界各地的饮食文化因子并结合现代医药学成果编辑写作，包括奶、蛋、鱼、肉、面食、酱料、甜点、饮料、蔬、果、香料和谷物12个大类，详述各类食物的起源、收成、储藏、烹调、气味、口感乃至消化吸收，催生开创性的“分子料理”，并改变全球厨房观念。该书副标题即“食物的起源、构成，以及各类食材变身为诱人美食的科学”。

2013年中国出版的另一本广受关注的有关饮食文化的著作是清华大学出版社出版的美国神经人类学家约翰·S·艾伦（John S. Allen）著，陶凌寅译《肠子、脑子、厨子：人类与食物的演化关系》，该书在某种意义上颠覆了人们的饮食观，并从饮食习惯涉及相关的日常设计的内容。与此同时，中国学者的研究关注点也开始从“色香味”转移到中国文化内涵和对中国饮食的反思，如青岛出版社2011年出版的王仁湘著《饮食与中国文化》和紫禁城出版社2012年出版的高成鸢著《食·味·道：华人的饮食歧路与文化异彩》，都从“洋人不明味道，华人未闻营养”的角度，以文化人类学的视野，全面分析中国饮食文化并与西方饮食文化进行对比研究。西方学者历来关注人类饮食文化的发展，最近一段时间尤其热烈，如美国耶鲁大学历史学教授保罗·弗里德曼（Paul Freedman）出版于2007年的著作《Food: The History of Taste》，浙江大学出版社2015年出版董舒琪译本《食物：味道的历史》。台湾马可孛罗文化公司2015年出版弗罗杭·柯立叶（Florent Quellier）著，陈臻美、徐丽松译本《馋：贪吃的历史》，以及上海世纪出版集团2015年出版加里·保罗·纳卜汉（Gary Paul Nabhan）著，秋凉译《写在基因里的食谱：关于饮食、基因与文化的思考》。2016年则有更多的关于饮食文化与科学方面的论著以中文版发行，包括商务印书馆出版的法国物理化学家埃尔韦·蒂斯著《分子厨艺：探索美味的科学秘密》（郭可、傅楚楚译）和《厨室探险：揭示烹饪的科学秘密》（田军译），作者与匈牙利物理学家Nicholas Kurti合作提出"分子与物理美食"理论，并成立"分子"厨艺国际工作坊，首开由专业厨师与科学家联手研究食物烹饪法背后原理之先河。此外还包括电子工业出版社出版的美国艺术史家肯尼思·本迪纳（Kenneth Bendiner）著，谭清译《绘画中的食物：从文艺复兴到当代》和浙江人民出版社出版的美国遗传学家普雷斯顿·埃斯特普（Preston W. Estep）著，姜佟琳译《长寿的基因：如何通过饮食调理基因，延长大脑生命力》。

美国哈佛大学生物学家Daniel E. Lieberman出版于2013年的著作《The Story of the Human Body: Evolution, Health, and Disease》被认为是一本划时代的科普著作，作者用清晰而引人入胜的语言解释了人类身体在几百万年间的演化，从双足直立行走到非水果主食的转化，从狩猎与采集演化到农业和工业，最后引向我们现代人类所面临的困境：寿命越来越长，但疾病越来越多，从而呼吁全人类关注环境并力求发展出更健康的生活方式。而同一年华东师范大学出版社出版了法国年鉴学派的巨著《身体的历史》三卷本，该书分别由Georges Vigarello、Alain Corbin和

Jean-Jacques Courtine主编，以百万言篇幅论述以西方为主体的从文艺复兴到当代的人类身体的历史，卷一论述从文艺复兴到启蒙运动时期身体的历史，从宗教、医学、文学、性、体育诸方面展现“现代”身体出现的过程；卷二论述从法国大革命到第一次世界大战期间身体的历史，其中第一部分从医学、宗教、艺术和社会诸角度介绍人们对身体的看法和认识，第二部分从身接触带来的快乐和由杀戮、受刑、强奸和工伤引起的痛苦两个方面对身体文化的核心进行阐释，第三部分从残疾身体、身体卫生及修饰、身体锻炼诸方面对身体进行考察；卷三则主要从肌体与知识、欲望与标准、异常与危险性、苦难与暴力、目光与表演这五个方面对20世纪人类的身体进行论述。中国近代有一句很流行的话：“身体是革命的本钱”，西方文化对身体全方位的阐述一定会引发我国相关人群对身体的反思及对设计的深度思考。

当今全球范围内对人类和动物界身体的研究非常广泛，从早期达尔文和巴甫洛夫等专职生物学家的狭义研究发展到多领域学者专家的广义研究，如上海文艺出版社2010年出版的法国人类学家大卫·勒布雷东（David Le Breton）著，王圆圆译《人类身体史和现代性》，重庆大学出版社2012年出版的德国医学心理学家蒂尔·伦内伯络著，张从阳译《神奇的人体生物钟》，人民邮电出版社2013年出版的英国学者西蒙·温彻斯特（Simon Winchester）和美国摄影师尼克·曼（Nick Mam）著，花蚀译《头骨之书：奇异的自然界生命探索》，以及上海世纪出版集团分别于2012年和2014年出版的美国行为生物学家克里斯托夫·科赫（Christof Koch）著《意识探秘：意识的神经生物学研究》和复旦大学教授顾凡及编著的《脑海探险：人类怎样认识自己》。

中医源远流长，经千百年来的反复试错积累形成蔚为大观的医药系统，尤其是以针灸为核心的经络理论和神奇高远的藏医药学，都成为当代医学研究的热门科目。然而总体而言，中医因长期只能小范围口心相传，有限的理论记载亦多为简而又简的心诀妙语，多未进入西方式科学推理范畴，因此在很多情境下难以达到彻底的说服力，专业中医药典籍如此境状，科普类中医药著述更加难与西方相提并论。1994年上海人民出版社出版的马伯英著《中国医学文化史》应该是中国医学科普的重要论著，中国在进入21世纪之后明显加强了这方面的研究和出版力度，如2007年广西师范大学出版社出版的朱晟、何端生著《中药简史》和海南出版社出版的李经纬著《中医史》。

反观西方医学则从一开始就非常大众化和普及化，至少从文艺复兴开始，专业人员对人体的关注开始公开化，达·芬奇虽然多以隐秘的方式完成人体解剖和绘画记录，但其杰出的解剖学成就很早就受到宫廷和大众热爱并推动西方解剖学和医学的健康发展，与此同时，医学著述尤其是医药学科普著述成为西方各国医生和科学家自然的业余爱好，并由此形成优良传统。2016年金城出版社隆重推出牛津大学医学史专家玛丽·道布森（Mary Dobsen）著《疾病图文史》和《医学图文史》，这是西方这种传统的典型表现。这两本书绝非单纯的科普读物，而是一种人文史。

我国在进入21世纪后开始大量引介西方医药学科普著作，例如吉林人民出版社2000年出版美国医学家罗伊·波特著，张大庆等译《剑桥医学史》；山东画报出版社2004年出版英国医学史家弗雷德里克·卡特赖特（Frederick Cartwright）和迈克尔·比迪斯（Michael Biddiss）合著并初版于1972年的名作《疾病改变历史》（陈仲丹、周晓政译）；同一年三联书店也出版了德国作家伯恩特·卡尔格—德克尔著，姚燕、周惠译《医药文化史》；中央编译出版社2009年出版美国著名医学史家亨利·欧内斯特·西格里斯特（Henry Ernest Sigerist）著，秦传安译《疾病的文化史》；译林出版社2011年出版法国著名哲学家福柯著，刘北成译《临床医学的诞生》；同一年三联书店出版美国放射学家默顿·迈耶斯著，周子平译《现代医学的偶然发现》；商务印书馆2015年出版法国遗传学家阿克塞尔·凯恩、法国细菌学家帕特里克·贝什、法国免疫学家让·克洛德·阿梅森和法国艺术史家伊万·希洛哈尔合著，闫泰伟译《西医的故事》；同一年人民邮电出版社出版英国医学史家威廉·拜纳姆（William Bynum）和海伦·拜纳姆（Helen Bynum）合著《传奇医学：改变人类命运的医学成就》；人民邮电出版社2016年出版美国学者罗布·邓肯（Rob Dunn）著，林静怡等译《勇敢的心：心脏科学与外科手术的传奇故事》。从某种意义上讲，人类的医学往往集中体现着所有其他学科的成就，同时又引导和启发其他学科的发展，对设计科学而言，医学更是根本性的灵感源泉，而医疗设计早已成为现代设计的一大门类。

9 人类的进化思想和宇宙视界

艺术大师高更最著名的作品是作于1897年的油画《我们从何处来？我们是谁？我们往何处去？》，其闻名于世不仅是因为其划时代的艺术风格及手法，而且来自其鲜明而充满哲学意味的主题。千百年来，人们在不同的时代都曾以不同的方式探寻这些问题，却又永远找不到满意答案。美国前总统奥巴马在英国国会演讲中曾盛赞英国为世界贡献出的三位人类英雄：牛顿、达尔文和图灵，其中牛顿以其宇宙三大定律和《原理》确认人类所生活的地球在宇宙中的位置及运转方式，从某种意义上回答了“我们从何处来？我们往何处去”等问题；达尔文则以《物种起源》《动物和植物在家养下的变异》《植物的运动》《攀援植物的运动和习性》《食虫植物》《植物界异花受精和自花受精》等著作宣布“进化史论的诞生”，从而最出色地回答了“我们从何处来？我们是谁?”等问题；而数学家图灵则是计算机和人工智能的核心人物，与匈牙利数学家诺伊曼一道开创了人类信息时代的新纪元，从此引领人类探索空间、观察宇宙并大幅度拓展人类的探险范畴，在相当大的程度上回答了“我们往何处去?”的问题。

新世纪出版社2012年出版了英国DK出版社和史密森尼学会共同编著的新世纪文库特辑《人类大百科》，该书涵盖起源、身体、心智、生命周期、社会、文化、民族七大人类学领域，带领读者去发现人之所以为人的各个层面，包括人如何思考与行动、人体奥秘、生命历程、人类的非凡历史、迷人的现在和惊奇的未来。对达尔文的进化论而言，这部《人类大百科》是人类在进化论中的展示图景，而进化论实际上适用于地球上自然界的所有事物。英国Thames & Hudson出版社2007年出版法国古生物学家Jean-Baptiste De Panafieu和摄影师Patrick Gries合著的《Evolution In Action Natural Histoy Through Spectacular Skeletons》，该书极为精美的骨骼照片大多摄自法国自然历史博物馆的藏品，该馆与进化论有非常深的渊源，因为比较解剖学和古生物学的创始人居维叶和最早提出演化思想的拉马克这两位科学大师都曾在该博物馆工作。该书出版后在欧美日各国屡获大奖，显示出达尔文的进化论在一百五十多年之后依然受到全人类的极大关注。

英国科学大师雅各布·希洛诺夫斯基作为“当代文艺复兴式的学者”，以其在数学、物理、生物、文学等多学科的学术背景，决定从人类文化进步的角度来理解进化论，并于1973年出版其重要著作《The Ascent of Man》，以人类的全部科学和全部文化为立论根基，把深奥的科学原理如相对论和量子力学用浅显但不庸俗化的语言介绍给科普读者，同时以重要人物为坐标，点明重要科学发现对人类进化和社会发展的意义。该书早在1988年由四川人民出版社出版任远、王笛、邝惠译本《人之上升》，2001年和2006年由海南出版社出版李斯译本《科学进化史》，2015年由百花文艺出版社再版王笛、任远、邝惠译本，改为《人类的攀升》。

达尔文之后进化论推广和深化研究方面最重要的学者当属英国生物学家和科普作家理查德·道金斯。1976年他出版其最重要的代表作《自私的基因》，以最新的科学进展为依据继续关注人类的终极问题：我们从哪里来？又将到哪里去？生命有何意义？我们该如何认知自己？《自私的基因》以充分的想象力告诉人类，任何生物，包括我们自己，都只是基因的生存工具，复制、变异和淘汰这三种简单机制可以演变出大千世界所有生命现象的林林总总。道金斯的基因观念颠覆了我们对自身的幻觉，深刻影响了整整一个时代。1986年道金斯出版《盲眼钟表匠：生命自然选择的秘密》，以其天才发现挑战了创造论者的观念，重申物种的演化并没有特殊的目的，大自然应该是一位手巧的拼凑匠，而不是神乎其技的发明家，因此，如果我们要将大自然比喻成钟表匠的话，只能说它是一位"盲眼"的钟表匠。此后，道金斯对进化论的研究和推介更加系统而深远，并于2009年推出另一部进化论力作《地球上最伟大的表演：进化的证据》，该书歌颂了人类提出的有史以来最伟大的思想，它让我们惊叹于进化的美丽，服膺科学在破解生命奥秘方面的伟大力量。我们看到的一切都不是意外，我们自身的存在，我们周围有着如此复杂、优美、无穷无尽、最美丽和最奇异的生命形式，这些都是通过非随机自然选择的进化的直接结果。道金斯用大量跨学科的故事，以及考古学、物理学、化学、生物学、胚胎学知识及相关数学模型，向我们证实，进化并非仅是一种理论，更是一个不可避免的事实，它有着惊人的力量，简洁而美好。（这三部著作均由中信出版集团在2012～2014年间出版中文版）。

美国数学家格雷戈里·蔡汀（Gregory Chaitin）在2012年出版一本献给诺伊曼的书《Proving Darwin: Making Biology Mathematical》（人民邮电出版社2015年出版陈鹏译本《证明达尔

文：进化和生物创造性的一个数学理论》)，作者认为达尔文的根本思想可以表述为：存在没有设计师的设计，因此本书的根本思想也可表述为：存在没有程序员的编程。作者试图揭示生物学深层的数学结构，在图灵和诺伊曼的相关思想的基础上，进一步深化生命作为不断进化的软件的思想，由此开辟了一个称为“元生物学”的新领域，并从元生物学的角度分析分子生物学和软件的人类发现史，强调创造性之重要，呼吁人类要有足够的创造性去设计一个允许创造性的社会。

我国学术界和出版界对达尔文及其进化论的推介始终是积极的，除上述最重要的著作之外，我们在进入21世纪之后出版了大量进化论著作，其中不乏中国学者的论著。2007年接力出版社隆重推出美国科普大师比尔·布莱森著，严维明、陈邕译《万物简史》；上海世纪出版集团2008年出版了道金斯的另一部著作《伊甸园之河》，2009年出版林恩·马古利斯（Lynn Margulio）著，易凡译《生物共生的行星：进化的新景观》；上海科技教育出版社2010年出版汉娜·霍姆斯（Hannah Holmes）著，朱方译《盛装猿：人类的自然史》；上海世纪出版集团2011年出版卡尔·齐默（Carl Zimmer）著，唐嘉慧译《演化：跨越40亿年的生命记录》；山东画报出版社2014年出版迈克尔·艾伦·帕克（Michael Alan Park）著，陈素真译《生物的进化》；2015年科学普及出版社出版舒柯文（Corwin Sullivan），王原、楚步阔合著《征程：从鱼到人的生命之旅》；同年北京时代华文书局出版张振著《人类六万年》；而2016年则看到众多出版社推出大量欧美各国的进化论新著，例如科学出版社出版尼克·莱恩著，3张博然译《生命的跃升：40亿年演化史上的十大发明》，中信出版集团出版大卫·克里斯蒂安著，王睿译《极简人类史：从宇宙大爆炸到21世纪》和伊恩·莫里斯著，马睿译《人类的演变：采集者、农夫与大工业时代》，哈尔滨出版社出版约翰·布瑞德雷著，吴奕俊译《46亿年的地球物语：

地球起源到今天的全部历史》，漓江出版社出版林恩·马古利斯和多里昂·萨根合著，王文祥译《小宇宙：细菌主演的地球生命史》，以及北京大学出版社出版克里斯·斯特林格与彼得·安德鲁合著，王传超、李大伟译《人类通史》。

人类在追溯自身的起源问题时，一定会紧接着探索未来，并因此将目光投向宇宙，天文学也因此成为人类所发展的最古老的学科。英国科普大师道金斯在完成进化三部曲《自私的基因》《盲眼钟表匠》和《地球上最伟大的表演》之后，又在2011年推出关于宇宙的新著《The Magic of Reality: How We Know What's really True》（湖南科学技术出版社2013年出版李泳译《自然的魔法：我们怎么知道什么是真的》），该书由英国著名插图画家Dave Mckean配有两百余幅原创图示，融合了清晰的思想实验及令人眼花缭乱的各类事实数据，解释了奇异多彩的自然现象：物质是什么构成的？宇宙有多老？为什么大地像零碎的拼图？海啸是怎么来的？第一个人是谁？为什么有那么多动物和植物？道金斯作为世界闻名的进化论生物学家，将我们从地球家园引向无垠的宇宙。

人类对宇宙的关注和探索古今有之，欧美日及世界各个古老文明国家都留下大量对宇宙起源和发展的论著，相关的科学思想史著作可谓汗牛充栋，例如法国科学史家亚历山大·柯瓦雷1957年出版的《From the Closed World to the Infinite Universe》（商务印书馆2016年出版张卜天译本《从封闭世界到无限宇宙》）。而宇宙学科普方面最著名的当数阿西莫夫和卡尔·萨根，其代表作品分别是阿西莫夫1979年出版的《Extraterrestrial Civilizations》（译林出版社2011年出版王静萍等译本《地球以外的文明世界》）和卡尔·萨根1996年出版的《The Demon-Haunted World》（海南出版社2015年出版李大光译本《魔鬼出没的世界：科学，照亮黑暗的蜡烛》）。

从医学上讲，人类对自身的了解还远远不够，从博物学上讲，人类对地球上许多物种尚未能探知，然而，这并不妨碍人类很早就关注可视的地球以外的星球并能在20世纪60年代完成登月壮举，从而使人类对临近的月球、太阳及太阳系诸行星抱有更大的兴趣。实际上，人类目前所取得的一切成就都是以地球条件为基础，当人类走出地球进军其他星球之时，必有人类难以预料并在科幻和魔幻小说中反复设想的科技和艺术及设计系统即时呈现，如阿西莫夫的《基地》系列，克拉克的《拉玛》系列和刘慈欣的《三体》系列等。2010年在英语世界出版了两本有关太阳和月亮的新书，即Richard Cohen著《Chasing The Sun: The Epic Story of the Star That Gives Us Life》和贝恩德·布伦纳（Bernd Brunner）著《Moon: A Brief History》（台湾远足文化事业股份有限公司2016年出版甘锡安译本《探月：八十张插图背后，从神话、科幻小说到太空探索的大惊奇》）。此外国内在进入21世纪之后已译介一批有关月亮、太阳、火星及太阳系的科普读物，例如北京理工大学出版社2004年出版了英国科普作家帕特里克·摩尔（Patric Moore）的两部著作《火星的故事》和《月球的故事》，人民邮电出版社2014～2015年出版了马库斯·乔恩著，张乐译《图解太阳系：探访我们的宇宙家园和邻居》和克里斯托弗·库珀（Christopher Cooper）著，陈鹏飞译《太阳简史：一颗恒星的传记》，中信出版集团2016年出版了斯蒂芬·彼得拉（Stephen Petranek）著，赵敏译《我们为什么要去火星？》。

宇宙学是天文学的延续，是一门既古老又年轻的学科。地球上作为高等动物的人类在探索自身生存意义的同时，从未停止过追寻宇宙的意义，从亚里士多德到托勒密，从哥白尼到伽利略，从牛顿到哈勃，从爱因斯坦到霍金，宇宙学给人类带来一个又一个假说，而霍金以其独特成就成为当代最重要的广义相对论大家和宇宙学家。霍金曾在2004年出版《The Illustrated On The Shoulders of Giants: The Great Works of Physics and Astronomy》（辽宁教育出版社2005年出版张卜天主译本《站在巨人的肩上：物理学和天文学的伟大著作集》)，以对前辈大师经典著作注释的方式宣称自己是哥白尼、伽利略、开普勒、牛顿和爱因斯坦之后最重要的宇宙学家。霍金站在历代巨人的肩上，将引力、量子力学和热力学统一在一起，深入研究奇点、黑洞、量子引力和时空拓扑效应，开创引力热力学和量子宇宙学，并于1988年出版划时代著作《A Brief History of Time》(国内已出版多种版本的《时间简史》)，最近的一本是湖南科学技术出版社的许明贤、吴忠超译本，受到全球范围的高度评介。2001年霍金出版了可称为《时间简史》续篇的《The Universe in A Nutshell》(湖南科学技术出版社2010年出版吴忠超译本《果壳中的宇宙》)，阐述其继续发展中的宇宙学观点。2005年霍金出版《The Theory of Everything: The Origin and Fate of the Universe》(译林出版社2012年出版赵君亮译本《宇宙简史：起源与归宿》)，就宇宙及我们在宇宙中的地位问题，向人们展示了一次引人入胜的探索式旅行，对任何曾仰望过星空，并想知道那里曾经发生过什么，以及如何演变为如今状况的人来说，该书无疑是非常独到的一家之言。霍金在进入新世纪的最近十年更为投入地思考如下问题：宇宙何时并如何起始？我们为何在此？何为实在本性？为何自然定律被如此精细地调谐至让我们这样的生命存在？以及最后，我们宇宙的“大设计”能否证实使事物运行的仁慈的造物者？2010年霍金联手美国物理学家列纳德·蒙洛迪诺(Leonard Mlodinow)出版了《The Grand Design》(湖南科学技术出版社2011年出版吴忠超译本《大设计》)，以精彩简朴的非专业语言表述有关宇宙奥秘的最新科学思考。

从园林到博物学到宇宙学，人类对知识的探索是无止境的，因为“蝴蝶效应”告诉人类世间万物都是相互关联的。霍金的工作引发更多的相关研究，而国内的中文译介与世界的接轨愈来愈及时，如戴维·费尔津（David Fillkin）出版于1997年的《Stephen Hawking's Universe: The Cosmos Explained》（海南出版社2016年出版赵复垣译本《霍金的宇宙：现代物理和天文学的故事》）和玛西亚·芭楚莎（Marcia Bartusiak）出版于2015年的《Black Hole: How an Idea Abandoned by Newtonians, Hated by Einstein, and Gambled by Hawking Became Loved》（湖南科学技术出版社2016年出版杨泓、孙红贵译本《黑洞简史：从史瓦西奇点到引力波——霍金痴迷、爱因斯坦拒绝、牛顿错过的伟大发现》）。此外，国内多家出版社还译介国外不同学者的重要宇宙学著作，如上海世纪出版集团2007年出版约翰·巴罗（John Barrow）著，卞毓麟译《宇宙的起源》，湖南科学技术出版社2015年出版丘成桐和史蒂夫·纳迪斯（Steve Nadis）合著，翁秉仁、赵学信译本《大宇之形》，人民邮电出版社2016年出版荷兰著名物理学家杰拉德·特·胡夫特（Gerard't Hooft）和史蒂文·温伯格（Stefan Vandoren）著，陈晟等译《时间的力量：10n秒间的科学》等。

10 从发现、发明到对人类未来的思考

人类从采集狩猎到农耕定居，再到工业社会和信息时代，每一步都伴随着发现和发明。从园林到博物学，再到数学、天文学、生物学、物理学、化学、宇宙学和生命科学，每一类学科最终都会引向适用于不同社会发展进步的发现和发明。人类的进化实际上是发明和发现的发展和螺旋式循环延续，即柏格森所谓的"创造进化论"所蕴含的原理。法国著名哲学家柏格森于1906年出版《创造进化论》（安徽人民出版社2013年出版高修娟译中文版），提出并论证关于"生命冲动"的理论和直觉主义方法论，

并由此获得1927年诺贝尔文学奖。该书被认为是一部“蕴含不竭之力与驰骋天际之灵感的宇宙论，解放了具有无比威力的创造推进力……向理想主义敞开了广阔无边的空间领域。”

对人类漫长的进化而言，发现与科学、发明与技术，都是人类发展和社会前进的直接推动力，它们和设计与艺术一方面互为表里，另一方面又互为刺激，共同推动和引导人类的进步。2002年德国Dumont Monte出版社推出德国科学史家Jorg Meidenbauer博士主编的《Discoveries and Inventions: From Prehistoric to Modern Times》，为读者展示了180余个人类科学技术史上的精彩片断。而目前为止对人类的发现、发明和技术成就的最为全面的总结是由英国著名科学史家查尔斯·辛格等主编的七卷本《技术史》，由牛津大学出版社1954～1978年出版，已成为迄今最为权威的涵盖旧石器时代到20世纪中期的技术通史，被誉为“影响20世纪的科学巨著”。该书由上海科技教育出版社于2004年出版陈昌曙、姜振寰、潘俦等主译的同名七卷本著作。人类的发现和发明从来不是封闭的，交流与互动是创意进化的根本保证，最典型的就是中国古代四大发明，它们在中国只能长期局限于民间娱乐和小规模文化交流，一旦传播到欧美日和世界各国，它们会被迅速转化为发现世界、改变世界并探索宇宙的强大推动力。中国人长期以来并不关注中华民族的发现、发明和科技总结，迄今为止最重要最全面的中国古代科技史著作依然是英国科学史家李约瑟主编的多卷集《中国古代科学技术史》，而以欧美日为代表的西方世界不仅有长期进行科技史论总结的传统，而且进一步发展为从社会、文化、人类进化等多角度、多层面思考科技史的哲学理念。

如果综合思考20世纪的建筑史、设计史和科技史，那么其中最重要的学者当属Siegfried Giedion,中文多译为“吉迪翁”。吉迪翁生于瑞士，并在瑞士、德国和意大利接受专业教育，随后开始建立与包豪斯创始人格罗皮乌斯的终生友谊与合作，此外他与现当代所有最重要的大师都曾交往与合作，其中包括柯布西耶、阿尔托、密斯、康定斯基、克利、莫霍利–纳吉、布劳耶尔等世界顶级艺术家、建筑师和设计师。作为21世纪最重要学者之一的吉迪翁出版过许多著作，如《The Eternal Present》《The Beginning of Art》和《The Beginnings of Architecture》等，但其最具影响力的专著则是《Space, Time and Arthitecture》和《Mechanization Takes Command: A Contribution to Anonymous History》，前者初版于1941年，至今已再版二十余版并译为三十余种文字，是20世纪最重要的建筑史论名著，其影响力至今无人替代。后者初版于1948年，是现代设计史和科技史的里程碑著作，正如作者在初版前言所开明宗义的：In “Space, Time and Arthitecture”, I attempted to show the split that exists in our period between thought and feeling. I am trying now to go a step further: to show how this break came about, by investigating one important aspect of our life - Mechanisation.人类往往对日常生活中非常熟悉的东西熟视无睹，从而影响我们对前人珍贵的发现与发明的有益思考，这就需要我们能够时常回归园林，回归博物学，回归大自然和日常生活，通过人类已取得的科技成就来思考和展望人类的未来。吉迪翁的名著《Mechanization Takes Command》让我们正视日常科技的点滴功能，从而反思过去，珍视现在，以积极有效的观念关注未来。该书分为八个部分：无名的历史；机械的萌芽；机械的方式；当机械遇到有机物；当机械遇到人类环境；当机械遇到日常家居；浴室的机械；以及结论：平衡中的人类。遗憾的是，这本划时代的设计科学名著至今未出中文版，尽管该遗憾可以用近十年来大量译介的各类发现、发明和科技史论著稍作弥补，然而最令人欣慰的弥补则是我国学者杜君立近几年出版的相关著述。

上海三联书店2016年出版了两部杜君立的著作，其一是两卷本《历史的细节：技术、文明与战争》，其二是《现代的历程：一部关于机器与人的进化史笔记》。在前一部书中，作者试图提出并回答如下问题：人类是生而自由的，但奴役无处不在，那么征服与统治是如何起源的？在冷兵器时代，为什么总是野蛮征服文明？农耕中国为什么可以击溃游牧民族匈奴？"上帝之鞭"阿提拉如何用马镫轻易地改写了欧洲史？民主又何以出现在欧洲？为什么中国发明了火药，却不能避免失败？为什么中国发明了指南针，却没有发现新大陆？崖山之后，中国为什么会走向文明滑落？为什么中国发明了轮子，却盛行轿子？轮子和火药如何成为现代文明的起源？主导现代世界的为什么是西方而非东方？而在后一部书中，作者则提出并用人类发明的细节观察回答如下问题：什么是古代？什么是现代？我们现在身处的这个世界是怎样形成的？我们和祖先的生活有何不同？钟表创造了时间，印刷与书籍消除了时间。机械印刷的到来引发了文艺复兴、宗教改革、科学革命和启蒙运动。纺织机和蒸汽机打开了工业时代的大门，火车、轮船和飞机打破了空间的区隔。电灯消除了黑夜，手机压缩了空间，互联网则将人类带入数字化的地球村。从机床到汽车再到电脑，人类根据自己的想象塑造机器，同时也重新塑造人类自己。然而，正如吉迪翁所担忧的，感受与思想之间的鸿沟是现代的通病，机器带给我们丰裕，也带给我们焦虑；面对一个被钢铁塑料重构的世界，我们注定会失去栖居的诗意。金钱和财富筑成一部现代史，但人类文明的主旋律，却依然是我们感受世界的心灵史。

对设计科学而言，我们能更加深刻地体会到主导现代世界的为什么是西方而不是东方，由此意识到引介西方有关发明、发现和科技发展的科普著述的重要性。在这方面我国出版机构在改革开放之后做了大量工作，2010年以后尤其引人注目，在此举出如下实例：中央编译出版社2010年出版英国科学史家特雷弗·威廉斯（Trevor I. Williams）著《A History of Invention: From Stone

Axes to Silicon Chips》中文版《发明的历史》(孙维峰、黄剑译);山东画报出版社2012年出版德国作家海宁·奥贝尔著,吕叔君主译《人类第一次:世界伟大发现与发明》;台湾大石文化出版公司2013年出版提摩西·费瑞斯(Timothy Ferris)作序的美国国家地理丛书系列之《大创意:五千年来改变世界的科学大发现》(郑方逸译);中央编译出版社2014年出版杰克·查罗纳(Jack Challoner)主编,张芳芳、曲雯雯译《改变世界的1001项发明》;浙江人民出版社2014年出版美国著名科普作家斯蒂文·约翰逊(Steven Johnson)著,盛杨燕译《伟大创意的诞生:创新自然史》;以及人民邮电出版社2014~2016年出版的Paul Parsons著,涂文文等译《科学的历史:改变世界的100个重大发现》,杰克·查洛纳(Jack Challoner)著,龙金晶等译《发明天才:他们这样改变世界》和"麻省理工科技评论"社出品的《科技之巅:"麻省理工科技评论"50大全球突破性技术深度剖析》。

人类的科技进步日新月异,我们现在甚至都能展望2100年人类科技的发展状况,上海科学技术文献出版社2011年出版了法国科技史家埃里克·德里德马丁著,瞿菁译《它们将改变我们的生活:21世纪发明简史》,其中包括2021年没有司机的高速公路,2045年5分钟穿越直布罗陀的真空隧道,2081年作为家庭假期的宇宙探险,2088年的人造大脑,以及2099年居无定所的海上城池等。然而,令人遗憾和无可回避的是,人类的未来并非只是发现与发明,科学与技术,设计与艺术……人类的未来和地球的境状实际上充满陷阱,令人担忧。

1958—1962年间,美国著名生物学家蕾切尔·卡森非常勇敢地完成《寂静的春天》,该书出版后立即如同一个世纪前达尔文《物种起源》出版时一样,受到冷酷无情甚至毫无底线的攻击,然而今日,地球的现状证明了《寂静的春天》的价值和影响已经远远超越时代。随后,世界各国科学家、艺术家、设计师和政府官员开始以不同方式反思人类的科技成就和地球的环境及两者的辩证关系。如美国著名古生物学家史蒂芬·杰伊·古尔德（Stephen Jay Gould）于1985年出版《The Flamingo's Smile》（江苏科学技术出版社2009年出版，刘琪译本《火烈鸟的微笑：自然史沉思录》），英国汉学家伊懋可（Mark Elvin）2004年出版《The Retreat of the Elephants: An Environmental History of China》（江苏人民出版社2014年出版梅雪芹等译《大象的退却：一部中国环境史》），美国自然史学者安东尼·彭纳（Anthony N. Penna）于2010年出版《The Human Footprint: A Global Environmental History》（电子工业出版社2013年出版张新、王兆润译本《人类的足迹：一部地球环境的历史》），以及美国海洋保护生物学家卡鲁姆·罗伯茨（Callum Roberts）最近出版的《The Unnatural History of the Sea》（北京大学出版社2016年出版吴佳其译本《假如海洋空荡荡：一部自我毁灭的人类文明史》）等。

卡森之后美国最有影响力的环境保护学者是亚利桑那大学新闻学教授艾伦·韦斯曼（Alan Weisman），他2007年出版的《The World Without Us》（重庆出版社2015年出版刘泗翰译《没有我们的世界》）立刻引起全球关注，随后又于2013年推出新著《Countdown: Our Last, Best Hope for A Future on Earth》（重庆出版社2015年出版胡泳译《倒计时：对地球未来的终极期待》），再次提出地球上所有生物都必须面对的问题：地球到底能够容纳多少人口？作者用亲身经历提供了最坏的情况描述和我们所能想象与推断的最有希望的未来。与此同时，年轻的环保学者亚当·名特（Adam Minter）也在2013年出版《Junkyard Planet》（重庆出版社2015年出版刘勇军译本《废物星球：从中国到世界的天价垃圾贸易之旅》），对困扰全球的垃圾问题进行深入调研并提出合理化建议。除美国外，世界各国近年来都开始介入全球性的环境与生态保护运动，并出版大量著述，如法国生物学家菲利浦·居里（Philippe Cury）和法国科学记者伊夫·密塞瑞（Yves Miserey）在2008年出版《Une Mer Sans Poissons》（台湾山岳文化出版有限公司2012年出版李桂蜜译《超级掠食者的大屠杀真相：没有鱼的海洋》），书中引用了联合国专家的警告：2050年，海洋将无鱼可捕！如果有一天海洋中没有了鱼，会对食物链、日常生活、经济，甚至全球造成什么样的冲击？在全球范围内，越来越多的人开始关注人类文明对地球生态系统的影响，其最近两年的代表作则是美国著名记者伊丽莎白·寇伯特（Elizabeth Kolbert）于2014年出版的《The Sixth Extinction: An Unnatural History》（台湾远见天下文化出版有限公司同年出版黄静雅译《第六次大灭绝：不自然的历史》），该书籍通过五种已消失的物种和七种濒危生物的故事，探讨地球环境的变迁和人类的处境，并提出触目惊心的问题：当前的这场大灭绝事件，起因既非天灾也非地变，而是"一场可能由人类引起的大灭绝""在迫使其他物种灭绝的行动中"，我们是否无心或短视，也"正忙着锯掉自己的栖息的枝干？"应该说，该书如同卡森的《寂静的春天》，必将成为定义这个时代最重要的著作。

人类的未来取决于地球的状态和人类的行为对地球的作用，同时又受到宇宙空间相关因素的在很大程度上无法预测的影响，这种复杂性早已引起各领域学者的注意和研究，例如上海世纪出版集团2007年出版了美国哲学家尼古拉斯·雷舍尔（Nicholas Rescher）著，吴彤译《复杂性：一种哲学概观》，中信出版社2012年出版了美国作家格雷格·布雷登（Gregg Braden）著，梁海英、曹文译《深埋的真相：人类起源、历史、前途及命运的再思考》，人民邮电出版社2014年出版了英国著名量子物理学家戴维·多伊奇（David Deutsch）著，王艳红主译《无穷的开始：世界进步的本源》等著作。美国前副总统戈尔是当今环境保护运动最重要的旗手之一，长期领导政府研究团队致力于环保并出版了关于生态和环保的畅销书

《难以忽视的真相》和《我们的选择：气候危机的解决方案》（两部著作均由湖南科学技术出版社2011年出版中文版），2013年戈尔再推新著《The Future: Six Drivers of Global Change》并由上海译文出版社出版冯洁音等译本《未来：改变全球的六大驱动力》。

当人类开始反思自己的行为，就是人类进步的开始。千百年来我们主要关注地表，开发地表资源，而今人类除了将目光延伸至太空和外太空之外，也开始以更大的力量和耐心关注地球内部和海洋深处，近几年国内已译介相关论著，如上海文艺出版社2016年出版的荷兰地质学家萨洛蒙·克罗宁博格（Salomon Kroonenberg）著，王奕瑶、陈琰璟译《地狱为什么充满硫磺的臭味：地下世界的神话和地质学》和北京联合出版公司2016年出版的美国探险家詹姆斯·内斯特（James Nestor）著，白夏译《深海：探索寂静的未来》。以色列新锐历史学家尤瓦尔·赫·拉利（Yuval Noah Harari）的新著《Homo Deus: A Brief History of Tomorrow》（中信出版集团2017年出版林俊宏译本《未来简史：从智人到神人》）立刻成为震撼人心而趣味盎然的科普名著，“未来，人类将面临三大问题：生物本身其实就是算法，生命是不断处理数据的过程；意识与智能的分离；拥有大数据积累的外部环境将比我们自己更了解自己。如何看待这三大问题，以及如何采取应对措施，将直接影响人类未来的发展。”

11 数学之美、科学之美和设计之美

数学是人类最古老的学科，同时也是最简单而通用的世界语言，在所有已知的不同民族的科学和文化中，数学都占据着同样

重要的地位，而且人类也期盼着身处宇宙任何角落的有理性和有智慧的三维或多维生命系统能通过数学之美的共享来认识我们。数学与艺术的关系比一般人想象的要深入而密切得多，精通数学的达·芬奇所创作的《蒙娜丽莎》因此成为后世无可超越的杰作。最近，身兼艺术家、建筑师和数学家的芬兰青年学者Markus Rissanen于2016年5月20日进行博士论文答辩，其内容是关于《System of Quasipeniodic Rhombic Substitution Tilings with N-Fold Rotational Symmetry》，其理论不仅可以探索二维和三维空间中的正几何形体满铺平面并将所有辐辏状空间分割均等分的问题，而且在绘画创作中探索多维空间与色彩感知关系方面的问题，该理论在2015年被成功运用于赫尔辛基中央火车站站前广场的魔幻多边形铺地设计。Markus本科学习建筑学，硕士阶段学习数学，博士阶段则主攻艺术史，并在艺术创作和景观设计领域不断耕耘。

现当代艺术大师中曾精研数学并从数学理念出发创作出划时代艺术的领军人物当数包豪斯三位大师康定斯基、克利和莫霍利-纳吉，康定斯基和克利的数十本教学笔记中对几何学和代数排列组合方面的系统研究不仅是其教学系统的基石，也是其绘画作品的科学灵感源泉，而莫霍利-纳吉则将立体几何与当代电动科技成就密切结合，同时开创动态摄影、电动雕塑和装置艺术诸多艺术新领域。来自俄罗斯的Naum Gabo是20世纪最重要的雕塑大师之一，其独特的艺术创意来自对相关科学的系统的深入研究，尤其是对数学、机械学和材料学的关注和研究。前文第5节曾提到美国数学家Hofsadter出版于1979年的《GEB: Godel, Escher, Bach》，该书早在1984年已列入四川人民出版社当年最著名的《走向未来》丛书，道·霍夫斯塔特原著，乐秀成编译《GEB——一条永恒的金带》，虽为节译本，却对刚刚改革开放的中国带来巨大的思想冲击。1997年商务印书馆出版该书的完整译本《哥德尔·埃舍尔·巴赫——集异璧之大成》，使人们对来自不同领域的三位大师充满好奇，尤其对埃舍尔及其“不可能的世界”产生了浓厚的兴趣。埃舍尔在第二次世界大战前已成名并在第二次世界大战后出版画集及研究论著，如Harry N. Abrams出版集团1971年出版的《The World of M. C. Escher》，该书由5篇论文组成，分别是J. C. Locher著“The Work of M. C. Escher”；C. H. A. Broos著“Escher: Science and Fiction”；埃舍尔本人著“Approaches to Infinity”；G. W. Locher著“Structural Sensation”和H. S. M. Coxeter著“The Mathematical lmplications of Escher's Prints”。也许是受《GEB——一条永恒的金带》的影响，岭南美术出版社1990年出版《埃舍尔版画选》，重庆出版社1991年出版《埃舍尔的魔境》，最新的则是2014年上海科技教育出版社出版的由荷兰数学家布鲁诺·恩斯特（Bruno Ernst）著，田松、王蓓译《魔境——埃舍尔的不可能世界》。埃舍尔的作品是跨界创意设计的奇特典范，任何单纯从数学、科学、美学、心理学的角度去理解其作品都难以共鸣，埃舍尔的作品是人类历史上少数能同时带给人们数学之美、科学之美和设计之美的杰作之一。

数学并非像很多人想象的那样艰深枯燥和无趣，实际上中国古代数学中有大量趣味数学的实例，科学出版社2007年出版的郭金彬、孔国平著《中国传统数学思想史》可以给很多希望了解数学但又恐惧数学的人带来兴趣点。当然，近现代数学发展的主流都在西方，最重要的数学论著和数学史专著也都来自西方，因此需要中国大量引介西方的各种层面的数学专著。对非专业数学工作者而言，有三大类数学论著值得关注，其一是数学史论著作，如2011年高等教育出版社出版的Martin Aigner和G ü nter M. Eiegler著，冯荣权、宋春伟、宗传明译《数学天书中的证明》，2012年中央编译出版社出版的卡尔·博耶（Carl·B·Boyer）著，尤塔·梅兹巴赫（Ute. Merzbaih）修订，秦传安译《数学史》两卷本，以及2012年机械工业出版社出版的Victor J. Katz著《A History of Mathematics: An Introduction》(3rd Edition)；其二是数学文化论著，如2002年上海科学技术出版社出版的莫里斯·克莱因（Momis Kline）著四卷本《古今数学思想》，2009年大连理工大学出版社出版的冯·诺依曼著《数学在科学和社会中的作用》，哈代著《一个数学家的辩白》，希尔伯特著《数学问题》，阿蒂亚著《数学的统一性》和布尔马基著《数学的建筑》，以及复旦大学出版社自2004年以来出版的弗拉第米尔·塔西奇著《后现代思想的数学根源》，莫里斯·克莱因著《西方文化中的数学》，柯朗和罗宾著《什么是数学：对思想和方法的基本研究》等；其三是趣味数学著作，如上海科技教育出版社2005年出版的著名数学大师赫尔曼·外尔著，冯承天、陆继宗译《对称》，广西师范大学出版社2013年出版齐斯·德福林著，洪万生等译《数学的语言：化无形为可见》，人民邮电出版社2014年出版Alexander J. Hahn著，李莉译《建筑中的数学之旅》，以及译林出版社2015年出版的艾利克斯·贝洛斯著，孟天译《数学世界漫游记》等。

对艺术和设计创意而言，数学中最引人入胜的当属几何，古希腊数学家欧几里得著《几何原本》在世界各地的各种文字出版的印刷量据说仅次于圣经，是影响每一代学人的知识名著，是人类建立空间秩序最久远与最权威的逻辑推演语系。几何学的趣味和奥妙是无穷尽的，因此历代学人总会有新的发现，如Thames & Hudson出版社2009年出版John Michell和Allan Brown著《How the World is Made: The story of Creation According to Sacred Geometry》，而在人类对几何学的实际应用方面，伊斯兰的艺术家、设计师和建筑师们做出的贡献是无可超越的，建筑史上最美妙的建筑如印度泰姬陵和西班牙阿尔罕布拉宫都是伊斯兰几何设计的杰作，Thames & Hudson出版社2013出版的Eric Broug

著《Islamic Geometric Design》对世界各地的伊斯兰几何设计进行了系统的论述。国内出版界在进入21世纪后开始大量引介欧美学术界有关几何研究方面的专著，如北京理工大学出版社2003年出版的泽布罗夫斯基著，李大强译《圆的历史：数学推理与物理宇宙》，湖南科学技术出版社2013年出版的斯蒂芬·斯金纳著，王祖哲译《神圣几何》，南方日报出版社2014年出版的约翰·米歇尔和艾伦·布朗著，李美蓉译《神圣几何：人类与自然和谐共存的宇宙法则》，以及中国友谊出版公司2016年出版的卡伦·弗伦奇著，吴冬月译《通往天堂的入口：几何图形、图案、标志如何塑造我们对现实的认知》等。此外，对中国建筑师、设计师和艺术家的科普而言，湖南科学技术出版社最近引进出版的《科学天下·科学之美》丛书毫无疑问能为科学和艺术架设最便捷的桥梁，从其书目即可体会该丛书的丰富性和趣味性，如2012年出版的伦迪著，张菽译《典雅的几何》，道尔顿·萨顿著，贺俊杰、铁红玲译《几何天才的杰作：伊斯兰图案设计》，弗比·麦克劳顿著，贺俊杰、周石平译《透视与错觉》，伦迪著，贺俊杰、铁红玲译《神圣的数：数学背后的神秘含义》，沃特金斯著，张菽译《一生受用的公式》，迈特·特维德著，贺俊杰、王昉译《基本元素：原子、夸克与元素周期表》，博卡德·波斯特著，贺俊杰、铁红玲译《数学证明之美》，希思著，张菽译《太阳、月亮和地球》，杰弗·斯垂伊著，贺俊杰、铁红玲译《玛雅历法及其他古代历法》，安东尼·艾希顿著，贺俊杰、王昉译《谐振仪：音乐数学原理的可视化向导》；2013年出版的盖伊·欧吉维著，张丽娟、郑安澜译《炼金师的厨房：最古老的化学》，罗宾·希思著，袁月扬、郑安澜译《巨石阵：新石器时代建筑师的思维》，迈特·特维德著，葛军、雷静译《浩瀚的宇宙：一次穿越时空的旅行》，哈米斯·米勒著，张丽娟、雷静译《超越感官的探测术》；以及2016年出版的保罗·怀特海与乔治·温菲尔德著，刘悦译《UFO寻踪：探秘地外智慧》，奥拉维·胡卡瑞著，郑程橙译《神奇的树：延续地球生命之泉》，克里斯蒂安·马汀著，刘悦译《纺织古老技艺的方法、样式和传统》，莫夫·贝茨著，杨群译《我是谁：感知人体的秘密》。

显而易见，我国近年在引进科技、艺术、经济、文学诸方面著作版权上有长足的进步。2012年笔者在芬兰买到刚出版的乔治·戴森（George Dyson）著《Turing's Cathedral: The Origins of the Digital Universe》，仅仅三年后的2015年浙江人民出版社已引进并出版盛杨灿译本《图灵的大教堂：数学宇宙开启智能时代》。而关于该书中的两位主角，即图灵和诺依曼，我国此前已出版关于他们的传记，如上海科技教育出版社2008年出版的诺曼·麦克雷（Norman Macrae）著，范秀华、朱朝晖译《天才的拓荒者：冯·诺依曼传》和湖南科学技术出版社2012年出版的安德鲁·霍奇（Andrew Hodges）著，孙天齐译《艾伦·图灵传：如谜的解谜者》。戴森在《图灵的大教堂》一书的中文版序中，一开始就盛赞“数学宇宙的首次系统性实现应该追溯到中国以及《易经》六十四卦”。然而正如中国发明的火药并没有演化成西方的火炮，中国的指南针并没能直接转化为现代导航系统，中国发明的印刷术最终也没能发展为现代印刷机械一样，《易经》六十四卦中蕴含的初级数学宇宙的思想也没能引导古代中国人提出通用机和计算机的概念。现代数学宇宙发展的两个革命性的时刻分别是1936年艾伦·图灵提出通用机的理论构想，以及1945年冯·诺依曼领导一小群工程师开始设计和建造配备有5千字节存储器的电子数字计算机，正如诺依曼在1946年的日记中所说：“我正在考虑一些远比炸弹更重要的东西，我正在考虑计算机。”第二次世界大战期间美国所做的最重要的事情之一就是成立普林斯顿高等研究院并以此邀请爱因斯坦，爱因斯坦之后则迎来诺依曼，而诺依曼则以超凡天才首先发现图灵，然后设计并制作计算机，正如戴森在中文版序中所说："高等研究院创立时，数学被分成两个王国。随着诺依曼的到来，它们的区别开始缩小。数学的第三王国开始形成。第一王国是单独的、抽象的数学领域；第二王国是在应用数学家的指导下，应用于真实世界的数字领域；而第三王国是数字宇宙，其中数字自成一脉。"图灵和诺依曼开创的数字宇宙已将人类带入今天的人工智能时代，欧美日人工智能的发展日新月异，中国一方面在相关领域奋起直追，另一方面加大引介最新研究论著的力度，例如浙江人民出版社2015年出版了约翰·马尔科夫（John Markoff）著，郭雪译《与机器人共舞：人工智能时代的大未来》，人民邮电出版社2015年出版了日本机器人学会著《机器人科技：技术变革与未来图景》。2016年则有更多重要的人工智能方面的译著问世，例如机械工业出版社出版了约瑟夫·巴-科恩（Yoseph Bar-Cohen）和大卫·汉森（David Hamson）著，潘俊译《机器人革命：即将到来的机器人时代》和人工智能之父，图灵奖得主，马文·明斯基（Marvin Minsky）著，任楠译《心智社会：从细胞到人工智能，人类思维的优雅解读》，而浙江人民出版社则出版了王文革、程玉婷、李小刚译的明斯基（Minsky）教授的另一部力作《情感机器：人类思维与人工智能的未来》。

前文第2节已提到吴国盛去年出版的《什么是科学》，今年湖北科学技术出版社又推出法国科学大师亨利·庞加莱著，宋秋池译《科学是什么》，该书实际上是庞加莱的两部科学哲学名著《科学与猜想》和《科学的价值》的合集。两位作者一方面论述科学史和科学发展规律，另一方面也全面展现科学之美。庞加莱写于一百多年前的经典名著系统论述科学规律的演变、数学与逻辑、无限与逻辑等科学哲学问题，阐述他对空间、时间和量子论等问题的看法；吴国盛则在介绍西方主流科学发展规律的同时，试图探讨中国古代科学的博物学本质。无论在中国还是在西方，科学之美总能在东西方文明的形成中放出异彩。2015年电子工业出版社出版了加拿大数学家戴维·欧瑞尔（David Orrell）著，潘志刚译《科学之美：从大爆炸到数字时代》，作者在论述从古希腊人到现代科学家科学工作的演化过程中，提出对真理和美两者之间关系的质疑或是折中看法，阐述“数学优雅”的理念如何时常为科学家理解自然赋予灵感，但有时又会误导其工作方向。作者还将讨论范围扩展到传统科学以外的领域如经济学、建筑学及健康医疗领域，并提出构想：潜藏在人类文化背后的审美准则是否正是一种反映我们理解世界结构的精准方式？而且这种方式正在向一种新的审美观转变。清华大学出版社2016年出版的贝丽尔·格雷厄姆（Graham和Sarah Cook）著，龙星如译《重思策展：新媒体后的艺术》在诸多方面反映了当今人工智能时代这种新的审美观的强势转变。

英国著名艺术史家Nikolaus Pevsner出版于1936年的设计史论名著《Pioneers of Modern Design: from William Morris to Walter Gropius》不仅是现代设计史论的最重要的奠基著述之一，而且是弘扬设计之美的开山之作，从其内容就能看到作者是从艺术发展、工艺发展、建筑发展和科技发展的角度论述现代设计的发展。该书自首版后即被译成多种文字在世界各地一版再版，早已成为现代设计史论的经典，此后的相关论述都或多或少受到Pevsner观点的影响，如纽约Van Nostrand Reinhold出版公司1970年出版的Sterling Mcllhany著《Art as Design: Design as Art, A Contemporary Guide》，在Pevsner设计发展观的基础上，从艺术与设计跨界互动的角度揭示设计之美与艺术之美之间密不可分的关系，该书所选用的设计案例反映出作者关注设计之美的广泛性，如喷气式飞机、电话、艺术品、我们时代的造型模式、极简主义设计、汽车、平面设计、服装，以及建筑等。

德国著名的Taschen出版社1999年出版的Charlotte与 Peter

Fiell著《Design of the 20th Century》堪称现代设计的百科全书，该书全面而系统地展示了设计之美，以及这种美为世界带来的新面貌。对于设计之美，不同国家的专家学者多有不同解读，其观点可谓见仁见智，例如任职香港理工大学设计学院的美国学者John Heskett于2002年出版《Design: A Very Short Introduction》（译林出版社2009年出版丁珏译《设计，无处不在》）一书，融合东西方的哲学理念，对“设计”这个复杂的问题提出了独特的见解，“设计源于人类的各种决定和选择……虽然设计在许多方面深刻影响着我们所有人的生活，但是它的巨大潜能却尚待开发。”《设计，无处不在》包括如下几个方面的内容：什么是设计？设计发展史、实用性和重要性、物品、传达、环境、形象设计、系统、语境和未来等，英国设计大师Terence Conran对该书评价很高，认为是论述“设计”的专著中最简明清晰的一种。中文版最近出版的另一本关于设计之美的论著是英国学者罗伯特·克雷（Robert Clay）于2009年出版的《Beautiful Thing: An Introduction of Design》（山东画报出版社2010年出版尹弢译《设计之美》），分别从如下几个方面系统论述设计，即关于品味、设计之演变、构图、色彩、绘画传播和表达等。作者认为，设计中历史的、背景的、哲学的、技术的、视觉的，以及实践的方法经常单独地出现在设计者面前。但是每种方法又影响到其他方法，它们共同塑造着我们对设计的全面理解。《设计之美》一书将这些方法作为整体系统地呈现出来，详尽讲解了各种基本概念，引领读者尽可能全面地认识设计。英国利兹大学设计学院院长Juha Kaapa认为《设计之美》非常巧妙地向人们介绍了“设计”，涵盖建筑设计、产品设计和平面设计等诸多方面，引导读者更深入而全面地领会“设计之美”和设计实践的内涵：设计之美并非仅仅是我们视觉上的感受，日常物品和商品的背后都有奇妙丰富的故事、不同寻常的含义，以及作者对设计之美的独特感悟和深思熟虑。

中国古代设计之美世所公认，如商周青铜器和玉器，汉代画像石、画像砖，唐代金银器，宋代绘画和瓷器，明代家具和漆器，清代染织等，遗憾的是，国内学术界至今鲜有从“设计之美”的视角系统论述中国古代设计经典的论著，而与此相关的收藏和博物馆展示也都处于初级阶段，使人们难以系统而全面地理解和认识中国古代“设计之美”。可喜的是西方有大量设计精品收藏、展示和学术论著，其中一部分也被译为中文，如英国金斯顿大学设计史学权威凯瑟琳·麦克德莫特和希拉里·贝扬2002年出版的《Classics of Design》由中国青年出版社2011年出版中文版《不败经典设计》，介绍1869~2001年间84个改变日常生活的现代设计传奇。2013年英国Phaidon出版社隆重推出堪称“设计之美”标准推广版的设计鉴赏百科全书《The Design Book》，耐人寻味的是该书始于四件源自不同民族的古老的“经典设计”，分别是源自中国明代的张小泉剪刀，源自日本战国的铸铁茶壶，源自古埃及并自1700年在欧洲各国生产的羊毛剪，英国18世纪中叶发明的温莎椅；而该书最后四件“经典设计”则是平板电脑、iPhone手机、LED台灯和室内空气净化器。《The Design Book》中收录的500件经典设计至今都在日常生产线上，它们当中有来自设计大师的杰作，也有历史上无名匠人的天才创意，设计无国界，而设计之美则是永恒的。

12 艺术与科学

艺术与科学是人类社会进步的两大标志，也是推动人类文明的两大杠杆，它们相辅相成，时而科学的理性引导人类的步伐成为主旋律，时而艺术的灵感启发人类的创意成为导火索，但它们都是人类文明不可或缺的，并在历史的长河中分别以民族群体或个人成就为载体，展示着人类在不同阶段的曙光，前者最典型的实例就是欧洲文艺复兴艺术与阿拉伯科学之间的交流碰撞得以终结欧洲千年中世纪的黑暗并迎来欧洲现代文明的启程；而后者最突出的代表人物就是达·芬奇，这位身兼顶尖级艺术大师和科学大师的旷世天才，至今依然令后世好奇和赞叹，依然为我们留下无数难以轻易解开的艺术与科学谜团。中信出版集团2017年出版了美国著名记者托比·莱斯特（Toby Lester）的新著《达·芬奇的幽灵：看绝世全才达·芬奇如何发现、理解并创造我们的世界》（原著为2012年出版的《Davinci's Ghost: Genius, Obsession, and How Leonardo Created the World in His Own lmage》），该书以达·芬奇笔记中约完成于1490年的《维特鲁威人》为研究契机，追溯达·芬奇在艺术与科学以及由此延展开的当时人类文明所有领域的探索、思考、发展和成就，堪称一部解密达·芬奇的天才成长史，同时也是西方的千年文化简史。

关于艺术与科学和人类文明的关系，国内出版了两部分别用不同研究思路和方法解读人类文明的专著，即上海人民出版社2008年出版的查尔斯·默里（Charles Murray）著，胡利平译《文明的解析：人类的艺术与科学成就（公元前800—1950年）》（该书原著即2002年出版的《Human Accomplishment: The Pursuit of Excellence in the Arts and Sciences, 800BC to 1950》）和2013年出版的沈福伟著《文明志：万年来，人类科学与艺术的演进》。为什么人类成就如此集中于欧洲？为什么取得成就的主要是男性？自20世纪中叶起，人类获得伟大成就的速度在减缓，这又意味着什么?《文明的解析》提供了一个丰富的思考框架，让人们认识到，在什么样的条件下，人类精神可以得到最好的表达。该专著的核心部分是一系列引人入胜的描述性内容：关于艺术领域内的巨人，以及他们卓然成功的原因；关于艺术与科学两个领域的伟大成就之间的区别；关于人类创造伟大艺术与科学的能力的14次重大飞跃，关于人类成就在时间和地理坐标图上的形状和轨迹。《文明志》则用史学笔法记叙文明的力量，这种力量又以“科学和艺术”这一命题作为表述的主线，科学对人类探索自然的秘密赋予了追根究底的才干；艺术则以审美的视野为人类的生存栖息带来诗意的创意。

达·芬奇以后的欧洲，艺术与科学的融合渐渐成为一种潮流，并以博物学的方式汇成欧洲文明发展的主流，从林奈到布封，从歌德到洪堡，从海克尔到达尔文，艺术与科学的碰撞、交融、互动和依托为文明的发展提供了无穷无尽的灵感和推动力。2009年英国Fitzwilliam博物馆和耶鲁大学英国艺术中心联合举办了一场宏大而独特的展览《Endless Forms: Charles Darwin, Natural Science and the Visual Arts》，以大科学家达尔文为主题，充分展示了艺术与科学在19世纪后期如何紧密合作并铸成人类现代文明的辉煌。众所周知，达尔文的进化论对生物学和生态学有非常深远的影响，然而，进化论也同样启发了许多19世纪的艺术家们，引导他们以更大的热情观察大自然的运作机制和人类与整个生物系统的关系，从而激发出他们对艺术本身和关于美的内涵的新理解。对达尔文和同时代的艺术家们而言，这种启发时常是一种双向共鸣的过程，达尔文自己作为非常敏锐的大自然观察者，在对新学说的思考过程中，不仅受到历代自然史图例的影响，更受到同时代艺术家们充满想象力的作品的启发。达尔文与艺术传统的联系，以及他对19世纪后期欧美艺术家如Church, Landseer, Heade，雷东、塞尚和莫奈等人的影响比一般人想象的要大得多。

如果说达·芬奇代表着欧洲南方文艺复兴中艺术与科学融合传统的话，那么丢勒则可以说是欧洲北方文艺复兴中艺术与科学融合传统的杰出代表，丢勒在油画和版画方面的划时代开创性成就，与其对科学透视的系统研究和印刷技术的全方位实践密切相关，并由此奠定德国及北欧的后五百年间在版画和博物学图谱艺术及科学性绘画方面的强大基础，以至于后来的许多大文豪和大科学家如歌德和洪堡等人都同时在绘画和其他艺术创意方面有很高成就，至于洪堡之后的伟大生物学家海克尔，则更以其多卷本的科学绘画集名垂青史，并在很大程度上影响了广泛流行于欧美的工艺美术运动、新艺术运动和艺术装饰运动。海克尔之后德国的科学绘画依然蓬勃发展，并成为德国在20世纪前期科学与医学发展的强大助力，这其中有一位目前几乎被遗忘的代表性人物Fritz Kahn,这位集科学家、妇产科医生、教育家、科普作家和平面设计师于一身的艺术大师，除了传承了丢勒以来的德国式“艺术与科学”传统之外，更多地延续着达·芬奇对人体解剖研究与艺术创作相结合的传统。作为医生兼自然科学家，Kahn很早就充分认识到人体不仅是上帝创造的一架最复杂的机器，而且是世间最复杂的工厂，并认为自己有责任用自己的科学知识和艺术才华将这架机器和工厂尽可能详细而理性地展示出来。Kahn的早期画作集中描绘人体的各种器官，中后期作品则更多关注人体作为最复杂的工厂的运作系统，如血液流通、神经淋巴、消化排泄及肌肉运动等。德国Taschen出版社2013年出版的《Fritz Kahn》专集对Kahn的艺术生涯作了全面介绍，包括Kahn后来对动物世界、植物世界及整个生物系统的艺术描绘。Kahn的职业生活与毕加索、康定斯基、克利、风格派、立体派和包豪斯相始终，其相互之间的影响和交融是必然的，值得深入研究。

在19世纪和20世纪之交，直到第二次世界大战结束的半个多世纪，人类社会经历了自14世纪至15世纪欧洲文艺复兴之后的以艺术创意为核心的又一次文艺复兴，两次大规模文艺复兴的最大共同点就是两者都是艺术与科学相互影响和交融的产物。20世纪的文艺复兴在经历过60年代的设计革命之后，艺术创意的活力开始衰落，而科学技术却依然高速发展，并因此使现代艺术和当代艺术开始拉开距离，人们一方面开始好奇20世纪初开始的现代文艺复兴究竟是如何发生发展的，另一方面也开始对当代艺术五花八门的表现及其前途表示迷茫。在这样的时代背景下，有一大批学者开始关注“艺术与科学”这一时代主题，由此产生大量研究成果。

美国艺术史家Linda Dalnymple Henderson在研究艺术与科学的相互影响方面做了大量工作，其早期作品有《Duchamp in Context: Science and Technology in the Large Glan and Related Works》和《From Energy to Information: Representation in Science and Technology, Art and Literature》，而后在1983年，Henderson出版其最重要的论著《The Fourth Dimension and Non-Euclidean Geometry in Modern Art》，该书由普林斯顿大学出版社出版，2013年由MIT出版社再出修订版。作者在该书中表达的核心观点就是，两种并非常人能立刻感受到的空间观念，非欧几何的弯曲空间概念，以及更重要的，空间的更高的第四向度，是现代艺术发展的核心。空间第四向度的可能性意味着我们的世界有可能只是一种更高向度存在的一个阴影或切面，这种彻底反传统的理念引发了20世纪初期一系列艺术家的激烈的创新行为，包括法国立体派、意大利未来派、荷兰风格派、欧美超现实主义，以及Marcel Duchamp、Max Weber和Kazimir Malevich等。爱因斯坦的相对论和以玻尔为代表的量子论是上述全新艺术创新背后的主要推动力，而到20世纪五六十年代艺术创作中第四向度的复兴观念则又与现代物理学中最新的弦论及其引申而成的十或十一向度宇宙及计算机虚拟图像密切相关。

1993年耶鲁大学出版社和美国开放大学联合出版了Briony Fer, David Batchelor和Paul Wood合著的《Realism, Rationalism, Surrealism: Art between the Wars》这部力图解答现代艺术研究中

最受争议问题的著作，其核心即艺术与科学的关系。具体表现为法国艺术中的“自由与秩序”，涉及“巴黎学派”中的纯粹主义、达达主义和早期超现实主义；欧洲的“结构主义的语言”，涉及苏联前卫艺术及同时期德国和法国的结构主义艺术思潮；欧美的“超现实主义、神秘主义和心理分析”，涉及弗洛伊德学说和超现实主义杂志等方面；以及“现实主义与现实”，涉及现实的多重含义和前卫艺术在苏联官方艺术中的地位等诸多问题，彰显艺术与科学的多样化融合对两次世界大战之间欧美现代艺术的决定性影响。

法国艺术史家Eliane Strosberg多年研究艺术与科学的关系并在1999年由Abbeville出版社出版其著作《Art and Science》。自远古时期，艺术与科学之间的对话始终相互塑造着对方，从工程学到医学，艺术家们时常成为其先驱人物，与此同时，科学家们则以其发现和发明决定性地影响着我们的视觉文化。通观人类历史，科学和艺术大都反映着类似的价值观，并运用并列而相对应的工具和方法。现当代的艺术家和科学家更是被各自领域的成就相互启发着，当艺术家们着迷于原子结构、大爆炸模式和DNA时，科学家们试图用“蕴含着逻辑之美”的图形来解释其理论。《Art and Science》聚集于科学和艺术两大领域最引人入胜的交集状态：科学如何塑造建筑？数学原理如何影响装饰设计模式？感知学的发现如何左右绘画的发展？以及物理学的发现如何引导从音乐到电影等表演艺术的进程？另一位法国著名学者Pierre Francastel则早在1956年即出版其专著《Art et technique au Xixe et Xxe Siecles》，并于2000年由纽约Zone Books出版社出版其英文版《Art & Technology in the Nineteenth and Twentieth Ceuturies》，该著作力图探讨技术和艺术之间错综复杂的细腻关系，并重点考虑现代建筑和设计方面的实例，从中论述其核心问题：即人类社会传统的象征活动与19世纪出现的前所未有的技术与工业能力及其造型之间所产生的历史性冲突。对现代艺术史、建筑史和设计史而言，Francastel的论点更多关注于美学和技术层面内在且移动的相互交织，具有非常独特的学术意义。

2001年英国学者阿瑟·米勒（Arthur I. Miller）出版《Einstein, Picasso: Space, Time, and the Beauty that Causes Havoc》（上海世纪出版集团2006年出版方在庆、伍梅红译《爱因斯坦、毕加索——空间、时间和动人心魄之美》），这是一部关于两位大师的平行传记，并集中描述其年轻时取得的伟大成就：爱因斯坦的狭义相对论和毕加索那幅将艺术引入20世纪的作品《亚威农少女》。米勒在书中详细描绘了两位青年天才如何在周边世界的影响中生活和工作，如照相术、电影，当时的前沿科学及著名科学家兼哲学家庞加莱的影响等都在《亚威农少女》中有所显示；而爱因斯坦虽然与大学老师格格不入，却钟爱音乐和绘画，同时与几位数学家朋友交往密切。20世纪两个最具原创性的心灵，几乎同时在颇为相似的氛围中，经历其最伟大的创造时期。2006年，研究达·芬奇的世界级专家马丁·肯普（Martin Kemp）出版《Seen,Unseen——Art, Science & Intuition from Leonardo to the Hubble Telescope》（上海科学技术文献出版社2011年出版郭锦辉译《看得见的·看不见的：艺术、科学和直觉——从达·芬奇到哈勃望远镜》），本书并非单纯的艺术史或科技史，而是集中探讨艺术和科学中反复出现的主题内涵，它们反映出“结构知觉”在看得见的和看不见的自然界中的应用。作者从文艺复兴时期出发，探讨视觉艺术的历史结点：浪漫主义时期肖像画中体现的物力论和反映出来的精神特质；19世纪艺术反映的抽象形态和创新模式对人们想象力的激发；现代艺术中的多元性和工艺性，使意象呈现出多层次表达；而当代信息技术的推波助澜，使得我们推广诸多意象的能力更加提高。肯普教授在回溯从达·芬奇到哈勃望远镜的历史的过程中，重点探讨了空间处理和空间坐标的持久性，部分和整体的关系，几何学的性质，有序和混沌体系，照相机的应用，保真及早期摄影的客观性，对于微观世界的印象化：粒子跟踪、费曼图及医学扫描等。作者跳出严格的科学分界和艺术分类的束缚，重新审视一些常见的主题，也借此呼吁视觉艺术史研究中需要更多的自由和更深入的洞见。

如果说前述各位学者的论著主要讲述科学和技术对艺术的影响，那么美国青年科学家乔纳·莱勒（Jonah Lehrer）则重点研究艺术家对现代科学的卓越预见。莱勒在哥伦比亚大学主修神经学并在诺贝尔奖学者Eric Kandel的实验室中做过有关记忆的生物学研究实验。Lehrer于2007年出版《Proust Was A Neuroscientist》并立刻引起全球性轰动，笔者5年前在芬兰购得该书并迅速读完，随后被莱勒对艺术与科学的全新解读深深吸引。2014年，浙江人民出版社出版庄云路译《普鲁斯特是个神经学家：艺术与科学的交融》，终于将莱勒的研究引入中文世界。该书从现代科学的角度，对八位世界著名的文学家、画家、音乐家和厨师进行了重新解读，发现某些艺术大师总能以其敏锐的直觉和整体观察能力，抢在科学家的前面，对世界的某些现象提出超越时代的独到看法。这些看法往往颠覆更老的科学见解，例如简单的还原主义和决定论。莱勒的研究引导人们重新审视艺术家及其工作，同时也启发当代艺术家们关注科学发展的方向和潜能。

哈佛大学出版社2011年出版的Hans Belting著《Florence and Baghdad: Renaissance Art and Arab Science》是关于艺术与科学研究的最新成果之一，它让人们以更开放的视野来关注文化交流在艺术与科学研究中的决定性作用。众所周知，文艺复兴绘画中科学透视法的运用是人类观看史中的一场革命，从而使艺术家能从观看者的角度描绘这个世界。然而，这一改变西方艺术发展进程的透视理论却并非西方本土所有，而是在公元11世纪由巴格达的数学家Ibn al Haithan发明的，作者Belting是专长于中世纪文艺复兴和当代艺术的著名史学家和理论家。他用视觉交互的隐喻方式讲述了科学与艺术之间，阿拉伯时代的巴格达和文艺复兴时的佛罗伦萨之间的历史性碰撞，以及这种碰撞对西方文化所造成的持久性的影响。借助于丰富的史料，Belting研究了关于透视的双重历史，即发展于中东的建立在几何抽象基础上的视觉理论和发展于欧洲的图像理论。几何的抽象如何能够被感知成绘画的理论？当西方沉睡于宗教至上的中世纪时，能够摆脱宗教束缚的阿拉伯数学家已发明了透视理论。当这种理论传到西方时，欧洲的艺术家则用人的视界作为这种透视理论的焦点从而引发文艺复兴时代的艺术革命。而在伊斯兰世界，神学观念与视觉艺术过于紧密地纠缠，因此透视的科学不能成为伊斯兰艺术的基石。《Florence and Baghdad》在研究文化交流的具体过程的同时也提出美学和数学之外发人深省的问题：当穆斯林和基督徒相遇时，他们如何审视对方的文化特质并反思自己的文化传统呢？事实上，中国的诸多古代发明如指南针、印刷术和火药等，在与西方交流中也遇到与阿拉伯的透视法同样的命运，耐人寻味并值得更加深入而广泛的文化对比研究。

最近几年欧美对“艺术与科学”这一主题的研究呈现两个趋势，其一是拓展研究的视野，从相对单纯的绘画与自然科学的互动延伸至传媒及宣传艺术领域；其二是对传统视觉艺术如绘画的更加深入的研究。前者的代表作是美国文化评论家弗吉尼娅·波斯特莱尔（Virginia Postrel）出版于2013年的《The Power of Glamour: Longing and the Art of Visual Persuasion》（中信出版集团2016年出版高洁译《魅力史：激发欲望与视觉征服的艺术》），为何画报上的模特儿魅力逼人？为何橱窗里的商品让人着迷？为何电影中的科幻之旅令人神往？波斯特莱尔在该书中以开阔视角看待艺术与科学和技术的关系，进而分析艺术绘画、宣传海报、电视广告及电影场景中的魅力元素，追溯魅力的演变历程，深刻探究让一个人、一个物体或某种体验充满魅力的特质。作者指出，魅力时而微妙时而决定性地影响着我们的决策及行动，它作用于人类社会尤其是商业活动的方方面面，最终力图让我们达到一种完美而理想化的境界。后者的代表作则是耶鲁大学出版社2016年出版的Leonardo Folgarait著《Painting 1909：Pablo Picasso, Gertrude Stein, Henri Bergson, Comics, Albert Einstein, and Anarchy》。该书源自20世纪首席艺术家毕加索在1909年进行的一系列风格鲜明的艺术实验及其对现代艺术的强烈影响，并进而深入检视毕加索的早期艺术探险与那个时代更大范围的人类智力发展框架的关系，尤其关注Gertrude Stein的写作，Henri Bergson的哲学，爱因斯坦的理论，以及美国连环画在毕加索独特艺术风格建设中的作用。Folgarait的研究依托多学科跨界视野，聚集当时欧洲社会在“艺术与科学”领域展现出的更大的创新主题，如何感知？如何写作？如何用视觉手法表现一种迅速现代化的文化？作者对毕加索的新型研究对建构现代艺术的成因提出一种新的见解，使人们可以更加理性地理解毕加索如何走向立体主义，并最终引导现代艺术向绝对抽象主义发展。

如果说20世纪对“艺术与科学”这一主题进行研究的主要是艺术史家和文化及传媒学者的话，那么21世纪则看到更多的科学家介入，并由此拓展和深化这个跨界研究领域。2012年，英国Bloomsburg出版公司出版新泽西工学院哲学与音乐教授David Rothenberg的新著《Survival of the Beautiful: Art, Science and Evolution》，该书的写作源自达尔文对孔雀之美的赞叹，以及赞叹之余的遗憾，即适者生存的进化论无法解释大自然为何如此美丽。Rothenberg试图对进化中美、艺术和文化的交织进行一种全新的检视，借助于达尔文所观察到的动物所具有的一种自然美感，作为哲学家和音乐家的Rothenberg在该书中研究了为什么包括人类在内的动物，对美感有一种内在的鉴赏，以及大自然为何如此之美。现任麻省理工学院教授、2004年诺贝尔物理学奖得主Frank Wilczek多年来一直关注大自然的深层设计问题，早在1989年即已出版《Longing for the Harmonies》一书，随后又出版了《The lightness of Being》和《Fantastic Realities》等著作，然后在2015年出版了新著《A Beautiful Questions: Finding Nature's Deep Design》。在人类历史上，无数艺术家和科学家都会问这样一个永恒且美妙的"问题"：这个世界是一件艺术品吗？Willczek坚信美是整个宇宙的基本组织原则，因此宇宙中充满美的形式而且其基本特征是对称、和谐、平衡和比例，对美的渴望永远都是科学探索的核心。Wilczek的研究跨度从古希腊直到今天，从有限到无限，细心梳理人类关于美和艺术的想法是如何与我们对世界的科学理解交织在一起的，其间尤其关注毕达哥拉斯的三角形，柏拉图的正多面体，牛顿的经典方程，直到爱因斯坦的万能公式，最终告诉我们：主宰原子和光的公式与说明乐器和声音的公式几乎是同一套系统；而构成世间万物的亚原子结构是由最简单的几何对称所决定的。Wilczek因此坚信，宇宙自身希望成为美的化身。

科学家们对"艺术与科学"的研究一方面引导着人们对艺术的深层分析，另一方面也开始左右当代艺术的发展方向，同时也对当代建筑和设计实践产生了广泛而深刻的影响，例如对视觉的生物学原理的研究，对大脑与视错觉关系的研究，对心理学和共感设计的研究等，都对当代的艺术与科学和建筑与设计产生了决定性影响。

哈佛医学院的神经生物学教授Margaret Livingstone是研究视觉生物学的权威并于2002年出版《Vision and Art: The Biology of Seeing》，出版后立刻成为全球研究艺术与生物学关系的基石。该书由诺贝尔奖得主David Hubel作序，序中表达了如下愿景："将来，视觉神经生物学一定会在多方面提升艺术，就像很多世纪以来人类关于骨骼和肌肉的知识提高了艺术家描绘人体的能力一样。”为了在某种意义上完成Hubel教授的愿景，Livingstone又用十多年时间对该著作进行了扩展和改写，并在2014年再版。该书的核心内容就是展示艺术家时常能发现如何充分利用大脑运作视觉信息的模式，并为此从科学史和她自己的研究中提取完整的关于视觉生物学的内容。作者令人信服地解释眼睛和大脑如何将光的波长转化为我们周围万物的形状和色彩，而后不断介入艺术和科学相互交融的历史片断中，从《蒙娜丽莎》的退晕法到印象派的点彩效果，从中揭示出为什么这些伟大的发明发现能够提升艺术创作的魅力，并进一步探索视觉系统在绘画、摄影、电视和计算机屏幕上的新的可能性。作者以自己多年的科学实验为基础，绘制出精美的图示来展现我们的视觉系统如何将光转化为环境信息，展现视网膜细胞密码如何与大脑互动，展现艺术家如何借助视觉技术创造图像深度和运动的感受。作者对艺术与科学的这种理性研究为艺术家和设计师提供了新鲜的创作灵感，扩大了人们对艺术和设计创意的知觉范畴。

2011年美国国家地理协会出版了麦可·史威尼（M. S. Sweeney）著《Brainworks》一书（电子工业出版社2015年出版郑方逸译中文版《大脑骗局：神经科学告诉你，为什么你的眼睛、你的思想、你的自我老爱欺骗你?》），用系统的科学论述来破解视觉假象、记忆扭曲、认知偏差等各种最常见的心智陷阱，同时也对艺术作品中的幻象和视错觉进行科学解读。该书以精细的图解和清晰易懂的文字，引导读者探索人脑运作和视觉感知的科学原理，通过精心设计的幻象及视错觉作品，让你看清人类心智的盲点，从而欣赏艺术作品的创造力、趣味性和多样性，以及在社会生活中的益智功能。

共感设计是人类进入21世纪之后开始引起建筑界、设计界、艺术界和企业界重视的设计科学门类，芬兰建筑大师尤哈尼·帕拉斯玛（Juhani Pallasmaa）曾经出版过《The Eyes of the Skin》《The Thinking Hands》和《The Embodied Images》（其中《The Eyes of the Skin》已由中国建筑工业出版社2016年出版，刘星、任丛丛译《肌肤之目：建筑与感官》）作为共感设计的子课题研究。当中国的城市日益成为没有人情味的混凝土森林，当中国乡镇大量充满文化记忆的老住宅与老空间被不断拆毁，我们开始更加迫切地呼吁和需要共感设计。2013年，瑞士著名的Birkkhauser出版社隆重推出由Michael Haverkamp精心著述的《Synesthetic Design: Handbook For A Multisensory Approach》，这是迄今为止最完整的当代共感设计百科全书。共感设计可以广泛运用于人类设计的全部领域，对任何设计而言，无论是建筑、室内、家具还是工业设计产品，无论大到飞机还是小到门把手，共感设计要求系统考虑并设计使用者所有的感官知觉。共感设计需要融合生理学、心理学和神经科学诸多学科的知识，并时刻关注各种新材料的介入和使用，由此为设计师和艺术家们提供无限的创作机缘。

13 设计：人类的本性

中信出版社2012年出版了亨利·波卓斯基（Henry Petroski）著，王芊、马晓飞、丁岩译《设计：人类的本性》，该书原版名为《To Engineer Is Human》，初版于1982年，并不断再版，对世界影响很大。波卓斯基是美国杜克大学教授，长年研究从设计角度分析工程事故，《设计：人类的本性》的原著全名即《To Engineer Is Human: The Role of Failure in Successful Design》。波卓斯基除了为《American Scientists》等杂志撰写大量工程设计与文化研究方面的文章外，也出版过十几种著作，如《The Pencil:

A History of Design and Circumstance》《Beyond Engineering: Essays and other Attemps to Figure without Equations》《The Evolution of Useful Things》《The Essential Engineer: Why Science Alone Will not Solve Our Global Problems》等。在《设计：人类的本性》中，作者通过大量成功与失败的设计案例，不断追问设计的本质是什么？为什么设计？如何设计？作者认为是由无数的假设或者说选择组成的，永远都有出现失误的可能。设计师既要努力掌握多学科的知识，又要学会关注细节，同时善于在成功中警惕失败的可能，更会对出现的失败做出详尽的分析和研究，以期提出新的更适合的或日趋完善的设计。

各国设计师和学者对设计的理解永远不会完全一样，但都不会偏离功能。如丹麦设计史学者Per Mollerup在1986年出版的《Design for Life》中以全球化的视野探求设计的含义，呼吁人们更多关注日常万物背后的功能意义，而不仅仅迷恋于其表面的美感。Mollerup强调好的设计一定来自于对使用目的的尊重，不管该设计是用于日常操作还是装饰鉴赏，并在该书最后提出其最重要的关于设计的论点：人类时刻被自己创造的设计物品塑造着。

苹果前首席设计师罗伯特·布伦纳（Robert Brunner）前几年与斯图尔特·埃默里（Stewart Emery）和拉斯·霍尔（Russ Hall）合著了一本书《Do You Matter? How Great Design Will Make People Love Your Company》并于2009年由Pearson Education公司出版，该书2012年由中国人民大学出版社出版，廖芳谊、李玮译《至关重要的设计：伟大的设计如何俘获人心》。该书强调设计就是有意识地经营你与顾客之间的互动点，真正的好设计如同空气一样……提倡以设计指导制造，而不是以制造指导设计。长期以来，我们几乎都是一边倒地强调设计师要关注市场，要研究并追随消费者的喜好潮流，但苹果的成功告诉大家，设计师也可以引领和全面创造潮流，伟大的设计并非为了设计而设计，而是研究整体用户体验并进而创造出引领时尚的新产品，用户体验的重要性远远超过单纯的设计，而设计师的职责具有明确的两面性：一方面研究并迎合市场的普遍需求，另一方面则是深刻了解用户体验，从而创造新品类。这两方面的研究和设计是无止境的，因为人类的生活模式和工作需求是多样化的，设计的类别和细节是变幻无穷的，大到飞机，有成千上万的零部件需要分别设计，小到座椅，同样有无穷尽的模式和材料可以选择和变通。

最近看到三本关于飞机的发明和设计的书，立刻被人类非凡的创造力和想象力所感染，更被人类细致入微的设计能力所折服。第一本是英国Adam & Charles Black出版社1963年出版的Henry Thomas著《The Wright Brothers》，第二本是美国Henry Holt出版公司2001年出版的Douglas Botting著《Dr. Eckener's Dream Machine: The Great Zeppelin and the Dawn of Air Travel》，第三本是英国Simon & Schuster出版社2015年出版的David Mccullough著《The Wright Brothers: The Dramatic Story Behind the Legend》。当今社会，已有很多人在同一天的生活节奏是早餐在北京，中餐在上海，晚餐则在广州，信息时代的这种生活和工作节奏其背后的关键支撑力量就是飞机的发明及商业应用。从达·芬奇对鸟的观察研究而引发的最早的飞机设计到美国Wright兄弟驾机飞行再到当今商用飞机已成为日常交通工具，人类经历了五百多年的设计探索，其间经历无数次的设计选择以决定正确的或者合适的设计方向。其中最重要的两次，一次是一百年前飞机与飞艇之间的选择，另一次是最近协和式超音速飞机与喷气式飞机的选择，每一次选择都伴随着巨大的灾难，正如Petroski所说，许多伟大的设计都是在灾难的基础上诞生的。

就设计产品而言，家具是人类最古老的伴侣，而座椅更是家具中的王者，古今中外，历朝历代，座椅都是其物质文化的表征因素之一。瑞士建筑师Gilbert Frey教授1992年出版《The Modern Chair: 1850 to Today》，随后英国设计史家Charlotte & Peter Fiell编著《1000 Chais》并于1997年由德国Taschen出版，从中可以看到人类座椅在现代社会的发展状况，首先从材料上，千百年来以实木为主的座椅在19世纪中叶终于转化为弯曲材料，而包豪斯的前卫设计理念又引入钢管及其他金属材料，而后是阿尔托发明层压胶合板，接着人类发明玻璃钢等合成材料，从而使人类的座椅设计步入千姿百态、变幻无穷的岁月。人类为什么不断地需求新的座椅？“设计是人类的本性”固然是一个方面，另一方面，诚如芬兰设计大师库卡波罗所言：人类的另一个天性是求新，尽管我们已有如此多的经典座椅，但人类求新的天性依然不断地呼唤新的设计，即使其中的绝大多数很快会被时代所淘汰，却总会有少量经典流传下来。

对座椅的研究是无止境的，这些研究的成果又引领着座椅设计的新的面貌。1998年，著名设计史家Galen Cranz出版《The Chair: Rethinking Culture, Body, and Design》，以非常实在的功能主义态度重新审视现代设计宝库中的那批建筑大师所设计的经典座椅，包括密斯、布劳耶尔、柯布西耶等，最终发现它们都存在生态学和人体工程学方面的问题。2011年，英国金斯顿大学设计史教授Anne Massey出版《Chair》，再次追本溯源地论述人类的座椅。作者从设计和艺术的角度，从大众文化和公众体验的方面，以及从信息时代新时尚的呼唤，来论述座椅与人类的关系，与社会的关系，以及与时尚潮流的关系。人类社会对座椅的收藏几乎是一种自然行为，如北京故宫实际上是人类有史以来最大的家具收藏馆，当然它只是收藏中国明清家具。现代家具的收藏仍然集中在欧美，除了欧美各国设计博物馆收藏的现代家具外，许多大学都建立了自己独特的家具尤其是座椅收藏，而民间的私人家具收藏更是数不胜数。笔者近年时常去哥本哈根的皇家艺术学院，其中的座椅收藏馆令人流连忘返，丹麦现代诸位大师的经典杰作，尤其是他们当年亲手制作的样品模型，令人脑洞大开。山东画报出版社2011年出版的奥塔卡·迈塞尔（Otakar Macel），桑德·沃尔特曼（Sander Woertman）和卡劳特·凡·维基克（Charlotte Van Wijk）著，屈丽娜译《坐设计：椅子创意世界》则充分展示了荷兰Delft科技大学建筑学院博物馆收藏的近三百件座椅，再次充分显示出欧洲对座椅设计的重视和研究兴趣，以及由来已久的收藏传统。

第二次世界大战后，随着日本经济的迅速恢复，日本学者开始加入现代家具研究和收藏的行列并取得众多研究成果，这也是日本在第二次世界大战后快速成为设计强国的原因。日本的家具收藏有三种模式，即博物馆收藏、大学收藏及个人收藏，每种模式都伴随着各种各样的展览、设计竞赛和学术研究。2002年，由岛崎信教授主持的武藏野美术大学现代座椅博物馆举行盛大展览及国际学术研讨会，并出版专著《近代椅子学事始》（The New Theory and Basics of the Modern Chair），列出中国明式椅、英国温莎椅、美国萨克椅和奥地利图耐特椅作为现代座椅的四大渊源鼻祖。日本自身在传统生活中因长期席地而坐并没有座椅设计传统，但进入现代社会的日本却立刻潜心研究和学习世界上最优秀的座椅传统并逐渐转化为日本当代设计的因子。日本学者对以丹麦和芬兰为代表的北欧座椅情有独钟，其中最典型和最著名的是织田宪嗣教授就收藏有上千件北欧设计大师的座椅，他同时广泛研究其他博物馆的多种收藏实例，最终于2007年出版其巨著《名作椅子大全》（The Illustrted Encyc lopedia of Chairs）。德国著名的Hatje Cantz出版社2014年出版Per H. Hansen著《Finn Juhl and His House》，全方位展现丹麦设计大师Juhl的座椅设计的魅力，其中强烈的东方设计情绪是其受到日本民众钟爱的重要因素，出于同样的缘由，丹麦其他设计大师如瓦格纳、莫根森和芬兰设计大师阿尔托、库卡波罗的作品都在日本市场和学术收藏界经久不衰，广受喜爱。继日本之后，中国台湾有一批学者专家加入北欧家具的收藏及研究阵营，并出版其相关研究成果，如台湾三采文化出版公司2011年出版林东阳著《名椅好坐一辈子：看懂北欧大师经典设计》。中国大陆改革开放三十多年来家具产业在规模上迅速成为全球第一，但质量上仍是山寨为主，设计上更是鲜有创意，其重要原因之一就是中国大陆除了北京以传统明清家具收藏之外，至今尚未建立起博物馆、大学及个人三位一体的关于现代设计、现代家具和座椅的系统收藏，并因此缺乏真正且深入的学术研究，从而导致中国的设计教育大都流于空泛，企业的家具生产依然以模仿为主，至今拿不出中国的真正原创设计品牌。可喜的是，最近有一大批中国高校建筑和设计学院的教师及设计公司的老板们开始逐步认识到设计收藏的重要性，最轰动的就是中国美术学院建立包豪斯博物馆并直接从德国购入系统藏品，而上海联创国际建筑设计集团董事长薄曦则是中国当前民间收藏现代座椅的代表，随着中国大规模建设高潮趋向平衡，薄曦意识到家具及工业设计的极端重要性，与芬兰、丹麦等北欧多家建筑事务所的多年合作更使其对北欧家具一往情深，于是在2015年成立“尖叫设计”平台专门推广北欧家具和产品，同时建立个人家具收藏，目前已收藏北欧设计大师座椅四百余件，并与上海杨浦区政府达成协议，合作建立一座现代家具博物馆。

设计具有非常明确而强烈的民族性，并因此使得世界各国的设计呈现千姿百态的面貌。进入现代社会之后，工业化最大程度上扩大了世界各民族的全方位交流，而信息化则将世界变成地球村，越来越多的产品成为世界的品牌，但即便如此，各国的设计永远都会或多或少地保持各自的民族特征，并因此使设计文化多元化，从而延展并加强人类设计的生命力。

以欧洲为例，东欧和西欧的设计发展极不平衡，北欧和南欧的设计风格各有千秋，即便是相邻的德国和瑞士，其设计文化亦不相同。德国制造是当今世界最大的品牌之一，以规模大、质量精、信誉好而闻名于世，国内已出版大量关于德国设计文化的专著，如三联书店2009年出版李蕙蓁、谢统胜著《德意志制造：现代主义的原型，便利生活的创造者》；重庆出版社2015年出版华璐、沈慈晨著《德国制造：一个国家品牌如何跑赢时间》；社会科学文献出版社2015年出版特亚·多恩（Thea Dorn）和里夏德·瓦格纳（Richard Wagner）著，丁娜等译《德意志之魂》。与经历多次战争洗礼的德国相比，数百年保持中立的瑞士在设计文化方面追求的同样是平稳而高质量的风格，当欧洲各国在不同设计风格之间选择和变化时，瑞士一如既往地提倡“好设计”理念，使整个国家的设计水准始终保持在非常高的层面，虽然鲜有轰动全球、令人眼花缭乱的设计明星及其炫目产品，但瑞士产品的高雅、高质量、高耐久性成为其国家设计品牌的标签，笔者10多年前曾主持翻译阿瑟·鲁格（Arthur Riiegg）主编的《Swiss Furniture and Interiors in the 20th Century》(中国建筑工业出版社2010年出版《瑞士室内与家具设计百年》)，深深地被其极其严谨的设计品质所吸引。最近，瑞士著名的Lars Müller出版社出版了苏黎世设计博物馆研究系列丛书，包括《100 Years of Swiss Design》和《100 Year of Swiss Graphic Design》等，从中可以更深刻地体会瑞士设计内敛、低调、高雅、严谨的品质。

再以北欧为例。改革开放几十年后的中国已很少有人再提“欧式”风格之类在改革开放之初时常听到的“俗语”，因为大家都开始明白欧洲几十个国家，其实都有不同的生活风格、文化风格、建筑风格和设计风格，如上文所引举的德国和瑞士，更不用说风格各不相同的英国、法国、意大利、西班牙等。可是北欧风格对全世界欧洲之外的人而言，依然如同一个国家的风格，并与民主、生态、淡雅、内敛密切相关。以北欧设计而言，它往往与意大利设计、美国设计相比对，代表一种最初是非主流却渐渐发展为主流的生态设计理想和地域主义文化。然而，北欧所包含的四个国家的设计风格却又各自和而不同，各具特色，其中丹麦、瑞典和挪威都是王国，因此都保持着欧洲传统上延续至今的皇家文化传统，一方面拥抱现代化和高科技，另一方面又内敛而保守，无论是建筑、家具还是工业设计，它们都更多地从传统文脉获取灵感，同时加入最前沿科技发展的信息，由此产生实用、温馨而优雅的设计品味。而芬兰作为北欧四国中唯一的共和国，由于摆脱了皇家体制带来的传统文化的束缚，其设计创意因此得以最大程度的发挥，就建筑、家具和工业设计诸领域而言，芬兰以偏居一隅的小国身份为世界贡献出萨里宁、阿尔托、威卡拉、凯·弗兰克、阿尼奥和库卡波罗等一大批划时代的设计天才。1990年，时任芬兰设计学会主席的Tapio Periainen教授出版《Soul in Design: Finland as An Example》，对芬兰的设计产品和设计语言进行研究和归纳，认为芬兰严酷的天气养成芬兰设计的严谨和高品质，而冬夏阳光的强烈对比又带来芬兰设计的创新与浪漫品格，并因此与丹麦、瑞典和挪威的设计都有所不同。笔者在芬兰留学和工作期间，陆续写作完成几本关于芬兰设计的专著，如中国建筑工业出版社2002年出版的《芬兰现代家具》和北京理工大学出版社2004年出版的《芬兰当代设计》(笔者与蔡军共同主编)，力图对芬兰设计的深层结构进行分析，芬兰人旺盛的创新能力与其对自然的珍爱有一种天然的结合，其结果是一方面芬兰的高科技竞争力多年位居北欧首位，更稳居世界前十，在最新的由美国公布的全球综合科技实力排名中，芬兰名列第六，仅次于美、英、日、法、德五大国；而另一方面芬兰又以其创意先导的设计理念和设计产品使芬兰成为全球最宜居的国家，并拥有诸多全球第一，如政府廉政第一、教育第一、图书馆第一等。2012年，由芬兰著名设计教育家Yrjo Sotamaa教授主持的

RDW（Radical Design Week）出版《Welcome to Finnish Design Thinking》，对芬兰的创新设计能力和高科技竞争力作了相应介绍。总的来说，北欧设计中的芬兰、丹麦、瑞典、挪威各有千秋，但都时刻固守相同的设计灵魂，即坚定不移的生态设计原则，细致入微的人体工程学，基于经济学原则的旺盛的创新意识和与大自然共荣的美学追求。

14 现代建筑与设计中的自然灵感和博物学源流

美国设计学教授Christopher Williams多年研究设计理论，并曾出版专著《Craftsman of Necessity》。2013年，他出版其重要著作《Origins of Form: The Shape of Natural and Man-made Things——Why They Came to Be the Way They Are and How They Change》，该书2015年由台湾城邦文化事业公司脸谱出版社出版，甘锡安译《形式的起源：万物形式演变之谜，自然物和人造物的设计美学及科学探索》。世间万物都有其形式的成因和变迁发展的故事，我们透过“形式”的演化，可以看到一切事物都有其关联性，古往今来，人类在建筑和日常设计中永远离不开自然灵感和博物学渊源。锻铁与茂盛生长的树有相似之处，铁桥构架与兀鹰中空的翅骨相仿，而植物叶片生长的形式与鹿角的曲线形状相近。Williams教授这部著作以“形式”为中心，探索万物形式的根源和演化，涵盖领域包括现代设计理论、力学、结构和材料领域、地质学、生物学、人类学、古生物学和形态学等，从而使我们对历代建筑与设计的来龙去脉有更理性的了解。

中国大陆出版界近年来也在不断推介有关大自然结构系统的

科普和科学专著。2009年，中国发展出版社出版英国著名艺术史家特奥多·安德烈·库克著，周秋麟、陈品健译《生命的曲线》，该书的英文初版《The Curves of Life》于1914年面世，是一部诠释螺旋结构及其在自然生命、科学和艺术中的应用的经典，以博物学的方法，专门讨论了螺旋现象，涉及贝类螺旋壳体、植物左右旋、时序排列、攀缘植物茎蔓旋转、兽角螺线、人体螺旋、建筑螺旋及左撇子等，生命的曲线是一种真正的科学与艺术的融合。库克教授的研究表明，曲线是世界和生命存在、运行和进化的基本形态，从宇宙大爆炸形成的涡旋星云，到构成生命的DNA、人体骨骼、贝类、植物、兽角等无不呈现曲线；建筑、设计、绘画、雕塑、舞蹈等无不充满曲线。没有曲线，既没有合理的结构，也没有美妙的造型。即使在情感世界中，如果将喜怒哀乐绘制成线条，也一定是高低错落、逶迤悠长的曲线；而思维的世界更是由“波浪式前进、螺旋式上升”的模式所主宰。在这条永恒的曲线上，走来了阿基米德、菲狄亚斯、达·芬奇、丢勒、歌德、洪堡、达尔文和爱因斯坦等一代代科学大师和艺术巨匠；沿着这条曲线，矗立着中国太极图、古罗马万神庙、印度泰姬陵和悉尼歌剧院等人间艺术与设计奇葩；与此同时，在这条曲线上还排列着植物时序图、元素周期表、黄金分割率、人体比例图和费氏级数等自然规律和宇宙法则。

德国科学家弗里德里希·克拉默（Friedrich Cramer）长年研究大自然中的形式动力学、艺术的混沌和时间的秩序等课题，并于1988年出版《Chaos and Order: The Complex Structure of Living Systems》，该书由上海世纪出版集团于2010年出版柯志阳、吴彤译《混沌与秩序：生物系统的复杂结构》。克拉默教授在书中系统地探究了耗散结构理论、超循环理论、混沌理论和突变论等自组织理论，剖析了生命结构的序列与混沌，基因治疗的可行性，物种进化和生物进化主义，树与闪电的相似形态，以及天体结构、分形学、大爆炸、衰老与死亡等，由此建立事物的根本复杂性的概念及相关理论，并从某种意义上回答“生命是什么”的重大问题。

混沌是研究自然界非线性系统内部随机性所具有规律的科学，而分形理论是与混沌紧密联系的一门新兴学科，它研究非线性系统内部的确定性与随机性之间的关系，对自然界中普遍存在的混沌与秩序进行科学总结。当今世界对混沌与分形的研究和应用已经涉及自然科学和社会科学的几乎所有领域，它们不仅在图像数据压缩编码、生物信息学、自动控制等方面具有重要的应用前景，而且可以为建筑、设计和艺术创造提供构思灵感。德国科学家海因茨·奥托·佩特根（Heinz-Otto Peitgen），哈特穆特·于尔根斯（Hartmut J ü rgens）和迪特马尔·绍柏（Dietmar Sanpe）都是研究分形图像和分形科学的专家，他们在1992年合作完成并出版《Chaos and Fractals: New Frontiers of Science》，该书于2004年再版后被引介到中国，2010年由国防工业出版社出版田逢春主译中文版《混沌与分形：科学的新疆界》。

西方博物学发展到今天，其最大的趋势和特征是对大自然和宇宙万物及人类身体与心理构造的深层研究，这种研究是无止境的，因为人类至今都无法确知自身的来龙去脉和宇宙的疆界及运作规律。众多科学家持之以恒地观察和研究大自然和宇宙万物，他们的每一项成果都让我们接近大自然运作和宇宙构筑的规律和原理，并不同程度地运用于建筑、设计及艺术创作的实践中去。

2009年，牛津大学出版社隆重推出英国著名科学兼科普作家Philip Ball的三卷本巨著《Nature’s Patterns: A tapestry In Three Parts》，三个分册分别为《Shapes》《Flow》和《Branches》。Ball教授发现，大自然的模式是由形状、流动和分支这三种形态所组成的三部曲，而大自然本身则是在空间和时间中编织其图案模式从而自我生成的缀锦画。这些模式来自于宇宙中物理的和化学的力量交织对生物和非生物的作用，其结果是永远变化无穷的各种形式的万花筒一样的排列。在第一分册《Shapes》中，作者一边描述“形状”的模式，一边引导我们以新鲜的眼光观察世界，从宇宙万物中检视其中的秩序和形式，从晶体到化学反应模式，再到蝴蝶翅膀和变色龙的皮肤，甚至到整个生态系统。作者对“形状”的探索涉及所有的科学，同时也关注艺术和设计，例如杆菌生物的精美构造和气泡筏的稳定结构。第二分册《Flow》则研究“流动”和运动如何产生规则的形式和布局，从移动的沙丘到湍流中激荡的水波，从升腾烟雾的平缓旋涡到加拿大天鹅群的飞翔弧线，我们能够明确体会运动会产生永远变化中的形式。第三分册《Branches》是作者对“分支”的系统研究，我们很早就知道每一粒雪花都不一样，但它们都拥有六角对称的图案模式。地球上的海岸线，树木的分枝，以及生物和非生物界的大量模式都是分形图案，它们都显示出同样的模式。Ball教授的自然模式三部曲为人们打开一扇明亮的窗，让我们对“自然世界是如何生成的?”这一问题多了一分理解，更增加了一层深思。

2010年，另一位非常独特的英国科学家Gavin Pretor-Pinney在Bloomsbury出版《The Wavewatcher's Companion》这部很另类的科普著作。Pretor-Pinney在英国多年研究云雾现象并牵头成立了The Cloud Appreciation Society,也曾出版过两本关于云雾研究的畅销书《The Cloudspotter's Guide》和《The Cloud Collector's Handbook》。然而有一天，当他坐在海边看云时，却开始被不断冲上沙滩的海浪深深吸引住了，并开始思考这些海浪是如何形成的，并随后发现以海浪为代表的波动现象并非仅存在于海洋当中，而是布满我们的周边环境，与我们的生活息息相关。从光波到声波，从脑电波到激震波，我们身体内部和环绕我们的宇宙万物实际上都是由各种不同形式的波动现象主宰着，如果选择冲浪运动，那么你必须对海浪波动规律有深刻了解，即使在日常生活当中，有时明显有时隐逸，我们都需要观察并融入生活中各种波动系统的形状、色彩和模式当中。

现任美国杜克大学教授的著名热力学家Adrian Bejan从热力学研究入手探索大自然的设计秘诀，已在诸多环节有所突破，如熵的最小化生成、对流的尺度分析、设计的构造规律和大自然的演化等，并出版二十余部学术专著，如《Shape and Structure: From Engineering to Nature》《Constructal Theory of Social Dynamics》《Design with Constructal Theory》《Aduanced Engineering Thermodynamics》，以及《Convection Heat Transfer》。最近，纽约Anchor Books出版社推出Bejan教授与J. Peder Zane合著的《Design In Nature: How the Constructal Law Governs Evolution in Biology, Physics, Technology, and Social Organization》，在这部重要著作中，Bejan研究了大自然中的各种再生模式，如树木、支流、空气流、神经网络和闪电，进而提示出一种简单的物理学原理，即构造规律，并用以解释大自然中各种再生模式的演化成因。世间万物，从有生命的生物界到无生命系统，都会产生某种形状和结构，而后以不断改进的设计进行演化，其目的就是形成流动。河床、心血管系统和闪电都是分别保证水、血和电流进行流动的有效系统，同理，人类的政治团体和社会系统也遵循同样的构造规律，并在运作中不断调整以便更有效地流动。

在大自然众多的构造规律当中，最著名的应该是黄金分割了，古往今来很多专家学者好奇于黄金分割的神奇并进行了许多探索和研究。2005年，德国Evergreen出版社出版了加拿大数学家Priya Hemenway的专著《The Secret Code: The Mysterious Formula That Rules Art, Nature, and Science》，对黄金分割进行系统介绍。黄金分割又称黄金比、神圣比或神圣切割，既可以在植物种子的模式中看到，也可以在埃及金字塔、哥特大教堂、文艺复兴绘画和人体器官中看到。数学家用古希腊字母Φ表示黄金比，而Φ又代表（1+$\sqrt{5}$）/2或1.6180339……它的历史始于古巴比伦黏土板上的计算公式，一直运行到数字化时代的分形理论。黄金比的独特与美是无法用日常语言轻易表达的，它由大自然滋生并由此影响着人类的内在灵魂和判断力，因此已成为人类的艺术、建筑和设计上的美学引导至少2500年之久。通过更进一步观察，我们能看到黄金比的种种变通模式几乎处处可见，如雅典卫城帕特农神庙上的黄金三角形，人类内耳中的黄金螺旋体，玫瑰茎的黄金角度，以及百合花、菊花、松果或人类的DNA中的斐波纳契数列。数千年来的数学发展史就是人类用数字创造种种系统用来观察自然，说明自然并理顺世界的混乱状态，同时还收集关于宇宙和人类自身的信息并建立相应的数据库。2016年，德国另一家出版社Hirmer出版了一本独特的书，名为《Divine Golden Ingenious: The Golden Ratio As a Theory of Everything?》，该书的排版及装帧全部按黄金比布局，1∶1.618的比例贯彻于所有的空间及排版原则，包括使用字母的比例定位。而该书的内容则是请不同领域的专家谈论黄金比的原理及其在不同领域的广泛运用，该书的作者来自不同的职业，包括平面设计师、数学家、哲学家、室内设计师、工业设计师、艺术史学家、建筑师、化学家、文化传媒学者、音乐家、科学史专家、社会学家、心理学家、人类学家、摄影师和图书馆学家等。

国内近年也翻译出版了一批国际专家学者的相关论著，如中国水利水电出版社和知识产权出版社2003年出版美国学者金伯利·伊拉姆著，李乐山译《设计几何学：关于比例与构成的研究》，该书以平实的语言表达晦涩难懂的数学，引导读者进入神奇的几何王国：黄金比、完美螺旋和斐波纳契数列，并从现代设计的大量成功作品中广泛举例，展示设计背后所隐藏的对称、有序和视觉平衡的原理。2013年，机械工业出版社出版美国设计师Maggic Macnab著，樊旺斌译《源于自然的设计：设计中的通用形式和原理》，该书的核心源自一种信念：美，源于自然，大自然是最伟大的设计师。

Macnab通过描述自然、艺术、科学、技术与设计之间的关系，展示一个又一个出人意料的设计案例和原理，从设计师的角度引领读者去领略大自然对美学的馈赠，在发现大自然中无穷无尽的多样性的同时，展现大自然的神工鬼斧，更重要的是，Macnab作为资深设计师，以其亲身体验同时借助其他成功案例，深入阐释了如何将自然之美折射出的通用形式和原理应用到日常设计中。

建筑的发展与自然的关系原本是密不可分的，只是现代建筑和国际式的强势兴起使人们阶段性地时常忘记或忽视大自然对建筑的关键性作用，这种作用不仅是灵感层面上的，更是哲学和生态学层面上的，包豪斯和柯布西耶主导的现代建筑在强调工业化、现代化和破除传统桎梏束缚的同时，无形中也削弱了建筑与大自然的关系；而后，当包豪斯的三位大师格罗皮乌斯、密斯和布劳耶尔去美国建立国际式建筑学派，现代主义建筑更是在很短的时间内风靡全球，直到阿尔托开始提倡并实践地域主义和生态设计，全球的建筑师们才开始重新意识到大自然及生态环境对建筑及城市规划的重要性。第二次世界大战以后，建筑界开始对建筑与自然的关系进行越来越多的学术研究，英国艺术史学家Joseph Rykwert就是最早进行这方面研究的学者之一，并于1972年由MIT出版社推出其经典著作《On Adam's House in Paradise: The Idea of The Primitive Hut in Architectural History》，该书力图对现代建筑追本溯源，从格罗皮乌斯、柯布西耶和路斯到罗斯金和森佩尔，从Laugier和卢梭到Perrault和钱伯斯，从帕拉第奥和哥特教堂到维特鲁威，而后再远溯古希腊和古希伯来的建筑仪式和建筑传统，最后论及古埃及和日本建筑，从中梳理出一条人类建筑发展过程中大自然与社会规则彼此依存的主流线索。

法国建筑学家Norman Crowe长期关注建筑、城市与大自然的关系，并力图在教学和设计实践中强调自然生态因素对设计的关键性作用，最终汇成一部学术著作并由MIT出版社于1995

年出版，即《Nature and The Idea of A Man-Made World: An Investigation Into The Evolutionary Roots of Form and Order In The Built Environment》。Crowe发现在过去一百年里，对于人类的居住环境而言，当城镇的发展取决于开发商和规划部门时，“自然”就被逐渐抛弃了，因此他希望有关部门在意识到“自然”与人为因素各有其发展缘由的同时，能够更多地关注它们之间内在的共同根源，否则我们将会失去一种最根本的生态平衡。Crowe呼吁建立一种关于人工制作和“自然”活动之间关系的理论以期将建成环境视为“自然”的一种形式，这种形式能够保证“自然”的创造性力量同时又维护自身的平衡。

MIT出版社多年来已建立起提倡和推动生态设计研究的传统，因此出版了许多关于自然、生态与建筑关系的专著。1999年，MIT出版社推出美国耶鲁大学艺术史教授George Hersey的著作《The Monumental Impulse: Architecture's Biological Roots》，从生态学和仿生学的角度论述建筑与大自然的密切关系。人类与大自然中其他物种的联系早已是公认的事实，例如人类看到的第一个六边形物体很可能就是蜜蜂巢，最早的摩天楼应该是白蚁窝，而大自然中第一个帐篷可能是非洲蚁的杰作。著名艺术家Hersey在其专著中调研了一系列有关生物科学和建筑艺术的关联，例如，许多自然建筑材料如木材和石灰石都生成于某种生物过程，而更多的建筑装饰则来自植物和动物的主题。Hersey在书中既研究分子和哺乳动物，也检视桥梁和清真寺，从中梳理出自然界的生命组织与物理结构之间的关系。此外，作者还专门讨论昆虫、软体动物和鸟对建筑的启示，并在最后几章提示出建筑形式与生物学再造的内在联系，以及人体的内在成长和生命运作过程对建筑的意义，最终归纳出建筑实际上是一种基于大自然模式的再生、采纳和演化的过程。

意大利当代最重要的建筑史家之一Paolo Portoghesi自20世纪

50年代开始系统调研"建筑与大自然"课题相关的内容，最终形成一部巨著《Nature and Architecture》，该书由意大利最著名的Skira出版社于2000年隆重推出。Portoghesi在该著作中将建筑理解为大自然的形式与规律的神奇再生，并最终组合成城市的人工宇宙。作者的论述从现代艺术对建筑的诱发谈起，以表现主义手法探讨建筑原型的自然根源：柱式、住宅、墙体、大门、庙宇和塔楼等，令人称奇的是，人类历史上各个民族在各个时代的建筑都是由这些原型构成的。作者在书中不仅检视了大自然和建筑形式之间的异同点，而且对自然形式与历史上形成不同文化的建筑特征的思想和观念进行对比研究，其研究并非刻意宣传一种夸大其词的大自然设计灵感，而是充分理解人类的心灵与自然形态的秘密规则所共同归属的一种融合。该书强调生态学在现代设计中的核心作用，但同时也非常关注科学突飞猛进的发展，从而力图以一种新模式展现建筑的状态，强调延续性和创新性的综合，并以一种新的精神创造"栖息大地的艺术"。

研究建筑与大自然的关系实际上是一个永恒的课题，除了像Portoghesi教授那样以全面的建筑调研为基础进行研究之外，更多的学者选择建筑大师的个案研究，例如英国学者Sarah Menin和Flora Samuel关于柯布西耶和阿尔托的研究就是这类研究的经典案例，英国Routledge出版社于2003年出版了他们的研究成果《Nature and Space: Aalto and Le Corbusier》。这是对现代建筑最伟大的两位代表人物所进行的一种独特的对比研究，通过研究和评估两位建筑大师对待自然的态度并与他们设计作品的创意方向进行对比，该专著力求对现代主义多样性的深层成因提供一种新的理解。通过分析两位建筑大师的个性和哲学理念，著者得以对其关于现代城市生活的观点有更好的理解。与此同时，两位作者通过调研两位建筑大师最经典的作品来分析建筑师将自然引入其建筑核心的意图，以及这种意图在其日常生活和创作活动中的具体表现。著者最终发现，尽管阿尔托和柯布西耶对待自然有很多相似之处，两位建筑大师的内心深处对生态建筑的理解还是有根本的不同，并由此指引着各自建筑学派的不同发展方向。

近二十年来，生态设计、自然设计、生物模仿设计诸种与大自然和博物学传统紧密联系的设计门类和手法成为当今建筑、设计和艺术领域的主旋律，催生了大量的相关研究。2002年，Laurence King出版社出版Ellen Lupton主编的《Skin: Surface, Substance and Design》，该书从世间万物都拥有的皮肤入手，展开对大自然与设计关系的崭新研究。对皮肤或表皮而言，无论其厚还是薄，粗糙还是光滑，密闭还是透空，它们都是我们所能体验的外界和隐藏的内部之间的界限，该书在工业产品、家具、服装、建筑和多媒体诸类设计中提取实例说明表皮设计的深层含义。实际上，在当今建筑界、设计界和艺术界，表皮设计早已成为各种创意的基本表达媒介，也是自然王国与人造社会之间最直接的桥梁。

瑞士苏黎世设计博物馆2007年举办名为《Nature Design: From Inspiration to Innovation》并随后由著名的Lars Muller出版社推出Angeli Sachs主编的同名专著。大自然在人类环境的设计中一直是一种永恒的灵感之源，“自然模式”以其形式、结构和组织原则，不仅启发着广泛的构思和设计过程，而且借助其广泛的造型和功能。该书研究了从18世纪到今天的“自然模式”生成的故事，从设计、建筑、景观、艺术、摄影和科学研究诸领域的全球范围内选取实例，并非简单地描述或模仿大自然，而是将大自然中的种种元素作为设计的起点和灵感的宝库，从而对人与环境的关系有一种和谐的并充满创意的回应。2009年，美国Actar出版社出版哈佛大学设计学院教授Farshid Moussavi主编的《The Function of Form》，该书以哈佛大学多年的设计教学成果来呼应“自然模式”在建筑与设计中的灵感引申和创意生成序列，同时也从更深的层面解读沙利文的名言“形式服从功能”。

《The Function of Form》提出一种建立在重复与变通基础上的新的造型理论，作者建议建筑与设计应该适当偏离长期主导人类与环境关系的本质主义思潮，而代之以更宽泛的物质主义，进而在物质与非物质双方层面都允许构造形式融入目前主宰着我们日益复杂的环境的多样化成因系统。基于这样的思路，建筑与设计中的功能要素就不会局限于单向度的概念化，而是作为一种横向生成过程与不同的影响因素进行交互，并使整个概念的生成模式可以在数学、生物学、博物学和计算机科学的系统中得以兼容。源于大自然的灵感元素，在横向生成过程中通过重复与变通，可以产生新的造型，再与物质主义层面进行系统性结合，即可产生充满创意的解决方案。这种造型理论使造型摆脱了单一的成因、个性和语意，使自己能够在当代文化与个案境况的交织中既保持差异性，又具备多样性的生成系统。

创意大师乔布斯曾经对其传记作家Walter Isaacson说过："21世纪最伟大的创新必将是生物学与技术的融合，一个新的时代将如此展开。"2012年，英国著名出版社Thames & Hudson出版William Myers主编的《Bio Design: Nature, Science, Creativity》，即对乔布斯伟大预言的回应，书中介绍了从食物垃圾中提取纤维，治愈性混凝土，在黑暗中发光的叶子，储存大数据的DNA等，对人类在设计创意方面的前景给予了诸多提示。与此同时，Thames & Hudson出版社也隆重推出当代英国最具创新潜力的青年设计师Thomas Heatherwick的作品专集，成为乔布斯名言的另一注脚。本书开篇即提及Heatherwick设计的"种子圣殿"，该作品作为上海世博会上英国馆的化身，引起全世界的好奇和赞叹，在《Thomas Heatherwick Making》专辑中，该设计师的其他创意也被系统呈现：用电子显微镜设计建筑，为伦敦设计燃料最小化公交车，可以吃的名片，发展一种新型的清真寺，在市中心种植草皮，一分钟生成的建筑形式，以及伦敦奥运会火炬设计。

同样是在2012年，荷兰Frame出版社隆重推出Elodie Ternaux主编的新著《Industry of Nature: Another Approach to Ecology》，其主题是从大自然中获取设计灵感后如何进入设计程序。当今世界，关于生态学和可持续设计是建筑与设计领域最大的显学，相关信息每天都在出版和传播中，材料与技术已成为生态领域最重要的因素，但如何使用它们才是设计创意的关键。大自然本身充满简单而智慧的生态设计行为，《Industry of Nature》一书刻意选取大自然自身发展出来的75种设计策略模式，用以呼应防护、强度、空气动力学和伪装等功能，以及这些模式在当今世界已有的和正在发展的应用。实例之外，该书还与所选择的著名建筑事务所、生态学家、哲学教授、创意总监、著名设计师和市场营销总监等进行对话，从不同角度观察、研究和探讨生态设计的相关问题。当代在全球范围内，生态学与可持续设计的话题永远也无法回避，因此应将其看作伟大的机遇，从而深刻而积极地影响和改变我们的思考和行为方式。

自然灵感、博物学、生态学和生态设计、可持续设计与发展等早已成为当今信息时代全球建筑、设计、艺术和科学研究诸领域的主题话语，“形式服从功能”在慢慢地转向“形式服从自然”，实际上两者应当并存。2015年，瑞士Birkhäuser出版社精心策划并出版Rudolf Finsterwalder主编的《Form Follows Nature: A History of Nature As Model for Design in Engineering, Architecture and Art》。人类从一开始就在诸多方面以自然为样板，大自然对多产的人类而言是巨大的宝库，但同时也是人类需要全身心尊重和爱护的对象，大自然的活力、结构、适应性和多样化是人类社会运作的楷模，古往今来的自然科学家、工程师、建筑师、设计师和艺术家们始终在大自然丰富的灵感宝藏中吸取营养。Finsterwalder教授主编的《Form Follows Nature》就是人类观察自然、学习自然和改造自然的发展简史，该书强调：抄袭大自然是一种丧失重点的江湖骗术，当代建筑师、设计师和艺术家必须明白大自然表象背后的潜在原则，从而在与大自然和谐共处的前提下打造人工环境。

2016年，Thames & Hudson出版社出版Veronika Kapsali著《Biomimetics For Designers》，介绍最近几年世界各地发生的将大自然运作过程与材料应用于人类的真实环境系统的实例，从源自鱼狗嘴造型的子弹尾部设计到受鲨鱼皮启发而生产出来的新型泳装，仿生设计这种模仿生命的自然过程的方法开始为全世界所有领域的设计师提供系统的创新体验。2017年，Laurence king出版社出版英国建筑学者Asterios Agkathidis著《Biomorphic Structures: Architecture Inspired By Nature》，作者以开阔而活跃的视野审视从树叶到水流、从洞穴到晶体形成等自然现象，强调大自然自古以来就是建筑师和设计师的主要灵感源泉。作者随后对大自然元素如何作为设计解决办法的先导因素进行系统检视，并以地理形态、植物、分支系统和动物结构为自然主题展示其在设计案例中如何发挥其引领设计构思的主导作用。

15 动物的建筑

加斯东·巴什拉是20世纪法国重要的科学哲学家、文学评论家和诗人，被认为是法国新科学认识论的奠基人。《空间的诗学》是巴什拉最重要的著作之一，初版于1957年，在当年现代主义后期建筑文化面临窒息的氛围中，该书从现象学和象征主义的角度，对建筑和空间展开了独到的思考和想象。作者认为空间并非填充物体的容器，而是人类意识的居所，建筑学就是栖居的诗学。《空间的诗学》共有十章，其中关于动物的建筑主要集中在第四章“鸟巢”和

第五章“贝壳”中。在第四章，巴什拉引用法国16世纪著名解剖学家安布鲁瓦兹·帕雷在《人的理智和动物》一书中的一段话介绍鸟巢：“所有动物都具有建造巢穴的技巧和手艺，并且它们造得无与伦比的精巧，超过所有的泥水匠、木匠和建筑工人；没有人能够为自己和孩子建造出比这些小动物为自己所造的更精巧的建筑物，以至于我们有一句谚语说，人什么都会做，除了鸟巢。”瑞士当代建筑师赫尔佐格与德梅龙为2008年北京奥运会主场馆设计了“鸟巢”，然而与动物界的鸟巢相比，顿失“栖居诗学”的意念和灵气，人类在建筑方面，还有太多的东西需要向动物的建筑学习。

欧洲自15世纪文艺复兴运动以来，由园林热而引发的强大的博物学传统也导致普通动物学和鸟类学的兴起，关于鸟类学的学术著作和科普读物层出不穷，至今方兴未艾，如美国Gramercy Books出版社1974年初版并多次再版的经典作品《The World Atlas of Birds》，英国Fernwood出版社1996年出版著名鸟类学家Peter Steyn著《Nesting Birds: The Breeding Habits of Southern African Birds》，以及2012年普林斯顿大学出版社隆重推出的Joy M. Kiser著《America's Other Audubon》，介绍与Audubon的名著《Birds of America》具有同等学术价值但却长期被忽视和遗忘的另一部美国鸟类学佳作《Illustrations of the Nests and Eggs of Birds of Ohio》，这部优秀鸟类学作品的产生颇具传奇色彩，它源自1876年美国宾夕法尼亚的世界博览会，当年29岁的业余自然学家和艺术家Genevieve Jones看到Audubon展出的《Birds of America》插图石版画，立刻萌生一个心愿要另著一部关于鸟巢和鸟蛋的作品，以弥补Audubon名作之缺憾。Genevieve的哥哥负责收集鸟巢和鸟蛋，她的父亲愿意承担出版费用，而Genevieve和她的闺蜜则开始学习石版画并绘制鸟巢和鸟蛋，最终成就了这部鸟类学和博物学作品。

当美国人大力发展鸟类学研究时，法国人对昆虫学始终情有独钟，其中最著名也是最重要而且至今在全球范围内都是影响最大的就是亨利·法布尔的巨著《昆虫记》。该书1878年出版第一卷，到1910年完成并出版第10卷，是一部涵跨科学和文学领域的经典巨著，百余年来一直誉满全球。《昆虫记》早已被节译或全译成全世界主要文字，仅在中国就有数十种译本，其中两种全译本是花城出版社2001年出版的梁守锵译《昆虫记》十卷和江西科学技术出版社2011年出版的陈一青译《昆虫记》十卷。20世纪80年之后，另一位法国作家贝尔纳·韦伯创造出另类的昆虫学研究，即三卷本《蚂蚁帝国三部曲》。同是以昆虫为主题，法布尔的著作完全建立在科学观察的基础上，而韦伯的著作则是幻想文学的巅峰之作。

事实上，人类开始关注、观察并研究动物的建筑，一方面是惊奇于动物建筑本身的工程与技术成就，另一方面也是因为人类长久以来对自身的住宅与城市的意义有所置疑，所以需要从动物世界寻求参照或可能的答案。正如巴什拉在《空间的诗学》（上海译文出版社2013年版张逸婧译本）第四章这样说道："家宅—鸟巢从来不是新造的。我们可以用学究的口气说，它是居住功能的自然所在地。我们重返那里，而且是梦见自己像鸟儿重返鸟巢、羔羊重返羊圈一样重返家宅。返回这一符号标志着无穷无尽的梦想，因为人的返回建立在人类生命的宏大节奏上，这一节奏跨越数年之久，用做梦来克服所有的缺失。在把鸟巢和家宅联系起来的形象之中，回响着一种内心深处的忠贞不渝。"

国内很早就出版过仿生学科普著作，如上海科学技术出版社1978年出版的王书荣编著《自然的启示》，该书介绍了六十余种当时已发展成熟的仿生技术和产品，如苍蝇的振动陀螺仪、蜜蜂的偏光导航仪、蛙的千里眼、鸽眼雷达、虫眼速度计、蛇的热定位器、海豚的声纳、蚊式测向仪、鳄鱼淡化器、鲸形船、生物电池和人体热电视机等。

进入21世纪以来，我国开始大量引进欧美学者对仿生学、动物学、昆虫学、鸟类学及博物学领域的经典学术著作。例如美国昆虫学家兼艺术家Robert Evans Snodgrass，曾于1930年和1935年出版代表作《Insects, Their Ways and Means of Living》和《Principles of Insect Morphology》。东方出版中心2016年出版邢锡范、全春阳译《昆虫的生存之道》。又如德国最著名的动物行为学家于1972年出版其代表作《Nestwärme: Wie Tiere Familien probleme Lösen》，并由上海科技教育出版社2015年出版杨曦红、奚之砚译《温暖的巢穴：动物如何解决家庭问题》。再如美国动物学家Bernd Heinrich出版于2003年的《Summer World: A Season of Bounty》，上海科技教育出版社2013年出版朱方、刘舒译《夏日的世界：恩赐的季节》。此外还有美国著名生物学家Sean B. Carroll出版于2005年的新著《Endless Forms Most Beautiful: The New Science of Evo Devo and The Making of The Animal Kingdom》，上海世纪出版集团2012年出版王晗译《无尽之形最美：动物建造和演化的奥秘》，以及Bernd Heinrich出版于2009年的《Winter World: The Ingenuity of Animal Survival》，上海科技教育出版社2015年出版赵欣蓓、岑少宇译《冬日的世界：动物的生存智慧》。

最早对动物的建筑进行系统研究的是德国生物学家Karl Von Frisch和英国科学家Michael H. Hansell,前者于1974年出版《Animal Architecture》，后者则于1984年出版《Animal Architecture and Building Behaviour》。幸运的是，我国早在1983年即由科学普及出版社出版王家骏、王家骅译本《动物的建筑艺术》，该书作者Frisch教授是诺贝尔奖得主，举世闻名的大科学家，但他却能抽出大量时间写出这本关于动物建筑的珍贵的科普著作。当我们站在大教堂、庙宇、金字塔和其他千百年前修建的古老建筑面前时，心中必定充满了敬畏和赞美之情。然而，早在它们之前的几百万年，地球上早已产生了“建筑大师”，而这些“大师”作品的出现，却并非伟大艺术家的灵感呈现，而是由于生命力本身无意识的而又从不松懈的活动的结果。没有工具，也没有任何策划好的行为，暖海里的珊瑚虫建立起它们的石灰石大厦，这是一种可以和巍峨山岳相比拟的巨大建筑物，而且直到今天依然在不停地被修建。某种微小的生物体如放射虫Radiolaria,为了它们微小而娇嫩生命体的生存，甚至更长期地建造玻璃状的支撑结构。Frisch的前辈大师、德国生物学家海克尔的研究和绘画让众多的艺术家、建筑师、设计师和工匠们看到了放射虫建筑的精美，并由此催生新艺术运动和艺术装饰运动。Frisch在《动物的建筑艺术》中系统研究了不同类别动物的建造活动，它们利用外部的材料或其自身体内产生的物质，实际上采取类似人类从事于砖石结构、编织、折叠、挖掘、支撑等技术，出乎人类意料之外地建造出变幻迷离的结构。其中有些作为捕食器，但大部分动物建筑则是用于保护动物本身及其幼儿。大自然为这些“建筑大师”提供了展示手艺的工具：齿、嘴、脚、翅膀及身体的其他部分，在大自然多姿多彩且变幻无穷的境遇下，这些器官工具令人惊叹地适合于它们必须完成的特定任务。

1995年芬兰建筑大师帕拉斯玛在芬兰建筑博物馆举办了关于动物建筑的展览并出版《Animal Architecture》一书，从动物的建筑反观人类自身的建造活动。我们经常自豪于自己的发明，但我们人类如何能够与那些无意识依赖直觉进行建造的动物建筑大师相比？人类行为的演化根源往往都追溯到动物的行为模式，因为有许多动物拥有比人类漫长的历史。如果人类了解这种关联，就会对建筑的本质有更深刻的理解，从而逐渐明白动物建筑中初看起来并不能被充分理解的细节。通过学习动物的建筑，人类应该增加对大自然的敬畏和了解，与此同时，建筑师要多向生物学家和博物学家请教，以便及时发现与分享大自然深层结构的乐趣。帕拉斯玛主编的《Animal Architecture》除了其本人的主体文章《Animal Builders: Ecological Functionalism of the Animal World》之外，还收录有其他几位建筑师和科学家的相关文章，如Kauri Mikkola写的《Miniature Architecture by Insects》，Ilkka Teräs写 的《Bee and Wasp Cells》，Rainer Rosengren写的《The Art Nest》，Torsten Stjernberg写的《The Nesting Tradition of the White-Tailed Sea Eagle》，以及Petri Nummi写的《Shore-Cabins and Pools of Natural Food》等。

最近，美国Abrams出版社于2013年出版Ingo Arndt和Jürgen Tautz合著的《Animal Architecture》，可以看作是关于动物建筑研究的最新科普著作。Arndt被认为是当代最出类拔萃的大自然摄影大师，多年来其足迹遍布地球的各个角落。Arndt对动物的建筑情有独钟，因此对各种类型的动物建筑进行了极为细致的观察和摄影，从原始森林中高达两米的蚁丘到西巴亚布园丁鸟的缤纷爱巢，都被他详尽记录在镜头中。从Arndt这些精彩纷呈的摄影中，我们得以观看动物们高超的建筑艺术以及它们独一无二的审美品味，伟大的动物建筑师们天然地将自己的需求与周围的环境切实有效地结合起来，启发人类建筑师们明白什么是生命中真正有意义的需求，什么是人居构筑与环境的巧妙和谐。Tautz教授是德国著名动物行学家、社会生物学家和蜜蜂学专家，他对Arndt摄影作品的专业研究和讲解充满诗意又带有专业启发性，让我们深刻认识到，人类固然应该熟悉自身的建筑，但却不能忽视这样一个强大的事实：动物也有自己高超而神秘的建筑艺术。我们共居一个星球，当然有必要分享各自的生活和建造经验。2016年鹭江出版社推出汤小丹译中文版《动物界的建筑师》。

16 色彩研究

人类与色彩的关系，其亲密性与复杂性怎样形容都不会过分。

前两年英国Laurence King出版社出版了Frank Jacobus绘制的一本奇特的图集《Archi-Graphic: An Infographic Look at Architecture》，以色彩为基本手法，描绘当今建筑与艺术界的相关信息。独裁者都喜欢哪种类型的建筑？以各时代著名建筑师的专业活动为主线的地铁图会是什么样子？如何用色彩图表定义出著名建筑师的特征？哪个国家的建筑师将会赢得一场色彩战争，荷兰还是美国？针对诸如此类的问题，Jacobus以色彩和图表作为编制信息的利器，用语言和图片所不能表达的模式梳理建筑信息，形成一系列富于创意并充满视觉冲击力的信息图表，引起建筑师、艺术家和对信息图表艺术及色彩研究感兴趣的人群的广泛关注。

对于色彩和色彩研究，历史上有许多哲学家、科学家、艺术家、建筑师、设计师和理论家等都曾关注并留下文字论述，如达·芬奇、笛卡尔、牛顿、康德、卢梭、歌德、安格尔、德拉克洛瓦、罗斯金、塞尚、高更、梵高、马蒂斯、德劳内、阿波利奈尔、莱热、查拉、蒙德里安、马列维奇、嘉博、柯布西耶及包豪斯艺术家群体。就现代色彩研究而言，包豪斯艺术家群体做出了奠基性的贡献，伊顿、康定斯基、克利、费宁格、莫霍利-纳吉和阿尔伯斯等包豪斯大师，每一位都是20世纪艺术创意的先锋和旗手，同时也都是色彩研究方面的专家，其中尤以伊顿在色彩的理论研究方面对后世影响最大。伊顿对色彩研究具有不可抑制的兴趣，年轻时即专程去斯图加特求学于德国最著名的色彩学家和色彩教育家Adolph Hölzell教授，随后加入包豪斯又经历与当时最有影响力的一群艺术大师的相互交流与启发，最终形成自己的色彩理论。伊顿关于色彩设计的论著包括《Elements of Colour Study Material》《Design and Form》《The Art of Colour》和影响最大并被译成多种文字出版的《The Elements of Color》。该书的德文版原著出版于1961年，并于1970年由Van Nostrand Reinhold Company出版英文版，从而在全球范围内产生了巨大影响。伊顿在书中强调对色彩的主观“音色”，呼唤每个人对色彩的个性化感受，并深入探索色彩象征主义理论，关注色彩与形式的关系，色彩的心理和情感价值，色彩与音乐的关系，色彩的混合规律与和谐原则，色彩的构图与空间搭配效果等诸多方面。

如果说20世纪上半叶对全球产生最广泛而深远影响的色彩大师是伊顿和包豪斯诸位艺术巨匠的话，20世纪后半叶尤其是20世纪60年代之后对世界色彩研究有全新感召力和影响力的人物当属丹麦设计大师维纳·潘东。对于色彩研究，潘东有一句名言：“选择色彩绝非赌博，它应该是一种有意识的决定，因为色彩具有意义和功能。”潘东作为丹麦设计师，却被认为“非典型”，因为潘东对色彩的酷爱和灵活自如的运用远远偏离了丹麦现代设计公认的正统轨道。潘东一生设计了大量家具、灯具、地毯、壁挂、纺织品等，以及一系列住宅建筑，举世闻名的潘东椅是其设计生涯的最大标签。通过潘东椅，潘东认定并验证：当人们坐在具有自己喜爱的色彩的座椅上时，会从生理和心理两方面感到更加舒适。潘东一生所有的设计项目都是他系统研究色彩的环节，他非常珍视自己多年对色彩研究的心得并终于在他去世前一年即1997年由丹麦国家设计中心出版其关于色彩的经典论述《Notes on Colour》，对色彩这样一种主观而物质性的感觉进行了生动而系统的科学论述，包括如下话题：什么是色彩，眼睛的结构，色彩的历史，和谐，色彩心理学，色彩的勇气，功能，一种自然色彩系统，色彩的象征价值和尺度，作为产品辨识标准的色彩，作为功能标识的色彩，色彩与安全，看得见与看不见的色彩，色彩的比率与象征，色彩与视觉形象的塑造等。

与潘东同时代的芬兰色彩学家Seppo Rihlama以更专业的方式全面研究色彩并于1999年出版《Colour World》这部色彩学专著。Rihlama强调，色彩是人类生活中非常实质性的组成部分，交通规划需要红绿灯，人生规划更需多种色彩方案，色彩会影响人们的心情、效率甚至健康。我们如何经历色彩？哪些因素会影响人们对色彩的感受？有哪些色彩系统以及如何使用它们？如何考虑设计中的色彩心理学和象征主义因素？色彩选择如何影响设计风格与时尚？Rihlama在《Colour World》中对上述问题都进行了研究与回答。

委内瑞拉艺术家卡洛斯·克鲁兹-迭斯（Carlos Cruz-Diez）是当代最著名的色彩艺术大师之一，其全部作品，无论是绘画、雕塑、建筑、景观、室内项目，都是以色彩研究为主题线索。2013年克鲁兹-迭斯在北京、香港、上海、杭州等地举办其艺术作品巡展，同时由中国青年出版社出版《卡洛斯·克鲁兹-迭斯：色彩的思考》。克鲁兹-迭斯早在1952年就有幸阅读了歌德的《色彩的理论》，立刻唤起他对色彩的极大兴趣，而后又陆续阅读马列维奇、克利、康定斯基、伊顿、阿尔伯斯等色彩大师的著作，引领他更加深化了对色彩理论和技术操作的认识。在《色彩的思考》中，作者的思考是独具一格的思想漫步，如构建色彩论述的故事，色彩的沉思，为什么要解释艺术，构建一种新的语言，为什么要对色彩进行思考，美学与实效性，附加色彩，色彩辩证，色彩阅读方式的多样化，物理色彩，色彩感应，色彩干扰，色彩饱和，色彩的转换模式，造型艺术论述的结构和感染力。基于上述思考，作者得以将色彩映射到空间里形成独立的现实，在时间和空间中演绎色彩的交响乐。

芬兰现当代建筑和设计为什么能独树一帜并影响全球？芬兰的学校和图书馆建筑室内与家具为什么能感人至深以至于对芬兰当代教育改革产生积极影响？这不仅因为芬兰拥有以萨里宁和阿尔托为代表的全球最优秀的建筑群体，而且因为芬兰有许多专心研究色彩的行业专家，前述Seppo Rihlama是其中的一位，当代青年学者Harald Arnkil则是对色彩进行深入系统研究的另一位芬兰学者。我们每个人都被色彩包围着，色彩时刻都在影响着我们的学习、生活和工作，然而，究竟什么是色彩？色彩的功能如何？色彩可以被测量吗？光的亮度如何影响人们对色彩的感受？什么是色彩的和谐？色彩如何影响我们的心情？针对上述诸多问题，芬兰阿尔托大学出版社2013年出版Arnkil著《Colours in The Visual World》，该书除了回答上述问题外，还启发人们同时关注艺术创意的轨迹和相关科学的最新发现，以求增加对色彩的敏感并能创造性地使用色彩。

众所周知，色彩是光在视网膜留下的影像，没有光就没有色彩，光照耀世界，让我们看见周围的一切，然而人类只能看见肉眼直接识别的可见光，那仅仅是电磁波谱中很窄的一段，人类对色彩的更多渴望引导人们对光产生更广泛的了解欲望。2016年，人民邮电出版社出版了金伯莉·阿坎德（Kimberly Arcand）和梅甘·瓦茨克（Megan Watzke）著，李焱、陈志坚、王树峰译《超越视觉：光的秘密语言》，作者按照电磁波谱的顺序，向读者介绍从电视和移动通信使用的无线电波，到热扫描成像使用的红外光，再到透视身体和观察数万光年之外的黑洞所使用的X光，从光的世界引导人们对色彩背后的深层科学知识有更系统的了解。

东西方哲人艺匠对色彩的感性及认知并不一样，当欧洲园艺师、博物学家和科学家从天空、大海和园林观察和体会色彩的神秘与精彩并进而对色彩进行科学检视和研究时，中国的艺术家和诗人却长期满足于对色彩的文字描述和表象的颂扬。然而，我们的祖先虽然没有掌握物理学、光学和人体解剖学的先进知识，无法客观地分析色彩的发生机制，但却敏锐地把握了色彩可能对人产生的影响，同时也能在唐宋时代创造中国色彩艺术的辉煌，尽管我们在近现代艺术史上由于缺乏对色彩的科学感知而落后于印象派和立体派。老子说“五色令人自盲”，概因他早已发现人类会因为贪婪和孱弱而在这个色彩斑斓的世界里迷失。

同样是因为中国古代画家长期缺乏对色彩进行科学观察和系

统研究的传统，中国画艺术宝库中虽有大量名作问世并伴随有大量关于中国画的艺术史论，却罕见中国画颜料和色彩方面的研究。1955年由朝花美术出版社出版的于非闇著《中国画颜料的研究》长期以来几乎是绝无仅有的中国色彩研究，该书2013年由北京联合出版集团出版其修订版。作为现代中国工笔画大师的于非闇在书中介绍了中国画颜色的品种、性质及发展状况，中国墨的特性，古代与现代画家研漂颜料、使用颜色的方法等，并将其毕生所学与独门秘技记录下来，虽篇幅不大，却研究中国传统绘画色彩及颜料运用的里程碑式的巨著。色彩不仅让历史生动，更使其呈现质的面貌。现代中国开始出现许多研究中国色彩的专著，通过绘画、染织、服装、建筑彩画及摄影来观察分析中国文化中的色彩发展状态，如中华书局2014年出版陈鲁南著《织色入史笺：中国历史的色象》即研究中国色彩的力作。

西方人对色彩的研究由来已久，从科学的角度分析色彩的传统自达·芬奇开始就没断过，从牛顿到歌德，从伦琴到麦克斯韦，从Hofler到Wundt,从Munsell到Ostwald,从克利到伊顿，从Johansson到Gerritsen,每一位色彩大师都建立起自成一体并代表一家之言的两维及三维色谱体系。关于色彩的科普著作和艺术史研究更是丰富多彩、层出不穷。例如英国记者Victoria Finlay于2002年出版的畅销书《Color: A Natural History of the Palette》（三联书店2008年出版姚芸竹译《颜色的故事：调色板的自然史》）就反映出西方学者对色彩研究痴迷数百年经久不衰。Finlay因自小迷恋色彩而立志探究每一种颜色的起源与变迁，她在大量阅读有关色彩的书籍之后，开始走访世界各地寻取色彩的第一手资料，其足迹遍及南美、澳大利亚、阿富汗、伊朗、印度及中国，从而发现关于颜料与色彩的大量惊人事实，如洋红原本出自南美洲仙人掌上的寄生虫即胭脂虫的鲜血，而昂贵的紫色则来自海蜗牛的眼泪。

法国历史学家Michel Pastoureau是当代研究色彩及其社会史

的最引人注目的学者，他开启了对每一类色彩的社会史研究并于2000年出版其第一部著作，即对蓝色的研究，《Bleu: Histoire D'une Couleur》。书中重点记述了颜色在社会中的运用（词汇、织物和服饰、日常生活及符号），以及它们在文学和艺术创作中的地位，展示了古代社会对蓝色的漠视，追踪了蓝色色调在中世纪和近代的逐渐崛起与升值，今天的蓝色已基本成为欧洲人最钟爱的色彩。Pastoureau随后于2008年出版其色彩类别研究的第二部著作，即对黑色的研究《Noir: Histoire D'une Couleur》，以黑色在欧洲社会的漫长历史作为主题，一方面关注与色彩相关的词汇、染料、纹章、服装之类，同时也关注色彩在纯艺术中的作用。在西方，黑色长期以来都是色彩当中的一种，与白色分别位列色彩体系的两极。随着印刷术的重新发明并引入工业化印刷，以及随之而来的雕版图画的传播，黑白两色的地位开始变得特殊，牛顿发明光谱后，新的色彩序列开始深入人心，而光谱当中并无黑白两色，因此在欧洲牛顿之后的三百年间黑色不再被看作色彩。然而进入20世纪后，首先在艺术领域，随后在社会认识方面，最后在科学领域，人们重新将黑色纳入色彩世界当中。作者在书中尤其突出了黑色复杂而多面的象征意义，其中有些是正面意义，如丰饶、谦逊、尊严、权威等，另一些则是负面意义，如悲伤、丧葬、罪孽、死亡及地狱等。2013年，Pastoureau出版了其色彩列传的第三部著作，即对绿色的研究专著《Vert: Histoire D'une Couleur》，由此建立起一门新颖的色彩历史学。绿色是一种复杂多面的色彩，其象征意义是模糊暧昧的：它一方面象征生命、活力、机遇和希望，另一方面又代表毒药、不幸、魔鬼，以及一切彼岸生物。作者在书中着重指出，绿色曾是一种难以制造、更加难以固化在织物上的色彩，它不仅象征植被，更是命运的象征。绿色颜料和绿色染料的化学成分都是不稳定的，因此，绿色曾经与一切善变不稳定的事物相关联，如童年、爱情、机遇、赌博、巧合及钱财等。直到浪漫主义时期，绿色象征自然的意义才固定下来，并由此引申出健康、卫生、运动、大自然及环保生态等象征意义，如今人们已将拯救地球的希望寄托于绿色。

进入21世纪，欧美各国学者对色彩的研究一方面进入对其科学品质进行深入分析的阶段，另一方面也更大力度地展开对色彩的艺术通史研究，如Thames & Hudson出版社2006年出版的剑桥大学教授John Gage著《Colour in Art》，美国Black Dog & Leventhal出版社2013年推出的美国色彩专家Joann Eckstut和Arielle Eckstut著《The Secret Language of Color》，以及Phaidon出版社精心策划并于2017年刚刚出版的著名色彩学者Stella Paul著《Chromaphilia: The Story of Colour in Art》。

Gage在《Colour in Art》中首先感叹于这样的一种境况：在过去几个世纪中色彩研究已受到诸多学科如物理学、化学、心理学、生理学、语言学和哲学的重视，但视觉艺术家们对色彩的神秘本质做出回应，却尚未得到仔细的研究。因此作者在该书中重点关注艺术家们关于色彩的思想和实践。作者构思了如下内容的章节：Light from Colour — Colour from Light, A Psychology of Colour, The Shape of Colour, The Health of Colours, Languages of Colour, Can Colour Signify, The Union of the Senses, Colour Trouble,其论述方式已脱离一般的色彩史，而是以不同的科学概念作为每一章的主题，但是却通过艺术大师们如梵・高、康定斯基、马蒂斯、克利等人的眼光对色彩进行审视，同时在书中也穿插探讨旗帜色彩、色彩和谐理论、通神论、剧场设计、色彩兼容及色彩抗拒等热门话题。

法国画家莱热说过：色彩是人类的一项基本需求，和水、火等自然元素一样，与我们的生活密不可分。然而人类对色彩的了解并不深入，而Eckstut的《The Secret Language of Color》即缘于这样的基本问题：为什么天空是蓝色的，草原是绿色，而玫瑰是红色的？人类能看见多少种颜色？然而人类眼中的颜色和蝙蝠、狗或鸽子看到的颜色并非完全一致，不同的大脑看到的颜色也不尽相同。人类对色彩的研究和命名又与音乐等文化环境相关，如牛顿最初命名的光谱中有11种颜色，但后来他希望光谱色与音阶中的七个音彼此呼应，就将其削减为7种。色彩充斥于我们生活中的方方面面：从亚原子、自然界到人类文化及心理学领域等。Eckstut在其著作中以对色彩与物理和化学的关系的阐释开篇，引导人们从外部空间回到地球，介绍植物界和动物界中的色彩，最后回到人类世界与色彩的关系。

色彩是艺术世界所能展示出的最大财富，它无所不在，同时充满启发，富含隐喻，伴随着神秘感又时常稍纵即逝。Stella Paul在《Chromaphilia: The Story of Colour in Art》中对艺术中的色彩世界进行了全面探讨，力求揭开色彩的神秘面纱，诠释艺术史中作为最基本元素的色彩的深层意义。在这部独特的色彩艺术史中，艺术家的个性冲动和灵感迸发与科学家的严谨实验和理论推演共同编织着色彩的画面，进化着色彩的语言。从牛顿和惠更斯的光学色谱研究到印象派和包豪斯的色彩理论，从康定斯基、克利、莫霍利-纳吉和阿尔伯斯的充满张力的绘画到Olafur Eliasson等当代艺术家对色彩的大胆实践，该书全方位展现了在艺术中色彩如何描绘和阐释这个世界。

在色彩应用方面，世界各国有更多的学者与专家投入相关的研究当中，其中最著名的当属美国国际色彩设计与研究学会主席Frank H. Mahnke,他同时也是美国色彩与环境信息中心的创建者和现任主任，曾组织一系列有关色彩的心理和生理反映与人造环境方面的国际研讨会。1996年Mahnke出版《Color, Environment, and Human Response》，该书尤其适用于专业设计师和建筑师的设计实践。第一部分介绍光与色彩的心理和生理含义，以及人体组织与环境条件的关系，结合自然科学、色彩理论、技术史、生物学、医药史和心理学等诸多领域对色彩进行全面阐释，然后将科学的硬道理与自己的实践相结合，谈论如下四个方面：色彩的心理效果；色彩的基本因素；光的生物学效果；设计目标的分析。第三部分则针对光与色彩在多种不同环境中的应用给出翔实的建议，其涉及案例包括办公室和计算机工作站、学校和图书馆、健康中心、餐厅和食品展示空间、工厂和室外环境区域等。

我国近年建筑与设计实践的大发展状态使我国在色彩应用方面的书籍出版上并不会落后太多。中信出版社2011年出版伊达千代著，悦知文化译《色彩设计的原理：色彩设计所必需的最新信息和技巧》，从“色彩是如何被人们感知的?”和“色彩是怎样表达的?”这类基本问题入手，以丰富的范例和简洁的文字来解释色彩的调和、配合、隐喻和象征方面的模式。2013年中央编译出版社出版莱亚特丽斯·艾斯曼（Leatrice Eiseman）和凯特·雷克（Keith Recker）著，王博译《Pantone色彩圣经：20世纪色彩潮流》，依据全球色彩权威Pantone的大量资料，以十年为单位筛选出80个关键主题，辅以各个时代的经典配色组合，涉及艺术、商品、装潢、时尚、建筑等领域，反映潮流的走向、时尚的变迁和千万色彩的复兴与轮回，构成简洁的百年色彩变迁图。

即使在色彩应用领域，当代欧美学者的探讨也日趋专业化、细致化、技术化且包罗万象化，其中最有影响力的著作就是2011年由荷兰ArtEZ和Terra Lannoo出版社集数年之力组织编著和出版的《Colour in Time》，该著作的内容分为Personal,Domestic,Public,Mobile和Virtual这五个方面，在全球范围内选择各种类型的设计师、艺术家、建筑师和科学家就相关主题的色彩应用发表看法，其中既有闻名世界的学者大师如Walter Benjamin, Luis Barragan和Rem Koolhaas等，亦有更多虽名声不显却对色彩应用有独到见解和设计成就的专家设计师，同时也致力于将理论与实践紧密结合，一方面将各时代各种色彩应用的案例进行记录和总结，另一方面亦及时归纳和凝练不同时代不同设计大师和科学家们对色彩研究、色彩史论和色彩应用诸方面的理论思考和方法论构架。色彩是人类的日常生活中不可或缺的元素，是历代文化活动中举足轻重的视觉工具之一，其心理功能和生理功能始终在多方面多层次上左右着人类的思维、社会活动和艺术创作，人类对色彩的探索和运用永远都不会停止。

17 设计史论与设计研究

与建筑史、艺术史和科学史相比，设计史还非常年轻，它实际上与建筑、艺术和科技密切相关，而且长期以来被看成是建筑史和艺术史及部分科技史的延伸或是组成部分，但今天的设计史研究，以及与现代社会、现代生活和现代科技密不可分的设计研究、设计批评、设计科学和实践等，都成为时代的显学。然而从学科发展的角度观之，设计史论在相当大的程度上源自建筑史论，也许是因为现代设计的发展与现代建筑的发展始终同步，而后，现代生活和现代社会的日趋复杂及庞大，导致设计的发展逐步走向独立并形成自己的学科规律和特色。

我国当代著名建筑学家郭湖生毕生专注于建筑史论和设计史论的研究，并强调“论从史出”的原理，坚信唯有站在扎实的设计史论的研究基础之上，才有可能进行有效的相关研究，就设计学而言，即指设计科学、设计理论、设计思想以及物质文化研究等。历史的原因使我国对西方建筑史论的引介非常滞后，大致在20世纪70年代末至80年代初才开始，此前国内能看到的国外建筑史论包括我们的教科书内容基本上来自苏联。笔者在20世纪80年代初开始专业学习后看到的第一本国外建筑史论著作即中国建筑工业出版社1979年出版的苏联学者格·波·波利索夫斯基著，陈汉章译《未来的建筑》，紧接着，随着改革开放的正常化，来自欧美日发达国家的建筑史论著作开始被引介到中国大陆（台湾在这方面的工作比大陆早很多）。1981年，中国建筑工业出版社（简称“建工出版社”）出版吴景祥译本柯布西耶名作《走向新建筑》，在某种意义上标志着中国在建筑和设计领域开始与西方接轨。作为中国现代建筑奠基人的建筑四杰刘敦桢、杨廷宝、梁思成和童寯，在中国进入改革开放之时，仅剩下硕果仅存的两位，即杨廷宝和童寯，令人感动至深的是，当时已八十高龄的两位大师，以生命中最后的有限精力，承担起中国建筑发展的转折重任，杨廷宝以中国建筑学会理事长的身份启动中国建筑现代化的航程，童寯则以普通教授的责任心潜心于书斋，以非常有限的资料开始对现代建筑史论的引介和建构。1980—1983年，建工出版社陆续出版童寯著《新建筑与流派》《苏联建筑——兼述东欧现代建筑》和《日本近现代建筑》，实际上对全球范围内的建筑发展进行了概述，为当时封闭的中国建筑界打开了一扇窗。随后，建工出版社开始投入大量人力物力引介西方建筑史论著作，1985年开始出版《建筑师丛书》，陆续推出《外部空间设计》《建筑空间论：如何品评建筑》《现代建筑语言》《后现代建筑语言》和《存在·空间·建筑》等；1987年隆重推出汪坦主编《建筑理论译丛》，陆续出版《现代设计的先驱者：从威廉·莫里斯到格罗皮乌斯》《现代建筑设计思想的演变1750—1950》《建筑的复杂性与矛盾性》《建成环境的意义：非言语表达方法》；1991年又推出杨永生主编《建筑文库》，包括《现代建筑奠基人》《拙匠随笔》《杨廷宝谈建筑》《最后的论述》和《“抄”与“超”——

建筑设计及城市规划散论》等。此外，建工出版社还出版了其他单行本论著，如1986年出版伊利尔·沙里宁著，顾启源译《城市：它的发展、衰败与未来》，1991年出版扬·盖尔著，何人可译《交往与空间》，1992年出版赖特著，翁致祥译《建筑的未来》等。这批译著和论著，为中国建筑界和设计界迎接即将到来的大建设时代，做了理论和思想观念的某种准备。

此后，伴随着中国的大发展和大建设，中国出版界也引介了大量建筑史论著作，从古罗马维特鲁威《建筑十书》到文艺复兴大师阿尔伯蒂《建筑四书》，从格罗皮乌斯《新建筑与包豪斯》到吉迪翁《空间·时间·建筑》，更有大批原版著作开始进入中国图书市场，中国建筑史论与国际水准的距离在缩短。与此同时，中国各大出版社也开始大规模引进现代设计史论方面的专著，以与中国设计教育和中国产业的大发展密切配合。

进入21世纪以后，我国对西方设计史论的引介进入新的阶段，由零散的介绍转入系统的译著出版，如江苏美术出版社2009年开始出版的由袁熙旸、顾华明主编的《设计史与物质文化译丛》，其第一辑包括雷纳·班纳姆著《第一机械时代的理论与设计》，维克多·马格林著《人造世界的策略：设计与设计研究译文集》，约翰·沃克与朱迪·阿特菲尔德著《设计史与设计的历史》，丹尼尔·米勒著《物质文化与大众消费》，理查德·布坎南与维克多·马格林编《发现设计：设计研究探讨》等，主编袁熙旸在该丛书的总序中对全球设计史论的发展状态进行了概述，尽管其论述主要论及英美学者的成果，却也能从相当广泛的程度上介绍现代设计史论研究在全球范围内的发展动态。从早期艺术史家Heinrich Wolflin和Alois Riegl对装饰史和风格问题的研究到Nikolas Pevsner将设计史作为一种学科的研究，现代设计史论的研究对象不仅包括时装、手工艺、室内、纺织品、平面设计及工业设计，而且转向对生产模式和消费行为的研究。第二次世界大战以后的设计史论研究进入新的阶段，英美许多大学开始建立设计史专业，并组织设计史学会等机构，著名艺术史家吉迪翁所著《Mechanization Takes Command: a Contribution to Anonymous History》成为设计史论和划时代经典，引导人们对Pevsner等第一代设计史论学者的时代局限性展开反思，从不同角度对Pevsner理论著作中的英雄史观、历史决定论和风格分析法等进行批判性研读，由此产生以雷纳·班纳姆为代表的第二代设计史论学者。他们的研究包括设计通史，也包括设计断代史和地方设计发展史，以及门类史、专项设计史等，同时借鉴人类学、社会学、文化学、经济学研究角度和研究方法，例如从物质文化、视觉文化、女性主义、消费文化、技术史、经济史、思想史、传播学、符号学、现象学、神话学及解构主义、后殖民理论等不同角度对现代设计史论的著述。20世纪70年代以后以法国为主导的结构主义、后结构主义等意识形态理论，为从流行文化角度更广泛地解释设计现象和设计问题提供了新的理念基础，引发设计史论学科及相应的设计教育系统在全球范围内的蓬勃发展，仅以中国为例，目前已有近千家大学开办设计专业。1997年英国成立"设计史学会"，1983年出现"美国设计论坛"和"北欧设计史论坛"，1998年成立"日本设计史论坛"，1999年成立"设计历史与设计研究国际委员会"，2004年出现"拉丁美洲设计网络"，2006年成立"西班牙设计史基金会"，2008年成立"德国设计史学会"等，以及相应的学术刊物如英国的《The Journal of Design History》，北欧的《Scandinavian Journal of Design History》和美国的《Design Issues》等，与此同时，物质文化研究与设计史论开始日益融合，如英国的《Journal of Material Culture》和美国的《Winterthur Portfolio: A Journal of American Material Culture》这两种主流刊物上的文章，其研究焦点基本上都已属于设计史论的范畴，而更大范围内的跨界设计已成为当今国内外设计界和设计研究领域的最重要趋势和时尚。

继《设计史与物质文化译丛》之后，同样是在南京，译林出版社2012年推出钱凤根主编《设计经典译丛》，选择一批对当代设计思潮产生重大影响的设计史论名著进行译介，其中包括彭妮·斯帕克（Penny Sparke）著《设计与文化导论》，亨利·德莱福斯（Henry Dreyfuss）著《为人的设计》，彼得·多默（Peter Dormer）著《现代设计的意义》和阿德里安·福蒂（Adrian Forty）著《欲求之物：1750年以来的设计与社会》等。2016年，江苏美术出版社又推出李砚祖、张黎主编《凤凰文库·设计理论研究系列》，并已出版德国著名设计教育家克劳斯·雷曼（Klaus Lehmann）著《设计教育，教育设计》，挪威设计史论新锐学者谢尔提·法兰（Kjetil Fallan）著《设计史：理解理论与方法》和美国青年学者卡尔·迪赛欧（Carl Disalvo）著《对抗性设计》等。同一年，清华大学出版社开始出版辛向阳主编《设计思想论丛》并首先推出《设计问题第一辑》和《设计问题第二辑》，由此使我国在当代设计史论研究方向与国际平台的差距逐渐缩短。

当代设计史论著作大致可分为三个类别，其一是设计百科全书，其二是人类居住与室内史论，其三是设计通史。现代设计百科全书中最有代表性同时也影响最大的是英国设计史学者梅尔拜厄斯（Mel Byars）编著的《The Design Encyclopedia》，该书1994年由英国Laurence King出版社出版，2004年再版，随后被译为多种文字在世界各地出版，并于2010年由江苏美术出版社引进中文版版权，与Laurence King出版社和纽约现代艺术博物馆共同推出中文版《设计大百科全书》。该书概述1870年至今的设计发展轨迹，以字母检索排列方式介绍19世纪后期到21世纪早期世界家具、灯具、纺织、陶瓷、玻璃、金属及电子产品的设计师及其典型作品。关于人类居住史和室内设计史论方面的研究，主要有科普作家和专业建筑与设计文化研究学者的投入，前者的代表作是英国著名科普作家，《A Short History of Nearly Everything》的作者Bill Bryson,他于1988年出版其享誉世界的居住文化史名著《At Home》，该书随即被译为多种文字出版，2010年，英国Doubleday出版社隆重推出该书的精装插图版《At Home: A Short History of Private Life, Illustrated Edition》。后者的代表作则是英国Laurence King出版社2008年出版的建筑学专家史蒂文·帕里西恩（Steven Parission）所著《Interiors: The Home Since 1700》，该书2012年由电子工业出版社出版程玺等译《室内设计演义：1700年以来的家居装饰》。在欧美日各国都有关于设计通史的研究，并且大都基于各国博物馆的收藏状况表达出对设计通史的不同侧重点和叙述模式，相比之下，因英美博物馆持久而广泛的实物收藏及英语作为世界第一语言的文化浸透力，设计通史中的英语出版物无论在数量和质量上都有更大的影响力。进入21世纪以来，首先引起全球关注的设计通史著作便是Laurence King出版社2003年初版的美国学者David Raizman著《History of Modern Design》，该书出版后大获好评，同时亦收到大量学术建议，因此作者于2010年又推出增订后的第二版《History of Modern Design: Graphics and Products Since the Industrial Revolution》，这两个版本均由中国人民大学出版社分别于2007年和2013年出版中文版《现代设计史》。《现代设计史》之后引起广泛关注的另一本设计通史是英国金斯顿大学的Penny Sparke教授著《The Genius of Design》，该书的底本是BBC的文化论坛节目，播出后由英国Quadrille出版社在2009年出版。2013年，英国著名设计史家Charlotte和Peter Fiell夫妇以其多年在V&A设计博物馆工作的专业资料积累和多部关于现代设计专著的出版经验，由自己的出版公司Goodman Fiell出版《The Story of Design》，该书从设计通史的角度，强调设计就是解决问题，即用多学科多技能的方法解决那些反映人类需求和理想的问题。同一年，美国Bard研究中心和耶鲁大学出版社合作出版由Pat Kirkham与Susan Weber主编的《History of Design: Decorative Arts and Material Culture 1400—2000》，作为一部全球性的关于装饰艺术和设计的通史，该书论述的范围包括非洲、美洲、东亚、欧洲、印度次大陆和伊斯兰世界，讲述世界各地设计的风格演化、形式变迁、材料的运用和技术的沿革，同时也论及各民族在设计发展过程中有关种族、性别、赞助制度、文化传承与观念创新等概念。丰富而多样化的设计史论著作是进一步展开批评设计研究的基础，同时亦藉此进行设计趋势预测和设计引领企业发展方面的研究。

在设计鉴赏、设计评论、设计研究、设计推广和设计经营诸方面都有所成就的设计大师当首推英国的Terence Conran爵士，作为一位多才多艺的设计师，Conran不仅能够全力经营、推广最优秀的现代设计产品，改良和推动全社会的生活品味，而且勤于写作并涉足出版事业。例如1985年，The Conran Foundation与V & A博物馆合作出版Stephen Baylay著《Natural Design: The Search for Comfort and Efficiency》等设计研究丛书。1996年，Conran Octopus出版社隆重推出《Terence Conran On Design》，从如下几个方面深入浅出地论述设计的重要性：Design and The Quality of Life, Furnishing and The Interior, Household, Clothing,Food,Transport, Work, Free Time, and Outdoors，强调设计与人类社会的方方面面都有着千丝万缕的联系，并在很大程度上是推动人类社会前进的动力。2007年，Conran Octopic与Firefly Books出版社合作出版Conran爵士与Stephen Bayley合著的《Design: Intelligence Make Visible》，以卓越的鉴赏力和广博的知识对现代设计的每个领域及其最有影响力的杰作进行点评和推介，大连理工大学出版社2011年出版该书中文版《设计的智慧：百年设计经典》。

欧美各国在第二次世界大战以后，尤其是在冷战结束之后，对设计的探讨从未停止过，其内容涉及设计与社会发展的所有层面，如设计创意、设计评论、设计经营和设计趋势研究等，以下用最近欧美各国的相关出版物展现设计研究的诸多方面。如1989年丹麦设计中心出版Jens Bernsen著《Design: The Problem Comes First》，强调好的设计意味着正确问题的提出。2005年美国Monacelli出版社出版George H. Marcus著《Masters of Modern Design: A Critical Assessment》，选择现代设计史上12位设计大师William Morris, Henry van de Velde, Josef Hoffmann, Frank Lloyd Wright, Corbusier, Marianne Brandt, Raymond Loewy, Charles & Ray Eames, Achille Castiglioni, Ettore Sottsass Jr.，Shiro Kuramata, Philippe Starck, 并进行独具特色的点评和研究。2009年MIT出版社出版英国无障碍设计专家Graham Pullin的专著《Design Meets Disability》，该书从美国设计大师Eames的实践得到启发，提出残疾因素和无障碍设计往往为日常设计带来想不到的灵感。2010年瑞士Birkhauser出版社出版欧洲著名设计研究专家Michael Shamiych与DOM研究实验室合著的《Creating Desired Futures: How Design Thinking Innovates Business》，该书将设计看作学习与创新的一种互动过程，并以此启动企业的创造性意识，以世界著名创新企业如Arup, IDEO, Nike, Shell Invovation Research和Siemens为例，说明设计方法的运作过程对企业决策及管理的特殊意义。同样在2010年英国Laurence King出版社推出英国设计预测专家Martin Raymend新作《The Trend Forecaster Handbook》，其中包括如下内容：The Anatomy of a Trend, The Trend Forecaster's Toolkit, Intuithve Forecasting, Network Forecasting, Cultural Triangulation, Scenario

Planning和Insight,Strategy and Innovation,系统全面地介绍设计预测方面的、情感的、心理的、生理的和物质的因素，从而对设计的发展有合理的判断。2013年英国著名的Penguin Book出版社出版英国设计评论家Alice Rawsthorn著《Where Design Meets Life》，对最基本同时也是最重要的与设计相关的问题进行追本溯源的论述，如What is Design？ What is a Designer? What is good design? Why good design Matters? So why is so much design so bad? Why everyone want to “do an Apple?” Why design is not—and should never be confused with—Art? When a picture says more than words? It’s not that easy being green? Why form no longer follow function? What about “the other 90%”？Why Redesigning design? 2015年荷兰BIS出版社出版丹麦设计评论家Per Mollerup新著《Simplicity: A Matter of Design》，从设计的终极因素、设计的功能性、设计的美学、设计的伦理学，以及设计的视觉传达诸方面来论述并强调：对设计师而言，用尽可能简洁的方式来表达复杂的问题是一种最高贵的愿望。

近几年海峡两岸出版机构也在不断译介不同类型的设计评论、设计鉴赏和设计研究论著，如台湾联经出版公司2010年出版Tim Brown著，吴莉君译《设计思考改造世界》（原著书名为《Change by Design: How Design Thinking Transforms Organizations and Inspires Innovation》，2009年 由C.Fletcher & Company出版）；山东画册报出版社2011年出版Terry Marks和Matthew Porter著，张婵媛译《好设计》（原著书名为《Good Design: Deconstructing Form and Function and What Makes Good Design Works》，2009年由Rockport Publishers出版）；广西师范大学出版社2011年出版珊珊著《跟着创意走：探访全球设计达人》和香港设计中心编著《设计之路：当代设计创意大师经验谈》；中信出版社2012年出版伊丽莎白·库蒂里耶（Elisabeth

Couturie）著，周志译《当代设计的前世今生》，2014年出版金宣成著，刘毅婷译《日常生活中的设计：让你了解真相的50个问题》；台湾联经出版公司2014年出版奈杰尔·怀特（Nigel Whiteley）著，游万来等译注《为社会而设计》；广西师范大学出版社2015年出版迪耶·萨迪奇（Deyan Sudjic）著，庄靖译《设计的语言》等。

迎風

Ⅲ

设计科学初探

尽管中国的现代设计直到今天还处于“山寨”与“抄、临、仿”之间的迷茫当中，从中央到地方的各级政府从上至下的“创新”和“设计”的鼓励和异常支持，正是从一个侧面反映出中国创意设计的缺失或薄弱，然而，国内出版界对设计科学的推介却似乎走在了时代的前面。早在1985年，解放军出版社即已出版美国卡内基—梅隆大学计算机科学与心理学教授赫伯特·西蒙（Herbert A. Simon）的名著《The Sciences of The Artificial》，由扬砾译为中文版《关于人为事物的科学》。西蒙是著名的管理学家和管理决策学派的主要创立者，1978年获诺贝尔经济学奖。《关于人为事物的科学》由MIT出版社初版于1969年，之后多次再版并被译为多种文字在世界各地出版，影响很大，作为书中主题的人为事物在相当大的程度上就是设计，涉及管理学、经济学、心理学、人工智能、工程设计和社会规划等诸多领域，作者因此提出“设计科学”的观念，建议一种基于现代科学方法如决策理论、认知心理学等进行设计、规划和计划的基础学科。实际上，在人类发展史上，“设计科学”的观念由来已久，只是其构成元素长期散布于各种其他学科当中，而当今世界的高科技化、复杂化和不可预测化，越来越迫切地呼唤“设计科学”的系统建构和强势运用。笔者试从十三个方面对“设计科学”作初步归纳，希冀由此引发对“设计科学”更深、更广、更全面的探讨和研究。

因时间和篇幅所限，本书的探讨无法涵盖当今世界各地正在为设计科学做出杰出贡献的设计大师和设计教育家们，他们都基于自己独特的实践和研究，构建各具特色的设计科学，如美国学者Kimberly Elam的《设计几何学》和中国设计教育家柳冠中的《设计事理学》等，希望日后有机会对上述“设计科学”方面的著述进行综合而系统的研究和引介。

第一方面：从大自然解剖到人体工程学；

第二方面：达·芬奇、洪堡与海克尔；博物学传统；

第三方面：关于无名设计的研究；

第四方面：格罗皮乌斯与包豪斯；

第五方面：柯布西耶；

第六方面：阿尔托与北欧设计学派；

第七方面：富勒的设计科学；

第八方面：赫伯特·里德与贡布里希；

第九方面：维克多·帕帕奈克的生态设计观；

第十方面：希鲁诺·穆纳里与乔吉·科拜斯的设计科学观；

第十一方面：克里斯托弗·亚历山大的设计科学；

第十二方面：唐纳德·诺曼的设计心理学；

第十三方面：科学家与设计科学。

1 从大自然解剖到人体工程学

任何设计都有两个最根本的属性，其一是设计以人为本，即任何设计都是为人服务的；其二是设计与大自然共生，即任何设计都必须遵循生态规律与可持续发展原则。因此，设计的科学性必然与设计师对人体自身和大自然的构造及运行规律有充分理解和研究，从园林到博物学再到生物学和量子力学，往往展现人类对大自然的逐步认识，而医药科学和解剖学则是人类对自身构造及生命运作规划的归纳总结。1956年，美国纽约Crown Publishers出版社出版了摄影大师Andreas Feininger的名著《The Anatomy of Nature: How Function Shapes the Form and Design of Animate and Inanimate Structures Throught the Universe》，从某种意义上说，该书是现代设计科学的启蒙之作。Andreas Feininger的父亲即包豪斯艺术大师Lyonel Feininger，他从小就受到作为工程师和建筑师的双重训练，其间在巴黎柯布西耶工作室工作一年多，而后又长期从事专业摄影尤其是大自然及城市摄影，这样的经历使Andreas具有非同寻常的敏锐目光，很早就观察并认识到万物之间类似结构的现象，如岩石的表面纹理与树木的年轮，羽毛的结构和冷凝水的分子模式，以及从整个山谷的构成图式到脊椎动物的骨架、昆虫的眼睛、树枝和树叶的功能形态的相似性等。

Andreas在《The Anatomy of Nature》的前言中明确表达了系统建立设计科学的愿望并强调设计科学的内在目标之一就是发现大自然设计系统中的内在功能和美感："科学家们认为大自然有计划有目标并有自己的设计。在相当长的一段时间内牛顿定律似乎表达了大自然的计划。后来，相对论被认为只是大自然组织构成的一部分，进化论则被看成是另一部分。现在，在各个不同领域，人们依然在调研和探索，也许在将来的某一天，会出现一位爱因斯坦式的智慧天才，将设计的各种模式，以及全部的科学发现，都能融合到一种全方位的计划当中。我从能记事起就对岩石的形状、植物的形态和动物的构造有极大兴趣，后来我开始研究它们，但不是用艺术家的眼光，而是用建筑师和工程师的视角，从而被大自然万物的结构、构造和功能所深深吸引。目前出版的大量书籍都在用图片告诉大家大自然很美，然而，在我看来，这些书中所强调的美是一种表面的形式美，即一种没有考虑功能和目的性的装饰美。大自然的美绝非止于这个层面，如果大自然中的某个事物是美的，那么它的美就不是表面上的，而是特定功能所引发的形式。总而言之，大自然是非常实际的，比人类实际，其所有的形式都源自必要性，因此可以非常精确地断言，如果它们是功能性的，那么这些形式就是美的。我写这本书就是要记录大自然万物的整体性、相似性和相互依存的属性，展示生生不息的功能形式之美，也许可以从某种意义上预见科学的终极发现，即一种简洁的宇宙计划；同时也让我们每一个人都能体会到自己与岩石、植物、动物的密切联系，从而深刻意识到自己本身就是大自然和宇宙的一个组成部分。”

从对大自然万物的倾心观察和记录到对人体解剖学的发展做出实质性的伟大贡献，达·芬奇的一生完全可以理解为探索设计科学的一生。达·芬奇的人体解剖研究不仅是其艺术创意的基础，而且是科学研究的结晶，在艺术与科学两方面都对后世产生了巨大影响。在艺术方面，达·芬奇的人体解剖研究在世界各地发展为各种类型的人体解剖艺术手册或创作指南，其中最完善也最有影响力的当数德国艺术家学者Gottfried Bammes在1964年初版的《The Complete Guide to Anatomy for Artists & Illustrators》，其完整而精确的著述和创作风格显示出达·芬奇和丢勒这两位文艺复兴大师的双重影响，从而使该书不仅是艺术家的创作指南，而且是设计师、建筑师和工程师在人体工程学领域的重要参考。而国内最近出版的人体解剖专著则有湖南美术出版社2011年出版的乔治·伯里曼著《伯里曼实用人体解剖》和《伯里曼人体构造》，以及北京美术摄影出版社2015年出版的匈牙利艺术大师安德拉斯·祖约西和乔治·费舍尔著《素描人体解剖大全》等。而在科学方面，达·芬奇对人体解剖的研究也引导着医学及相关的人体工程学的发展。当今世界各国，每年都会看到相关著作面世，如纽约Vintage Book出版社2013年出版的哈佛大学人类进化生物学教授Daniel E. Lieberman著述的《The Story of the Human Body: Evolution, Health and Disease》，这部优秀的科普著作，深入浅出地讲述人类的身体在几百万年间是如何演化的，并尤其着重说明人体最关键的转化事件，如双足行走的形成，非水果主食模式的建立，狩猎与采集的推进，以及对人类物质生活影响巨大的文化变迁如农业革命和工业革命等。作者进而展示出一副令人迷惑的画面：一方面人类的寿命在延长，另一方面人体的各种疾病也在周期性增加。作者最后呼吁大家运用人类进化的信息去帮助推动有时甚至是强制创造一种更有益健康的环境并追求更生态的生活模式。

人体解剖学和对大自然的解剖研究对人体工程学意义非常重大，而人体工程学又是设计科学的基础。中国古代设计曾经发展出朴素的人体工程学并广泛应用于建筑、室内、家具、灯具及大量日用设计品当中，并为西方许多设计大师带来创作的灵感，在相当大的程度上启发了西方和日本现代设计理念的成长。遗憾的是，中国在为西方的现代设计科学带去灵感的时候，自己的设计思想却趋于僵化，以至于长期囿于传统的束缚当中，目前依然借助西方现代设计科学的反哺来引发中国现代设计创意的苏醒。欧洲在包豪斯之后开始设计科学的觉醒，将艺术与科技同时代的发展结合起来，而后以阿尔托为代表的北欧学派又率先推崇以人为本的设计理念，将人体工程学作为设计科学的核心内容，从而扭转国际式设计风格的冷漠，提倡以人体工程学和生态设计为核心的北欧人文功能主义设计科学，并因此为人类创造出一大批舒适、健康而且美观的设计作品，同时也非常自然地将北欧打造成最适宜人类居住的人间天堂。第二次世界大战之后的美国也开始重视人体工程学研究，除了全盘引入欧洲相关研究成果之外，美国的人体工程学研究注入了大量高科技内容，与此同时，日本在人体工程学方面发展出独具日本特色的感性工学，强调人类工作与生活的每个细节对设计的细腻影响因子，尤其反映在汽车设计和机器人的发展方面。如今，综合了欧美日各派人体工程学特点的风行全球的以用户为核心的交互设计模式成为现代设计的重要思考基础，然而，无论人类的设计活动采用什么样的模式与风格，对人体和大自然结构的悉心体认和研究回归，永远都是设计科学的基石。

2　达·芬奇、洪堡与海克尔：博物学传统

从达·芬奇到洪堡再到海克尔，最终由达尔文集大成创立进化论思想，这一发展过程形成西方博物学传统的辉煌轨迹，它在形成自身学科特点的同时，也不断催生着其他多种学科的发展，如园林、景观、生物、化学等，更重要的是，博物学也是西方社会和整个人类文明发展的基石之一。上海交通大学出版社近几年推出博物学文化丛书，最近出版的一本是美国19世纪著名博物学家P.A.查德伯恩（Paul Ansel Chadbourne）著，邬娜译《博物学四讲：博物学与智慧、品味、财富和信仰》，以讲座的方式，用生动的语言，从矿物、植物和动物王国向人类的精神信仰和社会进步层层推进，通过对博物学性质和功能的描述，强调博物学在文化史和科学史上所扮演的重要角色，尤其强调博物学与人类的智慧、品味、财富和信仰之间的密切联系。然而，博物学与设计和设计科学之间的联系对人类社会的综合发展而言应该有更大的意义，达·芬奇、洪堡和海克尔的博物学成就与设计科学的发展密切相关。

作为文艺复兴的杰出全才，达·芬奇的博物学成就首先表现在前文所述的人体解剖研究在艺术与科学两方面对文化发展的影响，可以说是人体工程学的开端。其次，作为工程师、建筑师和设计师，达·芬奇在透视科学的发展及设计表达方面为设计科学做出了突出贡献，其创造性地用鸟瞰图、侧视图、剖视图等科学绘画表达手法对科学发展和艺术创造都做出了极大贡献。第三，达·芬奇对大自然万物细致入微的观察和描绘方法对设计科学的发展意义极为重大，其观察与描绘模式在两个方面都为后世做出榜样：其一是用素描和绘画的方式，其二是用日记和笔记的方式。前者以其开创性的人体解剖图和工程设计图为代表，其精确性、艺术性及包罗万象的表现性，至今依然是人类绘图表现模式

的楷模；后者则以其流传至今的博物学观察笔记和艺术创作及工程设计笔记为代表，其细腻入微的特质和敏锐而全面的洞察力，至今依然被看作是人类艺术创作和设计科学的原创理论基础。达·芬奇的日记和笔记，与后世受其影响的法国浪漫主义艺术大师德拉克罗瓦和瑞士现代艺术大师克利的日记与笔记，并称为对艺术发展史和艺术理论及艺术教育影响最大的三大艺术笔记。

达·芬奇对后世的影响是划时代的，一方面其自身的研究和创作及设计实践对人体工程学和生态科学的发展都做出关键性贡献，另一方面其榜样的力量也鼓舞着后世的博物学家们和科学家及设计师、建筑师们，如紧随其后的博物学大师林奈、布封、居维叶、拉马克、洪堡、海克尔及达尔文等，以及现代设计大师富勒和他所激励的现代高技派和生态主义建筑师和设计师群体。

如果说达·芬奇的博物学及其所引发的设计科学传统建立在欧洲大航海之前的西欧地理范畴之内，那么洪堡的博物学则是在充分利用大航海时代的便利性的基础上建立起具有全球视野和生态科学观的设计科学。如果说达·芬奇最早将人体工程学引入设计科学，那么洪堡则首先将生态设计的观念植入设计科学当中，使其成为后世在建筑、设计和艺术创作诸方面的最重要理念之一。洪堡充分利用了时代的进步和大航海所带来的便利性，以人类罕有的意志和眼光，作为科学家、博物学家和探险家，将人类的正常视野从局部带到全球。洪堡对设计科学的贡献首先体现在完整的生态设计观念的提出，此前的欧洲众多伟大的博物学大师们，从达·芬奇到布封，大都是局限于欧洲的某一地区对大自然进行观察、收集并记录，即使林奈能以其突出的个人魅力和组织能力发动一批又一批学生为其收集来自世界各地的动植物和矿物标本，然而与洪堡身临其境的考察相比，林奈对大自然的观察和理解依然受到限制。洪堡将德国人擅长的坚忍和细致发挥到极致，从而在漫长而艰辛的全球范围内的实地考察中得以收集大量矿物及动植物标本并辅以非常完整而细腻的考察笔记和工作记录，而更重要的则是洪堡以其亲身体验和亲眼所见最终归纳并提出全球生态一体化的观念，进而由此发展出最早的生态设计的理念。其次，洪堡对设计科学的伟大贡献体现在系统设计观念的提出，达·芬奇虽被称为文艺复兴的全才，因其一生的兴趣几乎涉及当时已知的科学技术和艺术的所有方面，但因时代的局限，达·芬奇的设计理念大都建立在局部设计理念的基础之上，并能在当时所知的范畴内做到极致，而洪堡的视野早已超越达·芬奇，其如日中天的影响力更使其能组织起全国甚至全欧洲的学术研究团体介入对其庞大博物学收集的研究当中，从而能彻底打破矿物、植物和动物界限，在全球生态发展的思维基础上，建立完整的宇宙发展观和系统设计理念，对后世的各门科学如物理、化学、生物等以及设计科学的发展起到极大的推动作用。第三，洪堡对设计科学的另一重大贡献是设计为大众服务的观念，因为时代的局限，达·芬奇充满创意的一生大部分都是为帝王将相服务，而代表德国贵族阶层的洪堡却因广泛而深入的全球性探险考察而突破了传统观念的束缚，大力提倡“科学为人类所共享”的思想并进而倡导设计为全体民众服务的理念，以其大量著作为后世设计科学及其他科学的发展打下坚实的基础。

由洪堡所开创的带有浓厚德国特色的博物学传统被海克尔发扬光大并在诸多方面进行了极富创意的开拓发展。首先，洪堡的博物学调研虽然涉及地球表面的几乎所有方面，但毕竟以陆上的动植物和矿物为主，而海克尔则以相当大的时间和精力深入海洋，对海洋动植物进行观察和系统描绘，从而使洪堡的大宇宙生态观念更加完备，同时将人类的眼光吸引到海洋，使人们第一次充满惊喜地意识到占地表四分之三面积的海洋的丰富性，事实上，海洋的丰富内容至今依然对人类保持着神秘性和极大吸引力。其次，洪堡主要是探险家和科学家，虽然组织各类人才编辑编制其考察成果，但洪堡自己并不亲自绘制最终版本的科学及设计插图，尽管洪堡在探险考察途中也绘制大量草图，而海克尔则身兼艺术家和科学家双重角色，能同时使用显微镜和画笔，从而以科学家的严谨和艺术家的敏锐绘制出至今令后世叹为观止的科学制图杰作，它们也是设计科学的最佳图示样板。第三，海克尔一方面继承丢勒严谨绘图的艺术传统，另一方面传承列文·虎克以显微镜观察并描绘微观生物的科学传统，并结合二者创作出充满设计创意的博物学微观制图，从而对同时代和后世的设计师、建筑师、艺术家和工匠产生巨大而深远的影响力。

3 关于无名设计的研究

从古至今，人类历史上的大多数设计是无名设计，能够具名留传后世的建筑和日用设计少之又少，即使在近现代，各地著名设计师、建筑师及设计公司日益兴起和强盛的时代，具名设计产品依然是人类全部产品的少数甚至极少数，更不要说大自然中无穷尽的又美不胜收的设计精华：植物王国、动物世界和大地矿物当中人类至今只能窥其一斑的杰出设计。无名设计实际上是人类设计史的主体，然而人们对无名设计的关注和系统研究却远远不够，如建筑史的研究长期以来最注重的大多是宫殿、教堂及皇室陵墓，以及近现代名家设计，而占据更大多数的民居只是在第二次世界大战之后受到关注，随即展现出其别具一格的魅力，并吸引着一代又一代更多的研究者和设计师们。

对无名设计进行系统研究并产生全球影响力的学者首推瑞士建筑学者和教育家吉迪翁，作为1941年首版的《Space, Time and

Architecture》的作者，Giedion教授不仅是世界建筑协会的卓越组织者，而且是敏锐的观察者和研究者，在长期与世界顶级设计大师如格罗皮乌斯、柯布西耶、密斯、阿尔托等人的共同工作中，他一方面关注和记录以这批大师为代表的现代著名建筑师的工作，另一方面开始深入思考艺术创作和建筑设计的起源问题，并由此引导自己逐步走向系统研究无名设计的道路。在轰动全球的现代建筑史杰作《Space, Time and Architecture》之后，Giedion又陆续出版《The Eternal Present》《The Beginning of Art》和《The Beginnings of Architecture》等关注无名设计的著作，最后于1948年由牛津大学出版社推出其研究无名设计的代表作《Mechanization Takes Command: A Contribution to Anonymous History》，该书在1969年由W.W.Norton & Company出版社再版时，其扉页上又加上另一段小标题"A Study of the Evolution of Mechanization in the Last Century and Half, Its Effects on Modern Civilization, and Its Historical and Philosophical Implications"，用以强调其研究内容。Giedion在书中以非常细致入微的态度关注和研究人们平时很少注意到的日常生活的细节设计，如门锁设计、厨房厨具设计、可调节移动家具设计等，以机械的逐步发展为背景，对大众生活当中渐进式发展的那些无名设计进行系统总结，但他并不像柯布西耶那样赞美机器并提出宣言，而是用关注性陈述提醒大众对生活中大量优秀设计的注意和兴趣，因为这些无名设计才是普通老百姓日常生活最亲密的朋友。Giedion对无名设计的深入研究对设计科学做出了独特的贡献，由此引起人们对设计与用户关系的关注，从而发展为后来以人体工程学为核心的交互设计理念。

在Giedion之后对无名设计进行系统研究的最重要的学者是奥地利建筑师、工程师和艺术评论家伯纳德·鲁道夫斯基（Bernard Rudofsky），他善于从非传统的崭新视角审视和操作那些我们看似耳熟能详却又知之甚少的事物现象，其重要著作包括

《Are Clothes Modern?》《Behind the Picture Window》《Architecture without Architects》《The Kimono Mind》《Street for People》《The Unfashionable Human Body》和《The Prodigious Builders》，其中出版于1964年由纽约现代艺术博物馆推出的《Architecture without Architects: A short lntroduction to Non-Pedigreed Architecture》和1977年由伦敦Secker & Warburg出版社隆重推出的《The Prodigious Builders: Notes Towards a Natural History of Architecture with Special Regard to Those Species that are Traditionally Neglected or Downright Ignored》是其代表作，其中前者已由天津大学出版社于2011年出版高军译、邹德侬审校中文版《没有建筑师的建筑：简明非正统建筑导论》。该书冲破大家长期以来习以为常的狭隘的学术范围，讨论普遍存在的无名建筑和日常设计，通过排除学术偏见和社会误解，鲁道夫斯基向人们展现了一种迄今无人知晓的令人震惊的建筑史和设计史片断：可容纳十万观众的美洲史前剧院区域，供数百万人居住的地下城镇和乡村，以及变幻无穷的各民族聚落。鲁道夫斯基力图向大家介绍这些并非由少数精英或专家发明的公共建筑和民居，它们是由具有共同文化传统的人群依据群体经验，自发且通过持续活动创造形成的。这些原始建筑所蕴含的设计科学往往在无意之间被人忽略，然而，我们今天终于越来越深刻地认识到：从这些原始建筑和日用设计中所发展出来的设计科学是人类智慧与其生活和生产方式的天然结合，是与大自然的设计最为接近的人类设计智慧，因此可以被看作是探索并发掘日益陷入混乱城市重围之中的工业时代和后工业时代人类生存灵感的源泉。鲁道夫斯基坚信，由无名设计而衍生出来的建筑智慧和设计科学内涵早已超越了人类传统的经济和美学方面的思考，触到更加艰难并且日益令人烦恼的问题：我们人类如何正常生存下去？如何在狭义与广义两种层面上，在与邻里和谐共处的同时亦能与大自然共同生存与发展？

鲁道夫斯基在《没有建筑师的建筑》中提出的思想观念在《The Prodigious Builders》中进一步延展，以期引起人们对无名设计的深度关注。作者在这部巨著中以其天才的洞察力观察并解释民间无名建筑的内在意义，作者以其广泛的田野调研关注各地的民居聚落、城堡村寨、墓葬纪念碑，以及其他各种由当地建造者无师自通所创造出来的无穷无尽的人类建造物，其中包括中国的水上浮动村庄及其门窗设计的文化意义，波兰的巨型盐矿社区及其自发建造的教堂、餐厅和窄轨运输系统，非洲东根巨屋及其祖先象征设计，以及与大自然和谐共存的原始排水系统和空调系统等，鲁道夫斯基对每个实例的介绍都充满智慧和启发，从貌似混乱中看出逻辑性设计，从表面平淡中推导出设计科学的精华。

在鲁道夫斯基的影响下，美国著名作家和摄影家劳埃德·卡恩开始关注世界各地的无名建筑和日常设计并于1973年由自己创立的Shelter Publications出版《Shelter》一书，该书于2012年由清华大学出版社出版梁井宇译《庇护所》，作者将人类历史上出现过的洞穴、草屋、帐篷、木屋、仓房、农庄及各类民居聚落等不同建筑形式都囊括其中，以图文并茂的形式将各类无名建筑的建造过程及技术细节完美呈现。面对城市中大量的机械搭建的钢筋水泥巨筑，民间传承已久的无名设计的手工建设技艺和设计理念不仅能够让人们重拾手工、探险、劳作和自由的乐趣，而且促使人们重新思考人类与大自然的关系，深度反思生态设计的理念，加强对设计科学的多向度思考。

在人类的无名设计中，各种历史悠久的图案设计在人们日常生活和工作中占有无所不在的地位，每个民族都有其独特的图案设计传统并且都能以各种载体流传至今，显示出强大的生命力。这些图案都源自大自然的片断并经民间无名设计师的提炼加工形成固定模式，即使进入现代社会，新型的图案设计依然在很大程度上建立在传统图案的基础上。1968年，纽约Reinhold Book Corporation出版William Justema所著《The Pleasures of Pattern》，该书在展示20世纪图案设计成就的同时，也追溯各种图案模式的历史发展轨迹，充分彰显作为无名设计重要成员的图案对人类生活与环境建设的无所不在的影响力。Justema的论述包括三个部分，即图案的本性、图案的形成和关于图案的几种论述。第一部分“图案的本性”讨论图案的普遍性和特殊性，解释为什么某些图案比其他图案更有吸引力，并通过追溯图案发展史阐明几种无名设计主题可能的演化模式；第二部分“图案的形成”包括图案设计的八个课程，以线条、形状、质感和色彩及各自不同组合作为主题，展示现代图案设计如何从几千年演化至今的无名设计中获取灵感和基本素材；第三部分“关于图案的几种论述”则聚集如下几个话题：图案工业，威廉·莫里斯，18世纪早期神秘的东方丝绸，以及图案视幻游戏。作者坚信，图案是人类无名设计中的最基本因子，因此揭示出人类最深层的视觉体验。

4 格罗皮乌斯与包豪斯

在现代建筑设计实践、现代建筑教育、现代设计教育、设计科学的系统创立与发展这四个方面，格罗皮乌斯及其创办的包豪斯所做出的贡献都占据首位，至今无人能够超越。因此吉迪翁在其名著《Space, Time and Architecture》中，将格罗皮乌斯列为欧洲现代主义建筑大师之首，尽管其综合成就和影响力与柯布西耶和阿尔托在伯仲之间。1935年，格罗皮乌斯出版《新建筑与包豪斯》，时任英国艺术与产业委员会主席的Frank Pick教授应邀作序，对格罗皮乌斯和包豪斯做出非常客观的评价：“本书提出这样的问题：过去曾用木、砖和石块所构筑起的建筑，今天则将要采用钢筋、水泥和琉璃来建造。文章明确宣称，只有基于一种新的思想才能建造起真正的建筑。令我颇感兴趣的是，文章继而强调这些适用于建筑的观点，同样适用于和日常生活用品相关的设计领域。”Pick认为德国有幸拥有格罗皮乌斯，“在这样一个过渡时期，德国为能够接纳并得到他的指导而幸运，甚至可以利用他的知识和能力加速这场必将到来的变革，这不仅体现在建筑领域，甚至更多地体现在最广泛意义上的建筑和艺术设计教育当中。”在大变革的时代，格罗皮乌斯的远见卓识和专业洞察力只有柯布西耶可以比拟，他们对新的时代都有广泛的观察和深入的思考，他们熟识传统但却拥抱未来，因此用不同的方式选择更多地通过孕育和创造来表达未来的创意。Pick对格罗皮乌斯及其创办的包豪斯充满信心，尽管当时包豪斯已遭纳粹政府关闭，而格罗皮乌斯避走伦敦，“独特的想象力将越来越多地利用新建筑的技术手段，创造其和谐的空间、优良的功能，并将以此为基础，更确切地说是作为一种新的审美观的构架，实现众所期待光芒四射的艺术复兴。如果建筑师在作用力下摆动得太远而走向工程师，那么也会在反作用力下再次向艺术家靠拢。这种波浪式运动促进了发展。创造性的精神永不疲惫。海潮在不断的起落中上涨，而涨潮才是最为重要的。”格罗皮乌斯的理想，他的个人才华，他的强烈的社会责任感和牺牲精神，他的宽容个性所蕴含的知识分子的人文关怀，他的创造力和管理协调能力等，都使其成为新时代建筑和艺术设计的领军人物，其影响力从德国到英国再到整个欧洲，然后随着他任教哈佛又影响美国，继而影响全球。

我国改革开放之初的1978年，中国建筑工业出版社即已出版张似赞译本的《新建筑与包豪斯》，2016年，重庆大学出版社又出版王敏译《新建筑与包豪斯》，然而，各种原因使我国建筑界、设计界和艺术界及相应的教育界对格罗皮乌斯和包豪斯的理解和认识时常出现偏差，甚至出现荒诞可笑的言论：如某些文章认为包豪斯成立于近一百年前，在今天已经过时；有些文章认为包豪斯只存在十几年，其短命不仅因为纳粹政治迫害，而且因为格罗皮乌斯与伊顿和康定斯基等艺术家发生内斗而使学校分裂；有些文章认为包豪斯建筑早已脱离时代，当今许多建筑都已超越包豪斯建筑等。之所以在中国能出现上述种种荒谬言论，主要还是因为我国学术界的长期封闭及由此带来的孤芳自赏和自说自话。要真正了解和认识并进而理解和评价包豪斯和格罗皮乌斯，我们必须参观体验当年包豪斯办学的三个校址，它们分别位于魏玛、德骚和柏林，而后通过文献及实物展览进一步了解包豪斯，在此基础上方能有评价包豪斯的初步发言权；如果要深入理解并进而合理评价包豪斯，那么我们必须阅读并研究包豪斯档案文件和出版物，以及各类研究包豪斯、格罗皮乌斯及其他包豪斯大师及学生的作品、理念、思想及教学系统的相关著述，以芬兰阿尔托大学的设计图书馆为例，有关包豪斯的文献书籍占据着近十排书柜书架，而且毫无疑问这只是有关包豪斯研究文献的一小部分。

来自世界各地的建筑师、设计师、艺术家和学者们，只要他们亲眼看见包豪斯校舍及博物馆，只要他们能从关于包豪斯成千上万的著述中任选几种进行认真的阅读和理解，那么，几乎没有人能够再盲目地认为包豪斯建筑已经过时，更不会有人认为格罗皮乌斯与包豪斯艺术家因产生矛盾而导致包豪斯解体。事实上，格罗皮乌斯对当时欧洲顶级艺术家的吸引力和凝聚力是令人叹为观止的，在历史上只有文艺复兴时期的美第奇家族可以庇美。格罗皮乌斯与伊顿纵使因教学理念相左而分手，他们依然是终生朋友，格罗皮乌斯与康定斯基更是绝佳搭档，康定斯基长期担当着副校长的角色，最后几年甚至无薪工作，与格罗皮乌斯等人共渡难关。

中国对包豪斯的引介和了解颇为周折，其中有政治的历史因素，亦有人为的行政因素。2010年，清华大学美术学院举行“包豪斯道路文献展”，随后由山东美术出版社出版杭间、靳埭强主编《包豪斯道路：历史、遗泽、世界和中国》，简单梳理了包豪斯在世界各地尤其在中国的发展状况，其后不久，中国美术学院大胆购入一批包豪斯的设计作品收藏，以便成立中国首家“包豪斯博物馆”和“包豪斯研究院”，尽管其过程颇多波折，但可以期待中国本土很快将展开真实意义上的“包豪斯研究”。2014年，山东美术出版社开始出版中国美术学院“包豪斯研究院”的研究系列成果《中国设计与世界设计研究大系》，其中又分为两大系列，分别为《包豪斯与中国设计研究系列》和《中国国际设计博物馆藏系列》，现已出版许江、杭间、宋建明主编《包豪斯藏品精选集》，杭间、冯博一主编《从制造到设计：20世纪德国设计》，许江、靳埭强主编《遗产与更新：中国设计教育反思》，张春艳、王洋主编《包豪斯：作为启蒙的设计》等。

包豪斯对设计科学的巨大贡献前所未有，也基本上空前绝后，其具体贡献主要表现在如下几个方面：其一是三个校长作为建筑大师、设计大师和教育家在设计理念和实践方面对设计科学的贡献；其二是包豪斯教师群体作为现代最具创意的艺术大师和设计大师以其创作和理论及教学文案对设计科学的贡献；其三是包豪斯学生在校和毕业后以其创作和教学实践对设计科学的贡献，其中包括由包豪斯教学理念延伸至世界各地所产生的各类新型建筑、艺术和设计院校。

包豪斯的三位校长都是举世闻名的建筑大师和教育家，其中格罗皮乌斯和密斯更是影响深远，关于他们两位的相关研究文献及著述都可开设专门的图书馆，汉尼斯·梅耶因长期在莫斯科工作，渐渐淡出西方主流建筑圈，但他对建筑、设计及教育的理论与实践依然是现代设计科学宝库中的重要元素，并在近年逐步引起更多的重视。关于三位包豪斯校长及其他教师的研究，至今仍以各种方式不断出版，如2009年耶鲁大学出版社推出著名学者Nicholas Fox Weber著《The Bauhaus Group: Six Masters of Modernism》，非常生动地讲述格罗皮乌斯、密斯、克利、康定斯基、约瑟夫与安妮·阿尔伯斯的故事，从中揭示每位大师的性格特点及艺术成就。2013年机械工业出版社出版郑炘等译本《包豪斯团队：六位现代主义大师》。

关于包豪斯的教师群体，几乎每一位都是各自领域的顶级大师，以其理论、创作或设计实践开创出那个时代的辉煌，其中的康定斯基和克利，更是被著名艺术家Herbert Read在其名著《现代绘画简史》中列为与毕加索并列的20世纪最重要的三位艺术大师。而莫霍利-纳吉、费宁格、伊顿、阿尔伯斯、拜耶、布兰特、布劳耶尔、斯托尔策、施莱默、施密特等都是世界级的艺术家、设计师、建筑师和教育家。关于他们的研究，汗牛充栋，层出不穷，在20世纪建筑史、设计史、艺术史、工艺史、文化史、社会史、教育史中都占有不可或缺的核心地位，他们自身的理论著作都是20世纪的经典文献，如康定斯基出版于1912年的《Concerning the Spiritual In Art》一书刚出版即成为现代艺术史上最具革命性的宣言，一百多年来被译成几乎所有语言在全球反复出版，此外，由康定斯基和Frantz Martz主编的《The Blaue Reiter Almance》也是现代艺术史上的经典文献。当年包豪斯的经典出版物中还包括康定斯基的《点线面》和《艺术与艺术家论》。

克利是另一位对设计科学和艺术理论贡献卓著的包豪斯大师，包豪斯经典文库早在1925年即出版克利专著《Pedagogical Sketchbook》和《Paul Klee on Modern Art》，以及影响极为广泛的《The Diaries of Paul Klee 1898—1918》，此后瑞士巴塞尔Schwabe & Co.AG出版社于1990年隆重推出克利关于艺术创作和设计科学的两部巨著《Das Bildnerische Denken: Fiinfte Auflage》和《Unendliche Naturgeschichte: Zweite Auflage》，全面展示克利以科学家的精准和艺术家的浪漫所发展出来的独具一格的艺术创作和设计科学体系。

康定斯基和克利之后对设计科学和艺术理论做出巨大贡献的包豪斯大师中最突出的就是莫霍利-纳吉和阿尔伯斯这两位继伊顿之后完善并再创造包豪斯基础课的天才设计大师。2006—2007年，在伦敦Tage Modern、德国Kunsthalle Bidefeld和纽约Whitney Mustum of American Art分别举办了关于莫霍利·纳吉和阿尔伯斯的大型展览，并由耶鲁大学出版社出版《Albers and Moholy-Nagy: From the Bauhaus to the New World》。莫霍利-纳吉是包豪斯的灵魂教授之一，在艺术和设计的几乎所有领域都有所涉猎，尤其在摄影和动态艺术、材料艺术及装置艺术诸方面更是开创性大师。早在1928年，莫霍利-纳吉在包豪斯已出版《Von Material zu Architecture》，随后由纽约Brewer, Warren & Putnam出版社修订出版《The New Vision: Fundamentals of Bauhaus Desigh, Painting, Sculpture, and Architecture》，包豪斯被纳粹关闭后，莫霍利-纳吉应邀去美国芝加哥开办“新包豪斯”设计学院继续光大包豪斯教学理念，同时发展和完善自己的设计科学和艺术创意理念，并于1947年由芝加哥Paul Theobald出版社隆重推出其设计科学和艺术创意理念巨著《Vision in Motion》，对后世影响深远。2014年重庆大学出版社出版刘小路译《新视觉：包豪斯设计、绘画、雕塑和建筑基础》，2016年中信出版集团出版周博等译《运动中的视觉：新包豪斯的基础》。关于莫霍利-纳吉的研究著作，每年都会出版很多，笔者最近看到的有2006年由德国Steidl出版社出版的《Laszlo Moholy-Nagy Color in Transparency: Photographic Experiments in Color 1934—1946》，2008年 德 国 Hatje Cantz出版社出版《Moholy-Nagy:The Photograms Catalogue

Raisonne》，2009年Prestel出版社出版Ingrid Pfeiffer和Max Hollein主编的《Laszlo Moholy—Nagy Retrospective》，2011年日本Art Inter出版公司出版的《Moholy-Nagy Laboratory of Vision》等。

阿尔伯斯是包豪斯的第一届毕业生，随后留校任教并担任莫霍利-纳吉的助手主持基础课，包豪斯解体后前往美国并先后在黑山艺术学院和耶鲁大学任教，其设计科学名著《Interaction of Color》自1963年在耶鲁大学出版社出版后立即成为全球设计学的标准教材，其中文版分别于2012年和2015年在大陆和台湾以《色彩构成》和《色彩互动学：20世纪最具启发性的色彩认知理论》书名出版。关于阿尔伯斯的研究著作，近年有逐步上升的趋势，如意大利Silvana Editoriale出版社出版的《Josef Albers: Art as Experience, the Teaching Methods of a Bauhaus Master》。此外，包豪斯大师关于设计科学和艺术创意理论的出版物还有伊顿于1961年初版的《The Elements of Color》和初版于1963年并于1990年由天津人民美术出版社出版，曾雪梅、周至禹译本的《造型与形式构成：包豪斯的基础课程及其发展》，以及金城出版社2014年出版周诗岩译本的施莱默名著《包豪斯舞台》。

除阿尔伯斯之外，包豪斯毕业生中后来成为一代大师的还有布劳耶尔、拜耶、谢帕（Scheper）、施密特（Schmidt）、斯托尔策（Stolel）、布兰特（Brandt）和比尔。其中布劳耶尔不仅是现代家具的开创性大师，而且是现代建筑运动中仅次于格罗皮乌斯、密斯、柯布西耶、阿尔托、莱特的经典设计大师；拜耶是包豪斯毕业生中最多才多艺的一位，作为画家、摄影家、设计师和建筑师，其最富创意和影响力的作品集中在图形设计领域；谢帕则成为壁画大师，同时也是欧洲最早从事建筑保护的专家之一；施密特不仅是一位雕塑家，而且是天才的印刷专家和绘画大师；斯托尔策作为包豪斯鼎盛时代唯一的女性教授，是20世纪最具原创力的纺织设计大师；布兰特则一方面是一位独具一格的摄影大师，另一方面更是金属和玻璃设计的工业设计大师；而比尔后来虽以乌尔姆设计学院首任院长名垂史册，但他更是一位建筑大师、工业设计大师和雕塑家。2011年中国建筑工业出版社出版赫伯特·林丁格尔著，王敏译《乌尔姆设计：造物之道》，系统介绍作为包豪斯在欧洲继承者的乌尔姆设计学院的方方面面。包豪斯教学体系的成功与卓越是无可超越的，其学生的优异成绩说明了一切。2014年德骚举办了盛大的包豪斯学生作品展览，并由Hatje Cantz出版社出版《Bauhaus Art of the Students: Works From the Stifting Bauhaus Dessau Collection》，一方面展示艺术与技术如何引导包豪斯的创作理念，另一方面充分显示包豪斯大师所开创的设计科学理念如何运用在学生的课程设计作品当中。

回头再读格罗皮乌斯的《新建筑与包豪斯》，才发现当年格罗皮乌斯为他所处的时代的新建筑、新设计所构建的教育框架和设计理念也完全适用于当代。我们依然要在合理化和标准化的前提下追求艺术创意的表达，建筑设计、工业设计和艺术创意的教学核心依然是由初步课程、实践与形式课程和建筑课程组成。格罗皮乌斯以其崇高的社会理想和个人魅力将欧洲最优秀的艺术大师群体汇聚在包豪斯，他们不仅培养出一代又一代引领时代设计发展的设计师、建筑师和艺术家，而且在教学和研究中发展出多姿多彩的设计科学和艺术创意理论，在设计科学方面，包豪斯的理论体系至今仍然是无可超越的宝库，就如同包豪斯大师们自己的设计作品和艺术创意至今依然无法被超越一样。

5 柯布西耶

作为20世纪全球范围内影响最大的建筑师，柯布西耶对设计科学的贡献也是非常巨大的，他以在城市规划、建筑设计、家具设计、绘画、雕塑诸领域的研究和实践，对设计科学和艺术创意理论进行了不懈的探讨，并最终形成自己独到的见解和理论，对全球的建筑学、设计学和设计科学诸方面都产生了深远的影响。

改革开放后的中国开始引介世界建筑大师，柯布西耶是最早被介绍到中国的国际建筑大师之一，其划时代的名著也随之推出中文版。早在1981年，中国建筑工业出版社即已出版吴景祥译文《走向新建筑》，在此前后，海峡两岸出版该书的多种中文译本，2016年，商务印书馆再次推出陈志华译文《走向新建筑》，足见其持久的影响力。进入21世纪之后，中国建筑工业出版社又从瑞士Brikhäuser出版社引进版权，出版《柯布西耶全集》中文版，此后又陆续出版牛燕芳译《勒·柯布西耶书信集》及柯布西耶的其他著作，如《明日之城市》《精确性——建筑与城市规划状态报告》《模度：人性尺度上尺寸平衡的随笔》《一栋住宅，一座宫殿——建筑整体性研究》和《现代建筑年鉴》等。然而，就全球范围内对柯布西耶研究的多样化、丰富性和细微化而言，中国目前对柯布西耶的引介还远远不够，更谈不上深入研究了。

2014年，美国New Harvest和Houghton Mifflin Harcourt出版社出版美国著名学者Anthony Flint著《Modern Man: The Life of Le Corbusier, Architect of Tomorrow》，作者用最新的史料，参照先前出版的近百种关于柯布西耶的各种研究专著和结论，对这位在现代城市、建筑、设计、艺术及现代生活方式诸方面都做出重大贡献的天才人物进行了生动而全面的总结，一方面介绍其一生中主要专业成就及相应的浪漫故事，另一方面也归纳出柯布西耶惊人成就的源泉何在，以及他对设计科学的最重要贡献是什么。柯布西耶没有受过专业的建筑学或艺术学训练，但他在长期“读万卷书，行万里路”的自学生涯中，发现并充分吸收利用了三大创意源泉，即史论研究，包括科技史、艺术史、设计史和建筑史；对大自然的关注、研究和学习；对艺术创作的渴望和长期而系统的实践，尤其是对绘画和雕塑的倾心投入及相应的丰硕成果。这三大源泉是柯布西耶在城市规划、建筑设计、室内设计和家具设计诸方面所有创意活动的思想基础，使其始终能走在时代的前沿并引领时代。柯布西耶对设计科学所作出的最重要贡献有三个方面：以人为本的模度研究和人体工程学探讨；设计中的生态设计思想；以及设计造型语言的系统化塑造模式。

柯布西耶一生无论多忙，都能专注于学术研究和写作，广涉建筑、科技、艺术、社会多个领域，并出版了大量专著，发表了无数文章，主办过多种学术期刊。学界长期认为《走向新建筑》是柯布西耶的第一部著作，初版于1923年，但实际上只是因为这部专著的影响力巨大，从而掩盖了柯布西耶其他更早的出版物。2008年，德国维特拉设计博物馆隆重推出再版的柯布西耶的第一本学术专著《Le Corbusier: A Study of the Decorative Art Movement in Germany》，柯布西耶这部著作初版于1912年，同一年，康定斯基出版《论艺术中的精神》并立即轰动欧洲艺术界，而柯布西耶的这部著作却因种种原因长期被忽略了，但事实上，柯布西耶已将该论著中的核心思想和信息移植到《走向新建筑》等其他著作中。1910年前后的德国在工业、科技、艺术、建筑、设计诸多方面都处于引领欧洲创意潮流的地位。贝伦斯不仅领导并参与创立德意志制造联盟，而且以自己的建筑事务所为基地实践最新的创意理念并由此吸引柯布西耶、格罗皮乌斯和密斯前来学习；马特修斯不仅潜心引介英国住宅的先进经验，而且身体力行领导德国新住宅的建设；陶特以卓越的洞察力判定玻璃和钢将成为新时代的主流建筑材料并开始系统研究和应用，同时亦投身设计教育，同比利时大师凡·德·维尔德一样，在德国创办建筑与工艺学校，并最终导致包豪斯的诞生。这样的德国吸引着一大批的各国前卫艺术家，如俄国的康定斯基、瑞士的克利、美国的费宁格、匈牙利的莫霍利–纳吉及柯布西耶。当时作为青年建筑师的柯布西耶也是一位天才的学者，他在其第一部学术专著中详细记载和分析了当年德国的应用艺术运动和主要旗手如贝伦斯、陶特、马特修斯等，同时也记录了当时最前卫的德国艺术家如桥社领袖Ernst Ludwig Kirchner的最新艺术动态。目前专家们一致认为，柯布西耶的研究文字是当年德国现代设计发展的最翔实的文献之一，同时也是观察与理解柯布西耶设计生涯的最新窗口，从中可以明显看出柯布西耶对机器美学的崇拜来自何处；柯布西耶绘画的豪放风格受谁影响；柯布西耶对模度的关注始于何时何处等。维特拉设计博物馆2008年出版的这本柯布西耶首部著作英文版中还附有两篇研究论文，其一是维特拉设计博物馆副馆长Mateo Kries著《Le Corbusier in Germany》；其二是美国学者Alex T. Anderson著《Learning From the German Machine》，全面分析了柯布西耶当年在德国学习的背景及研究细节。柯布西耶对时代变迁和科技文化发展的敏锐观察和勤奋写作在其第一部学术专著中得到充分体现，该书也是柯布西耶从史论研究中获取创意灵感的经典案例。

柯布西耶的第二类创意源泉是对大自然的关注、研究和学习，他毕生收集海螺及各类贝壳，也积累了大量的奇石和树根，但因其在丰富的写作和讲演中早已将大自然的灵感融入自己新创立的设计理念当中，因此有意无意间使人们大都忽视了这位大师的原始个性化收藏，就像很多人都不知道柯布西耶和格罗皮乌斯实际上都是独具品味的摄影家一样，因为有太多的专业摄影师活跃在这些开创性大师身边，以至于人们完全忘记这些大师们本人在该领域所具有的同样才华。2011年德国Hirmer出版社出版德国艺术史学者Niklas Maak的专著《Le Corbusier: The Architect on The Beach》，揭示出柯布西耶在半个多世纪的职业生涯中始终是海边贝壳及卵石的狂热收藏家，而这些收藏也成为其设计创意的源泉之一。与此同时，柯布西耶的设计科学及建筑理论也与其对大自然的收藏息息相关，例如，柯布西耶明确宣称，朗香教堂惊世骇俗的造型实际上源自他在纽约长岛海滩捡到的大贝壳，而其公寓和修道院项目中的大量细节设计都源自其收藏品中的奇石和树根。作者Maak教授在该书中用大量以前不曾被关注的资料探索柯布西耶一生大多数经典建筑的思考源泉，同时也在该书的第95页提出这位创意天才发展其设计科学的具体过程：Le Corbusier used his collection of objects to develop a passage towards knowledge that comprised three stages. He began with the direct sensuous experience of, say, a shell in the hand. Then he uncovered the basic mathematical figure underlying its structure, the spiral. Finally, he identified its individual features—creacks, chips, rounding and smoothing caused by its falling into the water, being dragged around the sand and buffetted by the wind or current—as evidence of "Cosmic Laws" that, although operating through erosion and aquadynamics, do not result in predictable shapes. Thus, however regular an object, attention focuses chiefly on its special history at the hands of chance, on its particularity.

柯布西耶的第三类创意源泉是艺术创作，尤其是绘画和雕塑。在第一代经典建筑大师中，每一位都从事不同程度、不同侧重点的艺术创作，如赖特的彩铅建筑绘画、密斯的炭笔画、格罗皮乌斯的水彩画，尤其是阿尔托的抽象画和胶合板雕塑等，然而，将绘画和雕塑作为职业并能在现代艺术史上留名的却只有柯布西耶。2013年，斯德哥尔摩现代艺术博物馆举办了关于柯布西耶绘画的盛大展览《Moment: Le Corbusier's Secret Laboratory》，随后由Hatje Cantz出版社出版Jean-Louis Cohen和Staffan Ahrenberg主编的《Le Corbusier's Secret Laboratory: From Painting to Architecture》，以欧洲各大美术馆、博物馆的收藏为基础广泛探讨柯布西耶的绘画与其建筑的内在联系，包括如下章节的论述，To Draw and To Paint; P ortfdio: Purist Paintings and Drawings; Jeanneret–Le Corbusier, Painter–Architect; Evocutive Objects and Sinuous Forms: Le Corbusier in the Thirties; Portfolio: Post–Purist Paintings and Drawings; Le Corbusier's Plan for the Urbanization of Stockholm; Le Corbusier and the Syndrome of the Museum; Porffolio: Museum Projects by Le Corbusier等，无可争议地指出柯布西耶的城市规划和建筑创作与其绘画生涯密切相关，并受其不同时期绘画风格的直接影响。关于柯布西耶的绘画及其与建筑和设计的联系还有欧美学者出版的大量著作，如MIT出版社1997年出版的由Eve Blau和Nancy J. Troy主编的《Architecture and Cubism》和Skira出版社2006年出版的《Le Corbusier: OuLa Synthese des Arts》等。柯布西耶的艺术创作不是孤立的，他与立体派四位巨匠毕加索、勃拉克、格里斯和莱热均有交往，与康定斯基、克利、卡尔德等艺术大师也都熟识，但他并没有被他们的巨大光环所淹没，而是与奥赞方一道发展出“纯粹派”绘画风格并最终启发现代建筑的某些发展契机。

在设计学的发展方面，柯布西耶以其毕生的设计实践和学术研究做出了独特而巨大的贡献，并可归纳为三个方面的内容，首先是以人为本的模度研究，其次是拥抱环境的生态思想，最后是建筑造型语言和原型创作。

柯布西耶的建筑、家具、室内作品，在不同时代有非常大的风格变化，有时规范，有时浪漫，有时细腻，有时粗野，然而，无论其风格如何变化，其作品都能给人以归属感和存在感，经久不衰的魅力使其大多数作品都成为现代建筑和设计史上的经典和样板。其成功的最重要的内在因素就是柯布西耶对模度体系的终生研究，并于1955年出版两卷本《模度》专著。柯布西耶早年受德国机器美学影响，对比例、尺度与和谐关系和工业化系统产生深厚兴趣，并由此延展至对人体工程学的系统研究，此后又扩展到对色彩和材料质感的比例与尺度研究，由此奠定其对以人为本的设计理念富于科学化的理解，因此，无论柯布西耶在不同的年代采取什么样的风格设计工程项目，都能自动地将“为人的设计”摆在首位。从某种意义上讲，全球一代又一代建筑师都在学习和模仿柯布西耶，但无人能望其项背，除了艺术天分的差异外，缺乏对模度的系统研究是最重要的原因。而柯布西耶对模度的研究深入而持久，广泛而细腻，其成果曾受到爱因斯坦的赞扬，更对全球的建筑师、设计师和艺术家产生了不可估量的影响。在20世纪建筑史上，柯布西耶之外对模度系统研究最为深入的则是芬兰建筑大师和建筑教育家布隆姆斯达特，其基于模度体系和比例和谐关系的强有力教学与阿尔托的天才榜样交相辉映，培养出一代又一代杰出的芬兰建筑师，从而使芬兰现代建筑的总体水平居于全球首位。2015年，法国蓬皮杜艺术中心与柯布西耶基金会联合举办柯布西耶作品大展，并由Scheidegger & Spiess出版社出版由Oliver Cinqualbre和Frederic Migayrou主编的《Le Corbusier: The Measures of Man》，整个展览虽然陈列出柯布西耶一生设计的各类项目，但贯穿始终的依然是他对人的尺度与模度系统的痴迷。

柯布西耶最早的著作出版物中，除了上文论及的《A Study of the Decorative Art Movement in Germany》之外，还有一本是《Le Voyage d’Orient》，该书已由上海人民出版社于2007年出版管筱明译《东方游记》。该书是柯布西耶写作生涯中的最早的出版物之一，也是他逝世前要求再版的最后一本书。柯布西耶的创意旅程即从该书开始，通过近半年时间在东欧、巴尔干、土耳其、希腊和意大利的考察和思考，柯布西耶将对人与自然和谐关系的强调深深根植于其艺术创意的血液中，并贯穿其整个设计生涯，与环境和谐的生态理念实际上是柯布西耶所提倡的设计科学的核心内容。然而长期以来，由于片面的分析和人云亦云的附和，柯布西耶时常被看作是不顾地域场景只是武断地插入其预先设计好的方盒子。近几年更加深入全面的研究、分析及现场考察终于使人们充分理解了柯布西耶的名言“The outside is always an lnside”，并进而发现，柯布西耶的所有设计都非常强调与环境的交融，从他的笔记、信件、草图和出版物可以证实柯布西耶在每个项目中都深深地注重人、设计与环境在视觉、身体及心理上的多重联系。2013年纽约现代艺术博物馆举办了柯布西耶设计作品展，随后由Thames & Hudson出版Jean-Louis Cohen主编的《Le Corbusier: An Atlas of Modern Landscapes》，该展览通过对柯布西耶全部作品的回顾再次强调生态设计理念在其设计中的核心地位。

对于城市规划、建筑设计和家具设计的造型语言和原型塑造方面，柯布西耶的贡献在20世纪所有建筑大师中排在首位。早在20世纪20年代中期，柯布西耶即已归纳出著名的“新建筑五点”，并在萨伏伊别墅中全面运用作为示范，从此对全球的建筑逐步产生越来越强烈的影响。2006年，中国建筑工业出版社出版日本建筑师越后岛研一著，徐苏宁、吕飞译《勒·柯布西耶建筑创作中的九个原型》，对柯布西耶设计语言中的平面和立面的原型塑造模式进行了归纳总结，显示出其设计语言的原创性和丰富性，对全球建筑界保持着持久的影响力。

柯布西耶对设计科学的贡献早已延展到现代社会发展的许多层面，并由此引发学术界对柯布西耶更多、更广、更深的探索，如2003年耶鲁大学出版社出版的英国学者Simon Richards著《Le Corbusier and the Concept of Self》，2004年Wiley-Academy出版社出版的英国建筑师Flora Samuel著《Le Corbusier: Architect and Feminist》，以及2009年中国台湾田园城市文化事业出版公司出版的徐明松著《柯比意：城市·乌托邦与超现实主义》等。对柯布西耶的研究和探索至今仍是一门显学。

6 阿尔托与北欧设计学派

吉迪翁在其名著《Space, Time and Architecture》不断再版的修订中，每次增加内容最多的都是阿尔托的作品，这一方面是因为阿尔托要比赖特、格罗皮乌斯、密斯和柯布西耶年轻一些，当其他几位经典大师已经过世或因年长而不再有新作品时，阿尔托却依然每年奉献出大批高质量并充满创意的作品；另一方面也是因为阿尔托的作品在建筑类型学和生态学方面具有更加强烈的意义，创造出图书馆、疗养院、剧场、教堂、住宅等新时代建筑原型。美国建筑大师赖特一生孤傲，从不把另外几位欧洲经典大师放在眼里，却唯独对阿尔托推崇有加，称之为与他本人并列的天才，从一个侧面反映出阿尔托的作品及其所蕴涵的设计理念具有非常广泛的说服力。

去年，位于现今俄罗斯西部城市维堡的维堡市图书馆经两期维修工程后重新开放，这件阿尔托设计于1927年建成于1932年的作品被认为是现代图书馆建筑的原型之一，因此受到全世界的珍视。实际上，阿尔托留下的每一座建筑作品都已成为芬兰和全球的宝贵设计遗产并被以各种方式保护或保护性使用，而阿尔托留下的每一件设计作品都在生产中，并衍生出系列产品服务于大众，同时也是国家元首馈赠嘉宾的礼物。与同时代的另外几位经典大师相比，阿尔托是在建筑类型学基础上建成作品最丰富的，同时也是涉猎范围最广的，是真正意义上的跨界设计大师，在城市规划、建筑、景观、室内、家具、照明设计、工业产品、玻璃陶瓷、纺织品、绘画、雕塑、写作及教学诸多领域都展示了卓越的才华，留下无法超越的杰作，更为设计科学的丰富和发展做出了极为重大的贡献，并因此成为影响全球一个多世纪的北欧学派的旗手。

正如赖特所说，阿尔托当然是20世纪罕见的设计天才，但其过人的才华亦来自勤奋而刻苦的学习和观察，阿尔托最令人惊叹的本领就是将来自不同领域的灵感以自然而然的方式转化为全新的符合时代发展的同时又能引领设计潮流和艺术时尚的作品和产品，而阿尔托的创意灵感则主要来自四个方面，其一是大自然，其二是科技与材料，其三是艺术，其四是朋友圈。作为芬兰人，阿尔托与大自然的联系是天然的，其大量作品，无论是城市规划、建筑设计、家具和灯具、玻璃或陶瓷，都源自芬兰大自然的两大标志，即森林与湖泊。阿尔托对科技的敏感和崇敬与柯布西耶相似，当柯布西耶在德国大机器企业中认识到科技的威力和魅力时，阿尔托在20世纪20年代初蜜月旅行即选择当时最时尚的民航，从而一览飞机的庞大震撼力，同时也从全新的视野领略了大自然的风采。阿尔托对艺术的痴迷与柯布西耶相当，虽然不像柯布西耶长期将绘画作为职业的一部分，但阿尔托也毕生从事绘画尤其是抽象绘画的创作，而阿尔托的雕塑则源自科技，源自胶合板发明过程的片断状态，因此浑然天成，别具一格。如果说柯布西耶的雕塑是其绘画风格的延续，依然散发出立体主义的精神，那么阿尔托的雕塑则是其胶合板技术和家具设计理念的延续，从心灵深处洋溢着大自然的气息。阿尔托一生主要在芬兰生活和工作，在相对远离欧洲文化中心的北欧，在资讯远没有今天发达和方便的第二次世界大战之前，作为芬兰人的阿尔托能成为位列现代建筑经典大师的领军人物，其成就离不开他的伟大的朋友圈。在阿尔托成长的早期，瑞典现代建筑大师阿斯普隆是他学习的榜样；在阿尔托设计思想建立的20世纪20年代，包豪斯校长格罗皮乌斯和灵魂教授莫霍利–纳吉成为他的良师益友，莫霍利–纳吉连续几个暑假在芬兰阿尔托家中度过，为阿尔托带来包豪斯和欧洲建筑界、艺术界和设计界的最新信息；包豪斯青年教师布劳耶尔新发明的钢管家具在给阿尔托带来思想震撼的同时，也让阿尔托立刻觉察到钢管材料在人体工程学上的局限性，从而引发他创造出胶合板及胶合板家具；立体派大师莱热、活动雕塑大师卡尔德等都是多年去芬兰阿尔托家中长住的老友，而毕加索、勃拉克、康定斯基、阿尔伯斯等则时常将画作送给阿尔托一家；柯布西耶和赖特都曾建议阿尔托联合经销他们各自的家具产品；而作为世界建筑师协会创始人兼首任秘书长的吉迪翁则更是阿尔托一家的常客。

阿尔托对设计科学所做的卓越贡献主要表现在如下五个方面，其一是地域文化与生态设计的结合；其二是提倡为普通人服务的人文功能主义设计理念；其三是基于材料科学的现代造型语言的创造；其四是建立在跨界设计基础上的创意生成模式；其五是倡导情感设计和共感设计及其研发。

地域文化与生态设计早已成为阿尔托建筑的国际标签，也被建筑界看作是其区别于格罗皮乌斯、密斯和柯布西耶的标志。新兴的芬兰共和国渴望建立自己的文化表征，阿尔托所代表的建筑地域主义应运而生。当国际式如潮水一般蔓延到世界各地时，如何在接受时尚、接受先进思想的同时又能考虑如何保留本民族和本地区的文化传统，确实需要智慧和勇气。阿尔托热爱自己的国家，了解本民族的文化传统，更明白接受外来先进设计思想的重要性，因此能用融会贯通的方式将朋友们带来的前卫理念不露声色地融入芬兰的地域文化，率先在国际主义盛行的时代大潮中创立北欧设计流派，为现代设计带来更多的温馨尺度，同时也开启关注民间设计智慧、注重传统建筑工艺的大门，引导现代建筑和现代设计在变革与时尚的惊艳之后重归人性化家园的范畴。

阿尔托有一句名言：我们的设计是为街上的小人物服务的。从为普通人服务到人文功能主义的建立是阿尔托设计科学的重要环节，其中包含着从“以人为本”的大范畴到“人体工程学”原理引导下的具体设计手法，并以此为思想基础，建立起芬兰和北欧设计的品牌信誉。北欧的寒冷促使芬兰建筑师对功能主义有天然的极度重视，因为任何功能上的疏忽都有可能导致严重的伤害。但阿尔托所倡导的人文功能主义又与国际式功能主义摒弃任何装饰元素不同，芬兰传统中大量兼具精神功能和情绪功能的装饰被保留和发扬光大，与此同时，北欧文化传统中对人的绝对关注所引发的人体工程学更是“以人为本”理念的基本体现。阿尔托的城市规划总是优先考虑行人的运行空间系统，阿尔托的建筑总是以人的尺度为基准，阿尔托的家具总是建立在人体工程学的研究之上，阿尔托的灯具总是首先考虑人的视觉感受和习惯，阿尔托的玻璃总是能将大自然的隐喻结合到人的手工技艺中，阿尔托的绘画是人的内在精神世界的抽象独白，而阿尔托的雕塑则是追求自然材料转化为工业合成制品并与大自然原型对比过程中的某些中间状态。

阿尔托在建筑和设计中所创造的造型语言，一部分来自传统文化，如其建筑中时常呈现的内庭围合空间即来自地中海地区的民居聚落；一部分来自大自然的形态，这方面最典型的实例就是当今已成为芬兰现代设计标签的阿尔托玻璃花瓶，其造型元素直接来自鸟瞰下的芬兰湖泊；但其他在建筑、家具及灯具设计中的主流造型语言则来自材料科学及其他科技成果所带来的产品形态，这方面的典型案例就是举世闻名的胶合板实验。当包豪斯青年大师布劳耶尔首创的工业钢管引入家具设计，随后密斯和马特·斯坦等建筑大师不断推出革命性的钢管家具时，阿尔托受到极大震动，并立即购置数款放在家中和办公室中，然而在赞叹之余，却又立刻发现其致命的不足：人类的天性对金属的触感排斥。阿尔托坚信人类的天性呼唤具有时代精神的木质家具，而这种木质家具又必须具备钢管的强度和弯曲特性，由此引发了阿尔托与芬兰家具企业合作研制胶合板的光辉历程。1928—1930年阿尔托花费大量时间专注于胶合板的研制及其在家具设计中的运用，其间也穿插一部分更多雕塑意念的材料合成，其中最著名的就是扇形家具腿足构件，最终成为阿尔托家具的设计标签之一。三年的胶合板研究及试制过程硕果累累，阿尔托终于获得与钢管同样强度和弯曲度的层压木材，从而设计出一批又一批形式新颖、坚固美观，同时又舒适温馨的木制家具，彻底改变了国际式风格下现代金属家具的冷漠表情，为现代家具开辟了全新的发展道路，也为后世设计师提供了无限的创意可能性，于是才有了后来瑞典设计大师布鲁诺·马松的弯曲纵向胶合板家具系列、丹麦设计大师雅各布森风靡全球的蚁椅系列、美国设计大师伊姆斯夫妇的三向度胶合板系列、芬兰库卡波罗基于人体工程学原理的胶合板办公家具系列等。阿尔托在研制胶合板的过程中非常关注中间过程的每一个环节，并从中抽取不同的胶合板构件组合成形态各异的抽象雕塑，有时亦将自然形态的树木局部引入构图中，创造出一种新型现代雕塑，为现代雕塑做出了独树一帜的贡献。阿尔托的胶合板及胶合板家具和胶合板材抽象雕塑，近一个世纪以来一直被研究、学习和模仿，但从未被超越，充分展示了一代设计宗师的气度。

以跨界设计的实践模式最大限度地激活创意潜能是阿尔托对设计科学的另一大贡献。阿尔托一生之所以在诸多领域都取得世界一流的成果，一个重要原因就是跨界设计对其创造力的展示提供了最大的舞台，跨界设计的思维模式将阿尔托的创意潜能以最大化的方式不断激发出来。当阿尔托用芬兰湖泊的平面形态设计出其标志性的花瓶时，他已在胶合板研制过程中考虑如何以花瓶的形式为模具做出具有足够强度的弯曲层压胶合板，从而设计出名垂青史的帕米奥椅，再由帕米奥椅延展设计出办公及民用家具系列的整套椅、桌、柜、衣架、沙发、屏风、小推车等。当阿尔托用胶合板技术设计制作出扇形家具腿足时，他已在脑海中闪现这种美妙而自然的形式如何在建筑设计中运用，并在后来的图书馆、大学、剧场、教堂、公寓、办公楼等建筑中灵活自如地使用扇形及其变体，为现代建筑增添了清新的活力。人们后来发现，阿尔托的每一幅油画，实际上都是其为不同城市和大学所做总体规划的核心构思概念图，并以抽象的方式表达出来。

第二次世界大战以后的现象学和符号学研究热潮使人们对情感设计、共感设计及目前最热门、最重要的交互设计越来越重视，而阿尔托正是这方面的先驱大师，他以在设计中注重情感因素而著称，并因此能使其建筑和设计作品穿越时代，成为时尚经典。

阿尔托立志发明胶合板的初衷即出于人们对家具产品的共感反应，阿尔托创造的多曲线花瓶也是出自对人们使用花瓶时情感因素的系统思考。阿尔托的建筑和室内总是用宜人的比例和尺度去呼应人的整个身体构架，其家具总是用温润的材质去迎合人的骨骼和触感，其灯具照明总是用合适的光度和色彩去调配人的眼睛和表情，其日常用品总是用精美脱俗的造型和质感去激发人们的想象力。

阿尔托的成功及其在全球的巨大影响力并不是孤立的，除了他有一大批诸如莱热、格罗皮乌斯、莫霍利–纳吉、柯布西耶、卡尔德、吉迪翁等国际大师作为朋友之外，在北欧也同样有一大批高水准、高质量的建筑与设计大师，他们与阿尔托一道共铸北欧设计学派的辉煌，使之直到今天依然是全球最有感召力和影响力的现代设计学派。尤其令人惊叹的是，北欧学派中的主要四国（有时加上冰岛，近年又加上爱沙尼亚）丹麦、芬兰、挪威和瑞典在设计上和而不同，各有千秋，从而使北欧学派更具活力及创新潜质，也使北欧学派在整个现代主义发展的一百五十年中始终能独领风骚，并时常引领全球的时尚潮流。丹麦的细腻，芬兰的创新，挪威的粗放，瑞典的整合，虽各有差异，但这四个北欧国家都表现出共同的设计立国的基本制度，并由此创造出最宜居的环境，最高福利制度的社会，最发达的教育体制，最强劲的高科技竞争力，最适合耐用的工业设计产品等。

追本溯源，北欧学派的开山鼻祖首推芬兰第一代现代建筑大师伊利尔·沙里宁和丹麦设计大师凯尔·克林特。沙里宁同样在城市规划、建筑、景观、室内、家具、灯具诸方面成为现代建筑和设计的一盏明灯，其前半生以芬兰民族浪漫主义风格使芬兰和北欧建筑和设计昂然屹立于早期现代主义运动的高峰，其后半生在美国创办至今仍然具有深远国际影响力的匡溪设计学院，同时与他的儿子埃罗·沙里宁一道领导着当时美国最具竞争力的设计事务所，以其设计教学、建筑实践和理论研究这三方面的卓越成就影响了美国数代建筑师、设计师和艺术家，培养出小沙里宁、伊姆斯、伯托埃等一大批影响全球的新一代建筑与设计大师。克林特的贡献集中在家具和灯具方面，以其强有力的教学和设计实践，开启了丹麦家具和灯具设计的现代辉煌，并延续至今，同时也使丹麦与芬兰一道成为北欧设计学派的主流。

从设计科学的角度来看，北欧四国都能秉承上述阿尔托、沙里宁和克林特所开创的人文功能主义设计风格，然而又各有千秋，呈现出带有差异性的风貌。北欧四国只有芬兰是共和国，其他三国都是君主制王国，因此毫不奇怪，芬兰的设计创新能力不仅在北欧名列榜首，而且也多年排在全球高科技创新能力排名的首位。在沙里宁和阿尔托的引导下，芬兰创新能力代代相传，威卡拉、凯·弗兰克、塔佩瓦拉、诺米斯耐米、阿尼奥和库卡波罗都是引领各自设计领域一代风骚的创意大师；而丹麦、挪威和瑞典三国则因多年的皇家传统，以及与西欧更加便捷的地理联系和文化交融，其设计与传统文脉有更深更广的联系。例如丹麦设计与其源远流长的手工艺传统密切相关，但也因与西欧艺术风尚的频多交流而时常出现如雅各布森和潘东那样非典型的丹麦创意大师；瑞典设计则始终带有皇家装饰传统的气息，从传统中获取创意的过程更加精致；挪威相对而言不会执着于某一种模式，时常会在沉闷的传统式样的追随中展开某些奇特的创意思考，令世界耳目一新。

阿尔托面对布劳耶尔1925年设计的划时代的瓦西里椅，在震惊与钦佩之余立刻意识到："布劳耶尔的创意虽然出类拔萃，但金属家具绝非人体所能长期忍受，我必须解决这个矛盾，为普通人设计出最舒适的家具。"然后，阿尔托发明胶合板并创造出至今仍畅销于全球的弯曲胶合板家具系列。库卡波罗毕生坚信人体工程学是解决功能问题的最根本手法，他有一句名言："如果一件设计完全符合功能需求，那么这个设计产品一定是美的。"因此，库卡波罗在每一个设计项目中都以科学家的态度认真解决每一个功能问题，从而使他的所有设计都达到舒适、美观而时尚的境界。

克林特作为丹麦皇家设计学院的首任家具设计教授，在其任职典礼上宣称："全人类的传统也是丹麦的传统，现代设计师有责任吸收任何合理的传统因素。"此理念启发着一代又一代的丹麦设计师不断创造出基于传统元素的现代设计经典。瓦格纳认为，"真正成功的椅子没有任何背面。"为了达到完美的设计境界，瓦格纳从中国明式座椅、英国温莎椅、美国摇椅和丹麦乡村家居中吸取灵感，最终创造出堪称艺术精品的瓦格纳版本中国椅、孔雀椅、公牛椅和多功能休闲椅等。

瑞典设计大师奥可·阿克赛松（Ake Axelsson）代表着非常经典的瑞典设计模式。他认为，人类各民族千百年来积累的设计智慧是设计师的宝库，我们首先确认自己追求一种最轻便、最舒适同时也美观的座椅，然后在历史中找到它。奥可从青年时代开始研究并复原从古埃及、古希腊再到文艺复兴及中国等各民族的家具经典，然后提炼出符合时代风尚的设计元素，创造出当代设计的精华。

挪威设计大师彼得·奥布斯威克（Peter Opsvik）面对芬兰、丹麦、瑞典众多前辈大师的杰出设计成就既没有盲从，也没有丧失信心，而是以崭新的观念面对家具设计，并且用独特手法将这种观念展示出来。"人类的天性应该是奔跑于丛林当中捕猎野兽，可是今天的我们却整天被动地坐在深深的扶手椅中、书桌旁或被困于交通堵塞当中。我渴望创造一种能激发人们运动和活力的家具，刺激人的身体去正确地变换不同的姿态。”彼得首先认定阿尔托的胶合板是实现其设计理念的最佳媒介，而后开始在人们日常生活的站、坐、躺之间寻求最佳的休闲姿式，同时结合人体解剖学和人体工程学进一步完善功能和形式的要求，最终创造出一系列既能遵从人体的运动，又能为人的工作和休息提供最好支持的新型家具。

7 富勒的设计科学

富勒是科学发展史上第一个提出“设计科学”这个概念的，而且是以20世纪科技全才的身份，站在宇宙学的角度，满怀对全人类积极的发展信念提出这一概念的。在相当大的程度上，富勒是达·芬奇和洪堡的衣钵传人，为当代与后世传递着人类科技文明进程中最闪亮的一盏明灯，而这盏明灯又理所当然地出现在不同时代人类科技文明最发达的国家和地区，并且缘自文明自身的长期积累。达·芬奇出自文艺复兴时代的意大利，洪堡来自德意志民族精神昂扬勃发时代的德国，而富勒则产生在从第二次世界大战至今国力最强盛、科技最发达的美国。

人类文明之初的各民族只能局限于非常狭窄的视野，直到古希腊文明才带来最早的关于地球和宇宙全局的眼光和科学观念。从泰勒斯到毕达哥拉斯再到人类科学史上第一位全才大师亚里士多德，人类开始系统思考世界的起源、地球的来龙去脉和宇宙的形状等由哲学到科学的问题。古罗马全盘继承古希腊的哲学和科学衣钵，在技术领域贡献巨大，留下至今仍令人赞叹的罗马万神庙、斗兽场、输水道等工程遗址，但欧洲随后却进入因罗马帝国覆灭而开始的千年中世纪，人类的智慧潜力被长期压抑着，直到文艺复兴才全面迸发出来。意大利文艺复兴三杰达·芬奇、米开朗基罗、拉菲尔是文艺复兴全才的集中代表，而达·芬奇更是集科学、技术、工程、艺术、设计、博物等当代所有学科领域的先进学识于一身，与此同时，德国艺术家、科学家丢勒则是北方文艺复兴的首席代表，在绘画、版画、透视学研究、艺术设计理论诸方面领先于时代，其观察事物的细腻、描绘事物的系统、精致的科学态度，以及理论思维的习惯，强有力地奠定了德国科学严谨求实的传统和基于哲学层面进行理论思维的模式。特殊的时代为达·芬奇和富勒这些文化巨人装上了让思想飞翔的翅膀，从马可·波罗到哥伦布，从发现东方到发现世界，欧洲人的眼界大开，开始用全新的视野观察世界，理解世界，展开各种发明创造，构建全新的科学理念。欧洲随后迎来笛卡尔和牛顿的新一代集大成的科学体系和宇宙观念，并由此催生集探险家、博物学家、科学家、哲学家、宇宙学家于一身的巨匠洪堡的诞生，人类第一次具有真正的全球化视野，第一次意识到地球的一体化生态系统，第一次以可持续发展的眼光审视科学的发展和人类的科技进步。踏着洪堡的足迹，海克尔发现了更多细腻同时也更系统的大自然微观世界的美的规律，而达尔文则由此发现进化论。20世纪的现代科学则以爱因斯坦和波尔为旗手，以相对论和量子力学为代表，彻底改变了古典科学的格局，全面颠覆了人类的观念，从根本上催生了现代艺术、现代建筑和现代设计的发生发展和现代设计科学的建立和成长。马蒂斯、毕加索、康定斯基、克利等划时代的艺术大师都是从科学最前沿发展成果中获取最重要的创作灵感，格罗皮乌斯、柯布西耶、莫霍利–纳吉、阿尔托等开创性的设计创意也都从最新科学的理念和技术的成果中获得启发，创立新时代的教学理念和设计规范，从而改变了我们的生活和工作模式，也在相当大的意义上改变了世界。在20世纪的上半叶，人类最伟大的精英们都想以不同方式探求世界，改善世界，爱因斯坦的后半生力图协调与综合相对论和量子论以期发现宇宙运行的万有规律，而格罗皮乌斯、柯布西耶、阿尔托等设计精英则力图用全新的设计科学理念将现代科技、传统技艺与人文社会价值系统有机结合，以期创造出健康宜人并可持续发展的建筑、城市、景观和环境，以及人类日常生活和工作中方方面面的物品设计。在这样的发展势态下，时代在呼唤一位新纪元的文艺复兴全才来综合科技、艺术、设计、工业和文化发展，解决人类遇到的重大问题的同时也预测人类未来的文明发展模式和科技所能提供的潜力极限，于是，作为科学家、建筑师、工程师、设计师、几何学家、地图学家、哲学家、未来学家、教育家、发明家和预言家的富勒终于横空出世，以其一生的传奇为现代文明的发展做出了独特贡献。富勒一生除发明、设计和建造出一系列惊世骇俗而又深具启发意义的建筑和设计作品外，还完成并出版30余部学术专著。富勒的思想充满原创性、矛盾性和复杂性，他曾为此与爱因斯坦进行过五小时的长谈，获得这位科学大师的鼓励和肯定，从而更坚定其传播和实现其设计理念和方法的信心，因此其后半生的大部分时间都在世界各地不知疲倦地讲学，与成千上万不同阶层的听众交换看法。1983年，富勒去世前不久，获颁最高国民荣誉奖“美国总统自由勋章”。富勒去世后，当化学家发现一种非常重要的碳分子结构类似于球形穹隆，便将其命名为“富勒烯”，在全球科学界则普遍称之为“布基球”或“富勒球”。

笔者在十多年前曾读过一本当时新出版的富勒传记，立刻被富勒一生的传奇故事和卓越成就深深吸引，最近又读到南伊利诺大学出版社1960年出版的由富勒多年好友及合作伙伴Robert W. Marks著述的关于富勒早期科学和设计生涯的最有权威性的专著《The Dymaxion World of Buckminster Fuller》，对富勒的传奇生涯和关于设计科学的创立和发展历程又有了更深入的了解和体会。富勒从小就不同寻常，并对任何常规事物都要质疑，这种性格来自家族遗传，从富勒生于1630年的曾高祖开始，富勒家族每一代都以非常规业绩而著称于美国历史。曾高祖Lt. Thomes Fuller在17世纪中叶以英国皇家海军军官的身份去美国的前身新英格兰度假，结果被新世界的自由气息所感染，再也没回英国。他的孙子Rev. Timothy Fuller是哈佛大学1760年的毕业生，被选为麻省议会委员，却坚决拒绝在不废除奴隶制的文件上签字。他的儿子Hon. Timothy Fuller生于1778年，是哈佛速成俱乐部创始人，最后因支持学生反潮流从毕业排名第一降为第二。富勒的祖父Rev. Arthur Buckminister Fuller是哈佛大学1840届毕业生，是一位坚定的废奴主义者，在南北战争中光荣牺牲。富勒的父亲Richerd Buckminister Sr.是哈佛1883届毕业生，是波士顿进出口商人，成为富勒家族八代传人中唯一没有成为政治家或律师的。富勒的姑奶奶Margaret Fuller作为作家和编辑，是美国著名的女权主义者，与爱默生和梭罗等都有交往。生于1895年的富勒在这样的家族中从小就已遗传有叛逆和创造的基因，例如上几何课时，当老师讲“点、线、面和立方体”时，他会提问：“立方体是何时开始存在的？它将存在多久？它的重量如何？温度如何？”因此他很早就知道老师并不能回答他的大多数问题。作为富勒家族在哈佛的第五代学生，富勒很快发现学校教的那一套无法满足其旺盛的求知欲，于是自己退学后乘火车去纽约呼朋唤友，吃喝无度，家人为了惩罚他，将他送到魁北克的一家棉纺厂做体力活。富勒表示忏悔，并迅速陷入对机器和机械世界的狂热迷恋当中，成为出色的工程师。1914年，对其工厂工作非常满意的家人成功地为他在哈佛再次注册，但富勒依然反感当时的“学术风气”，并很快因“没有责任心并缺乏对正规课程的兴趣而再次退学”。然后富勒去纽约兵工厂工作并很快融入其中，第一次世界大战爆发后他多次申请入伍，却每次都因视力问题遭拒，直到1917年才加入海军，随后与Anne Hewlett结婚。其岳父James Monroe Hewlett作为著名建筑师和壁画家，后来被任命为罗马的美国学院的院长。富勒的海军生涯是其人生的重大转折，为其提供了关于生存问题的第一手经验，大海的无情、寒冷与无常风暴让富勒深深意识到技术在恶劣环境中的极端重要性，而危险的环境也给予其显示"英雄本色"的机会。作为空难救助舰的舰长，富勒目睹空军飞行员被迫降落海面时因缺乏合理的用于降落的船板而被大海无情吞噬的场景，于是重新设计桅杆、帆板和钩锚系统，使空难救助舰能更有效地救助被迫降的飞行员们。因为这项发明，富勒被送到海军学院学习，以继续其有限的正规教育。富勒在海军学院并无太多反叛行为，因为他认为船舰与航海对设计有着最严谨的要求，学习如何征服自然力量的知识满足了富勒内心对知识的渴求。第一次世界大战结束后富勒回到纽约兵工厂并担任进出口贸易部助理，不久又与其岳父合作成立一家建筑配件公司，拥有五家工厂并建造了数百座建筑，富勒从中学到了真正的建筑知识，并坚信设计科学的重要性。

1922年富勒的长女Alexandra在只有四岁时因流感去世，对富勒的打击几乎是致命的，其心情状态陷入谷底，并对任何事情都失去兴趣，他完全消沉后，公司的业务急转直下，直到卖掉公司股份并搬到一个陌生的小镇，最后富勒将家里人都送回娘家后只身一人去纽约流浪，这时的富勒已接近自杀的边缘，但最终却有一个来自上天的声音制止了他："布基（Bucky），你比这个社会上大多数人拥有更多的科学知识、社会经验和企业管理才能，如果将这些方面合理组合运用，那么一定会对别人有所帮助。然后你可以通过设计出最好的环境为人类造福，以此来弥补失去亲人的哀伤。无论你如何悲恸，你都要为你所拥有的智慧资源负责。"富勒终于醒悟，并立刻意识到头脑中的知识只有转化为设计的实体才会具有社会意义："我必须为社会奉献自己的知识，将它们组织起来，转化为人们可以看到的、感受到的，并能日常体验到的形式，我要用技术革新的方式实现它们，这种转化就是我的使命。"

富勒的眼界与常人完全不同，常人眼中候鸟的迁徙，在富勒眼中则是全球化经济模式。他具有天才的梦想，同时又具备理性的操作能力，以及令人难以置信的信息收集和处理天分，在多数情形下他很难被人理解，包括家里人和周围同事中最亲近的人，其原因表现在心理学和语言学两个方面。他的信息种类和信息量及信息交流渠道都是超常规的超量，他总能在瞬间给人们带来过多、过快、过于丰富的信息，而任何一个简单的问题都会引发其海量的头脑风暴及真知灼见，他的谈话和讲座都是不知疲倦的长篇大论，最长的讲座达8小时之久，因为富勒认为听众能理解或者应该理解他所构想的"第二动力体系""十二面体转换""内转外转系统"及"四维结构延展理论"等富勒发明的诸多设计科学知识。

对于敏感于创意和设计科学的人而言，富勒是当代最有影响的人物，但对其他人而言，他却是令人惊异和难以理解的，他集建筑师、设计师、工程师、发明家、数学家和地图学家于一身，在60多年的生涯中为世界带来一次又一次的震惊。"我并非单纯设计一个居住单元，制造一种新型汽车，发明一种新概念地图，或发展一种球形穹隆或能量几何学，而是从宇宙学观念出发，以能源再生和再设计原理综合组织人类的技术经验，将人类引领到更好的状态。"富勒的这种设计理念实际上是人类得以进步的伟大传统的延续，从毕达格拉斯到达·芬奇到牛顿再到爱因斯坦，富勒的设计科学紧随其后。富勒用活塞原理来形容其设计科学的本质："知识转换为技术手段如同活塞运作，由惯常而有规律的模式来推动。"富勒的另一个关键性设计科学概念是"再生"，例如种子是再生的，晶体是再生的，而能源则是一种永恒再生的实体模式。富勒强调科学方法与社会应用的有机结合，并由此发展出一套“大自然的格式塔”理论，并将其建立在宇宙学观念基础上。

富勒设计科学的一项核心内容是能量几何学，并由此发展出各种尺度和构成模式的球形穹隆结构。富勒力图站在巨人肩膀上看到宇宙运行的图景，但又争取超越他们，他认为：毕达格拉斯是数学家，牛顿和爱因斯坦本质上也是数学家，哥白尼是天文学家，普朗克是物理学家，但他们都远离人文科学，因此，富勒决心全身心关注大自然的同时也同样关注社会科学，由此构成富勒设计科学的本质内容。富勒非常重视方法论，从宇宙总体与事件的关系入手，将个人经验升华为人类认知模式，而后再归纳为宇宙规律并服务于人类社会的日常运行机制。

富勒坚信人类对美好秩序的渴望，呼唤一种全方位和带有预见性的设计科学，并因此而常年著述致力于设计科学的理论建构。他认为：理论推导实验，而实验引导科学，而后科学引领技术，技术指导工业，工业左右经济，而经济则主导着我们每天生命的世界。1934年，富勒的多年好友，美国著名小说家Christopher Morley,在其刚出版的新著《Stream—lines》的扉页上写道：“对富勒而言，科学的理想主义者，其真正的创意发明并非来自技术的机巧，而是缘自生命的有机视野。”

富勒全方位的带有预见性的设计科学实际上是将宇宙的自然模式发展为具有普遍应用意义的数学系统，当人类的经验进行积累时，应该发展为复合形态，再通过数学系统抽象出经验数据库，由此指导人类在任何领域的建造活动。富勒发明并推动多年的4D最大化活力住宅是运用其设计科学原理的典型案例，但富勒依然非常明智地预见到要投入几十年的时间用于企业对高品质建筑构件的研发和批量生产。其他经典设计实例还包括最大化活力汽车、最大化活力浴室和球形穹隆等。

1967年10月在以色列特拉维夫举行的世界设计年会上，富勒做了主题讲演，标题是“Design Science—Engineering, An Economic Success of All Humanity”，以更广更深更有预见的视界讲述设计科学，引起与会者极大兴趣。他们在随后的十几年被富勒一个又一个石破天惊的设计项目不断震撼着：1967年作为蒙特利尔世博会美国馆的巨大球形穹隆；1968年东京四面体百万人口城市综合体方案；1969年为日本设计的高达2.5千米的日本电视塔；20世纪70年代为多伦多设计的市中心水晶金字塔城市综合体方案和卫星城方案，美国漂浮城市综合体方案，以及令人叹为观止的覆盖曼哈顿三分之一面积的超巨型半球形穹隆方案等。

除了作为超常规活跃的建筑师、设计师和工程师之外，作为哲学家、预言学家和学者的富勒也非常勤奋，先后出版三十余部关于设计科学和人类社会发展状态的专著，如1928年的《4-D Timelock》，1938年 的《Nine Chains to the Moon》，1962年 的《Education Automation》和《Untitled Epic Poem on the History of Industrialization》，1963年 的《Ideas and Integrities》 和《No More secondhand God》，1963—1967年 出 版 的《World Design Science Decade》，1969年的《Operating Manual for Spaceship Earth》和《Utopia or Oblivion: The Prospects for Humanity》，1972年的《Buckminister Fuller to the Children of the Earth》和《Intuition》，1973年 的《Earth, Inc.》，1975年的《Synergetics: Explorations in the Geometry of Thinking》和《Tetrascroll》，1976年 的《And It Came to Pass-Not to Stay》，1979年 的《On Education》 和《Synergetics2：Further Explorations in the Geometry of Thinking》，1981年 的《Critical Path》 和《Grunch of Giants》，1983年 的《Inventions: The Patented Works of Buckmimister Fuller》和1992年的《Cosmograply: A Posthumous Scenario for the Future of Humanity》等。

德国Lars Müller出版社自2008年开始再版富勒的部分著作，同时也出版了一系列关于富勒及其设计科学和设计实践的专著，如Federico Neder著《Fuller Houses: R. Buckminister Fuller's Dymaxion Dwellings and Other Domestic Adventures》，Joachim Krausse和Claude Lichtenstein主编的《Your Private Sky: R. Buckminister Fuller: Art of Design Science》和《Your Private Sky: R. Buckminister Fuller: Discourse》等。其再版富勒著作中最重要的是《Utopion or Oblivion: The Prospects for Humanity》，该书是为作为空间飞船的地球的未来提供极富启发意义的规划蓝图，选自富勒20世纪60年代在世界各地的讲座文稿，其核心内容是：当今的人类在历史上第一次有机会创造一个百分之百各取所需的世界，但我们人类必须通过学习和运用设计科学，慎用"能源收入"，停止"过分燃烧我们自己的空间飞船"，因此呼吁利用风力、潮汐、水力和太阳能来提供人类的日常能源需求，如果人类忽视这一点，那么美好的乌托邦将不复存在。

8 赫伯特·里德与贡布里希

设计科学的发展由文艺复兴全才达·芬奇开启，而后由以洪堡和海克尔为代表的博物学家加以丰富和提升，再由以格罗皮乌斯、柯布西耶和阿尔托为代表的新时代建筑大师和设计大师加入工业精神，并在20世纪中叶由现代科技文明的全才富勒进行集大成的研究和实践，正式提出"设计科学"的概念和理论框架。随后则有历史学家尤其艺术史学者加入"设计科学"的研究并以人文科学的知识和人类文明的视角去观察并进而丰富和发展"设计科学"的内涵，其中尤以出生于利兹的英国学者赫伯特·里德和出生于维也纳的贡布里希为主要代表。

里德是英国诗人、作家、历史学家、艺术史家和艺术评论家。在他1915年的诗集《混沌之歌》和1919年的诗集《午夜的武士》中，他展现了一种深受理想主义影响的内涵。自20世纪30年代，里德开始在文学和艺术评论方面引起广泛关注，其批评作品包括1933年的《世界末日》，1953年的《感觉的真实呼唤》和1969年的《文学评论小品》。随后，作为多产作家和有广泛感召力的演说家，里德开始在英国大力推动现代主义思潮的发展，关注艺术史论和设计科学方面的进程，其1934年的著作《艺术与工业》强烈支持格罗皮乌斯的观点，在当时引起巨大反响。其名著《艺术与社会》和《艺术教育》在欧美亦有很大影响，此外，其艺术史论著作还有《Art Now》《Icon and Idea》《The Meaning of Art》《The Grass Roots of Art》《The Philosophy of Modern Art》《The Art of Sculpture》，以及早已译成中文并对我国艺术史研究有重大影响力的《现代绘画简史》和《现代雕塑简史》。

《艺术与工业》是里德在设计科学研究方面的主要著作，出版之后影响很大，广受欢迎，因此，在20世纪40年代和1952年、1956年多次再版并扩充内容，以《艺术与工业：工业设计的原理》不断再版，新版内容由六个部分组成，分别是前言，第一部分“The Problem in its Historical and Theoreticel Aspects”，第二部分“Form”，第三部分“Colour and Ornament”，第四部分“Art Education in the Industrial Age”，及附录论文部分。

前言部分以William Morris在《The Aims of Art》中的一段话为引言：“Once again I warn you against supposing, you who may specially love art, that you will do any good by aftempting to revive art by dealing with its dead exterior. I say it’s the ‘Aims of Art’ that you must seek rather than the ‘Art Itself’; and in that search we may find ourselves in a world blank and bare, as a result of our caring at least this much for art, that we will not endure the shams of itx”此时格罗皮乌斯已完成包豪斯的现代教育创举，对现代建筑和设计、工艺与工业及设计科学进行了彻底反思，里德著此文意在从系统理论的角度支持格罗皮乌斯的设计科学和教育理念。

第一部分“The problem in its Historical and Theoretical Aspects”则 以Lewis Mumford在《Technics and Civilization》 中 的 一 段话 开 篇：“Our Capacity to go beyond the machine rests upon our power to assimilate the machine. Until we have absorbed the lessons of objectivity, impersonalty, neutrality, the lessons of the mechanical realm, we cannot go further in our development toward the more richly organic, the more profoundly human.”该部分包括十三个章节，分别是 1. The Industrical Revolution; 2. First Formulation of the Problem; 3. “Fine” and “Applied” Art; 4. Growth of the Humanistic Concept of Art; 5. Humanistic and Abstract Art; 6. The Nature of Form in Art; 7. The Function of Decoration; 8. Wedgwood; 9. Morris; 10. The Problem Re-stated; 11. Standardisation; 12. Formal Values in Machine Art; The Solution Proposed。里德在这部分用大量具体实例分析工业设计对时代的意义，从工具到日用产品，从家具到建筑，讲述工业设计和设计科学在现代生活中的越来越重要的作用。

第二部分“Form”引用Wentworth Thompson在《On Growth and Form》中 的 一 段 话 作 为 主 题：“Of how it is that the soul informs the body, physical science teaches me nothing; and that living matter infulences and is influenced by mind is a mystery without a clue. Consciousness is not explained to my comprehension by all the nerve-path and neurones of the physiologist; nor do I ask of physics how goodness shines in one man’s face, and evil betrays itself in another. But of the construction and growth and working of the body, as of all alse that is of the earth earthy, physical science is, in my humble opinion, our only teacher and guide."该部分又分为四个章节，分别是1. The General Aspect; 2. Material Aspects—Inorganic; 3.Material Aspects—Organic; 4. Construction,具体论述了陶瓷、玻璃、金属器皿、工具、灯具、各种材质的家具、纺织品、皮革、家用电器、办公用品、飞机、汽车等交通工具的设计状态及其与设计原理和设计科学的关系。

第三部分"Colour and Ornament"引用著名画家和艺术史家Roger Fry在《Last Lectures》中一段话作为开头："If the general plan is more or less comfortable to a geometric idea the mind might be tempted to apprehend it merely as a case of a generalisation; but the perpetual slight variations of surface keep the mind and attention fixed in the world of sensation. We are, as it were, forced to abandon our intellectual in favour of our sensual logic: I think we can indeed note from our personal experience that the majority of people find the intellectual apprehension of things easier, and alwany take any excuse to slip away from sensual into logical apprehensions."这一部分则分为五个章节，分别是1. Catching the Eye; 2. The Origins of Ornament; 3. Types of Applied Ornament; 4. Ornament in Relation to Form; 5. Machine Ornament,以中国古代青铜器和宋、明瓷器为设计创意的源泉，介绍其如何转化设计工艺及原理到英国现代陶瓷工艺，然后继续讲述纺织品、包装工程及其他工业设计实例。

第四部分"Art Edueation in the Industrial Age"专门论述设计与艺术教育的重要性，大力推崇包豪斯的设计教育体系，批判传统狭隘的教育理念。最后的附录选择三篇英国政府和工业设计学会的工作报告进一步陈述现代设计的原则。

贡布里希是20世纪与Heinrich Wölfflin和Roger Fry并列的三大艺术史家之一，其一生著作等身，以开创性的艺术史研究为主，但从《秩序感》开始，亦开始了对设计科学投入持久的研究。贡布里希最早的艺术史著作也是其流传最广、至今仍以各种文字一版再版的《艺术的故事》。该书1950年初版，在年内即已出第二版，此后几年几乎每年都出新版，至1960年出第十版，而后不断重印和再版，用各种文字传遍全世界。1988年天津人民美术出版社隆重推出该书中文版《艺术发展史》，由范景中译，林夕校，而后该书又以《艺术的故事》之名出现多种版本的中文版。

在《艺术的故事》之后，贡布里希的研究开始集中在艺术与设计科学、文艺复兴艺术、艺术与心理学等几个方向。其文艺复兴研究出版有四卷文集，1966年出版第一卷《规范与形式》，1972年出版第二卷《象征的图像》，1976年出版《阿佩莱斯的遗产》，1986年出版《老大师新解》。其艺术史论与心理学研究则包括1960年出版的《艺术与错觉》，1963年出版的《木马沉思录》，1979年出版的《理想与偶像：价值在历史和艺术中的地位》，1982年出版的《图像与眼睛：图画再现心理学的再研究》，1984年的《敬献集——西方文化传统的解释者》，1987年的《艺术史反思录》，1991年的《我们时代的话题——20世纪的艺术与学术问题》，1995年的《阴影：西方艺术中对投影的描绘》和2002年的《偏爱原始性——西方艺术和文学中的趣味史》。此外还出版有八本论文集，包括浙江摄影出版社1989年出版的范景中选编中文版《艺术与人文科学：贡布里希文选》。而贡布里希在艺术与设计科学方面的研究中最重要的就是1979年初版的《秩序感——装饰艺术的心理学研究》，其他相关研究散布在不同杂志和论文集中，如中国美术学院出版社2013年出版的李本正选编，汤宇星译《偶发与设计——贡布里希文选》等。

《秩序感》很早就有中文版，即浙江摄影出版社1987年出版的杨思梁、徐一维译的中文版本，该版本2015年由广西美术出版社出版了修订后的新版本。贡布里希的这部《秩序感》是其早期专著《艺术与错觉——图画再现的心理学研究》的姐妹篇，《艺术与错觉》关心的是艺术再现问题，而《秩序感》则专注于纯设计。贡布里希从心理学角度研究设计问题的同时，也从情感设计和共感设计角度展开对设计科学广泛研究，最终形成对设计科学自成一体的一种解读。该论著由导论、尾声及作为主体的三部分研究组成。导论题为：自然中的秩序和意图，包括八个小节内容，即秩序与方向，格式塔理论，自然的图案，人造的秩序，组合的几何，单调与多样，秩序与动作，游戏与艺术。第一部分“装饰：理论与实践”包含三章内容，其第一章题为：审美趣味的若干问题，由四个小节组成，即道德方面，古典的单纯，围绕洛可可风格的论战，设计与时尚；第二章题为：作为艺术的装饰，由九个小节组成，即机器的威胁，普金与设计改革，罗斯金与表现主义，桑佩尔与功能研究，欧文·琼斯与形式研究，日本装饰，设计的新地位，阿道夫·卢斯的“装饰与罪恶”，装饰与抽象艺术。第三章题为：挑战各种限制，由五个小节组成，即图案制作的现实情况，掌握材料，法则与秩序，预见的局限，工具与样品。第二部分“秩序的知觉”也包含三章内容，即第四章至第八章其第四章题为：视觉的节省，由十个小节组成，即视觉的多样性，选择焦点，清晰度的消失，艺术的证据，视觉信息，预期与外推，可能与意外，作为显著点的中断，秩序与生存，整体知觉。第五章题为：效果的分析，由八个小节组成，即美学的局限，不安与平静，平衡与不稳定，波纹与旋涡，从形式到意义，色彩，再现，形式与目的。第六章题为：图形与事物，由六个小节组成，即万花筒，重复与意义，“力场”，投射与生命化，装饰、装饰身体。第三部分“心理学与历史”则由四章组成，即从第七章到第十章。第七章题为：习惯的力量，由五个小节组成，即知觉与习惯，仿样与比喻，建筑的语言，纹样的词源学，发明还是发现？第八章题为：风格心理学，由七个小节组成，即李格尔的风格知觉理论，风格的渗透性，海因里希·沃尔夫林，弗西雍与“形式的生命”，“纯洁”与“堕落”，情境逻辑，洛可可：情绪与运动。第九章题为：作为符号的设计，由七个小节组成，即纹样与意义，区分标志，纹章的象征意义，象征符号与背景，花饰的变化，象征的潜力，十字符号。第十章题为：混乱的边界，由八个小节组成，即艺术破格的特区，护符，“巨龙的威力”，难以捉摸的面具，怪物图像的传播，归化的怪物，怪诞图像的复兴，形式的解体。尾声题为：一些音乐上的类比，由八个小节组成，即音乐的地位，艺术之间的竞争，歌曲与舞蹈，自然与人工，形式、韵律和情理，基本效果，从力场到音乐世界，新媒体。

贡布里希在《偶发与设计——贡布里希文选》中则以小品文和闲聊方式论述现代设计领域的相关现象，人物、艺术及设计类别等课题，包括偶发与设计的抗争；招贴画设计大师盖姆斯；古城之美；城市的保护——拉斯金对今天的启示；博物馆应当是活跃的吗？漫画；用于家庭的图画；室外雕塑；错觉与艺术；符号与图像等。

9　维克多·帕帕奈克的生态设计观

在富勒明确提出“设计科学”的概念之后，除了艺术史家如里德和贡布里希介入设计史和设计科学的研究之外，一批专业设计师和设计理论家开始投身于该领域，帕帕奈克是其中最突出的一位。帕帕奈克作为设计师和教师主要在大学任教，曾获得许多重要设计奖项。帕帕奈克长时间在瑞典、芬兰等北欧国家的工作经历建立了他理解设计和设计科学的基础，而后他又多次为联合国教科文组织UNESCO和世界卫生组织WHO及许多第三世界国家做过设计工作，并因此对设计的本质有了更深入的理解，这些新见解都集中表现在其初版于1971年的名著《为真实的世界设计》中，该书出版后一版再版，影响深远，已被译成二十余种文字语言在全球发行出版，是迄今为止世界上读者最多的设计著作之一。

帕帕奈克勤于著述，其著述大都建立在长期的设计调研和设计实践基础上，因此其论点往往能直面现实，引起大众共鸣。他的其他著作包括出版于1970年瑞典的《Miljön och Miljornerna》，出版于1972年丹麦的《Big Character Poster: Work Chart for Designers》，以及与James Hennessey合著的三本书：1973年出版的《Nomadic Furniture 1》，1974年的《Nomadic Furniture 2》和1977年的《How Things Don't Work》。此后，帕帕奈克又出版过两本具有全球影响力的专著，即1983年的《Design for Human Scale》和1995年的《The Green Imperative: Ecology and Ethics in Design and Architecture》。《为真实的世界设计》原书全名为《Design for the Real World: Human Ecology and Social Change》，该书与《The Green Imperative》都被列入许平、周博主编的《设计经典译丛》并由中信出版社2013年隆重推出中文版。

《为真实的世界设计》是帕帕奈克最重要的著作，作者从生态学和社会学的角度，提出自己对设计的新看法，即设计应该为地球上最大多数的人群服务；设计不仅为普通的健康人服务，同时还必须考虑无障碍设计系统以便为残疾人服务；设计必须慎重考虑生态环境和可持续发展因素，以便人类能最有效最合理地利用地球的有限资源。帕帕奈克对风靡全球的绿色设计思潮产生了直接影响，他率先提出设计伦理和观念，即设计究竟为了什么？第二次世界大战之后，尤其是20世纪60年代欧美设计革命及随后兴起的艺术与设计“波普”运动所带来的盲目兴奋也为当时的设计界带来迷茫的心态，在这种情形下，帕帕奈克应运而生，开始从设计科学的理论高度严肃提出人类的“设计目的”问题，这对于现代设计理论和设计科学来说是非常重要的一个节点和新时代设计探讨的起点，有了这个起点，日后的设计科学开始出现更加深入、更加全面的探讨，在完善设计科学的同时，也在催生更加新兴的科学分支。

这部著作是作者在瑞典写作完成的并最早在瑞典出版，而后于1971年在美国出版后引起极大争议，但争议带来对相关议题的重视并最终走向共识。幸运的是，帕帕奈克的基本观点受到富勒的鼓励和支持，尽管两人对设计和设计科学的看法并非一致，但他们都全身心关注地球的生态和人类的发展。富勒应邀为《为真实的世界设计》第一版写了一篇长序，在支持帕帕奈克的生态设计观和设计的社会责任感的同时，重点宣示自己的设计科学。有趣而又耐人寻味的是，帕帕奈克在1984年推出“Completely Revised”的第二版时，并没有保留富勒为第一版写的长序，而是在保留自己第一版序文的同时，又写下第二版序。也许帕帕奈克认为富勒的观点与自己的信念有更大分歧，因为帕帕奈克在该书出版第一版之后有大量时间在芬兰和瑞典工作，并同时走遍亚非大量贫困地区，在最发达和最贫穷状态的反差之下其设计理念更趋向于迅速落地的心态，而富勒的设计科学源自一种天才的敏锐和对地球资源的宏观把控，两者实际上都有非常深刻的道理。长期以来，在西方世界，无论是富勒还是帕帕奈克，都时常被更保守的“稳健派”学者们视为“Utopian Promoter”和“天真的理想主义者”。许平在《为真实的世界设计》中译本代序“走向真实的设计世界”中的评介很有意味：“我仍然认为，帕帕奈克与富勒的态度在大方向一致的前提下，在思想与路线的选择上还是存在着微妙的但又意味深长的区别。与富勒那种充满激情的技术想象相比，帕帕奈克对于工业设计的世界图景及设计师责任的描述，更有一种克制的、自我约束的态度。而在我看来，这种克制与约束乃是现代设计的精神发展中一个标志性的转折，值得从设计史的角度予以关注……某种意义上，无论是帕帕奈克还是富勒，都未曾穷尽关于设计的使命及其指向的思考，人类究竟应当如何创造真正的‘为真实的世界设计’，如何在一个不断变化的生存环境中最为合理和适当地构建‘人与理想世界的现实关系’，探索仍在继续，路就在脚下。”

帕帕奈克虽然勤于思考，敏于观察，同时具有强烈的社会责任感，但所有这些并不能排除其观察和思考的片面性，如其第二版序文中提及印度与中国对比的部分，就显然不能综合考虑两国不同作法所付出的巨大的生命代价和社会发展代价，因此富勒从宇宙学视角和地球作为巨型宇宙飞船的观念出发所做出的宏观思考对人类的总体发展前景应该具有更深刻的启迪意义，富勒的序文值得更多的学者和决策官员学习和审视。富勒强调自己的研究方向是Comprehensive, Anticipatory Design—Science Exploration，即综合性预想设计科学研究，“我研究的哲学法则既包括一种掌控自然先验的物理设计，也包括主宰人类选择设计的种种能动性。”当帕帕奈克认为任何事情都是设计时，富勒在原则上表示同意的前提下，又用自己的方式详加阐述。富勒认为“设计”这个概念既是一个没有重量的哲学观念，又是一种物理模式。有些设计是主观的经验，而另一些则是客观的设计。“当我们说这是一个设计时，它意味着我们运用某些智慧已经把一些事物加以条理化，并从概念上赋予其内在模式。雪花是设计，水晶是设计，音乐是设计，至于五彩缤纷的电磁波，其呈现的百万分之一的波长也是设计；行星、恒星、星系及其自制行为，以及化学元素的周期律，都是设计的成就。如果某种DNA—RNA基因编码规划了玫瑰、大象和蜜蜂的设计，那么我们一定要问，是什么样的智慧设计了DNA—RNA编码，以及是哪些原子和分子实现了其编码程序。”

与帕帕奈克一样，富勒也曾行走于世界各地，对不同人群的生活状态也都有所了解，然而，特殊的身世和人生经历还是引导富勒从更宏观的视界看待设计问题。富勒认为设计的对立面是混沌，人类在大自然中看到的绝美设计都是先验的，如海浪、风、鸟类、兽类、草木、花朵、岩石、蚊子、蜘蛛、鲑鱼等，处处都展示出大自然主宰下的一种先验的全面设计能力。富勒随后以地球为例，“它一开始就通过植物的光合作用在地球上蓄积太阳能，从而设计出维持生命的营养物质。在这个过程中，植物释放出来的所有附带产生的气体都被设计为特殊的化学物质，而它们对延续地球上所有哺乳动物的生命是至关重要的，当这些气体被哺乳动物消耗掉之后，再通过化合及分解作用，转化为气体副产品，而这些副产品对植物的生长又至关重要，最终完成一个整体的可持续生态设计循环。”富勒通过细心观察和人生体验认识到“宇宙以非凡的能力聚集了所有设计的普遍原则，所有原则之间都是彼此协调的，从不会相互抵触，其中一些相互适应的水平，其协调程度令人惊奇，其中有些设计在能量上的交互作用则达到了四次幂的几何水准。”富勒毕生强调设计师对数学的掌握及其对数字事实的敏感和理解，从而能以振聋发聩的信息引起人们对设计及细节的认识和重视，例如“一般单个家庭住宅由500种构件组成，汽车则需要5000种构件，飞机更是需要25000种以上构件……对于单元住宅、汽车和飞机最终产品的生产和组装而言，最终装配完成的尺寸与设计师指定尺寸之间的平均误差值是不同的，住宅的误差范围是正负不超过0.25英寸，汽车是正负不超过0.001英寸，而飞机则是正负不超过0.0001英寸。”

当帕帕奈克面对20世纪60年代欧美设计革命之后所形成的众多过度设计从而呼唤设计师更加关注贫困的第三世界人民最简单的生活状态时，富勒首先关注的依然是最新和最前沿科技的发展，并强调“生产工程学需要能够兼具艺术家、科学家和发明家才能的人，而且还得经验丰富。”以飞机制造业为例，DC—3及DC系列的创始人Donald Douglas曾说：“如果一个设计工程师同时不是制造工程师，那么这样的人我是不能要的，我们必须消除这两个阶段的隔阂。”在我们人类刚刚经历的三十年飞速发展的信息时代看来，富勒的设计科学从来没有失去其伟大的意义。我们可以想见，地球上的人类还会经历更大的变革，这些都是富勒的综合性预想式设计科学需要全力关注的内容。

帕帕奈克在《为真实的世界设计》中的论述以“设计处于什么状态”和“设计能成为什么样”两个部分展开简洁有力的讨论，前者以“何为设计”开篇，讲述设计的演化发展，设计的艺术与工艺，设计的社会及道德责任，设计的废弃与价值，大众休闲的设计与冒牌时尚等内容；后者则从设计的革新与发明谈起，介绍设计中的生活学原型，设计与环境的互动关系，设计教育与设计团队等内容。其论述中发现的问题让富勒非常认可，“时代巨变所导致的各种状况使人类的烦恼有增无减，而帕帕奈克在这本书中如此有效地处理了这些问题。如果人类还想在我们这个星球上存活下去，就必须广闻博见并从内心深处全神贯注于协同的综合性预想式设计科学，其中每个人都会将所有他者的舒适、可持续福祉的实现牢记在心中。”

帕帕奈克生前出版的最后一本书是出版于1995年的《绿色律令：设计与建筑中的生态学和伦理学》，该书是作者晚年思考之大成，它一方面巩固了作为一位替代性的、非市场的、批判性设计方法的关键倡导者的国际声誉；另一方面也慎重提出了现代社会发展所带来的愈来愈严重的环境问题。正如蔡军在该书中文版序文“设计哲学启示录”中所说，该书是在20世纪90年代西方社会环境污染日益恶化、生态危机日趋严重的背景下完成的。“当人们想象的新鲜空气、干净的饮用水、可以放心取用的食物及没有噪声污染的环境都成了可望而不可及的东西时，当设计师、建筑师和工程师创造的工具、物品、设备和建筑带来了环境恶化时，他们个人是否要负责？有没有法律上的义务？帕帕奈克提出的是一个今天所有设计师群体所面临的问题。”

帕帕奈克的最后这本书，与其早期作品《为真实的世界设计》一样，都是对整个地球未来命运的关切和对设计科学如何发展及其所关注命题的建议，它们都对西方世界尤其是设计界产生了深远的影响，催生了“可持续设计思潮”，同时也将与环境设计的讨论与社会公平、第三世界的发展及全球人类的可持续生存策略等问题密切联系，引发人们对设计科学的深层思考。《绿色律令》在《为真实的世界设计》的基础上，继续对人的尺度、设计伦理、生态原理、设计精神及设计教育等问题进行了深入讨论，强调在正确的设计科学引导下的设计活动可以而且必须对人类环境的改善做出应有的贡献。

10 布鲁诺·穆纳里与乔吉·科拜斯的设计科学观

设计科学在富勒之后的发展呈现出多元化倾向，这也是时代发展的多元化性质所带来的结果。除了前述艺术史者如里德和贡布里希的研究和帕帕奈克的生态设计观为主导的设计科学理念之外，意大利艺术家兼设计师穆纳里从艺术创作和设计创意走向对设计科学的独特研究，与此同时，美国学者科拜斯教授则从视觉设计研究入手，继而介入跨界设计研究，并以视觉价值为核心，从艺术与科学的结构性到视觉形态的规律总结，汇聚不同领域的科学家、艺术家、工程师、建筑师和设计师的智慧来丰富和发展设计科学的范畴。

出生于1907年的穆纳里是艺术家出身，但很快介入不同设计领域并创造出影响巨大的设计作品，并因此被称为20世纪最有启发意义的设计大师，被毕加索赞扬为“新时代达·芬奇。”生于米兰的穆纳里早在20世纪20—30年代就开始其以米兰为基地的作为雕塑家和画家的创作生涯，并在当年最前卫的米兰未来主义展馆展出作品；1933年穆纳里设计的“非实用机械”系列吊挂式动态作品开创动态雕塑先河，其影响力从意大利到欧洲各国，再辐射到美国和全球；1935年他创作首幅抽象几何图画并从此引发他一生对几何图形的研究兴趣；1945年穆纳里开始设计工业产品，与当年几位意大利青年设计师Soldati、Dorfles和Monnet共同创办MAC设计事务所，此后继续进行艺术与设计创意交叉进行的职业创意生涯并从1950年起设计与生产出一系列用不同材料、不同工艺制作的工业产品，如玩具、灯具、家具等；与此同时，穆纳里也介入影像研究，从事正像和负像作为色彩交互影响的试验。与柯布西耶相类似的是，穆纳里亦将他的工作时间分为艺术创作和实用设计两个方面，一方面激发其创意，另一方面在充分考虑审美与功能关系的前提下发展其基于艺术创意原则下的设计科学。1970年开始穆纳里全心介入建筑、室内及多样化空间设计，将最新科技手法和新型材料用于设计项目中，在许多方面引领艺术与设计时尚。穆纳里的艺术创作和设计产品及项目从20世纪30年代开始在意大利和欧美日参加展览并获得近百项艺术与设计奖项，其作品和产品被世界各地十数家重要博物馆收藏。穆纳里自1967年开始在哈佛大学任教，自1970年开始担任米兰理工大学教授，以教学为促动因素，勤于著述，除大量发表于意大利及国外各种期刊的文章及会议文章外，穆纳里还完成一系列有关设计科学的专著，其中最著名的就是分别初版于1960年、1964年和1974年的《The Square》《The Circle》和《The Triangle》三部曲和初版于1966年的《Design as Art》。

穆纳里对方形、圆形和三角形的研究兴趣来自两个方面，其一是他早年从事抽象绘画和雕塑，当时以康定斯基、蒙得里安、马列维奇、莫霍利-纳吉为代表的抽象艺术在欧洲如火如荼，意大利未来主义绘画和雕塑更是对他有切身的影响；其二是他从设计实践当中深深体会到基本几何图形对工业设计的重要性，唯有对最基本图形系统的深入研究和理解，才能使设计师和艺术家创造出富于启发和创意的作品。穆纳里的基本几何图形研究三部曲出版之后立即成为设计师、艺术家尤其是相关院校学生手中的必读书籍，它们被翻译成多种文字，一版再版，影响深远。

在马列维奇和蒙得里安的影响下，穆纳里首先专注于方形的研究，并于1960年出版《The Square》，其中收集大量来自大自然、建筑、数学、文字等领域的与方形相关的图形并分析其中的规律，进而强调方形在现代艺术创作和设计活动中的无可替代的作用。“The square is as high and as wide as a man with his arms outstretched. In the oldest Writings and in the rock inscription of early man, it signifies the idea of enclosure, of home, of settlement. Enigmatic in its simplicity, in the monotonous repetition of four equal sides and four equal angles, it creates, a serieo of Interesting figures: a whole group of harmonic rectangles, from the Hemidiagon to the sixton, generate the Golden Section and the logarithmic spiral found in nature in the organic growth of plants and animal parts.”研究完方形，穆纳里非常自然地开始关注圆形，并于1964年出版《The Circle》，“While the square is closely linked to man and his constructions, to architecture, harmonious structures, writing, and so on, the circle is related to the divine: a simple circle has since ancient times represented eternity, since it has no beginning and no end. An ancient text says that God is a circle whose centre is everywhere but whose circumference is nowhere. The circle is essentially unstable and dynamic: all rotary movements and impossible searches for perpetual motion derive from the circle. Despite being the simplest of the curves, it is considered by mathematicians as a polygon with an infinite number of sides."方形和圆形之后，穆纳里又花了多年的时间研究三角形，然而，与方形和圆形不同的是，三角形的形态是变幻无穷的，因此1974年出版的《The Triangle》中实际上只包括《The Equilateral Triangle》，穆纳里从大量设计实践中体会到三角形的本性和功能，因此强调"Understanding every aspect and formal—structural possibility of this simple, basic form is a great help to a designer. Due to static reasons, design—construction practicalities and economic factors connected with manutacture, transport and assembly, a modulated construction is now earier to design than the kind of visualy striking—pictorial—sculptural constuction that used to be built."穆纳里这三本关于最基本图形的设计研究很快成为学习设计科学的入门读物，从一个独特的侧面丰富并发展了现代设计科学。

1966年穆纳里出版《Design as Art》，从设计科学的角度教导人们如何观察和体验我们周边的世界，作者以思想家和实践者的双重身份记下自己对艺术、设计和媒体的观念并以此改变人们的视界。穆纳里坚信设计必须是美的、功能性的，同时也是人们能够接触的。他用这本书来展开他对视觉设计、平面设计和工业设计诸领域的启迪心灵的同时也兼具娱乐功能的旅程，人们会看到不一样的灯具、路标、图形、海报、儿童绘本、广告、座椅和汽车等，从而相信穆纳里所传递的设计的力量。该书包括七个部分：前言：无用的机器；绪论：作为艺术的设计；第一部分"Designers and Stylists"讲述如下话题：什么是设计师？纯艺术与应用设计，活的语言，A Rose is a Rose is a,风格学家，神秘艺术；第二部分"Visual Design"讲述Character Building, The

Shape of Words,Poems and Telegrams, Two in One, A Language of Signs and Symbols? 12000 Different Colours；第三部分“Graphic Design” 讲 述Poster with a Central Image,Poster without End, Children's Books;第四部分“Industrial Design”讲述Micro-Art, How One Lives in a Traditional Japanese House? What is Bamboo? A Spontaneous Form, A Prismatic Lamp, Wear and Tear, Orange, Peas and Rose, A Piece of Travelling Sculpture, Luxuriously Appointed Gentlemen's Apartments, Knives, Forks and Spoons, And That's Not All, Fancy Goods；第五部分“Research Design“讲述Iris, Growth and Explosion, Concove-Convex Forms, Continuous Structures, The Tefracone, Yang-Yin, Direct Projections, Projections with Polarized Light, The Square, The Circle, An Arrow Can Lose Its Feathers but Not Its Point, Theoretical Reconstructions of Imaginary Objects, Exercises in Topology, or Rubber-Sheet Geometry, Two Fountains, Nine Spheres。穆纳里系统考察自己亲身经历的各种艺术风格，如抽象艺术、达达主义、立体主义、超现实主义、新抽象艺术、新达达主义、波普艺术、奥普艺术等，但最终发现格罗皮乌斯的观念是最有意义的，即新时代的艺术家有责任帮助社会发现其发展中的生态平衡。穆纳里被认为是20世纪最有影响力的设计师之一，他以丰富多彩的艺术创作、设计作品和对设计科学的潜心研究鼓励人们走出传统的偏见和僵化的视界，用新的设计观念拓宽其感知的范畴。

乔吉·科拜斯作为一位职业教师为现代设计科学做出突出贡献，他今天在相当大程度上被人们遗忘主要是因为他所仿效和追随的两位前辈格罗皮乌斯和吉迪翁实在是太有影响力了。但科拜斯作为MIT的视觉设计教授，从20世纪中叶开始到20世纪60年代的设计革命时代，不仅坚持自己对视觉传达设计方面的系统研究，而且像前辈大师格罗皮乌斯一样汇聚当时最有影响力的科学家、艺术家、建筑师、设计师、教育家和相关领域学者参与Vision+Value系列丛书的编写，探讨当代科学、技术和艺术发展所展现出来的普遍价值和相关联系，从而开阔视野、丰富设计创意。

早在1944年，芝加哥Paul Theobald出版社即已出版科拜斯的第一部著作《The Language of Vision》，从艺术发展史和设计科学的角度讲述视觉语言的真谛，全书包括三部分内容，即Plastic Organization, Visual Representation和Toward a Dynamic Iconography。吉迪翁对该书赞扬有加，认为它真正能将现代艺术尤其是现代绘画中富含的设计科学原理融入视觉设计当中，艺术并非阳春白雪的奢侈品，而是与日常生活息息相关的灵感源泉。吉迪翁为该书写下题为“Art Means Reality”的序文，详细介绍作者，“Gyorgy Kepes, as we all do, regards art as an indispensable to a full life. His main object is to demonstrate just how the optical revolution—around 1910—formed our present-day conception of space and the visual approach to reality. He shows how this development was differentiated in many ways of expression, from cubism to surrealism, forming together the multi-face image of this period. He shows why modern artists had to reject a slavish obedience to the portrayal of objects, why then hated the “frompe-l’oeuil”。科拜斯在书中告诉我们，伟大的现代艺术运动对设计科学的最大贡献就是提出一种全新的空间概念。当现代艺术趋于沉默时，它们提出的全新的空间概念不会过时，而是与我们共同进入现代社会。

1956年Paul Theobald出版社隆重推出科拜斯的另一部重要著作《The New Landscape in Art and Science》，该书除科拜斯对设计科学的进一步系统论述之外，亦邀请当代著名的物理学家、化学家、生物学家、博物学家、建筑师、工程师、艺术家、艺术史论专家著文阐述设计科学的不同范畴和方面。全书分为十章，第一章“Art and Science”作为全书总论，将设计科学作为艺术与科学的融合学科来论述新时代建筑、设计、艺术、科学的发展与设计科学的内在联系；第二章“The Industrial Landscape”，邀请诸多建筑师、艺术家和科学家加入讨论，如Neutra的“Inner and Outer Landscape”，Leger的“The New Landscape”，吉迪翁的“Universalism and the Enlargement of Outlook”，格罗皮乌斯的“Reorientation”等；第三章“Image, Form, Symbol”则在科拜斯对设计科学中的形象、形式和象征的论述之后，亦包括Gabo的“Art and Science”，Hayakawa的“Domesticating the Invisible”和Bruno Rossi的“The Esthetic Motivation of Science”；第四章“The New Landscape”则从视觉科学的角度思考设计科学的深层构制，从如下几个方面进行阐述，即“Magnification of Optical Date”“Expansion and Compression of Events in Time”“Expression of the Eye's Sensitivity Range”和“Modulation of Signals”；第五章“Thing, Structure, Pattern, Process”从大自然的基本运作模式中归纳设计科学的普遍规律；第六章“Transformation”与著名艺术家Jean Arp共同探讨设计科学中形式转换的发展规律，分别从Physical, Perceptual和Symbolic方面详细总结形式转换的模式；第七章“Analogue与Metaphor”从博物学和自然科学的层面切入设计科学，并包括Norbert Wiener的“Pure Patterns in a Natural World”，R. W. Gerard的“Design and Function in the Living”和Heinz Werner的“On Physiognomic Perception”；第八章“Morphology in Art and Science”通过对艺术与科学中形态学的探讨步入设计科学的深层模式；第九章题为“Symmetry, Proportion, Module”，广泛论述现代建筑和设计中最普遍存在的设计科学原理，并包含三项专题研究，即C.F.Pantin的“Organic Design”，Kathleen Lonsdale的“Art in Crystallography”和

Paul Weidlinger的“Form in Engineering”；第十章“Continuity, Discontinuity, Rhythm, Scale”则系统探讨现代建筑与设计广泛运用的其他设计规律。该书实际上是现代设计科学研究的一个基本框架的文献，引导着科拜斯及其研究团队对设计科学的进一步系统研究。

自20世纪60年代开始，科拜斯开始主编《Vision+Value》系列丛书，邀请来自世界各地的科学家、学者、艺术家、教育家、建筑师和设计师关注设计科学研究尤其是关注当代科学、技术和艺术成就中的共同价值意向方面的内容。这些在当代文化和科学领域工作的专家们一致认识到由于各学科各领域突飞猛进的发展，大家在设计科学的认知与交流方面存在危机，而这种危机直到今天依然存在，一方面是科学和技术的发展日新月异，另一方面则是因学科发展过细而引发的诸多领域尤其是与设计科学相关的各类设计领域的认知封闭和技术短板。科拜斯在半个多世纪以前主编的这套丛书在今天仍然具有非常重大的意义，它们意在促进和刺激不同学科的思想之间的交流，从中发现现代创意的交流渠道和创意模式，而视觉价值的开创性研究尤其是人类创造性思维启动的关键。因此该系列丛书重点以视觉价值作为设计科学研究的出发点，从而聚集设计科学的研究的三个方面，即重塑我们对当代物质世界的视觉认知，归纳现代科技引领下人们对大自然的最新视觉感受，以及艺术的新模式在新时代对设计科学的启发。科拜斯在《The New Landscape in Art and Science》中凝练出的一系列对设计科学的研究主题实际上成为《Vision+ Value》系列丛书的研究方向并进而成为不同丛书的研究主题。

《Vision+ Value》丛书由纽约George Braziller出版社出版，并在1965—1966年间陆续推出《Structure in Art and in Science》《The Man-Made Object》《Sign lmage Symbol》和《Module Proportion Symmetry Rhythm》等，其中出版于1965年的《Structure in Art and in Science》虽然在总体思维上同《The New Landscape in Art and Science》的正读，但却强调结构的概念在创造性思维当中的主导地位，来自纯科学、心理学、工程学、建筑学、语言学、批评学、雕塑与绘画领域的专家学者们从各自不同的专业角度论证在有机和无机的自然界，以及在人类社会，结构已然开始取代形式、秩序和系统成为设计科学的主旋律。结构的定律决定着人类感知网络的运作，从而决定心理发展，而语言的结构对人类思维模式的影响要比以前想象的大得多。20世纪早期的视觉艺术革命即有创意的艺术大师们对艺术中结构原理的探索；而现代社会的发展对建筑体量的需求则使结构成为现代建筑发展中最具决定性意义的因素；整个社会大体量复杂化的发展趋势更是对结构提出更新更富挑战意义的要求。本书的作者包括如下著名专家：Max Bill, Jacob Bronowski, R.Buckminister Fuller, Pier Luigi Nervi, Alison & Peter Snithson等。该书第一部分探讨大自然结构模式的科学规律，包括无机世界的外部结构和心理世界的内部结构；第二部分讨论广义的艺术规律及其在城市规划、建筑设计、绘画、雕塑及语言学研究中的运用。科拜斯力图通过对“结构”的全面探讨，揭示出“作为一系列结构系统的世界并非划分为科学知识和艺术视域两大领域，实际上，我们对物质世界的科学理解和艺术把握存在于一种由主动性、信息性和知识性主导的结构共同体当中。”

科拜斯在1966年成果丰硕，前后联合数十位各领域专家大师，如Mareal Breuer, Christopher Alexander, Herbert Read等，推出《Vision+ Value》的三部作品，其中最著名的是《The Man-Made Object》，针对当代物质世界的剧烈膨胀已成为最令人瞩目和担忧的问题，从设计科学的层面进行探讨。人类的设计作品和产品随着工业化生产和国际贸易及全球化旅行而无止境扩张，博物馆中历史的和人类学的研究展示着不同时代和不同文明从艺术与仪式创作到日常用品的设计历程，现代技术不仅改变了人类的日常生活，而且彻底改变了都市环境，而设计产品作为形象因素本身已成为现当代艺术家创作的最恒常主题之一。该书重点考察20世纪设计物品对人类环境的综合影响，大到建筑综合体，小到日用化妆盒，都在展示其形式及美学魅力，同时亦施展其心理学和社会学的影响力。该书第一部分追溯设计产品的发展根源，由社会学家和艺术史学家介绍人类设计观念如何引导设计作品的演化；第二部分则聚焦20世纪的环境及设计产品的设计生态和设计科学如何交融共进，主要由当代著名建筑师、画家和设计师用自己的作品来说明设计科学与艺术创意规律的不同层面；第三部分个案研究则由社会学家以交通工具的设计为例展示人们对设计产品的美学与情感方面的互动；第四部分集中研究现代艺术家群体对设计产品的呼应，如立体派对物品的形式征服，达达艺术的现成品概念，超现代主义艺术的物品再现，以及雕塑家的建立在设计物品理念基础上的新观念和新技术。

《Sign, Image, Symbel》是针对信息社会设计科学所进行的研究，正如科拜斯在该书绪论中所介绍的，“Everything that exists and happens in the world, every object and event, every plant and animal organism, almost continuously emists its characteristic idenfifying signal. Thus, the world resounds with these many diverse messages, the cosmic noise, generated by the energy transformation and transmission from each existent and event... The entering into a knowing relation with the world through the use of symbols is to be seen as the uniquely human way of dealing with the actual World of signals to which all organisms are selectively responsive... As we recognise and more fully understand these symbol systems which man has created for establisling his various cultural worlds and providing for fulfillment of his varied potentialites, we will have the needed instrument for the cultural renewal we must undertake.”科拜斯在该书中邀请了二十位专家，其中包括科学家、心理学家、历史学家、人类学家、建筑师和艺术家等，从理解、观察、感受和再现四个方面探讨信息设计的科学，并分为五个部分展开系统阐述：第一部分揭示信息设计的双向过程的性质；第二部分则由生物学家和心理学家分别描述信号产生及传播的神经学历程和思想与观看的共同根基；第三部分从视觉传达设计的实践入手，由心理学家和艺术评论家共同探讨人类的视觉影像生成过程的理解模式；第四部分用个案研究展现信息设计的三个层面，即从画家对外界参照物的完全拒绝，到视觉艺术家的社会批评工作，再到电影艺术家对移动影像的功能性运用；第五部分则由人类学家介绍一项充满强烈对比意味的研究：北极爱斯基摩人在极端环境中的信息制作和发达国家复杂的都市环境中人们如何掌控信息。

科拜斯在《Module, Proportion, Symmetry, Rhythm》中则全力探讨从格罗皮乌斯、密斯、柯布西耶、阿尔托到布隆斯塔特都倾心关注的模度与比例问题，邀请十二位业内专家共同探讨当今建筑、工业设计和艺术创作实践中愈来愈受重视的模度研究。全书由三大部分组成，即理论探讨、实践分析和哲学思考。第一部分的理论探讨包括对世界的丰富性与模度组合关系的论述，物理学家对基本粒子及基本单位作为设计科学基础的阐述，以及遗传学家、晶体学家和数学家从不同角度探讨物质世界的深层简洁性与丰富变体之间的辩证关系。第二部分的实践分析则全面考察建筑、造型艺术和音乐中的模度观念，建筑师、艺术家和音乐学家各自现身说法讲述其艺术创作过程中模数、韵律、比例及和谐关系如何发挥作用。第三部分的哲学思考则用两篇论文讨论模度系统在更广泛意义上的跨界交叉所引起的深层创意机制，第一篇来自一位美学家，重点讨论造型艺术创作中总体与部分关系中模度展现的哲学含义；第二篇则来自一位专攻艺术史的心理学家，集中研究艺术感知现象中比例与模度的观念在各个不同造型艺术中的作用和普遍意义。

11 克里斯托弗·亚历山大的设计科学

生于奥地利的亚历山大先在剑桥大学获建筑学和数学学位，而后在哈佛大学获建筑学博士学位并长期任教于加州大学伯克利分校。亚历山大是影响全球的建筑师、科学家和建造师，早年与Serge Chermayeff合著《Community and Privacy: Toward a New Architecture of Humanism》，随后主持自己的科研团队，以科学的思考与遍及全球的建造实践相结合，发展出独特的设计科学和建筑理论。亚历山大认为："在过去的时代，建筑学如果还称得上科学的话，也只是一种次要的科学。而今天的建筑师意欲科学化，并与物理学、心理学、人类学的原理密切结合，从而跟上科学时代的步伐。"经过长期的思考和设计实践，亚历山大坚信"We are on the threshold of a new era, when this relation between architecture and the physical sciences may be reversed—when the proper understanding of the deep questions of space, as they are embodied in architecture will play a revolutionary role in the way we see the world and will do for the world view of the 21st and 22nd centuries, what physics did for the 19th and 20th."

1964年，哈佛大学出版社首版亚历山大的重要设计科学著作《Notes on The Synthesis of Form》，该书被不断再版，被认为是关于设计艺术和设计科学的最重要的著作之一，作者以其独特的知识背景发展出处理设计问题的理性的数学方法，对城市规划、建筑设计、工业设计等领域都有根本性的启发作用，注定成为设计科学和设计方法论发展史上的里程碑。亚历山大在书中除了推导出一系列设计方法公式及设定性设计原理外，还提出许多真知灼见，如首版52页“Even the most aimless changes will eventually lead to well-fitting forms, because of the tendency to equilibrium inherent in the organization of the process.” 又如首版57页“Since these carperters need to find clients, they are in business as artists; and they begin to make personal innovations and changes for no reason except that prospective clients will judge their work for its inventiveness.”再如首版70页“The Roman bias toward functionalism and engineering did not reach its peak until after Vitruvius had formulated the functionalism doctrime. The Parthenon could only have been created during a time of preoccupation with aesthetic problems, after the earlier Greek invention of the concept ‘Beauty’.”

亚历山大对建筑和城市设计的广泛实践和对设计科学的系统而高强度的思考和著述，使其成为我们时代最重要的建筑思想家之一，并因此引起全球范围内的关注和研究，例如英国Oriel出版社1983年出版了Stephen Grabow著《Christopher Alexander: The Search for A New Parodigm in Architecture》，对亚历山大的理论建构和设计实践进行了近距离介绍。但真正系统而深入的介绍只能来自亚历山大及其研究团队自己的出版物，伯克利环境结构研究中心与亚历山大主持创办的模式语言研究中心合作，于2002年开始重新编辑出版亚历山大主持完成的建筑与设计科学论著，讲述人类对待建筑与环境的全新态度和观念。已出版的该系列论著前八卷分别为：第一卷《The Timeless Way of Building》；第二卷《A Pattern Language》；第三卷《The Oregon Experiment》；第四卷《The Linz Cafe》；第五卷《The Production of Houses》；第六卷《A New Theory of Urban Design》；第七卷《A Foreshadowing of 21st Century Art: The Color and Geometry of Very Early Turkish Carpets》；第八卷《The Mary Rose Museum》。第九卷至第十二卷则是亚历山大对设计科学研究的结晶，即四卷本划时代科学巨著《The Nature of Order: As Essay on the Art of Building and The Nature of the Universe》，其各分卷标题分别是《The Phenomenon of Life》《The Process of Creating Life》《A Vision of A Living World》和《The Luminous Ground》，它们构成该系列论著的第九卷至第十二卷，而即将完成的第十三卷的标题是《Battle: The Story of A Historic Clash Between World System and World system B》。我国知识产权出版社2002年也积极引进出版版权亚历山大部分著作的中文版五卷本，包括第一卷《建筑的永恒之道》，第二卷《建筑模式语言》，第三卷《俄勒冈实验》，第四卷《住宅制造》和第五卷《城市设计新理论》。

亚历山大的《The Nature of Order》四卷本出版后受到业界高度赞扬，如加拿大HR杂志主编David Creelman认为“Five hundred years is a long time, and I don't expect that many of the people I interview will be known in the year 2500. Alexander may be an exception.”硅谷名人堂前主席Doug Carlston则坚信亚历山大的著作可以真正改变世界，“This will change the world as effectively as the advent of printing changed the world...”著名建筑杂志《Progressive Architecture》前主编Thomas Fisher认为“Alexander's approach presents a fundamental challenge to us and our style—obsessed age. It suggests that beautiful form can come about only through a process that is meaningful to people....”美国Kentucky大学哲学教授Erik Buck也如此盛赞亚历山大，“I believe Alexander is likely to be remembered most of all, in the end, for having produced the first credible proof of the existence of God....”

亚历山大的这部四卷本设计科学论著是其近三十年设计实践和深刻而原创的哲学思考的产物，重点关注我们这个世界最重要的三种视界，即科学的视界，建立在美和道德基础上的视界，以及建立在我们日常生活直觉基础上的普通视界。迄今为止，还没有任何科学家、哲学家、建筑师和政治家能将这三种视界综合起来以便发现我们这个世界的一种单一图景。亚历山大的思考和研究为我们提供了这样一种图景，使上述三种视界得以交织、融合和统一，从而为我们打开通向21世纪科学和宇宙学的大门。

亚历山大从宏观设计科学的视角建构了《The Nature of Order》的内容格局，全书的总序为“The Art of Building and the Nature of the Universe”，其第一卷《The Phonomenon of Life》主体包括两个部分，第一部分由如下章节组成：The Phenomenon of Life, Degrees of Life, Wholeness and the Theory of Centers, How Life Comes from Wholeness, Fifteen Fundamental Properties, The Fifteen Properties in Nature；第二部分由下列章节组成：The Personal Nature of Order, The Mirror of the Self, Beyond Descartes: A New Form of Scientific Observation. The Impact of Living Structure on Human Life, The Awakening of Space；以及附录论文“Mathematical Aspects of Wholeness and Living Structure”第二卷《The Process of Creating Life》以前言“On Process”开篇，其主体由三个部分组成，第一部分“Struture-Preserving Transformations”包括如下章节：The Principle of Unfolding Wholeness, Struture-Preserving Transformations, Structure-Preserving Transformations in Traditional Society, Structure-Destroying Transformation in Modern Society；而后是过渡章节“Living Process in the Modern Era: Twentieth-Century Cases Where Living Process Did Occur”；第二部分“Living Processes”包括如下章节：Generated Structures, A Fundamental Differentiating Process, Step-by-step Adaptation, Always Helping to Enhance the Whole, Always Making Centers, The Sequence of Unfolding, Every Part Uinque, Petterns:

Rules for Making Conters, Deep Feeling, Emergence of Formal Geometry, Form Language, Simplicity； 第三部分“A New Paradigm for Process in Society”则由如下章节组成：The Character of Process in Society, Massive Process Difficulties, The Spread of Living Processes Throughout Society, The Architect in the Third Millenium； 以及附录论文“An Example of a Living Process: Building A House”第三卷《A Vision of A Living World》由前言、主体六大部分、后记和结论组成，其前言为“The Fundamental Process Repeated Ten Million Times”；第一部分为“Our Belonging to the World”；第二部分有如下章节：The Hulls of Public Space, The Form of Public Buildings, Production of Giant Projects, The Positive Pattern of Space and Volume in Three Dimensions of the Land, Positive Space in Structure and Materials, The Character of Gardens；第三部分包括：Forming A Collective Vision for A Neighborhood, High Density Housing, Reconstruction of An Urban Neighborhood, Further Dynamics of A Growing Neighborhood；第四部分包括：The Uniqueness of People's Individual Worlds, The Characters of Rooms；第五部分由三节组成：Construction Elements As Living Centers, All Building As Making, Active Invention of New Building Techniques； 第六部分由两节组成：Ornament As a Part of All Unfolding, Color which Unfolds from the Configuration；后记题为“The Morphology of Living Architecture Arthetypal Form”；最后是结论部分“The World Created and Transformed”。第四卷《The Luminous Ground》则由前言、主体两个部分、全书结论及后记组成，前言题为“Towards A New Conception of The Nature of Matter”；第一部分由如下章节组成：Our Present Picture of The Universe, Clues from The History of Art, The Existence of An“I”, The Ten Thousand Beings, The Practical Matter of Forging A Living Center, Mid-Book Appendix: Recapitulation of The Argument；第二部分则包括如下章节：The Blazing One, Color and

Inner Light, The Goal of Tears, Making Wholeness Heals the Maker; Pleasing Yourself, The Face of God；全书总结论题为“A Modified Picture of the Universe”；最后是该卷的后记文章“Empirical Certainity and Enduring Doubt”。

如果说亚历山大的早期著作如《模式语言》和《建筑的永恒之道》等揭示出我们进行建造的基本真理，以及展示它们如何将生命、美和真正的功能主义带入我们的建筑和城镇，那么在《The Nature of Order》系列著作中，亚历山大已在探讨生命本身的性质，强调在所有的秩序中，亦即在所有生命中出现的一组精心构建的结构，考察的范围从微生物到住房，从热闹的社区到起伏的山脉。

在《The Phenomenon of life》中，亚历山大从生命的现象入手，提出一种科学的世界观，其中所有与空间有关联的事物都有不同程度的生命感知，而后将这种对秩序的理解作为一种新建筑的智力基础。以这种观念为基础，我们得以展开精确的提问，追溯我们的世界中创造更有活力的生活的必要条件是什么，其范畴可以是一个房间，一个门把手，一个街区，或者一大片居住领域。亚历山大引入其基于中心与整体理论的活的结构的概念，并从中定义出十五种特性，按照其观察，任何模式的整体性都可以通过这十五种特性构建出来，而这种活的结构同时具有个性和结构性。亚历山大创造出这种有关自然万物的全新概念既是客观的和结构性的，因此成为科学的一部分，但同时又是个性化的，并由此展示事物为什么和怎样拥有力量去触及人们的心灵。通过亚历山大的努力，两个在科学思想领域从1600年到2000年四百年间被分离的领域：几何结构领域和它所创造的感觉领域，最终被结合在一起了。亚历山大强有力的思考和设计实践推动了设计科学的发展。

从科学的角度来看，《The Process of Creating Life》是该

系列著作中最引人入胜的。美丽的生命是如何产生的？大自然能创造出无穷尽数目的人脸，每一个都很独特，每一个都很美丽，同理，大自然也创造出无穷尽的水仙花、溪流和星辰。然而，人类所创造的东西，尤其是20世纪的城镇和建筑，却只有极少数是真正好的，大多数都乏善可陈，而在过去50年中人类的诸多创造物大多是丑陋的。为什么会出现这样的情况？原因在于我们所使用的过程的深层性质。仅仅理解美丽的活性的形式的几何学并不足以帮助我们创造这样一种充满活力的几何学。在20世纪我们的社会开始进入一种死寂状态，以至于大多数人群早已趋于麻木，更谈不上提出问题。因此，尽管建筑师和规划师们貌似使出浑身解数，却无法创造出具有活力的建成环境。生命与美只能产生于活的结构能够得以展开的过程中，其秘密在于什么样的秩序中必然发生什么样的结果，如同大自然所展现的过程，某种结果会允许一种生命形式得以成功地展开。亚历山大在该书中隆重推出一种充分发展的生命过程理论，并为之确定必要条件：能够产生活的结构。他用理论和实例演示该过程如何工作，其核心则是结构保存转换理论（Theory of Structure-Preserving Transformation），该理论核心又是建立在该书第一卷提出的整体概念（The Concept of Wholeness）的基础上，即结构保存转换就是保存、扩展并提高一种系统的整体性。结构保存转换理论为任何建造过程提供了社会学的、生物学的、建筑学的和技术方面的工具，从而达到一种深刻的具有支承生命活力能力的状态。有了这样的工具，人们从日常物品到家具，从室内到建筑，从社区景观到城市，每一个步骤都可以为下一个步骤提供有活力的整体性结构，由此创造出如人类脸谱美丽而多样化的景观，它们变化无穷，但却永远都是和谐美丽的。用同样的结构保存转换理论，我们可以创造出宜人的花园、房屋、建筑、街区和城市。

从实用的角度来看，《A Vision of a Living World》是该系列四卷本中最有吸引力的，它以数百幅建成作品的图片演示活力结构如何在建造过程中带来生命。古往今来，真正好的建筑，真正好的空间，真正好的场所，它们构成人类生存状态的原型基准，穿越时间，穿越地域，穿越文化，穿越技术，穿越材料和气候，将人类与自身的心灵家园联系起来，与自身的感受联系起来，并在实际运用中分享着类似的几何学。亚历山大在这本书中着重阐述一种创造美丽空间的方法论，一种能使艺术、建筑、科学、宗教和世俗生活和谐共处的宇宙学，从视觉的角度，从技术的角度，从艺术的角度，演示用这种方法论和宇宙学可以为人类创造出什么样的人居环境。亚历山大倾数十年努力现身说法，设计和建造了大量建筑、街区和其他公共空间，并将注意力延伸至从色彩到装饰的每一个细节，同时也选取来自世界各地的设计案例全面演示其理论。在所有的实例中，独特、适宜和舒展是设计关注的焦点，其中视觉的独特性则来自几何学的简洁和形式与色彩的美。

四个世纪以来现代科学思想的基础深深根植于这样一种观念：宇宙是一种如机器般的实体，其中有各种机械、玩具和饰物相互运作形成关联。今天，我们自身的日常经验在科学中没有明确的地位，因此毫不奇怪，20世纪大量的僵死的建筑都是建立在上述机器般的世界观之上的。这种机器化的思维以及由此带来的住宅、办公楼和商业综合体已使我们的城市和日常生活缺少人性，如何将精神、灵魂、情感和感觉引入现代建筑、街区和城市当中？针对上述问题，亚历山大的《The Luminous Ground》应该是其《The Nature of Order》四部曲中最富于哲理和启示意义的。作者在该书中将空间和事物的几何学观念天衣无缝地与人类的个性化情感和经验相结合，这种结合又根植于这样的事实：我们人类分析思考的自我，与我们作为人类的自发的情感个性，它们具有共同的边界，必须被同时关注和同时发挥，由此才能创造出充满活力的世界。亚历山大的设计科学与设计实践，与单角度的机械性建筑模式和技术组合式方法彻底决裂，同时提倡在人类建造活动的每一个环节都应建立精神的、情感的和个性化的基础。亚历山大由此创造出一种全新的设计科学的宇宙论，将物质与意识紧密结合，使意识以错综复杂的方式融入物质的色素当中，并在物质中全面呈现，以其物质的、认识论的和精神性的根基贡献其整体性内涵，这种观念看起来显得激进，却能契合我们最惯常的日常直觉，其观念也促使当代科学家开始将意识看作所有事物的基础和正常的研究主题。很显然，亚历山大必将从根本上改变我们对建筑和设计科学的观念。

12 唐纳德·诺曼的设计心理学

2015年秋天上海同济大学设计创意学院举办了主题为设计创意与设计教育的国际研讨会，诺曼受邀做了一场学术报告，强调设计科学的研究对设计教育和设计创意的决定性影响，引起与会者的强烈反响和热烈讨论。作为当代著名的认知心理学家、计算机工程师、工业设计师，诺曼从理论建构、设计实践和设计推广诸方面提出设计科学对社会发展的重要意义。作为美国西北大学计算机科学和心理学双聘教授，诺曼同时也是美国认知科学学会的发起人之一，同时共同创办尼尔森–诺曼集团设计咨询公司（Nielsen Norman Group），还兼任苹果计算机公司先进技术部副总裁。诺曼的设计科学研究和广泛的设计实践对全球产生了愈来愈大的影响，1999年，Upside杂志提名诺曼博士为全球100位设计精英之一。2002年，诺曼获得由国际人机互专家协会（SIGCHI）授予的终身成就奖。

诺曼在繁忙的教学、设计和管理工作之余，勤于著述，著作等身，主要著述如下：《The lnvisible Computer》《Things That Make Us Smart》《Turn Signals Are the Facial Expressions of Automobiles》《The Psychology of Evenyday Things》《The Design of Everyday Things》《User Centered System Design: New Perspectives on Human-Computer Interaction》(Edited with Stephen Draper)，《Learning and Memory》，《Perspectives on Congintive Science》(Editor)，《Human Information Processing》(with Peter Lindsay)，《Explorations in Congnition》(With David E.Rumelhart and the LNR Reaearth Group)，《Models of Human Memony》(Editor)，《Memory and Attention: An Introduction to Human Information Processing》《Living with Complexity》《The Design of Future Things》等。作为以人为中心的设计的倡导者，诺曼著述中最重要的是设计心理学系列。

自2010年开始，中信出版社开始出版诺曼所著设计心理学的中文版，2010年推出《设计心理学：日常事物的设计》，2011年出版《设计心理学2：如何管理复杂》，2012年出版《设计心理学3：情感设计》，2015年出版《设计心理学4：未来设计》。国内其他出版社也曾出版诺曼著作的中文版，如电子工业出版社2012年出版《未来产品的设计》和《情感化设计》等。

初版于1988年的《The Design of Everyday Things》最先是以《The Psychology of Everyday Things》出版的，然后在中国以《设计心理学》第一册出版。《时代周刊》评介其为“一部发人深思的书”；而《洛杉矶时报》则认为“诺曼的这本书很可能会改变用户的生活习惯以及用户对产品的需求，而这种改变是生产厂家所必须面对的。全世界的用户联合起来。”而著名科普大师阿西莫夫则从学术上给出极高赞誉：“We are all victimized by the natural perversity of inanimate objects. Here is a book at last that strikes back both at the objects and at the designers, manufacturers, and assorted human beings who originate and maintain this perversity. It will do your heart good and may even point the way to correcting matters.”作为认知科学家和设计师，诺曼从设计心理学的角度切入设计科学的核心内容，从日常细节入手，构思出七个章节的内容。第一章“日用品中的设计问题”由如下小节组成：要想弄明白操作方法，你需要获得工程学学位；日常生活中的烦恼；日用品心理学；易理解性和易使用性的设计原则；可怜的设计人员；技术进步带来的矛盾。第二章“日常操作心理学”包括如下小节：替设计人员代过；日常生活中的错误观念；找错怪罪对象；人类思考和解释的本质；采取行动的七个阶段；执行和评估之间的差距；行动的七个阶段分析法。第三章“头脑中的知识与外界知识”有如下内容：行为的精确性与知识的不精确性；记忆是储存在头脑中的知识；记忆也是储存于外界的知识；外界知识和头脑中知识的权衡。第四章“知道要做什么”有如下内容：常用限制因素的类别；预设用途和限制因素的应用；可视性和反馈。第五章“人非圣贤，孰能无过”有如下内容：错误；日常活动的结构；有意识行为和下意识行为；与差错相关的设计原则；设计哲学。第六章“设计中的挑战”有如下内容：设计的自然演进；设计人员为何误入歧途；设计过程的复杂性；水龙头：设计中遇到的种种难题；设计人员的两大致命诱惑。第七章“以用户为中心的设计”由如下小节组成：化繁为简的七个原则；故意增加操作难度；设计的社会功能；日用品的设计。柳冠中教授在推荐序中评价该书达到大师的境界：没有满口酸涩的“推理”，没有吓人的空洞“议论”，却能真正将深奥的心理学和设计学理论入微于平凡的生活之中，犹如春雨润入到每瞬思绪、每句话、每个动作、每项事情中了。柳冠中在推荐序中强调：“技术、自然科学、哲学、社会学、艺术、宗教学、心理学等学科都表达不清的某种东西，在探索、创造和设计中却让人们领悟了人类的意义，这正是求知的价值所在。创造和设计的实践养育和滋润了人类社会，曾表达了人类多如繁星的情感意象，与其说人生社会的经历的极限就是世界的极限，还不如说求知、探索和设计创新的极限才是世界的极限，因为自然科学或社会科学归根到底也是人类求知的一个阶段，是人的领悟同大自然和社会对话的过程。人在提问，大自然和社会在回答。"

诺曼2010年出版《Living with Complexity》，该书次年即由中信出版社推出作为诺曼设计心理学第二卷的中文版，体现出中国引进学术著作版权的进步和国内设计界对设计科学的渴望。作者在该书中探讨了为什么我们的生活需要复杂，而不是简单，而设计促成了复杂生活的实现。只有通过人性化的设计，复杂是可控的，并由此生产出大批量舒适而实用的产品。作者从设计科学的层面告诉我们，这种人性化的设计，需要我们着眼于自然中的、现实中的以及日常生活中的整个人类活动的全景，从而观察到在真实、自然环境中做实际工作的真实的人。该书是立足于设计科学，倡导以人为本的设计宣言，即希望通过设计获得一个更美的世界。诺曼在该书的序中写道：普通人在家里和工作中都经受着越来越多的新技术冲击，有些是简单的，更多的是复杂的，更糟糕的是，很多都是令人困惑和令人沮丧的，于是我称之为"困惑的复杂"。诺曼对设计科学与设计复杂性的思考也建立在对全球不同民族不同文化的发展模式广泛考察和研究之上，并因此反复强调：我们的文化不同，我们的很多行为和交互方式都是由我们的文化和传统决定的，但尽管如此，很多事情还是一样的。我们都是人类，都是公民，现代技术在全球也都是同样的，无论是手机、电视、汽车还是计算机。虽然每个人都与其他人不同，每种文化都与其他文化不同，但它们的相似性总是多于差异性。诺曼认为，复杂是全世界的生活现实，重要的是澄清良性的复杂和令人困惑的复杂之间的区别，使全世界的人们可以过上更少感到沮丧和困惑的生活。

《设计心理学2：如何管理复杂》以九章的篇幅论述如何从设计科学的认知层面理解和处理复杂。第一章“设计复杂生活：为什么复杂是必需的”包括三个小节，即几乎所有的人造物都是科技产品；复杂的事物也可以令人愉快；生活中的一般技能需要花费数月来学习。第二章“简单只存在于头脑中”则由八个小节组成：概念模型；为什么一切事情不能都像打手锤那样简单；为什么按键太少会导致操作困难；对复杂的误解；简单并不意味着更少的功能；为什么通常对简单和复杂的权衡是错误的；人们都喜欢功能多一些；复杂的事物更容易理解，简单的事物反倒令人困惑。第三章“简单的东西如何使我们的生活更复杂”有三小节：把信息直接投入物质世界中；当标志失效时；为什么专家把简单的事情变得混乱。第四章“社会性语义符号”亦由三小节组成：文化的复杂性；社会性语义符号；世界如何告诉我们该做什么；世界各地和社会性语义符号。第五章“善于交际的设计”有八小节内容：网状曲线；目标与技术之间的错位；中断；对使用方式的忽视会使简单而美丽的事物变得复杂而丑陋；愿望线；痕迹与网络；推荐系统；支持群体。第六章“系统和服务”亦有八小节内容：服务系统；服务蓝图；对体验进行设计；创建一种愉快的外在体验：华盛顿互惠银行；像设计工厂一样设计服务；医院的治疗；患者在哪里；服务设计的现状。第七章“对等待的设计”则有九小节：排队等待的心理学；排队等待的六个设计原则；针对等待的设计解决方案；一个队列还是多个队列，单面还是双面的收银台更有效；双重缓冲；设计队列；记忆比现实更重要；当等待得到妥善处理；对体验进行设计。第八章“管理复杂：设计师和使用者的伙伴关系”有三小节内容：如何发动“T”型福特汽车；管理复杂的基本原则；有用的操作手法：强制性功能。第九章“挑战”则有七小节：销售人员的偏爱；设计师与顾客的分歧；评论家的偏爱；社交；简单的事物为何会变得复杂；设计的挑战；与复杂共生：合作关系。诺曼的著作就是将设计科学的原理落地，以解决日常生活和工作中的实际问题，正如杭间在该书中文版推荐序中所说：说到底，这本书的观点，让设计师知道“复杂”不仅是不可避免的，而且还是设计新的出发点和解决问题的契机，好的设计师必须学会“管理”复杂，“管理”本身应成为当代设计的组成部分。同时，也提醒消费者和使用者，“复杂”的问题是一个辩证法，被动接受或盲目拒绝“复杂”都不可取，你在选择复杂的时候同时也在使用中管理复杂、享受复杂，这时，物品在与人的互动关系中产生新的生命，并使一件好的设计沉淀为生活的经典。

《设计心理学3：情感设计》初版于2004年，初版书名为《Emotional Design: Why We Love（or Hate）Everyday Things》，其成书缘自诺曼对设计产品中纯功能之外心理及认知方面因素的科学化关注和系统性研究，正如英文版初版推荐词中所说：Did you ever wonder why cheap wine tastes better in fancy glasses? Why sales of Macintosh computers soared when Apple introduced the colorful iMac? New research on emation and cognition has shown that attractive things really do work better, as Donald Norman amply demonstrates in this fascinating book。为了解释情感因素在设计中扮演的角色，诺曼在本书中探讨了情感元素的三种不同层面：本能的、行为的和反思的，即产品的外观样式、质感和功能都会影响使用者个人的感受，而后提出应对不同层面的设计原则。

美国MoMA著名策展人Paola Antonelli高度评价该书：诺曼对日常用品持续不懈与令人兴奋的探索引导他进入设计领域未开拓的疆土，他对心理的敏锐分析给我们提供了可靠的参考依据，而且还是非常有用的工具。《设计心理学3：情感设计》从物品的意义和实用的设计的角度讲解设计科学中的情感设计原理，全书由序言、正文七章和后记组成。序言“三个茶壶”以自己收藏的一批茶壶为例研究产品的外观、功能、色彩、质感之间的相互关系，从中引出情感设计的原理。第一章“有吸引力的东西更好用”有三小节内容：三种运作层次：本能、行为和反思；关注与创造力；有准备的头脑。第二章“情感的多面性与设计”有四小节内容：三种层次的运用；唤醒回忆的东西；自我感觉；产品的个性。第三章“设计的三个层次：本能、行为、反思”则由六小节组成：本能层次设计；行为层次设计；反思层次设计；案例研究：全美足球联赛专用耳机；另辟蹊径的设计；团队成员设计与个人设计。第四章“乐趣与游戏”由四小节组成：以乐趣和愉悦为目的的物品设计；音乐和其他声音；电影的诱惑力；视频游戏。第五章“人物、地点、事件”有六个小节：责备没有生命的物品；信任和设计；生活在一个不可靠的世界；情感交流；联系无间，骚扰不断；设计的角色。第六章“情感化机器”有五个小节：情感化物品；情感化机器人；机器人的情绪和情感；感知情感的机器；诱发人类情感的机器。第七章“机器人的未来”则由两个小节组成：阿西莫夫的四大机器人定律；情感化机器人和机器人的未来：含义和伦理议题。后记“我们都是设计师”有三个方面的内容：个性化；客户定制；我们都是设计师。诺曼对情感设计的研究促使设计师调整自己的工作着眼点，在使产品能更多地触动消费者的同时也关注人类的未来状态。

《设计心理学4：未来设计》译自诺曼出版于2007年的著作《The Design of Future Things》，讲述了未来的产品设计，重点在于人机交互方面的设计，尤其是与自动化系统密切相关的机器人设计及与人类互动的认知心理学方面的主题。书中对未来产品设计中可能面临的问题进行了多角度的分析，并探讨了解决方法和指导原则。从“话痨”GPS系统到“坏脾气”冰箱，诺曼用诙谐的语言和生动的案例，大胆预测了未来产品的发展趋势，并总结了未来产品设计的法则系统，从而启发人们用一种全新的视角看设计，并揭示和倡导在未来设计中设计师应该坚持的方向和原则。

诺曼在《设计心理学4：未来设计》中有七章的内容作为设计科学探讨的主体，而后是后记、设计法则摘要和作者文献综述的推荐参考读物。第一章“小心翼翼的汽车和难以驾驭的厨房：机器如何主控”由五个小节组成，即两句独白并不构成一段对话；我们将去向何方？谁将主宰？智能设备的崛起；机器易懂，动作难行，逻辑易解，情绪难测；与机器沟通：我们是不同族类。第二章“人类和机器的心理学”包括四个小节：人机心理学简介；新个体的产生——人机混合体；目标、行动和感觉的鸿沟；共同领域：人机沟通的基本限制。第三章“自然的互动”有八个小节，分别是自然的互动：从经验中获取的教训；水沸腾的声音：自然、有力、有用；隐含的信号和沟通；使用“示能”进行沟通；与自动化的智能设备的沟通；戴佛特城的自行车；自然安全；应激自动化。第四章“机器的仆人”有五个小节：我们已成为自己工具的工具；一大堆的学术会议；自动驾驶的汽车、自动清洁的房子、投你所好的娱乐系统；成群结队的车子；不适当自动化的问题。第五章“自动化扮演的角色”有三小节内容：智慧型物品；智慧之物：自主或是增强；设计的未来：有增强作用的智慧型物品。第六章“与机器沟通”有四小节内容：反馈；谁应该被抱怨？科技还是自己？自然的意味深长的信号；自然映射。第七章“未来的日常用品”由四小节组成：机器人的进展；科技易改，人性难移——真的吗？顺应我们的科技；设计科学。后记“机器的观点”则包括三个部分：与阿凯夫对话；机器对五项法制的反应；阿凯夫：最后的访谈。诺曼随后大胆地提出未来设计的基本法则，包括人类设计师设计“智能”机器的六项设计法则：1.提供丰富、有内涵和自然的信号；2.具有可预测性；3.提供一个好的概念模式；4.让输出易于了解；5.让使用者持续知悉状态，但不引起反感；6.利用自然映射，使互动清楚有效。他还提出由机器发展出来的用于增进与人互动的设计法则：1.简化事情；2.提供人们一个概念模式；3.提供理由；4.让人们以为是他们在控制；5.反复确定；6.绝对不要用“错误”来形容人的行为。诺曼强调“专业人才是全球化的，因此每个人在世界各地都可能有自己的朋友和同事，产品也可以跨全球进行设计和研究”。因此他希望其他同仁能够继续和深化相关研究，并为此列出推荐参考读物，包括如下方面：人因工程与人体工学概览；自动化概览；智能车辆方面的研究；其他自动化议题；自然的和内隐的互动：安静的、看不到的、背景科技；弹性工程；智能产品的经验等。诺曼在本书中准确地抓住了“智能”产品的发展趋势，同时探讨了有关“智能”产品最令人关注的关键案例，非常值得设计师和任何对设计科学有兴趣的学者们学习和借鉴，正如何人可教授在推荐信中所说，“当金融危机到来的时候，当价格优势逐渐消失的时候，当企业和各级政府朝着创新和价值痛苦转型的时候，本书的学习显得尤为重要。”

13 科学家与设计科学

设计科学是综合性的学科或学科群，它既是年轻的，又是古老的。说它年轻，是因为与数学、天文学、物理学、化学、医学、生物学相比，设计科学直到20世纪初才受到系统的关注，第二次世界大战之后才得到具体的归纳总结，至今仍在发展当中。说它古老，是因为设计科学与所有的学科都有千丝万缕的联系，不仅与人类最古老的数学、天文学、医学和其他自然科学有不可分割的关联，而且与许多新兴的科学如宇宙学、神经科学、精神分析、人类学、人体工程学、生态学、语言学、图像学、符号学、博弈学、机器人科学、材料科学、综合工程科学、分子生物学，以及许多历久弥新的人文学科如哲学、美学、艺术学、建筑学、设计学等都在不同层面相互交融和渗透，以适应愈来愈复杂的社会发展的需要。在人类历史上，古今中外不同领域的科学家、哲学家、艺术家、建筑师、工程师、设计师及相关领域的专家学者们都对设计科学做出了贡献，从不同层面、不同角度丰富和发展着设计科学。

人类在科学发展史上的每一个进步都是设计科学发展的基石，不同时代、不同领域的科学家们则是设计科学发展的中坚。从非洲到拉普兰，人类的设计科学由基本工具和洞穴艺术起步，奠定设计科学在功能性和精神性方面的最基本内涵。从采集、游牧到农业定居，人类从轮辐开始发展最基本的日用科技。从西亚到埃及，从印度到中国，各大文明古国竞相发展出石构、砖构与木构建筑系统；从维特鲁威到米开朗基罗，西方世界谱写着建筑科技中石头的史诗；从中国到日本，东方世界构筑着建筑科技中木质的篇章。从宏伟的建筑结构到隐藏的元素结构，人类在设计科学的发展中迈出坚实的一大步；火的使用引发人类对金属的提炼，从莫邪干将到日本刀剑，人们用试错法发现从铜到铁再到钢的逐步增强的硬度和韧性；从普里斯特利到拉瓦锡再到道尔顿，人类开始发现元素和分子，逐步进入设计科学的本质层面。从数学的语言到和谐的琴键，人类发现了数学的魅力；从毕达哥拉斯到欧几里得再到托勒密，几何学与数学为人类的设计科学提供了最基本的思维工具，而伊斯兰的数学则不仅传承着古典科学的精神，而且创造着人类建构艺术的辉煌，阿尔罕布拉宫和泰姬陵由此成为建筑艺术与设计科学的杰作。从季节轮回到时空观念，人类从关注大地到仰望星空；从亚里士多德到托勒密，从哥白尼到伽利略，从开普勒到牛顿，人类创造出绝对时空的世界，建构起设计科学最早的宏观框架。从瓦特发现水蒸气到富兰克林从天空取电，人类在动力驱动的思维里大踏步前进，大自然与能源成为设计科学发展的新兴关注点；从法拉第到麦克斯韦，从爱迪生到马可尼，人类借助自己的发现和发明改变了整个世界。与此同时，设计科学的发展依赖于科学思想家们的努力推动，从培根与笛卡尔到康德与马克思，人们不断总结前人的经验智慧，从而引导人类在设计科学的道路上走向更远、更广、更深的境地。从观察大自然到博物学的发展，人类开始自问：我们是谁？我们从哪里来？我们要到哪里去？从林奈、布封到居维叶、拉马克，从歌德、洪堡到达尔文、华莱士，人类在地球的尺度上探索生命的起源和发展规律；从列文虎克到巴斯德，从科赫到梅契尼科夫，人类在微生物的尺度上探索生命的疾病和生长模式；人们由此开始从设计科学的角度认知生命并探讨生命的起源，从法布尔的昆虫研究到海克尔的海底生物描绘，人们不仅发现更多的生命形式，而且开始深刻认识到生命的结构及运作规律在设计科学层面上的深刻含义。博物学和微生物学的发展将人们带入原子世界，从元素到分子，从分子到原子再到原子核，最终将人类带进核时代；从门捷列夫到汤姆森，从卢瑟福到玻尔，人们从发现元素的排列规律到发现原子的结构，从波尔茨曼到居里夫人，从查德威克到费米，人们已深入原子核结构并发现放射性物质，从更深刻的层面扩展人们对设计科学的认知。当人类的视野从地球扩展到宇宙，从分子深入到原子核心领域，知识的不确定性成为设计科学的重大课题；从高斯到黎曼，从爱因斯坦到哥德尔，非欧几何和不确定性概念成为科学理念和学科分支；从玻恩到薛定谔，从海森堡到奥本海默，人类开始认识现实的亚结构和测不准原理；爱因斯坦创立的相对论和以玻尔为首的物理学家群体创立的量子力学成为现代社会发展的科学基础，也是设计科学的最新的内在支撑。从大自然到园林，从博物学到生物学再到遗传学，人类又完成对自身来龙去脉的新一轮认知；从孟德尔到摩尔根，从鲍林到克里克和沃森，人类终于发现自己的遗传模式DNA，认识到自身生命的复制和生长规律，进而带动生物医学的迅猛发展，同时也从一个侧面推动和引导人体工程学和生态科学的发展。人类在20世纪的两次世界大战引起最大规模的生灵涂炭的同时，也最大限度地激发着人类的想象力和创造力；密码技术催生出阿兰·图灵的天才潜能，从而绽放出人工智能的火花；数学大师诺依曼发明博弈论并进而发明计算机，从而将人类引入智能时代；另一位数学大师香农则发明信息论，从而将人类全面带入信息时代。设计科学在这个过程中被不断丰富和发展着，同时也促进和伴随着更多的发明和发现：量子电动力学、双螺旋、移植手术、激光器、平行宇宙、混沌理论、认知心理学、弦理论、基因工程、量子纠缠、富勒烯、基因疗法、循证医学、克隆、人类基因组、大型强子对撞机及合成生命。

从20世纪到21世纪，设计科学开始承担起融合各种新兴科技，协调和引导人类社会健康发展的重任。从传统的哲学、数学、博物学、自然科学到现代理论物理学、电子学、工程学、生物医学、细胞学、胚胎学、遗传学，以及种类繁多、日新月异的社会科学和艺术设计学分支，人类的想象力已经装上愈来愈强大也愈来愈完善的翅膀，在进一步发展设计科学的同时，也在继续探索人类生命自身的奥秘，同时将目光和行动扩展至地球之外，以更坚实的步伐和更大的信心探索地球、太阳系，以及整个宇宙的来龙去脉。

人民邮电出版社2016年出版的麻省理工科技评论著《科技之巅：50大全球突破性技术深度剖析》系统介绍了2012—2016年每年评选出的十大突破技术并由阿里云研究中心进行了特约评论。2012年的十大突破技术是卵原干细胞、超高效太阳能、光场摄影术、太阳能微电网、3D晶体管、更快的傅里叶变换、纳米孔测序、众筹模式、高速筛选电池材料和Facebook的“时间线”。2013年的十大突破技术则有深度学习、Baxter蓝领机器人、产前DNA测序、暂时性社交网络、多频段超高效太阳能、来自廉价手机的大数据、超级电网、增材制造技术、智能手表和移植记忆。2014年的十大突破技术是基因组编辑、灵巧型机器人、超私密智能手机、微型3D打印、移动协作、智能风能和太阳能、虚拟现实、神经形态芯片、农用无人机和脑部图谱。2015年的十大突破技术是混合现实、纳米结构材料、车对车通信、谷歌气球、液体活检、超大规模海水淡化、苹果支付、大脑类器官、超高效光合作用和DNA的互联网。2016年的十大突破技术则是免疫工程、精确编辑植物基因、语音接口、可回收火箭、知识分享型机器人、应用商店、Solar City的超级工厂、Slack服务通信平台、特斯拉自动驾驶仪和空中取电。

当代科学家对设计科学的研究早已受到世人的关注，从霍金的《时间简史》《果壳中的宇宙》和《大设计》到Frank Wilczek的《A Beautiful Questions: Finding Nature's Deep Design》，科学家们从宏观的视野探究宇宙的设计和运行奥秘，还有一大批来自不同领域的科学家们则专注于宇宙运动和自然生长规律的不同方面，如本文前面已讨论过的Adrian Bejan与J. Pedar Zane合著《Design in Nature: How the Constructal Law governs Evolution in Biology, Phnysics, Technology and Social Organization》，Gavin Pretor-Pinney著《The Wavewatcher's Companion》和Philip Ball著《Nature's Patterns》三部曲系列《Shapes》《Flow》和《Branches》等科普名著。我国科学家在20世纪末至21世纪初开始广泛关注设计科学的发展，其中最有代表性和影响力的是路甬祥、潘云鹤和徐志磊三位院士，他们不仅领导并主持成立中国创新设计产业联盟，而且身体力行，对设计科学进行系统研究。

2013年，中国科学技术出版社出版了路甬祥著《创新的启示：关于百年科技创新的若干思考》，通过以科普的方式讲述现代科技的发展来展示设计科学所涵盖的多方面内容，包括“制造技术的进展与未来”，强调21世纪的制造技术将吸收来自自然科学、人文科学、工程学、艺术设计学诸方面的最新成就，成为创造人类物质文明的支柱和国家竞争力的基础；“规律与启示”：从诺贝尔自然科学奖与20世纪重大科学成就看科技原始创新的规律；“百年物理学的启示”，强调物理学在为我们解释周边物质世界的同时，为我们营造出内容丰富、思维缜密、富有想象、妙趣无穷的理念方法和实验体系，为设计科学做出最基础最关键的贡献；“技术的进化与展望”，强调现代技术与经济、社会、教育、科学、文化的关系日益紧密，国际科技交流与合作将更加广泛；“纪念达尔文”，达尔文的创意思想跨越了多种学科，至今仍对人类世界观和价值观产生深远影响，是设计科学的宝贵元素；“从仰望星空到走向太空”，纪念伽利略用天文望远镜进行天文观测400周年；“化学的启示：为国际化学年而作”；“大师的启示”，回顾麦克斯韦、卢瑟福、海森堡和居里夫人等科学大师的业绩和成功之路，倡导科学原创的自信；“从图灵到乔布斯带来的启示：关于信息科技的思考与展望”，回顾思考百年信息科技发展的轨迹，倡导设计科学的与时俱进；“魏格纳等给我们的启示：纪念大陆漂移学说发表一百周年”，强调这项革命性学说改变了整个地球科学的面貌，给地质构造学、地球动力学、地磁学、矿床学、地震学、海洋地质学等都带来了深刻变革，也对地球演化、生命演化和科学哲学产生了巨大影响。

2014年10月，在杭州召开的中国创新设计产业战略联盟成立大会上，路甬祥院士做了题为“设计的进化与面向未来的中国创新设计”的主题报告，从历史的角度，以宏观的视野讲述人类社会从事设计的历程和设计科学的发展。报告有三大部分内容，即文明的进化、设计的进化和面向未来的中国创新设计。文明的进化包括三个阶段，分别是农耕时代的自然经济阶段，主要依赖自然资源，人类设计制作手工工具和设备；工业时代的市场经济阶段，主要是开发利用矿产资源，人们设计制造机械化、电气化和电动化的工具装备；信息时代的知识网络经济阶段，主要依靠知识、信息大数据，依靠人的创意、创造、创新，设计制造绿色智能，全球网络制造服务装备。设计的进化则包括十三个层面的内容，分别是动力系统设计的进化；设计利用材料的进化；设计利用资源能源的进化；交通运载设计的进化；农业与生物技术产业设计的进化；制造方式的设计进化；信息通信的设计进化；生态与人居环境的设计进化；社会管理与公共服务的设计进化；公共与国家安全的设计进化；设计价值理念的进化；设计方法与技术的进化；设计人才团队的进化。从设计进化史的角度来看，农耕时代的传统设计可称为设计1.0；工业时代的现代设计可称为设计2.0，它是第一次工业革命和第二次工业革命的产物；而知识网络时代的创新设计可称为设计3.0，它是当代新产业革命的产物。如果说农耕时代和工业时代的设计都是建立在大自然物理环境的基础上，知识网络时代的创新设计则基于全球信息网络化的物理环境。未来的创新设计将导致绿色、智能、全球、网络协同、个性化、定制式的智造和创造。未来的创新设计将创造全新的网络智能产品、工艺装备、网络智造和全新的经营服务方式。未来的设计制造将超越数字减材与增材、无机与有机、理化与生物的界限，将创造清洁生态的、分布式可再生能源为主体的可持续能源体系与智能能源和电网系统。谈到面向未来的中国创新设计，发展独具中国特色的设计科学，我们任重而道远，一方面与国际全面接轨，另一方面又必须补课，同时研究中国传统的设计智慧，创造自己的设计品牌，以合理有效的现代设计教育培养一批现代设计创意人才。

著名科学家徐志磊院士2014年在《机械工程导报》第170期发表“创新设计的科学”长文，为设计科学及其发展进行了提纲挈领的归纳总结，从设计史到设计教育诸方面都广泛涉猎。第一部分“造物和人造物”，强调人造物是设计的本质；第二部分“关于创新设计”，强调中国当代设计必须摆脱传统的因循守旧的思维习俗，积极建树现代化的设计创新观念；第三部分“创造发明的源泉”，强调交流合作对创造发明的重要意义，完善器具并不存在，交流带来启发，设计本身就是一种尝试拉近器具的缺陷与理想之间距离的过程；第四部分“人造物的分类”，强调人造物所内涵的“设计出”和“制造出”的概念，将人造物分为工具、器具和人类心灵艺术表达的产品和知识传递的产品，并进而强调设计科学的重要；设计科学是关于设计过程的学说体系，它是知识上硬性的、分析的、部分可形式化的、部分经验性的、可传授的；第五部分“传统设计”，指出传统设计的真正意义是对先进产品的测绘、拷贝和仿制，但必须做到如下三点才能从传统设计步入创新设计：测绘过程严格精细，测绘人员具备综合性分析能力，理解仿制技术和生产制造过程；第六部分“创新设计的程序”，提出科学的设计过程应该经历的十个阶段，即研究阶段、分析阶段、概念设计、选择阶段、开发择机、工程开发、市场投放战略的品牌建构、产品全寿命设计与分析、售后维修服务和绿色回收技术；第七部分“原始创新”，强调基础研究是原创思维的源泉和燃料，基础研究的成果是创新设计的知识库；第八部分“创新技术发展趋势”，介绍如下最新前沿技术：人类身体增强技术、计算机人机一体化、3D生物打印、社交电视、移动机器人、量子计算机、自然语言回答、物联网、大数据信息管理终端、近距离无线通信（NFC）支付技术、增强现实无线电源技术、云计算、机器对机器通信服务、QR代码或彩色代码等，并在展示基础研究—技术创新—工程开发—产品研制—市场需求的创新驱动链条上，强调设计师应立足于各个阶段的边界上；第九部分“创新设计的理念”，阐述九个层面的内容：1.树立创新设计的新思维；2.摒弃抄袭、模仿、侵犯知识产权，但不排斥集成创新；3.直面挑战；4.创新的成功与失败之比往往很悬殊，创新最终不会全部成功，但不创新就永远没有成功；5.创新还存在现有技术的抵制问题；6.创新的两种类型：演化型和革命型；7.以中国国情为依托，借鉴国外最新科技成果；8.创新设计能力是提高未来国际竞争力的主要体现；9.更重要的是，创新能提升自己的思维能力、想象力和思辨力，培养解决问题的能力；第十部分“创新设计的跨学科问题”，强调跨学科综合能力的培养，倡导跨界设计的思维，从学科交流中获取创意灵感；第十一部分“关于设计科学”，强调三个方面的内容：对科学知识和先进技术的理解、先进设计方法的运用、运用分层制分解方法解决复杂系统的设计问题；第十二部分“信息科学”，强调在知识网络时代，信息科学已取代传统自然科学为人类提供新型资源，即人力资源、物质资源和信息数据资源；第十三部分“计算科学与工程”，介绍大规模计算机模拟计算将解决如下问题：复杂系统的多尺度、多物理、多模型系统的模拟，不确定性的量化，以及大规模计算的优化模拟；第十四部分“基于科学的工程模拟”，简介计算工程模拟的诸多运用：设计优化、医学应用、数字城市系统、空气污染检测、基础设施优化、长周期环境污染预测、突发事件的响应预测、城市环境与治安基础设施优化等；第十五部分“集成计算机材料工程”，强调以大数据系统研究材料，为设计过程提供完整的材料信息；第十六部分，“赛博科学与工程”，简介CS&E（Cyber Science and Engineering），即通过计算方法与系统（包括硬件、软件和网络）实现设计科学的实践过程；第十七部分“创新设计的知识管理”，强调建立设计知识库的重要性，以完善的知识产品和服务提高设计师的创新设计能力；第十八部分“绿色设计和可持续制造”，强调绿色设计对生态环境的重大意义，介绍绿色设计在技术层面的诸多具体内容；第十九部分“智能设计与制造”，以2013年汉诺威工博会展出的“集成工业”产品为例，说明不同层次的集成智能设计对生产力的提升所具有的决定性作用；第二十部分“创新设计人才的培养”，介绍KSAO系统（Knowledge-Software-Adminstration-Originality）综合能力的培养；第二十一部分“STEM教育”，简介美国通识教育中的STEM系统教育（Science, Technology, Engineering和Mathematics知识）的系统学习和训练，认为它是从中学到大学基础教育的核心内容，建议中国设计人才的培养要加入并强化STEM系统的学习，以期培养出具有先进科技知识的创新设计队伍。

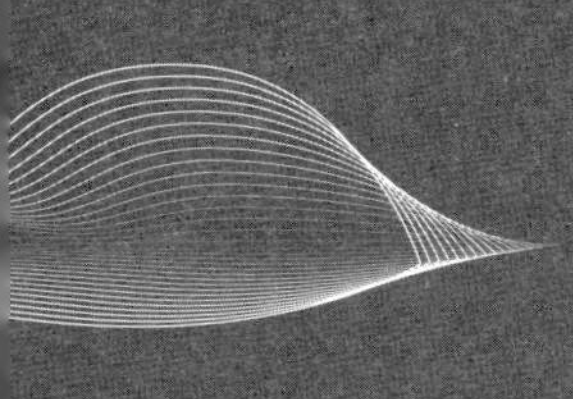

结语

园林反思与
中国当代博物学热

中国园林的发展在相当长的时期内是独立而充满原创精神的，如同中国古代的“四大发明”一样，中国园林在为西方带来异域灵感的同时，却以作茧自缚的方式封闭了自身与世界有效交流的大门。当西方园林哺育着西方博物学和自然科学的发展并引领全球进入“现代”之时，中国园林却依然沉溺于“梅兰竹菊”的孤芳自赏和“天人合一”的南柯梦呓当中。中国时常会忘记“世界”，但“世界”尤其是西方却从来没有忘记中国。

笔者20年前进行博士课题“中国主义与当代家具设计”的研究时，曾顷心关注英国当代著名艺术史家休·昂纳（Hugh Honour）的相关著作，除了他与约翰·弗莱明（John Fleming）合著的艺术史名著《A World History of Art》（初版于1982年）外，最吸引人的就是《Chinoiserie: The Vision of Cathay》（初版于1961年）这部开启作者的全球艺术史研究同时又对“中国主义”研究举足轻重的英文论著。2017年，这部与中国艺术、中国建筑、中国园林和中国工艺密切相关的重要著作终于迎来姗姗来迟的中文版：北京大学出版社2017年1月隆重推出刘爱英、秦红译《中国风：遗失在西方800年的中国元素》。休·昂纳教授站在全球化文化交流的立场，在其著述中全景解读席卷西方800多年的中国风尚，从宫廷到乡村，从园林设计到家居装饰，欧洲从中世纪后期到近现代此起彼伏、无处不在的中国元素不仅为欧洲带来异国情调的新奇，更为欧洲的园林、艺术、设计和工艺带来海量的信息和无尽的创意。欧洲的“中国风”发端于11世纪，由马可·波罗、圣鄂多立克等曾经旅行中国的探险家和传统教士们有力助推，经几个世纪的发展后，从17世纪开始全面渗透到了欧洲人生活的各个层面，如日用物品、家居环境、园林建筑等，上至王公贵胄，下至商贾乡绅，都对中国元素趋之若鹜，“中国风”更是直接形塑了西方时尚史中著名的洛可可风格。“中国风”

在18世纪中叶达到高峰，直到19世纪后期才逐渐消退，并在某种意义上由“日本风”接替。华托、布歇、皮耶芒、齐彭代尔、钱伯斯、瑞普顿等著名艺术家、设计大师和其他工艺大师所创造出来的众多中式建筑、中国园林、中式工艺品等艺术品为后人记录和保存了它席卷欧洲大陆的深刻痕迹。

然而，“中国风”并非中国的艺术设计风格，它与欧洲艺术发展史中先后出现的埃及风、哥特风、波斯风、土耳其风、伊斯兰风、印度风、日本风和非洲风一样，归根结底仍是一种欧洲风格，它固然包含许多对中国艺术、中国园林、中国建筑和中国工艺的简单模仿和奇异改编，但其主体依然是欧洲人对一个在距离上遥远、心理上神秘的古老国度理想化的认识、理解和再设计。欧洲园林受中国园林影响良多，同时也接受世界各地园林风格的传播与交流，但欧洲园林却从未丧失自身发展的主体思想，并因此成为对全球影响最大的园林风格。

西方世界对欧洲园林的研究从来没有停止过，由两位意大利学者即米兰理工大学教授Matteo Vercelloni和著名建筑师Virgilio Vercelloni合著的《The lnvention of the Western Garden: The History of An Idea》堪称近十年来西方园林研究领域的杰作。该书2009年首先在米兰出版名为《L’invenzione del giardino occidentale》意大利语版本，2010年由英国学者David Stanton译为英文后由格拉斯哥的Waverley Books出版社出版英文版本。园林的历史精确地反映出每一种文明的历史，其起源与城镇的发展息息相关，其功能恰似建筑与大自然之间的桥梁。园林不仅是人类定居文明和城镇规划的核心元素，而且是人与自然相关联系的最重要方式。自从遥远的巴比伦空中花园时代以来，园林即已成为城市文明的灵魂和人间天堂，伊甸园并非仅仅是一种神话传说，它是以园林的模式展示理想状态下的人类发源地。欧洲园林虽源自古西亚两河流域和古埃及，却在意大利结出西方园林的硕果，从古罗马到文艺复兴，意大利园林作为西方园林的典范迅速传播到法国、德国、奥地利、捷克、荷兰、比利时、西班牙、葡萄牙、英国和北欧诸国。该书包括十五个章节，详尽梳理欧洲园林是如何起源发展的，每一章节的标题如下：Introduction: Beyond the Enclosure; The Invention of the Garden; Hortus Conclusus（中世纪修道院花园）；The Humanistic Dream and the Italian Renaissance Garden; Material Culture, Scientitic Curiosities, and Exoticism in the Sixteenth and Seventeenth Centuries; The Persistence of the Italian Model and Barogue Restlessness; The French Formal Garden; An Aesthetic Revelation:The Landscape Garden; Structures for the Romantic Garden; Aesthetics, History, and Botany in the Nineteenth−Century Garden; From the Rediscovery of Flowers to the Wild Garden; A Garden for Everyone; The American Garden; The Twentieth Century; Into the New Century。西方园林的发明有其古老的渊源，这些渊源来自神话、语意学、考古学、社会学和文化人类学，由此将西方园林的最早最直接的起源追溯至美索不达米亚文明，从语意学上溯源至希伯莱和希腊语系。希伯莱语中花园的用词“gan'eden”含为“保护与拯救”的意味，古希腊语中园林或花园的词汇是“paradeisos”，其内涵随着时代发展由“理想之地”转化为“猎奇和博物学”。此后，西方世界中的“园林”作为“人间天堂”的概念始终处于发展过程中，不同文化都曾或多或少地与西方园林交流互动，最终使西方园林成为研究大自然、动植物和气候的天堂，成为博物学和自然科学的勃发基地，也成为大众的休闲乐园。与此同时，东西方园林的发展早已沿着不同的理念前行，当西方园林执着于科学的探索和严谨的手法时，以中国为代表的东方园林则更多地陶醉于舒心的游乐和浪漫的抒情。

1952年，纽约Reinhold出版集团出版W.H.Allner著《Posters: Fifty

Artists and Designers Analyze Their Approach, Their Methods, and Their Solutions to Poster Design and Poster Advertising》，介绍当时全球以包豪斯大师Herbert Bayer为代表的五十位最重要的海报设计师，其中包括本文前述设计科学发展史的重要学者和设计师乔吉·科拜斯。出生于匈牙利的科拜斯曾追随莫霍利-纳吉多年，因此受到包豪斯设计理念的深度熏陶，之后去芝加哥设计学院执掌光影与色彩设计系，而后则长期任教于麻省理工学院并与格罗皮乌斯、吉迪翁等著名学者大师密切合作，为设计科学的发展做出了独特贡献。

中华书局2016年出版的北京大学教授朱良志著《顽石的风流》对中国文化尤其是中国园林中几乎无所不在的崇石拜石风尚进行了全面而深入的梳理和分析。全书分上中下篇，上篇“品石的智慧”由三小节组成，即石的“秩序”，石之“美”，石如何“可人”；中篇“假山的意味”也包括三节内容：假山之名，文人园林中的假山，叠石天工；下篇“盆景的微妙世界”的三节内容分别是：盆景的“小”、盆景之“拙”和以境界论盆景。品石赏石，崇石拜石，奇石之爱与中国人的文化生活和艺术创作有非常密切的联系：一片顽石，成为书房几案上的清供；叠石成山，成为中国园林营造的基础；以奇石为主导的盆景则是中国园林艺术的延伸和演化。中国人欣赏奇石，表面上是猎奇心理的直接反应，内心深处则是对周期性超稳定政治体制的变相反抗，正所谓儒道释互补相依，借助于对自然生成的自由形态的奇石怪壁的欣赏把玩，一方面表达了中国人对大自然及其超凡力量的膜拜；另一方面也展现了一种脱略常规、超载秩序、颠覆凡常理性的观念。中国园林对奇石假山的热爱，反映出隐藏在园林背后的与西方园林迥然不同的文化心理和审美态度，在相当大的程度上包含着对理性思维和科学思想的质疑与反抗，这样的思维模式在封闭的时代会将园林艺术引向“奇技淫巧”，在开放的时代则有望将园林艺术融入全球化科学发展的轨道，并同时保持倔强的个性。

科拜斯选登在《Posters》书中的代表作是他1950年为哈佛大学Fogg艺术博物馆的《A Comparative Exhibition of the Visual Idioms of Western and Eastern Civilization》展览设计的海报，整个设计简洁有力，用西方文明史中被后人反复研究引用的柏拉图规整多面体图案代表西方文明，用中国园林中最常见的太湖石图案代表东方尤其是中国。前者强调严格的几何明晰性和科学思维，后者则展示模糊的自然图形的随意性和浪漫思维，而两者之间唯一的相似处就是线条的持续与连贯，象征着这两种文明在以不同的方式连贯发展，但各自发展过程与性质却大不相同。

1 园林反思：博物学、艺术革命与科学思维

美国汉学家乔迅（Jonathan Hay）于2010年在伦敦Reaktion Books出版其新著《Sensuous Surfaces: The Decorative Object in Early Modern China》，该书由中央编译出版社于2017年出版刘芸华、方慧译中文版《魅惑的表面：明清的玩好之事》，包括三部分内容，第一部分“玩好之物”，由如下三节组成，即装饰就是奢侈，与我们同思的器物，表面、触动与隐喻；第二部分“表域资源”，由如下七节组成，即单色的光滑，物质的纹理，特意设计的纹样，图绘，铭文，虚拟的表面，多元化的表面；第三部分“从表域到物境”则有四节内容：重叠的层次，器物的景观，表面的氛围，装饰的魅惑机制。明清的玩好之风实际上源自宋代文化的奢华成就，其吊诡之处则是中华民族并未有效地继承宋代科技的探索态度和人文功能主义的工匠精神。

西方文明从毕达哥拉斯、柏拉图、亚里斯多德到达·芬奇、丢勒、海克尔等哲学、科学与艺术大师都以严格的几何学研究为主体修养，从而使西方园林的发展以几何规范布局为主流，并从中发展出博物学和其他自然科学；而另一方面，西方园林的科学化发展模式亦为艺术家提供了丰富而精彩的创作园地，从而使艺术史上最重要的观念革命的发生都与园林有密切关系。2004年，Thames & Hudson出 版Clare A.P.Willsdon著《In the Gardens of Impressionism》，系统介绍了近代艺术史上最重要的印象派大师们如何痴迷于园林和大自然，以园丁和艺术家的双重身份揭示光与色的科学关系和艺术表达模式，其中不仅有中外读者早已耳熟能详的马奈、雷诺阿、德加、莫奈和毕沙罗，而且包括非专业读者不太熟悉的Bazille,Caillebotte和Guillaumin等印象派艺术家，作者以园林艺术为依托，对印象派艺术进行新型的科学解读。2007年，英国Frances Lincoln Limited出版公司出版Derek Fell著《The Magic of Monet's Garden: His Planting Plans and Colour Harmonies》，Fell是美国著名园艺学作家和摄影师，对印象派大师的所有园林均有深入细致的调研，对莫奈更有持续终生的兴趣。莫奈晚年宣称他一生只完成了两件事："绘画和创造园林"。莫奈将园林设计看做他独特的绘画：将天空和大地作为油画布，用花朵和绿叶作为颜料，莫奈用博物学的手法创作出一种最伟大的艺术作品。莫奈的Givemry花园每年都吸引着来自世界各地的成千上万的参观者，而Fell在书中试图详细分析莫奈的园艺设计实践，色彩调配原理，以及园林设计与印象派绘画的关系，充分展示西方园林的科学化内涵及其对设计科学和艺术创意的突出贡献。园林、印象派及现代艺术创造的主题永远吸引着人们的欣赏和探索兴趣，并时常发掘出新观念和新型艺术与设计创意。2015—2016年，美国克里夫兰艺术博物馆和伦敦皇家艺术学院联合举办盛大展览《Painting the Modern Garden: Monet to Matisse》

并出版同名著述，介绍园林对现代艺术的革命性影响。在人类历史上，尽管对园林的描述始终存在，在艺术史上，人们对园林花卉的描绘也从未断绝，然而，印象派大师们却率先写生园林中的花卉景观并用其色彩和造型作为艺术创作的主角，而非用作传统历史画、宗教画和文学插图中的背景。以莫奈为代表的印象派艺术家重新诠释了绘画与园林的内在关系，紧随其后的现代艺术大师如勃纳尔、萨金特、克利、康定斯基和马蒂斯等，则从更深层的社会学、政治学和科学层面揭示园林对现代艺术的影响，同时，该著述也探讨了园林对现代艺术家的美学涵义，乌托邦的理想内核，以及作为精神庇护所的心理功能。

反观中国自宋代以来以太湖石为代表的园林模式却不断引发中国文化发展中的悖论状态。自春秋诸子百家以来，以道家和儒家为代表的中国主流思想都尊崇大自然，讲述社会的和谐，并引发中国古代博物学的萌芽及早期辉煌，然而宋代以后，尤其明清，中国文人士大夫阶层全面进入以玩赏奇石、注重表面装饰为基础的魅惑机制。当西方艺术家和科学家从园林中发展出由博物学引申开来的自然科学和设计科学之时，中国艺术家和文人阶层却沉溺于园林奇石的“瘦皱漏透”畸形美学而不能自拔，全面陷入并满足于玩好之物的表面纹理及装饰模式，基本丧失对园林中所富含的博物学及相关科学原理的探索之心。中国主流社会的精英们自宋代至明清，长期以表面装饰的精美神奇为目标，对任何事物不求甚解，因此使中国人失去发展现代自然科学的机会，中医中药虽然伟大，却也是“神农尝百草”模式下以悠久的数千年中华文明史为基础所不断试错的成果。中国曾有世所罕见的工匠精神，我国传统雕工能在象牙上雕出十七层能够各自内部滚动的套球，令世人叹为观止，以至于欧洲至今仍有这样的谚语：如此不可思议的精美复杂之物，一定是中国制造。然而，中国古人只注重表面装饰，却忽视材料的化学和物理性能，从而使自己对大自然万物的观察和理解只能停留在表面。中国发展至宋代已完成人类历史中具有举足轻重的科技意义和社会影响力的四大发明，但从某种意义上讲，我们的四大发明依然流于“表面的装饰”功能，缺乏深入而彻底的科学精神。我们发明伟大的造纸术，却长期满足于手工作坊的操作，最终只能由欧洲各国发展出现代造纸术及造纸机械，而我们传统的手工造纸强项亦不断被日本、法国、意大利等国超越。我们发明了从根本上改变人类知识传播模式的印刷术，却长期局限于雕版刻模的手工运作，最后由德国发明家古腾堡重新发明机械印刷术，从而从根本上改变人类知识传播的进程和方式。我们发明了对人类进步举足轻重的火药，却仅满足于节庆功能的烟花爆竹，从而不能从深层科学原理角度探索并发现用于大规模工程建设的甘油火药，直到瑞典发明家诺贝尔发明真正能用于大型建筑和战争的现代火药，才从根本上改变了人类的建设效率和战争进程。我们发明了指南针，却长期局限于风水勘测和小范围旅行，即使有郑和七下西洋的壮举，也仅是指南针强大功能的昙花一现，直到哥伦布、达·伽马、麦哲伦用指南针发现新大陆，才使指南针达成其真正的功能。

按照科拜斯对其海报设计的解读，作为海报主体的柏拉图规整多面体和中国园林中的太湖石的唯一共性就是两者所内含的线条的连续，然而连续的模式却完全不同。柏拉图的规整多面体拥有理性，可以度量，能够按比例复制，由此引导一种探索精确的科学模式的理性精神；而中国园林的太湖石则充满随意，无法度量，更不能按比例复制，它们在大自然中随机形成，虽能在一定程度上引导人们对大自然的敬畏，却主要鼓励一种浪漫而不求甚解的非理性精神，从而使痴迷于太湖石的皇族士大夫们迷恋于大自然生成物的表面装饰的魅惑，却没有人深究这些太湖石的形态是如何生成的，更无人探索太湖石的材料构成和环境分析，以至宋徽宗赵佶以此类奇石为生辰纲，大肆收集，民怨鼎沸，最终落得亡国命运。徽宗赵佶的惨剧并未唤醒中国人，明清时代的主流社会依然沉醉在重表面装饰轻内在原理的玩乐魅惑状态中，直到西方列强用枪炮轰开中国大门。实际上，甲午战争以前的中国并非没有向西方学习，而是在军事、文化、艺术、设计、建筑诸方面都做出了不少努力，如本书上篇介绍过的西方铜版画传入中国，以及举世皆知的中国曾以重金从英德法诸欧洲强国购入军舰火炮弹药等以建立当时全球最强大的海军之一，遗憾的是，铜版画在中国深锁宫廷以致自生自灭，北洋海军因指挥体制腐败在甲午海战中被全歼。圆明园是西方的园林、建筑和日用设计大规模传入中国的另一案例，只可惜如同铜版画一样深锁内庭而不为国人大众所知，而更加令人扼腕的是，八国联军火烧圆明园时，实际上只烧毁少数宫殿，而大量精美的圆明园欧式建筑、园林、室内、家具及日用设计都是八国联军撤退后由中国人拆毁并盗运的，从中表现出中国人对西方设计的集体漠视。

2013年，美国海洋史专家Lincoln Paine出版《The Sea and Civilization:A Maritime History of the World》，该书2017年由天津人民出版社推出陈建军、罗燚英译中文版《海洋与文明》。作者从海洋的视角出发，重点讲述世界历史，揭示人们如何通过海洋、河流和湖泊进行交流与互动，以及交换和传播商品、物产与文化。遗憾的是，中华民族并非海洋民族，种种原因使中国发展出延绵数千年的农耕文明。与海洋民族必须与严酷的海洋条件进行顽强而科学的斗争不同，农耕文明的条件相对宽松并给予试错法更广阔的发展空间，而缺乏严谨科学精神的试错法在海洋文明中只能招致巨大牺牲甚至灭顶之灾。鲁迅很早就强烈批评中国农耕社会最大的疾病“马马虎虎”，并建议学习日本：纵使日本人有千般不好，他们做任何事情的认真态度都是治疗中国“马虎”顽疾的良方。日本在唐宋时代全面学习中国，但其海洋民族的天然习性使其保持做事严谨的作风，日本园林源自中国园林，却因其严谨的设计理念和禅意发展出不同于中国亦不同于西方、独具特色的充满设计科学意味的园林体系，由此引导日本科技文明的健康发展并迅速赶超西方，同时建立独树一帜的日本模式。

2 日本模式的魅力

2016年，意大利米兰的5-Continent Editions出版社隆重推出John E.Vollmer编著的图文并茂的精美专著《Re-envisioning Japan:Meiji Fine Art Textiles》，该书是对日本近现代艺术织锦最为综合的论述，日本织锦源自中国，但在近现代日本全面现代化的进程中各方面都赶超中国，19世纪70年代至20世纪20年代的半个世纪中，日本的艺术织锦以其大尺度的设计图案和独具特色的织造技术，获得举世无双的艺术震撼力，吸引着全世界的专业目光。日本艺术织锦的异军突起与日本在19世纪后半期奇迹般地从孤立岛国一跃成为世界级大帝国的经历相始终，并在19世纪60年代在西方引起巨大轰动，一时间“日本主义”或“日本风”在相当大程度上取代了“中国风”对西方的影响力，对整个欧美艺术界、工艺界、设计界及贸易领域都产生了极大影响。从此以后，日本模式的魅力几乎在每个领域都时常得以展现，日本式的认真和执着不仅成为日本品牌和日本模式的基本标签，也是现代设计科学的重要内涵之一。

日本在唐宋时代以中国为师，大规模全方位学习中国，但绝非生吞活剥，而是以自己特有的认真、执着及深思精神将中国文化传统发扬光大后成功转化为日本文化传统的内核。中国饮茶习俗传入日本就成为茶道，中国插花技艺传入日本即成为花道，中国围棋运动传入日本则成为棋道，而中国传统的自然闲散的园林风尚传入日本即融入佛教禅宗的修为内涵，发展出兼具科学性与禅意修身品格的日本园林。日本民族的认真与执着使他们能对任何外来工艺潜心钻研，长期实践，最终往往能超越其工艺母国的水准。中国是产竹大国，也是竹家具竹工艺方面最古老并拥有最多创意的国度，但当代日本竹工艺已被公认代表竹工艺的全球最高水平。中国发明陶瓷，但当今日本陶瓷制品的品质在诸多方面都已超越中国。中国发现并发明漆器，但日本漆器早在近两百年前即已超越中国并引领世界漆艺潮流，以至于欧洲人将陶瓷称为China的时候，将漆器称为Japan。中国发明木板雕印技术，但日本版画或称浮世绘很快便在技术和艺术创意两方面都超越中国并影响全球，对法国印象派诸位大师和诸多现代艺术巨匠都产生过深刻影响。而浮世绘中春宫图作为一大门类所达到的艺术造诣在人类艺术发展史上绝无仅有，完全可以称为“春宫道”，全世界各地对日本春宫版画的研究从来没有停止过，仅近几年欧美国家伴随日本版画展览而出版的大型精美图册和专著即有：英国Phaidon出版社2010年出版的Gian Carlo Calza著《Poem of the Pillow and Other Stories by Utamaro, Holeusai, Kuniyoshi, and Other Artists of the Floating World》；英国Thames & Hudson出版社2013年出版的Ofer Shagan著《Japanese Erotic Art: The Hidden World of Shunga》；意大利Skira出版社与美国火努鲁鲁艺术博物馆2014年出版的《Shunga: Stages of Desire》；日本Pie Books出版社与意大利米兰Lippocampo出版社2014年联合出版的《春画Shunga》和美国旧金山亚洲艺术博物馆2015年出版的Laura W.Allen主编的《Seduction: Japan's Floating World》等。而关于日本浮世绘版画普遍研究方面的著述更是汗牛充栋，如2009年英国Pomegranate Europe出版公司出版的Sarah E.Thompson著《Utagawa Kuniyoshi: The Sixty-Nine Stations of the Kisokaido》，2010年德国

Taschen出版的《Hiroshiga: One Hundred Famous Views of Edo》，2011年日本东京Tuttle Publishing出版的《Japanese Woodblock Prints: Artists,Publishers and Masterworks 1680—1900》，2016年Thames & Hudson出版的Henri-Alexis Baatsch著《Hokusai: A Life in Drawing》，2017年北京美术摄影出版社出版的意大利学者弗朗西斯科·莫雷纳著，袁斐译《浮世绘三杰：喜多川歌麿、葛饰北斋、歌川广重》等。

表现日本浮世绘版画独特成就的另一个突出领域是妖怪版画，它们不仅表现出日本艺术家一贯的认真和执着，以及将妖怪文化描绘到极致的信念，而且展示了其严谨品格之外的浪漫情怀。日本是妖怪文化大国，其大部分妖怪都取材于中国，他们汲取中国古老的神话传说和《山海经》《三才图会》《聊斋志异》等各类文学及百科全书中的妖怪文化精华，并结合日本的本土文化元素，形成了容易被更多人接受的妖怪形象及其完整的故事传说，并在以后漫长的发展和演变中，逐渐形成了涵盖妖怪绘画形象、文学作品和动漫影视的庞大的妖怪文化产业，并使之成为日本文化中难以分舍的元素。反观中国，虽有源远流长而又博大精深的妖怪文化传统，但因缺乏精致优美而又自成一体的形象描绘，因此使中国的妖怪文化长期停留在文学范畴内的神话传说领域，明清之际中国虽有木刻版画的大发展，都因长期远离绘画传统中对人的细致描绘而无法深入刻画妖怪形象。中国传统的画谱种类均以山水、花鸟、鱼虫、梅兰竹菊为主体，偶有人物画谱，亦多为程式化的简约模式，难以形成对人物的深层描绘。与日本浮世绘的精致细腻、一丝不苟相比，中国版画大都过于简单粗放，缺少细节，尤其缺乏对人物形象的细节描绘，因此，中国历史悠久的妖怪文化传说如今已严重式微，不仅在妖怪的图像描绘创意方面难望日本项背，而且在妖怪文学方面也再也看不到《聊斋志异》和《阅微草堂笔纪》之类的中国志怪文学佳作了。2016

年新星出版社出版小松和彦编著，宋衡译《妖怪》，总体介绍了日本妖怪的盛宴，其中包括河童、山鬼、天狗、山姥、山男、幽灵、付表神和其他种类繁多的妖怪。同时也介绍了日本伟大的妖怪画师们，如葛饰北斋、歌川国芳、月冈芳年、鸟山石燕、河锅晓斋、落合芳几、高井鸿山等。2017年，江苏凤凰美术出版社隆重推出宫竹正编著《鸟山石燕百鬼夜行全画集》，该书被誉为日本的《山海经》，是日本妖怪艺术经典形象创始之书。作为日本妖怪绘画的奠基大师之一，鸟山石燕认为：所谓妖，不过是求而不得的人，修而未成的果。这样的信念使日本人像描绘现实中的人物一样去描绘妖怪，由此产生一代又一代的绘制妖怪的著名画师，如室町时代的妖怪画开山祖师土佐光信，江户时代的妖怪画成就最高者鸟山石燕和幻想大师葛饰北斋，明清时代的末代妖怪绘师河锅晓斋，近现代的妖怪民俗学创始人柳田国男、妖怪博士水木茂、恐怖漫画宗师楳图一雄，将古代妖怪现代化之人伊藤润二、京极堂主京极夏彦等。妖怪绘画从一个侧面反映出日本模式的精致细腻和丰富多样。

日本是全世界最善于学习别人长处并将其转化为自身发展元素的民族，这一点可以典型地体现在最近海峡两岸的简体中文和繁体中文出版的日本平凡社编辑部著大众百科全书《改变世界的万物事典：看得见的人类文明演化型全录》，该书的资料分别引自如下书籍：《法国百科全书》、曾公亮《武经画要》、胡宗宪《筹侮图编》、宋应星《天工开物》、王祯《农书》《丢勒木版画》、《达·芬奇绘画手稿》、康熙朝官修《佩文斋耕织图》《论矿冶》(De Re Metallica)、《星图》(Atlas Coelestis)、麟庆《河工器具图说》、吉田光由《尘劫记》《哲学的慰藉》《丁尼生诗集》《乌托邦书简》《世界图绘》和茅元仪《武备志》等。此外，日本各领域大学者的著作始终在不断的再版中，如四川文艺出版社出版冈仓天心著，黄英译《觉醒之书》，上海世纪出版集团出版汤川秀树著，乌云其其格译《现代科学与人类》，译林出版社出版铃木大拙著，钱爱琴、张志芳译《禅与日本文化》，社会科学文献出版社出版未木文美士著，周以量译《日本宗教史》，中国财政经济出版社出版高阶秀尔著，范钟鸣译《看日本美术的眼睛》等。而中国学者近年来开始深度关注日本，研究日本并出版相关书籍，如漓江出版社出版卞毓方著《日本人的“真面目”》。

建筑、室内设计、园林景观、工业设计等领域都是日本模式的重要主体，相关的研究和著述每天都在出版当中，如清华大学出版社再版日本著名建筑史学家伊东忠太的经典名著《日本建筑小史》，机械工业出版社出版田中一光著《在设计中行走》，中国青年出版社出版福武画一郎与北川富朗著《艺术唤醒乡土：从直岛到濑户内国际艺术节》，北京大学出版社出版竹原秋子著《在街角发现设计》，台湾瑞升文化事业股份有限公司出版日本建筑大师隈研吾著《拟声与拟态建筑》等。在这些著作中，日本模式得以具体而微地展现，日本经过近两百年的“脱亚入欧”式自强发展，不仅能以浮世绘版画与日本传统艺术民粹影响西方并进而影响全球，而且以其全方位的现代设计理念及产品引领时尚，成为与欧美并驾齐驱的主流设计学派。

工匠精神是日本模式中的灵魂环节，是日本设计和日本品牌能坚实地立足于世界的关键保证。中国近两年开始提倡工匠精神，实际上我们首先应该倾心学习和研究的就是日本工匠精神。中国有历史悠久、种类繁多的工艺传统并传入日本，而后日本人以其招牌式的认真、执着精神和工作态度将每一种工艺继承、发展、创新并使之走向世界，从传统的日本陶瓷、日本漆器、日本铁器、日本纸品到现代的日本汽车、日本相机、日本电子产品和日本日用品等，都能够引起全世界的认可和赞叹，其最根本的因素就是日本工艺在日本文化中深受尊重，日本工匠精神成为日本创新模式中的基本精神，而民艺学也成为日本设计学科中的重要分支。关于日本民艺学、工艺学和工匠精神方面的著述出版在全球范围内从来没有停止过，如近两年海峡两岸以中文出版的相关著作有广西师范大学出版社出版的西冈常一、小川三夫、盐野米松合著《树立生命木之心：天地人卷》，湖南美术出版社出版美帆著《诚实的手艺》，新星出版社出版坂田和实、尾久彰三、山口信博合著《日本民艺馆》，台湾人人出版股份有限公司出版的Beretta P-05著《东京职人：手作传统工艺的守护者》等。

3 中国当代博物学热

中国当代博物学热最显著的标志之一就是欧洲博物学大师法布尔的《昆虫记》在中国的反复出版。在过去的二十年间，中国数十家出版社纷纷出版各种全本、删节本、编译本、儿童版《昆虫记》，引起社会各界对博物学的广泛兴趣，引发人们从新的角度观察自然和欣赏园林。实际上，中国古代有历史悠久的博物学传统，只可惜这类博物类科学类关注和研究在中国传统体制中始终难登大雅之堂，也从未发展成为显学，因此只能是部分民间人士喜爱的雕虫小技而已。同样的原因，中国传统体制中占有主流文化地位的士大夫阶层在艺术上追求书法和水墨绘画中的逸品和神品，从而置具象描绘为下品，从根本上阻碍了中国绘画艺术表现模式中对科学而具体地展示事物结构和人物、动物体质构成的艺术追求。尽管宋代已发展出当时全世界具有最高水准的写实绘画，但随后的元明清却完全进入逸品和神品的追索过程中，不论南派北宗，没骨的水墨技法成为主流，粗放随意的山水花鸟居于时尚的核心，用于中国古代博物学著述插图的版画亦同样流于粗陋，渐渐落后于日本浮世绘，与西方精美而准确的铜版画、石版画、木版画和水彩画更不可同日而语。

然而，中国博物学进入现代之后开始与国际水准全面接轨，并首先表现在博物学科学著作方面的科研和出版。笔者收藏的一本科学出版社1960年出版的张玺、齐钟彦、李洁民、马绣同、王祯瑞、黄修明、庄启谦合著的《南海的双壳类软体动物》是文化大革命前中国博物学研究的一个缩影，文化大革命之后中国不仅重新开展自身的博物研究，而且大力引进国际相关著作，如中国农业大学出版社2009年出版英国博物学家古兰（P.J.Gullan）和克兰斯顿（P.S.Cranston）著，彩万志、花保祯、宗敦伦、梁广文、沈佐锐合译的《昆虫学概论》，青岛出版社2014年出版中国植物学家王文采著《中国楼梯草属植物》等。实际上，即使在文化大革命期间，我国在博物学的某些领域也取得了一定成绩，如古生物学研究。当时中国因毛泽东"人定胜天"思想的指引而在全国范围内挖山造田、改造世界从而发现大量古墓和古生物，进而使中国考古学和古生物学即使在文革的动荡局面中亦有一定发展，如科学出版社1974年出版的中国科学院南京地质古生物研究所和植物研究所《中国古生代植物》编写小组著《中国植物化石，第一册：中国古生代植物》。改革开放后，这方面的研究与国际相关著作的引介取得重大进展，如山东科学技术出版社1989年出版的张俊峰著《山旺昆虫化石》，云南科技出版社1999年出版的侯先光、扬·伯格斯琼、王海峰、冯向红、陈爱林著《澄江动物群：5.3亿年前的海洋动物》，科学出版社2014年出版的英国古生物学家安德鲁·罗斯著，徐洪河、刘晔、王博译《琥珀：大自然的时空飞梭》，中国科学技术出版社2017年出版的英国科学家理查德·福提著，邢路达、胡晗、王维译，王原审校《化石：洪荒时代的印记》等。

中国当代博物学热真正的体现是在进入21世纪之后，尤其是过去十年间，全国有上百家不同出版社开始出版各类博物学著作，尤其是引进欧美日在过去四百年间所积累的博物学名著，出版其不同规格的中文版。中国最古老的商务印书馆是其中最突出的一家，其引进欧美博物学名著的力度非常引人注目，如2012年出版英国学者托尼·赖斯著，林洁盈译《发现之旅：历史上最伟大的七次自然探险》；2014年出版英国生态学家乔纳森·西尔弗顿著，徐嘉妍译《种子的故事：从一粒种子到一座果园的生命化历程》；2015年出版英国生物学家罗伯特·赫胥黎主编，王晨译《伟大的博物学家》和英国著名探险家罗宾·汉伯里−特里森主编，王晨译《伟大的探险家》，2015年还出版了英国生物学家科林·塔奇著，姚玉枝、彭文、张海云译《树的秘密生活》和潘富俊著《草木缘情：中国古典文学中的植物世界》；2016年出版特里·邓恩·切斯著，思伯特·卢埃林摄影，周玮译《怎样观察一朵花：发现花朵的秘密生活》和南茜·罗斯·胡格著，罗伯特·卢埃林摄影，阿黛译《怎么观察一棵树：探寻常见树木的非凡秘密》，周文翰著《花与树的人文之旅》，以及薛晓源主编的《博物之旅》系列，已出版马克·凯茨比等著，童孝华等译《发现最美的鸟》，梅里安、法布尔等著，朱艳辉等译《发现最美的昆虫》和约瑟夫·胡克等著，吕增奎等译《发现瑰丽的植物》，约翰·奥杜邦、约翰·吉尔德等著，周硕译《发现奇异的动物》，以及即将出版的《发现神秘的水生生物》等；2017年出版英国学者朱迪斯·玛吉编著，许辉辉译《可装裱的中国博物艺术》和《可装裱的印度博物艺术》，澳大利亚学者大卫·戴著，李占生译《南极洲：从英雄时代到科学时代》，美国科学史家保罗·劳伦斯·法伯著，杨莎译《探寻自然的秩序：从林奈到E.O.威尔逊的博物学传统》，英国动物学家行为学家蒂姆·伯克黑德著，沈成译《鸟的感官》，美国生物学家托尔·汉森著，赵敏、冯骐译《羽毛：自然演化中的奇迹》，美国行为生态学家马琳·祖克著，王紫辰译《昆虫的私生活》，英国科学史家帕特里夏·法拉著，李猛译《性、植物学与帝国：林奈与班克斯》。

另一家历史悠久的出版社三联书店也非常关注博物学科普著述的出版，并于2008年出版英国记者安娜·帕福德著，周继岚、刘路明译《植物的故事》，而后于2009—2010年陆续推出《动物系列》丛书。该丛书由英国动物学家执笔，以人文科普的方式介绍大自然中主要的动物种属，包括苏茜·格林著，乔云译《虎》，夏洛特·斯莱著，焦晓菊译《蚂蚁》，克里斯蒂娜·杰克逊著，姚芸竹译《孔雀》，博里亚·萨克斯著，魏思静译《乌鸦》，凯瑟琳·罗杰斯著，徐国英译《猫》，罗伯特·比德著，江向东、何丹译《熊》和海伦·麦克唐纳著，万迎朗、王萍译《隼》；2016—2017年，三联书店在《新知文库》丛书中陆续推出关于博物学拓展研究的专著，如美国记者埃里克·罗斯顿著，吴研仪译《碳时代：文明与毁灭》和美国历史学家克里斯托弗·福思与澳大利亚社会人类学家艾莉森·利奇合著的《脂肪：文化与物质性》等。

中国各高校出版社对当代中国博物学热贡献巨大，这其中最突出的就是北京大学出版社。其出版的大量博物学论著和译著在国内影响广泛，如2009年出版的美国著名生物学家（彼得·伯恩哈特）（Peter Bernhardt）著，刘华杰译《玫瑰之吻：花的博物学》；2011年出版的许智宏、顾红雅主编《燕园草木》和美国博物学大师奥杜邦著，帅凌鹰译《飞鸟天堂》及奥杜邦著，蒋澈译《走兽天下》；2012年刘华杰著《博物人生》，德国植物学家奥托·威廉·汤姆著《奥托手绘彩色植物图谱》，以及美国植物学家贝斯·爱丽丝（Beth Ellis）等著，谢淦等译《叶结构手册》；2015年出版美国最重要的博物学家和环保学者蕾切尔·卡森（Rachel Carson）的三部著作，即张白桦译《寂静的春天》，重阳译，谢小振绘《万物皆奇迹》和李虎、侯佳译《海滨的生灵》，同时出版的还有美国著名环保学者约翰·缪尔（John

Muir）著，张白桦等译《等鹿来》和美国著名博物学家约翰·巴勒斯（John Burroushs）著，张白桦译《飞禽记》等；2016年推出薛晓源主编的《博物文库之博物学经典丛书》系列，陆续出版了瑞士博物学家欧仁·朗贝尔（Engène Rambert）和保罗·罗贝尔（Paul Robert）著，高璐、侯镌琳译《飞鸟记》，英国博物学家约瑟夫·胡克（J.D. Hooker）和沃尔特·菲奇（W.H. Fitch）著，童孝华译《手绘喜马拉雅植物》，德国博物学家马库斯·布洛赫（Macus E. Bloch）著，周卓诚、王新国译《布洛赫手绘鱼类图谱》，英国动物学家威廉·休伊森（William C. Hewitson）著，寿建新、王新国译《休伊森手绘蝶类图谱》，比利时博物学家雷杜德（Pierre-Joseph Redouté）著，孙英宝译《雷杜德手绘花卉图谱》，以及德国博物学大师海克尔（Ernst Haeckel）的名著并由张则定编译的《自然界的艺术形态》。

重庆大学出版社近几年大力引介出版国内外博物学科普著述，如2014年开始引进出版美国自然历史博物馆学术图书馆主编的《自然的历史》系列丛书，首先推出汤姆·拜恩（Tom Baione）编著，傅临春译《自然的历史》，而后又在2017年陆续推出保罗·斯维特（Paul Sweet）著，梁丹译《神奇的鸟类》和梅拉尼·L·J·斯蒂斯尼（Melain L.J. Stiassny）著，祝茜等译《伟大的海洋》；2015年引进法国著名植物学家贝尔纳·贝尔特朗（Bernard Bertrand）著，袁俊生译《花草物语：催情植物传奇》，同时出版中国学者李元胜著《昆虫之美》系列丛书《精灵物语》和《雨林秘境》等；2016年引进英国植物学家杰夫·霍奇（Geoff Hodge）著，何毅译，刘全儒审订的《英国皇家园艺学会植物学指南：花园里的科学与艺术》；2017年引进美国科学家迈克尔·C·杰拉尔德（Michael C.Gerald）和格洛丽亚·E·杰拉尔德（Gloria E. Gerald）合著，傅临春译《生物学之书：从生命的起源到实验胚胎学，生物学史上的250个里程碑》。上海交通大学出版社是另一家大力推介博物学的国内高校出版社，其标志性成果即为刘华杰主编的《博物学文化丛书》，该丛书于2015年首先推出刘华杰著《博物学：文化与编史》，美国科学史家保罗·劳伦斯·法伯（Paul Lawrence Farber）著，刘星译《发现鸟类：鸟类学的诞生（1760—1850）》，和熊姣著《约翰·雷的博物学思想》；2016年又出版美国生物学家彼得·伯恩·哈特Peter Bernhardt著，刘华杰译《玫瑰之吻：花的博物学》和美国昆虫学家库尔特·约翰逊（Kurt Johnson）和史蒂夫·科茨（Steve Coates）合（Peter Bernhardt）著，丁亮等译《纳博科夫的蝴蝶：文学天才的博物之旅》；2017年推出美国博物学家P.A. 查德伯恩（Paul Ansel Chadbourne）著，邬娜译《博物学四讲：博物学与智慧、品位、财富和信仰》。此外，许多其他高校出版社也纷纷推出各具特色的博物学著述，如广西师范大学出版社2011年出版周宗伟著，朱赢椿绘《蜗牛慢吞吞》，2017年出版美国作家巴里·洛佩兹（Barry Lopez）著，张建国译《北极梦：对遥远北方的想象与渴望》；浙江大学出版社2016年出版英国博物学家庄森·P.庄森（Johnson P.Johnson）著，花蚀译《听说你也是博物学家：不用很累很麻烦就能认识自然》等。

在国家级出版社当中推介博物学科普著作力度最大的是人民邮电出版社。它于2013年出版美国作家乔纳生·威诺（Jonathan Weiner）著，王晓秦译《鸟喙：加拉帕格斯群岛考察记》，随后开始重磅推出多系列博物学力作，如2014年出版《自然与科学探索》丛书系列，包括英国著名考古学家布莱恩·M.费根（Brian M.Fagan）著，关晓武审译《文明之旅：被遗忘的伟大发明》，英国著名古脊椎动物学家迈克尔·J. 本顿（Michael J.Benton）著，付雷审译《自然奇迹：地球生命的非凡故事》，英国著名探险家和环保学者罗宾·汉伯里·特尼森（Robin Hanbury-Tenison）著，黄缇萦译《环球探险：改变世界的伟大旅程》，以及英国粒子物理学家布赖恩·考克斯（Brian Cox）

和科普作家安德鲁·科恩（Andrew Cohen）合著，闻菲译《生命的奇迹》；2015年开始与英国BBC和邱园皇家植物园合作并隆重引介一系列具有国际影响的博物学名著，包括英国博物学家大卫·爱登堡（David Attenborough）著，董子凡译《自然之美：大发现时代的博物艺术》，英国植物学家马丁·里克斯（Martyn Rix）著，姚雪菲等译《植物大发现：黄金时代的图谱艺术》，英国著名作家卡罗琳·弗里（Carolyn Fry）著，张全星译《植物大发现：植物猎人的传奇故事》，以及刘全儒主持审校的《植物王国的奇迹》系列三部曲，即由英国设计科学教授罗布·克塞勒（Rob Kesseler）和种子形态学家沃尔夫冈·斯塔佩（Wolfgang Stuppy）合著，明冠华译《生命的旅程》，英国植物学家玛德琳·哈利（Madeline Harley）与罗布·克塞勒合著，王菁兰译《花儿的私生活》，以及沃尔夫冈·斯塔佩和罗布·克塞勒合著，师丽花、和渊译《果实的奥秘》；2016年又推出英国科学家理查德·穆迪（Richard Moody），杜戈尔·迪克逊（Dougel Dixon），伊恩·詹金斯（Ian Jenkins）与俄罗斯科学家安德烈·茹拉夫列夫（Andrey Zhuravlev）合著，王烁、王璐译《地球生命的历程》。在博物学著述出版方面有广泛影响的国家级出版社还有中国科学技术出版社，它于2014年隆重推出刘华杰著三卷本《檀岛花事：夏威夷植物日记》，2015年又出版澳大利亚生物学家查尔斯·伯奇（Charles Birch）和美国著名过程哲学家约翰·柯布（John B.Cobb）合著，邹涛鹏、麻晓晴译《生命的解放》；中国大百科全书出版社陆续推出的《中国国家地理》系列丛书，如2010年出版的意大利博物学家吉安弗兰科·波洛尼亚（Gianfranco Bologna）等著，宋延龄、范志勇译《美丽生灵的最后乐章：濒临消失的野生动物》，2011年出版的意大利学者科林·曼蒂斯（Colin Monteath）著，高圆圆译《南极洲》，2012年出版的韩联宪著，彭建生摄影《纳帕海的鸟》等；

中国华侨出版社2012年出版知行主编《树：全世界300种树的彩色图鉴》，2013年出版朱立春主编《鱼：全世界300种鱼的彩色图鉴》，刘晓菲主编《鸟：全世界130种鸟的彩色图鉴》，以及法国博物学大师法布尔著，王岩波译《昆虫记》等；中国青年出版社2015年隆重推出的《世界博物学经典图谱》系列丛书，其中包括法国博物学家夏尔·亨利·德萨利纳·奥尔比尼（Charles Henry Dessalines d'Orbigny）著《通用博物学图典》，英国博物学家爱德华·斯特普（Edward Step）著《园艺花卉图谱》和德国博物学家奥托·威廉·托梅（Otto Wilhelm Thomé）著《托梅教授的植物图谱》等。

中信出版社近年也出版了一批有广泛影响力的博物学译著和著述，如2013年由英国学者朱迪丝·马吉（Judith Magee）编著，杨文展译《大自然的艺术：描绘世界博物学三百年》，黄一峰著《雨林野疯狂》；2016年美国著名科学家爱德华·威尔逊（Edward O.Wilson）著，金恒镳译《缤纷的生命》；2017年美国作家戈登·格赖斯（Gordon Grice）著，陈阳译《我的好奇心橱柜：一本自然爱好者的博物学指南，开启理解和收藏自然世界的美妙之旅》，美国著名生物学家索尔·汉森（Thor Hanson）著，杨婷婷译《种子的胜利：谷物、坚果、果仁、豆类和核籽如何征服植物王国，塑造人类历史》，以及最近刚推出的《文明的进程》系列丛书，包括英国学者多米尼克·斯特里特费尔德（Dominic Streatfield）著，余静译《蛊惑世界的力量：可卡因传奇》，美国学者马克·科尔兰斯基（Mark Kurlansky）著，夏业良译《万用之物：盐的故事》，马克·科尔兰斯基著，韩卉译《一条改变世界的鱼：鳕鱼往事》，美国作家巴巴拉·弗里兹（Barbara Freese）著，时娜译《黑石头的爱与恨：煤的故事》等。北京联合制版公司最近几年出版的一批译著有很强的震撼力，其中包括一些博物学经典著述，如

2015年再版美国博物学大师奥杜邦的《鸟类圣经》，翻译出版日本X-Knowledge公司著《世界最美飞鸟》和《世界最美透明生物》，出版英国动物学家马克·卡沃（Mark Carwardine）著，王尔笙译《我在这里等你：探访最后的野生动物家园》等，2017年又隆重推出由澳大利亚天文学家大卫·马林（David Malin）和英国生态学家凯瑟琳·鲁库克斯（Katherine Roucoux）合著，齐晴等译《从粒子到宇宙：肉眼看不见的极美世界》。北京出版社近年为博物学的出版做出了独特贡献，如2013年出版由西藏户外协会编著的《雅鲁藏布的眼睛：大峡谷生物多样性观测手册》，2014年出版西藏户外协会罗浩主编《山湖之灵：西藏冈仁波齐与玛旁雍错生物多样性观测手册》，以及2016年出版薛晓源主编《博物学经典译丛》系列，包括海克尔绘著，刘仁胜编译《自然的艺术形态》，英国博物学大师约翰·古尔德（John Gould）绘著，童孝华译《喜马拉雅山珍稀鸟类图鉴》，德国博物学大师玛利亚·西比拉·梅里安（Maria Sibylla Merian）绘著，郑颖编译《苏里南昆虫变态图谱》等。

博物学的广阔内涵和科普意义引起全国各类出版社的共同关注，从而掀起更广泛的博物学出版热潮。如上海人民出版社2011年陆续出版泉麻人著，安永一正绘，黄瑾瑜译《东京昆虫物语》，法国史学大师儒勒·朱什莱著，李玉民、陈筱卿、顾微微译《大自然的诗》系列丛书，包括《山》《海》《鸟》《虫》等。又如南方日报出版社2011年出版英国博物学家简·基尔帕特里克（Jane Kilpatrick）著，俞蘅译《异域盛放：倾靡欧洲的中国植物》和英国学者大卫·斯图亚特（David Stuatt）著，黄妍、俞蘅译《危险花园：颠倒众生的植物》，2015年再版德国博物学大师海克尔名著，陈智威、李文爱译本《自然界的艺术形态》。再如光明日报出版社2012年推出的《世界大师手绘经典》系列丛书，包括法国博物学大师皮埃尔–约瑟夫·雷杜德（Pierre–Joseph Redout）绘著《玫瑰之书》和《百合之书》，德国植物学家奥托·威廉·汤姆绘著《植物之书》，以及由荷兰植物学家斯奥道勒斯·克拉迪斯、法国博物学家雷杜德、英国博物学家约瑟夫·达顿·胡克和约翰·林立、德国植物学家艾米·邦普兰德等合著的《花卉之书》等。海豚出版社2012年出版英国博物学家威廉·霍顿（William Houghton）著，岳宝英译《乡间漫步》和2014年出版蒋蓝著《极端植物笔记》；新星出版社2015年出版陶秉珍著《昆虫漫话》和2017年出版意大利科学家斯特凡诺·曼库索（Stefano Mancuso）和亚历山德拉·维奥拉（Alessandra Viola）合著，孙超群译《它们没大脑，但它们有智能：植物智能的认识史》；人民文学出版社2016年再版比利时诺奖大师莫里斯·梅特林克（Maurice Maeterlinck）著，许信译《蜜蜂的生活》和2017年出版法国博物学大师布封（Georges Louis Leclere de Butfon）和弗朗索瓦·尼古拉·马蒂内绘著，吴雪菲、吴佳敏译《鸟的世界》等。

新世纪以来各种出版社推出的博物学著述还包括2001年广东人民出版社出版威廉标、常弘、缪汝槐主编《中国珍稀濒危动物植物辞典》，上海科技教育出版社出版美国科学家约翰·内皮尔（John Napier）和塔特尔（Russell H.Tuttle）著，陈淳译《手》；2002年时事出版社出版美国科普作家纳塔莉·安吉尔（Natalie Angier）著，李斯、胡冬霞译《野兽之美：生命本质的重新审视》；2005年上海社会科学院出版社出版柯珊著《消失的植物》；2006年大象出版社出版高明乾主编《植物古汉名图考》；2013年重庆出版社出版英国鸟类学家爱德华·格雷（Edward Grey）著，耿丽、何艳译《鸟的天空》；2014年台湾城邦文化事业股份有限公司出版的日本目黑寄生虫馆监修，杨雨樵译《寄生虫图鉴：不可思议世界里的居民们》；2015年浙江文艺出版社出版美国博物学家克雷格·查尔兹（Craig Childs）著，韩玲译《遇见动物的时刻》，译林出版社出版英国博物学家理查德·梅比（Richard Mabey）著，陈曦译《杂草的故事》，电子工业出版社出版杨思庶、张德纯主编《蔬之物语》，长春出版社出版英国植物学家桑德拉·纳普著，智昊团队译《植物探索之旅》；2016年北京日报出版社出版英国博物学家克里斯·比尔德肖（Chris Beardshaw）与琳·崔-雅各布斯（Shirlynn Chui Jacobs）绘著，刘夙译《100种影响世界的植物》；2017年浙江人民出版社再版推出诺奖大师沃森（James Dewey Watson）原著，Alexander Gann与Jan Witkowski编，贾拥民译《双螺旋》，中国摄影出版社出版英国博物学家海伦·拜纳姆（Helen Bynum）与威廉姆·拜纳姆（William Bynum）合著，戴琪译《植物发现之旅》，四川文艺出版社出版日本博物学家和园艺家柳宗民著，三品隆司绘，烨伊、虞辰译《杂草记》等。

4　博物学热与设计科学的思维建构

中国当代博物学热来得虽晚，却至今仍以强势的出版热情大力推介古今中外的研究成果。而在世界范围内，尤其是达尔文提出进化论之后的这一个半世纪，以进化论为核心的各种博物学著述始终处于方兴未艾的状态，一方面新的研究成果层出不穷，另一方面经典著述被一版再版，进化论在引发所有门类的自然科学尤其是设计科学蓬勃发展的同时，其自身也被不断检视修正，由此产生更多更新的进化论著述。

2012年，美国Spiegel & Grau Trade Paperbacks出版社出版剑桥大学著名学者Rebecca Stott教授新著《Darwin's Ghosts: The Secret History of Evolution》，作者通过调研历史上为进化论思想

做出贡献的学者及其学术贡献，讲述了发现进化论的史诗般的故事，从古希腊的亚里士多德到9世纪的阿拉伯学者Al-Jahiz,从达·芬奇到Jardin des Plantes植物学家，从林奈到洪堡，从华莱士到伊拉穆斯·达尔文，最终到查尔斯·达尔文自己。进化论并非某一位学者个人的发现，而是数世纪杰出而大胆的博物学家精英不断观察和推演的结果。2015年，英国Thames & Hudson出版社隆重推出由Steve Parker主编，Alice Roberts作序的巨著《Evolution: The Whole Story》，其主体内容有七大部分：Earliest Life; Plants; Invertebrates; Fish and Amphibians; Reptiles; Birds; Mammals。这是一部进化论研究的科普版百科全书，展示地球上发生的不可思议的生命发展史，通过介绍进化论发展过程中的每一个关键点，使读者对地球和生活在其中的各种生物有更深更全面的理解。2016年，著名的Phaidon出版公司推出另一种版本的进化论著述，名为《Evolution: A Visual Record》，该书由著名生物摄影家Robert Clark提供的精美图片为纲，Joseph Wallace主编，David Quamman作序，针对无处不在的进化论证据，选择两百幅最具代表性的图片，展示大自然奇异而壮观的多样性、复杂性和博大精深的美学内涵。

在欧美西方世界，博物学热是一种常态，人们在欧美各大城市的新老书店、图书馆和博物馆中随处可见无止境题材的博物学论著。以下是笔者2017年收集的几部植物学经典著述：以色列Haleibbutz Hameuchad出版社1960年出版的耶路撒冷希伯莱大学教授Naomi Feinbrun-Dothan著，Ruth Koppel绘图版《Wild Plants in The Land of Israel》；美国纽约著名的Dover出版社1970年出版的由哥伦比亚大学教授Nathaniel Lord Britton和纽约植物研究院院长Addison Brown主编的三卷本巨著《An Illustrated Flora of The Northern United States and Canada》；德国Taschen出版社2000年隆重再版德国文艺复兴时期的博物学巨著《Florilegium: The Book of Plants The Complete Plates》，全部图片由德国文艺复兴后期著名铜版画大师Basilius Besler（1561—1629年）创作并制版，完整记录巴伐利亚Eichstatt皇家园林当时培育的全部花卉植物；美国华盛顿国家地理杂志出版社2009年出版了Catherine Herbert Howell著《Flora Mirabilis: How Plants Have Shaped World Knowledge, Health, Wealth, and Beauty——An Illustrated Time Line》，耶鲁大学出版社2016年出版的《The Voynich Manuscript》，该书由耶鲁大学所属Beinecke Rare Book & Manuscript图书馆馆长Ranymond Clemens主编，南加州大学科学史教授Deborah Harkness作序，首次完整出版15世纪的博物学与通灵学手绘文稿，让世人充分领会欧洲文艺复兴早期有关学者对博物学与通灵学的神秘研究；英国Thames & Hudson出版社与英国皇家邱园植物园合作，于2017年出版由Helen & Willian Byrum主编的《Botanical Sketchbooks》，该书用历代博物学家和艺术大师的植物学手绘文稿来说明欧洲园林界和艺术界对观察和记录大自然万物无法抑制的好奇心和探索冲动，全书分为四章，即Made on Location, Doing Science, Making Art和 A Pleasing Occupation, 从不同侧面介绍这些艺术家、探险家、博物学家们异彩纷呈的科学贡献和艺术创造。

海峡两岸中文出版界近两年终于与欧美国际博物学热同步，译介了大量优秀的博物学论著，如创意积木文化出版公司2015年出版比而·普莱斯（Bill Price）著，王建鎧译《改变历史的50种食物》；台湾城邦文化事业出版公司2016年出版美国著名传粉生态学家史蒂芬·巴克曼（Stephen Buchmann）著，吕奕欣译《花，如何改变世界？穿越科学、商业、历史与文化，探索花与人类的不可思议的共生史》；台湾木马文化事业有限公司2016年出版英国科普作家理查·梅比（Richard Mabey）著，林金源译《植物的心机：刺激想象与形塑文明的植物史观》；北京大学出版社

2017年出版美国动物学家丹尼尔·艾略特（Daniel Giraud Elliot）著，德国博物学艺术家和插图学家Joseph Wolf绘图，童孝华、胡运彪译《天堂鸟》；以及北京联合出版公司2017年推出的两本博物学名著，其一是美国科普作家沙曼·阿普特·萝赛（Sharman Apt Russel）著，钟友珊译《花朵的秘密生命：一朵花的自然史》；其二是法国科学史家弗洛朗斯·蒂娜尔（Florence Thinard）和雅尼克·富里耶（Yannick Fourie）合著，魏舒译《探险家的传奇植物标本簿》，该书不仅介绍从古埃及到今天的最伟大探险家及他们探索大自然的精彩故事，还以前所未有的方式呈现出他们当年制作的博物学标本，这些珍贵而令人动容的资料，不仅让我们深切感受前辈科学大师们对大自然的热爱，而且引导人们对欧洲园林的意义进行深思和探索。

关于动物学方面的研究，笔者近年所看到的最引人入胜的专著是美国纽约Abbeville出版社2011年隆重推出的动物学绘本研究专著《The Grand Midieval Bestiary: Animals in Illuminated Manuscripts》，这部重达9公斤的学术作品由Christian Heck和Remy Cordonnier共同主编，系统而详细地介绍了欧洲中世纪不同时期与不同国家各种风格的动物绘本图示，展示欧洲中世纪对博物学和动物学研究的深度和兴趣点。受国际博物学出版趋向的影响，海峡两岸的动物学研究著作也并不落后，如台湾二鱼文化事业有限公司2012年出版徐明达著《细菌的世界》；新星出版社2016年出版英国著名博物学家约翰·亚瑟·汤姆森（John Arthur Thomson）著，胡学亮译《动物生活史》；湖南科学技术出版社2017年出版美国动物学家雅尼娜·拜纽什（Janine M.Benyus）著，平晓鸽译《动物的秘密语言》等动物学著述。

建立在园林艺术基础之上的博物学发展到现代，其内涵和外延以及相应的研究手段与思维建构都发生了重大变化，一方面原初博物学的概念早已从传统的动植物研究扩展到对整个地球、太阳系、银河系和宏观的宇宙系统的研究；另一方面传统博物学对大自然万物包罗万象的探讨早已分化为各自独立同时又相互关联的分支学科，如生物学、医药学、生命科学、环境科学以及综合性的设计科学。与此同时，传统的数学、天文学、物理学和化学等亦与时俱进，演化为人工智能、神经科学、脑科学、创新原理、宇宙物理学、灾难学以及与第四次工业革命密切相关的物联网、现实挖掘和机器智能等。当今的信息时代，人类从来没有像今天这样对设计科学有如此强烈的需求，也从来没有像今天这样对艺术与设计同科学与技术的融合、互动和引申发展抱有如此强烈的兴趣。一方面我们深知人类作为一个整体，必须以全新的视角和方式去观看世界、理解世界和改造世界；另一方面我们依然以同样的甚至更大的热情去关注和研究达·芬奇与洪堡，思考环境、色彩和新人类居住模式，检视人类的身体和疾病，反思古往今来的艺术与设计理论及其与最新科技成就的交互发展与融合。2017年4月上海文艺出版社出版的纽约大学媒体文化传播学教授尼古拉斯·米尔佐夫（Nicholas Mirzoeff）著，徐达艳译《如何观看世界》即已强调当今视觉文化研究中最紧要的问题就是如何观看世界，它绝非简单地去看眼前之物，而是将所见之物集合成与我们的知识系统和经验相匹配的世界观。作为设计科学的最前沿，我们需要反复探讨视觉文化是什么？如何从海量的视觉图像中发掘有用信息？作为设计科学的视觉文化如何塑造与定义我们的生活，如何帮助我们改变世界？从Google图片到Instagram，从视觉艺术装置到虚拟游戏，视觉图像在数量上出现大爆炸，现代人的困惑、无序、解放、焦虑同时产生，所有这些会将这个时代的人类引向何处？

2014年，台湾“我们出版”有限公司出版英国海洋保育生物学家卡鲁姆·罗伯茨（Callum Roberts）著，吴佳其译《猎杀海洋：一部自杀毁灭的人类文明史》，成为全面还原海洋生物灭绝历程最具说服力的著作，更是让人们对地球开始抱有清醒认识的一本书。人们开始重新正视当年洪堡对地球作为一个各类生物系统之间相互依存的综合体的论断，开始尽可能全方位思考地球，开始更慎重思考人类尺度与地球命运的关系。2011年，上海文艺出版社出版荷兰著名地质学家萨洛蒙·克罗宁博格（Salomon Kroonenberg）著，殷瑜译《人类尺度：一万年后的地球》，从地质史的角度对地球的未来进行预测。2017年，更多的出版社纷纷推出以地球为主题的博物学著作，如北京大学出版社出版美国地质学家罗伯特·黑森（Robert M.Hazen）著，王祖哲译《千面地球：地球46亿年的传记，从星尘到生命的史诗》，电子工业出版社出版美国《科学新闻》杂志社编著，冯博彦、梁博译《地球与环境》，以及上海译文出版社出版美国物理学家吉诺·塞格雷（Gino Segre）著，高天羽译《迷人的温度：温度计里的人类、地球和宇宙史》。

当博物学进入21世纪，其内容及研究方法早已发生巨大变化，而其中最显著的变化就是人们的关注点早已从地球万物移向太空，开始关注宇宙万物。2014年，纽约著名的Abrams出版社出版美国著名作家和电影导演Michael Benson著《Cosmigraphics: Picturing Space Through Time》，该书充分利用各类多年藏于世界各地图书馆最深角落的图像资料，为我们系统而直观地展示从伽利略到当代宇宙万物留给人类的印象。作者用地图、照片、绘画、图表，以及各类大数据综合信息来展示宇宙给我们留下的视觉信息，其本身也是科学与艺术的感性融合。2015年，台湾时报文化出版公司出版观山正见与小久保英一郎著，戴伟杰译《宇宙地图》，展示世界首创的从地球到宇宙尽头一目了然的“宇宙地球”。2017年，北京美术摄影出版社隆重推出由法国天文学家弗朗西斯·罗卡尔（Francis Rocard）、沙维叶·巴莱尔（Xavier Barral）和美国天文学家阿尔弗雷德·麦克伊文（Alfred

S. McEwen）合著，青年教师天文连线小组译《火星》(原书名《Mars: A Photographic Exploration》)，与此同时，北京联合出版公司则先后出版英国天体生物学家和行星地质学家路易莎·普雷斯顿（Louisa Preston）著，王金译《地外生命探索之旅》和美国科幻作家罗恩·米勒（Ron Miller）著，严笑译《带我去太空：一部幻想与现实交织的宇宙飞船史》。

设计是贯穿人类文明发展全过程的活动，而设计科学则是关于人类设计活动的综合知识的系统思维和大数据建构，设计科学与人类有史以来的所有知识系统都有关联，这一方面是因为设计科学的主体运作必将与相关学科领域的知识系统协同解决具体问题，另一方面设计科学中的艺术创意所赖以生存的灵感源泉亦在很大程度上来自所有古老的和新兴的相关学科的引导和启发，这其中基础科学或我们俗称的自然科学对设计科学的发展尤显重要。而这些古老的基础科学其本身亦在持续不断的发展过程中，其中有内涵及范畴的演化，亦有叙述模式的变迁，更有表达手法的千变万化，这些都带给设计科学无尽的灵感和启发。最近看到中国大地出版社2016年出版的英国数学家、物理学家、天文学家詹姆斯·金斯著，韩阳译《自然科学史》，更能体会到每一部独立有创意的自然科学史论著作实际上都在叙述着自然科学发展过程的不同方面和层面，它们永远都会为设计科学注入新鲜血液，带来多向度的趣味和启迪。

人民邮电出版社2017年刚推出的“图灵新知”系列中，有一本由法国著名数学家、逻辑学家和计算机科学家吉尔·多维克（Gilles Dowek）著，劳佳译《计算进化史：改变数学的命运》，该书从人类最古老的数学基石“计算”入手，揭示数学在新时代所发生的惊人变迁：计算能否摆脱人们的偏见，最终颠覆公理与证明的至高地位，成为推动数学发展的新动力？数学的研究是否也终将借助机器？计算机科学与数学的独特关系能否将数学引向人力所不及的疆域？数学的革命又将带给自然科学和哲学怎样的震撼？同数学一样，古老的物理学、化学、天文学、放射学、相对论、量子论等都不断推出新型论著以展示不同学派与不同专家对这些永远处于发展当中的古老学科的最新理解。如上海交通大学出版社出版的英国量子物理学家及2003年诺奖得主安东尼·J.莱格特（Anthony J.Leggett）著，王顺译《物理大爆炸》；漓江出版社出版的美国化学家及1981年诺奖得主罗德·霍夫曼（Roald Hoffmann）著，吕慧娟译《大师说化学：理解世界必修的化学课》；大连理工大学出版社出版的美国化学家埃里克·R.塞利（Eric R.Scerri）著《为什么是门捷列夫？元素周期表的故事、意义和哲理》；人民邮电出版社出版的日本著名物理学家大栗博司著，逸宁译《引力是什么：支配宇宙万物的神秘之力》和《强力与弱力：破解宇宙深层的隐匿魔法》；上海科技教育出版社出版的美国科学家玛乔丽·C.马利（Marjorie C. Malley）著，乔从丰等译《放射性秘史：从新发现到新科学》，上海辞书出版社出版的英国放射学家安德鲁·布朗（Andrew Brown）著，潜伟、李欣欣等译《科学圣徒J.D.贝尔纳传》；北京时代华文书局出版汪洁著《时间的形状：相对论史话》，北京大学出版社出版方在庆编著《爱因斯坦、德国科学与文化》；上海辞书出版社出版美国物理学家海因茨·R.帕格尔斯（Heinz R.Pagels）著，郭竹第译《宇宙密码：作为自然界语言的量子物理》；中信出版集团出版的马兆远著《量子大唠嗑：开启未来世界的思维方式》；商务印书馆出版杨建邺著《上帝与天才的游戏：量子力学史话》，重庆大学出版社出版的英国物理学家格雷姆·法米罗（Graham Farmelo）著，兰梅译《量子怪杰保罗·狄拉克传》等。

当我们谈论设计科学的思维建构时，我们必须同时关注两大阵营的知识范畴，其一是相对传统的学科和知识领域，如本书第二部分“园林、大自然的图像再现和人类的设计天性”中所简述过的诸多知识领域，如身体与医药发展史，建筑与室内发展史，色彩研究，艺术与科学，设计史论与设计研究等；其二则是以生命科学和宇宙学为主导的各种新兴学科和交叉知识领域，如科学哲学的现代反思，额外维度物理学和宇宙学、人工智能、生命科学、大脑与神经科学、创新科学、灾难预测与未来学等。随着全球信息化和一体化的进程，上述两个阵营的知识范畴始终都处于发展、更新和反复修正与调整中，温故知新和勇于创新在新时代设计科学的思维建构过程中具有同样的科学价值。

在传统的知识领域中，达·芬奇已成为人类文明的永恒话题，人们在不同时代始终都能发现达·芬奇带给我们的新的灵光和启发。英国Phaidon出版社1979年出版著名艺术史家James Beck著《Leonardo's Rules of Painting: An Unconventional Approach to Modern Art》，到2013年，两位美国艺术史家Jean Pierre Isbouts和Christopher Heath Brown依然能够出版令人耳目一新的《The Mona Lisa Myth: How New Discoveries Unlock the Final Mystery of the World's Most Famous Painting》（三联书店2017年出版陈薇薇译中文版《蒙娜丽莎传奇：新发现破解终极谜团》）。2000年，著名科普作家Michael White出版最新版本的达·芬奇传记《Leonardo The First Scientist》，2003年，美国Gramercy Books出版社再版由Charles D.O' Malley和J.B.de C.M.Saunders主编，注释并作序的《Leonardo da Vinci on the Humam Body: The Anatomical, Physiological, and Embryological Drawings of Leonardo da Vinci》，作为全才的科学家和艺术大师，达·芬奇开创了人类认识自己身体的新纪元，直到今天，我们对自己身体的认识和理解依然处于不断探索的过程中，世界各地每年都在出版有关人体研究的海量成果，如浙江人民出版社2017年刚刚推出的美国著名人类进化学家丹尼尔·利伯曼（Damiel E.Liebermann）著，蔡晓峰译《人体的故事：进化、健康与疾病》。在设计科学的思维建构中，对人体的研究永远是设计实践的基石和人体工程学的思维起点，同时也是生命科学的最基本组成元素。

英国著名科学家雅可布·布洛诺夫斯基（J.Bronowski）在其名著《The Ascent of Man》（国内已出版名为《人之上升》《科学进化史》和《人类的攀升》等多种中文版本）中曾写道："Man is unigue not because he does science, and he is unigue not because he does art, but because science and art egually are expressions of his marvellous plasticity of mind." 科学与艺术的互动与融合是人类进步的永恒主题，这方面的研究永无止境。世界各民族在不同时代都有自己的科学理念和艺术观点，两者之间的交融带来了无尽的研究课题，而各民族之间在不同时期以不同方式的交流又带来了更多更广更深的探索主题。在北京美术摄影出版社2014年出版的英国建筑师拉尔夫·斯基（Ralph Skea）著，张安宇译《凡·高的花园》中，花园中的博物学主题主导着凡·高的写实风格，而日本版画的异域风尚则促使凡·高在艺术手法上实现革命性的突破。

对"艺术与科学"这一主题，笔者已在本书第二部分列专节探讨，在此则用最近两个月收集到的部分相关研究成果作为补充。首先是牛津大学出版社1995年初版，2005年和2011年再版的剑桥大学数学家John D.Barrow的经典著作《The Artful Universe Expanded》，该书以博大的视野，探讨自然的力量和复杂性的演化，从夜空的模式到花瓶的美学规划，从巴赫的音乐到波洛克的艺术，揭示人类的存在和文化的创造如何由宇宙的深层物理规律和数学结构所限定和引导。其次是纽约Springer Wien New York出版社1998年出版的由Christa Sommerer和Laurent Mignonneau主编的专题文集《Art@ Science》，该文集集中探讨在互联网和人工智能的时代艺术与科学之间如何合作，关注计算机图像、交互艺术、科学视觉、人造生命、混沌与复杂等，展示艺术的思维如何影响科学，与此同时科学的方法又如何融入艺术的创作活动。而后是耶鲁大学出版社2014年出版的Elisabeth R. Fairman主编《Of Green Leaf, Bird, and Flower: Artists' Books and the Natural World》，集中探讨花园与大自然荒野中的博物学图像如何引发艺术家的创意，而艺术家的作品又如何影响人们对大自然的科学态度。2015年，英国Head of Zeus出版社出版美国著名科学家和科普作家Laura J.Snyder新著《Eye of The Beholder: Johannes Vermeer, Antoni van Leeuwenhoek and the Reinvention of Seeing》，讲述17世纪后半叶的荷兰代尔夫特城内业余科学家列文虎克和职业画家维米尔的故事，在这个充满创意的时代，科学家用显微镜和望远镜在天文学、物理学和人体解剖学方面做出里程碑式的发现，而艺术家则用透镜、镜面和照相暗箱深入观察大自然和日常生活，创造出充满惊人细节的划时代艺术作品，新型的光学仪器告诉人们这个世界还有大量人类肉眼无法看到的东西。而艺术家和科学家始终在共同改变着人类观看世界的方式。2016年，德国De Gruyter出版社出版维也纳艺术设计大学新媒体艺术家Romana K.Schuler新著《Seeing Motion: A History of Visual Perception in Art and Science》，作者从19世纪早期出现的一系列新型视觉理论谈起，介绍光学原理如何演化并与科学家对眼睛构造的研究成果相结合，从而引起人们对运动的深层观察和感知，由此成为19世纪末20世纪初视觉感知科学和艺术表现模式的核心内容，并贯穿整个20世纪艺术创意的发展，对今天的新媒体艺术和其他新型艺术门类依然具有举足轻重的影响力。2017年，芬兰赫尔辛基艺术大学出版社出版芬兰艺术家Markus Rissanen博士的著作《Basic Forms and Nature: From Visual Simplicity to Conceptual Complexity》，作者以艺术家的眼光对大自然中的基本形式进行科学分析。最基本的几何形式是否在大自然中准确存在？欧几里德几何学中三种基本形状——圆形、方形、三角形——在形式的文化史中起到怎样的作用？我们用基本形式描述大自然及其功能是否存在描绘能力的极限？菱面体如何帮助我们解读旋转对称的规律？针对上述问题，Markus博士结合艺术与科学的研究模式，将艺术创意与文化历史层面上的形式研究密切结合，并进行严谨的数学论证，从而完成一种对大自然和基本几何形式的跨界研究。

关于色彩研究，笔者亦在本书第二部分有专节介绍，在此则将最近查阅到的有关色彩研究的早期的经典著述作为补充。首先是1944年的英国伦敦Adam Hilger出版社出版的由当时的帝国科学技术学院技术光学研究中心的W.D.Wright博士著述的《The Measurement of Colour》；其次是1947年由美国McGraw-Hill Book Company Inc.出版的美国色彩学家J.H.Bustanoby著《Principles of Color and Color Mixing》，该出版社还同时出版有另外两本色彩研究著作，即A.Moerz和Rex Paul合著的色彩百科《A Dictionary of Color》和Faber Birren著《Seeing With Color》；第三是1948年美国John Wiley&Sons出版社与英国Chapman & Hall出版社合做出版的由柯达公司首席色彩研究专家Ralph M.Evans著《An Introduction to Color》；第四是初版于1946年但已于1954年推出第十版的美国Munsell Color Company出版的由美国著名色彩专家A.H.Munsell著，Royal B.Farnum作序的《A color Notation: An Illustrated Sytem Defining all Colors and Their Relations by Measured Scales of Hue, Valus, and Chroma》；最后是英国著名的企鹅出版社2001年出版的英国著名科普大师Philip Ball著《Bright Earth: The Invention of Colour》，作者从生活和艺术作品中随处可见的色彩入手，追溯色彩的来龙去脉，从最古老的绘画颜料到现代画家的调色板，从色彩的发现历程检视人类艺术的发展规律。

有关“设计史论和设计研究”方面的研究主题，笔者亦在本书第二部分有专节进行讨论，在此增补两方面的论著，其一是关于室内设计与文化生活方面的专著；其二是关于工业设计和平面设计方面的著述。前者包括美国Harper Collins出版社2000年出版的西方文化史大师Jacgues Barzun著《From Dawn to Decadence: 1500 to the Present, 500 years of Western Cultural Life》，该书由台湾猫头鹰出版社2006年出版郑明萱译中文版《从黎明到衰颓：五百年来的西方文化生活》；台湾左岸文化事业有限公司2014年出版英国科普作家露西·沃斯利（Lucy Worsley）著、林俊宏译《如果房子会说话：家居生活如何改变世界》；以及英国Atlantic Books出版社2014年出版英国学者Judith Flanders著《The Makeing of Home》。后者则包括笔者最近查阅的从20世纪60年代到今天英文版出版的部分设计史论著作和设计研究论述，首先是乔吉·科拜斯主编的另一部设计史论与研究的论文集《The Nature and Art of Motion》，该书由伦敦Studio Vista出版社1965年出版，与此前由科拜斯主编的《The New Landscape in Art and Science》《The Man-Made Object》《Structure in Art and in Science》《Sign Image Symbol》 和《Module Proportion Symmetry Rhythm》 共同形成视觉设计研究的完整系列；其次是英国The Herbert Press出版社1978年出版的David Pye著《The Nature and Aesthetics of Design》；以及1979年英国设计学会出版的Stephen Bayley著《In Good Shape: Style in Industrial Products 1900 to 1960》；英国Thames & Hudson出版社1986年出版的Adrion Forty著《Objects of Desire: Design and Society Since 1750》；美国Vintage Book出版社1992年出版Henry Petroski著《The Evocution of Useful Things: How Everyday Artifacts—From Forks and Pins to Paper Clips and Zippers—Came to be as They Are》；Thames & Hudson出版社1993年出版的Peter Dormer著《Design Since 1945》；美国Cooper

Hewitt出版社2016年出版的由Edward Tufte作序的《Top This and Other Parables of Design: Selected Writings by Phil Patton》；以及美国纽约的Princeton Architectural Press 2017年最新推出的美国当代创意设计大师Manuel Lima著《The Book of Circles:Visualizing Spheres of Knowledge》，该书专注于人类历史上只有数千年历史的圆形信息设计，涵盖建筑、城市规划、绘画、设计、服装、技术、宗教、制图、生物学、天文学、物理学等，所有的信息都用圆形完成设计，因为圆形是可以同时表示整体、完美、运动和无限的宇宙标志。

谈到全球范围内的博物学热，欧美日西方世界的简装本口袋书系列功不可没，尤其是英美两国大量出版的英文版科普口袋书系列，更是对全球都产生了广泛而深远的影响。尽管此外还有德语版、法语版、西班牙语版、俄语版、日语版以及北欧语系的大量科普简装本系统，但其影响力毕竟难与英文版本相比，更何况当今信息时代，英美出版界基本上能及时将其他语系的重要科普著作译为英文并迅速出版英文版，因此，从最近几年英美出版界推出的各类科学普及与学术交流的著作当中，基本上能体会到当代全球性广义博物学热的主要热点所在：科学史与科学哲学，自然史与地球研究，太阳系研究，宇宙学，生物进化论，社会人类学，生命科学，基因科学，大脑与神经科学，人类发展史，人工智能，医学史研究，创新科学与极客研究，气候研究，城市与建筑研究，室内与文化生活史，艺术与科学，灾难预测与未来学研究等。这些热点科学门类大都体现出当今信息时代交叉学科与跨界交融研究的特征，对现代设计科学的思维建构而言，它们都是广义设计科学的储备因子，随时服务于设计科学的发展需求。

当代国际博物学热最重要的晴雨表就是英美各大出版社每年出版的简装小开本口袋书系列，从其出版物中我们可以非常明确地看出西方各国学术界关注的博物学热点和广义范围内的设计科学研究方向。下面以英美部分出版社为纲列举其近两年出版的与广义博物学和设计科学相关的书目，从中可看出全球博物学热趋势下设计科学的研究走向。就全球化科普而言，企鹅出版社是影响力最大的出版机构，它最近几年出版的广义博物学著作包括：David Wootton著《The Invention of Science: A New History of the Scientific Revolution》; John Gribbin著《Science: A History 1543—2001》; Max Tegmark著《Our Mathematical Universe: My Quest for the Ultimate Nature of Reality》; Hugh Aldersey-Williams著《Tide: The Science and Lore of the Greatest Force on Earth》; Callum Roberts著《Oceam Of Life: How Our Seas Are Changing》; Lucie Green著《15 Million Degrees: A Journey to the Centre of the Sun》; Leonard Mlodinow著《The Upright Thinkers: The Human Journey from Living in Trees to Understanding the Cosmos》; Norman Doidge著《The Brain's Way of Healing: Stories of Remarkable Recoveries and Discoveries》; John Dowan和Caren Zucker合著《In A Different Key: The Story of Autism》; David J. Linden著《Touch: The Science of the Sense that Makes Us Human》等。

在欧美的科普出版方面能与企鹅出版社相抗衡的只能是Vintage Books出版社，它近几年出版的广义博物学著作举例如下：Philip Ball著《Curiosity: How Science Became Interested in Everything》; Siddhartha Mukherjee著《The Gene: An Intimate History》; Andrew Hodges著《Alan Turing: The Enigma—the Book that Inspired the Film "The Imitation Game"》; Yuval Noah Harari著《Sapiens: A Brief History of Humankind》和《Homo Deus: A Brief History of Tomorrow》; Lisa Randall著《Dark Matter and the Dinosaurs: The Astounding Interconnectedness of The Universe》; Philip Ball著《Unnatural: The Heretical Idea of Making People》;

Peter Moore著《The Weather Experiment: The Pioneers Who sought to see the Future》等。

紧随企鹅和Vintage Books之后的英国著名出版社则有黑天鹅出版社（Black Swan）、Fourth Estate出版社、Bloomsbury出版社、Icon Book出版社、Picador出版社、Oneworld出版社和William Collins出版社等，它们近几年出版的广义博物学和设计科学领域的著述分例如下：黑天鹅出版社出版有Bill Bryson著《At Home: A Short History of Private Life》; Helen Czerski著《Storm In A Teacup: The Physics of Everyday Life》; Richard Dawkins著《The Greatest Show on Earth: The Evidence For Evolution》《An Appetite For Wonder: The Making of a Scientist》 和《Brief Candle In The Dark: More Reflections on a Life in Science》。Fourth Estate出版社近几年出版有Marcus du Sautoy著《What We Cannot Know: From Consciousness to The Cosmos, the Cutting Edge of Science Explained》; Siddhartha, Mukherjee著《The Emperor of All Maladies: A Biography of Cancer》和Philip Hoare著《The sea Inside》。Bloomsbury出版社出版有Leo Hollis著《Cities Are Good For you: The Genius of The Metropolis》; Tim Birkhead著《The Most Perfect Thing: Inside and Outside a Bird's Egg》 和Armand Marie Leroi著《The Lagoon: How Aristotle Invented Science》。Icon Books出版社则有Nessa Carey著《Junk DNA: A Journey Through the Dark Matter of the Genome》; Brian Clegg著《The Universe Inside you: The Extreme Science of the Human Body from Quantum Theory to the Mysteries of the Brain》和《The Quanturn Age: How the Physics of the Very Small has Transformed Our Lives》。 Picador出版社出版有Richard Hamblyn著《The Art of science: A Natural History of Ideas》和Rose George著《The Big Necessity: The Unmentionable World of Human Waste and It Matters》。Oneworld出版社出版有Frank Ryan著《Metamorphosis:

Unmasking the Mystery of How Life Transforms》 和Andreas Wagner著《Arrival of the Fittest: Solving Evolution's Greatest Puzzle》。William Collins出版社则有Melanie Windridge著《Aurora: In Search of the Northern Lights》 和Brian Cox与Andrew Cohen著《Forces of Nature》。

此外，英美还有大量其他出版社每年推出广义博物学和设计科学方面的最新论著和经典作品，其中英国出版社及其代表作举例如下：Portfolio Penguin出版社出版Sydney Finkelstein著《Superbosses: How Exceptional Leaders Master the Flow of Talent》; Quercus出版Alok Jha著《50 Ways The World Could End》; Bontam Books出版Robert Winston著《Bad Ideas? An Arresting History of Our Inventions》; Phoenix出版Richard Dawkins著《The Ancestor's Tale: A Pilgrimage to the Dawn of Life》; Weidenfeld & Nicolson出版Henry Marsh著《Do No Harm:Stories of Life,Death and Brain Surgery》; Romdon House Books出版Steven Pools著《Rethink:The Surprising History of New Ideas》; Robinson出版Luke Heaton著《A Brief History of Mathematical Thought》; Bloomsbury Sigma出版Jules Howard著《Death On Earth:Adventures In Evolution and Mortality》; Atlantic Books出版Judith Flanders著《The Making of Home》; Headlime出版Alok Jha著《The Water Book》; Simon & Schuster出版Walter Isaacson著《The Innovators》; Profile Books出版Nick Lane著《The Vital Question: Why Is Life the Way It Is?》; 牛津大学出版社出版Nick Bostrom著《Superintelligence: Paths, Dangers, Strategies》; Pan Books出版Christophe Galfard著《The Universe in Your Hand: A Journey Through Space, Time and Beyond》。美国部分出版社及其代表作如下：Liveright集团出版Edward O.Wilson著《Half-Earth: Our Planet's Fight For Life》; Deepak Chopra Books出版Rupert Sheldrake著《Science Set Free: 10 Paths to New Discovery》; Anchor Books出版Annalee Newitz

著《Scatter, Adapt, and Remember: How Humans Will Survive a Mass Extinction》。

现代回到中国的博物学热和设计科学的出版高潮，三十多年改革开放所形成的日趋正常的中国学术生态让我们能够在进行大面积学术补课的同时，以大幅度引进学术版权译介欧美日学术前沿的成果来缩短与国际领先设计科学的距离并力求在某些领域趋于同步。科学出版社2016年引进推出的由英美三位物理学大师Laurie M.Brown, Abraham Pais和Brian Pippard共同主编，刘寄星主译的三卷本巨著《20世纪物理学》是近年引进的最重要学术著作之一，其中第27章由著名物理学家Philip Anderson执笔的“对20世纪物理学的省思”对中国当代设计科学的建构有极大的启发作用。“物理学派生的影响通过以物理为基础的通信和武器领域的革命决定了21世纪主要战争的结局并主导着战后半个世纪的政治。21世纪的政治会幸运地专注于科学主导的问题，即人口、能源和全球生态等问题，基于新科学的技术，包括绿色革命、疾病控制、电子工业、航空航天，以及人工智能，主导着世界的经济和社会形态。我也感觉到一些科学发现，如分形、混沌、神经网络之类的复杂适应系统等，正为我们孕育着一场思维方式革命的种子。”作者Anderson教授随后对21世纪物理学进行了历史概述，主要包括如下方面，即飞离“常识”，演生作为上帝原理，战争与物理学的胜利，大科学时代，“小科学”的繁荣，小科学的饱和等。第27章的另一篇文章是英国物理学家John Eiman执笔的“关于物理学作为社会公共事业的省思”，包括如下方面的内容：一个知识的范畴，一门独特的学科，淡出的框架与消隐的边界，无处不在的研究技术，跨学科的学科，研究兼或教学，定型化，学术研究和工业的结合，集体化，大物理学，国际化，以及边界条件等。

最近国内出版的作为设计科学基础的科学哲学和科学史论著

作有：商务印书馆2014年出版的李醒民著《什么是科学》和2016年出版的英国科学史家A.F.查尔默斯（A.F.Chalmers）著，鲁旭东泽《科学究竟是什么》；中央编译出版社2017年出版常征著《机器文明数学本质》，浙江人民出版社2017年出版的美国著名文化学者约翰·布罗克曼（John Brockman）著《那些科学家们彻夜忧虑的问题》《哪些科学观点必须去死》和《那些让你更聪明的科学新观念》等。

在设计科学的思维建构中，关于发现、发明和创新设计的论著是设计科学的核心组成因素，它们又可分为四种类别的著作：其一是创新设计与技术发明史论；其二是创新理论与创新大师；其三是创新与发明案例研究；其四是国家创新策略研究。

第一类著作实例包括中信出版集团2016年出版的美国科学家德伯拉·L·斯帕（Debora L.Spar）著，倪正东译《技术简史：从海盗船到黑色直升机》和美国科普作家埃里克·韦纳（Eric Weiner）著，秦尊璐译《天才地理学：从雅典到硅谷，探索天才与环境的关系》，机械工业出版社2016年出版的美国科幻作家史蒂芬·科特勒（Steven Kotler）著，宋丽珏译《未来世界：改变人类社会的新技术》，南海出版集团2017年出版的美国科普作家查尔斯·帕纳提（Charles Panati）著，徐海幈译《万物的由来》等。第二类则包括中国华侨出版社2011年出版王咏刚、周虹著《乔布斯传》，江苏人民出版社2011年出版英国科学记者安吉拉·萨伊尼（Angel a Soini）著，罗飞燕、陈建英译《极客帝国：一个宅在实验室的古怪民族如何撼动世界?》，华东师范大学出版社2013年出版美国心理学家R.Keith Sanyer著，师保国等译《创造性：人类创新的科学》，以及中信出版集团2017年出版的美国科普作家沃尔特·艾萨克森（Walter Isaacson）著，关嘉伟、牛小婧译《创新者：一群技术狂人和鬼才程序员如何改变世界》，美国专栏作家米歇尔·马尔金（Michelle Malkin）著，黄筱莉译《创新之光》和美国“物联网之父”凯文·阿什顿（Kevin Ashton）著，玉叶译《被误读的创新：关于人类探索、发现与创造的真相》等。第三类则有中信出版集团2016年出版的美国科普作家史蒂文·约翰逊（Steven Johnson）著，秦启越译《我们如何走到今天：重塑世界的6项创新》和美国实业家约翰·布朗（John Bronrne）著，薛露然译《我们如何走到今天？改变世界的7种元素》，青岛出版社2016年出版的英国学者埃里克·查林（Eric Chaline）著，高萍、冯小亚译《改变世界历史进程的50种机械》，中信出版集团2017年出版英国历史学家加文·维特曼（Gavin Weightman）著，张金凤译《发现未来：重塑世界的五大发明》，台湾采实出版集团2017年出版日本科学家池内了和造事务所编著《改变世界的30个重要发明：酒、纸、眼镜、时钟、铁路……扭转人类食衣住行的关键物品》，台湾积木文化出版社出版英国作家Bill Laws著，古又羽译《改变历史的50条铁路》等。第四类著作实例则有中信出版集团2016年出版的美国作家乔恩·格特纳（Jon Gertner）著，王勇译《贝尔实验室与美国革新大时代》，机械工业出版社2017年出版以色列学者阿姆农·弗伦克尔（Ammon Frenkel），什洛莫·迈特尔（Shlomo Maital）和伊拉娜·德巴尔（Ilana DeBare）著《创新的基石：从以色列理工学院到创新之国》，上海社会科学院出版社与上海犹太研究中心出版的以色列管理学家伊斯雷尔·德罗里（Israel Drori），塞缪尔·埃利斯（Shmuel Ellis）和祖尔·夏皮拉（Zur Shapira）合著的《创新的族谱：以色列新兴产业的演进》等。

就设计科学的思维建构而言，从园林发展到博物学之后，设计科学的思维就开始专注于两个方向的知识领域，即宏观知识领域和微观知识领域。前者主要指由博物学和天文学相结合，逐步发展出地球科学、环境科学、宇宙物理学、灾难预测和未来学等，后者则主要指由博物学和医药学及生物学相结合，逐步发展出生命科学、生物医学、基因学、脑科学与神经科学、计算机科学和人工智能等。设计科学是上述知识领域的纽带和交互融合体，籍由对不同知识的运用在保护环境的前提下造福人类。

生命科学、量子生物学、合成生物学、基因科学等当代前沿知识领域是当今国内出版界的一大热点，各种相关著述尤其是来自欧美日顶级专家的专著更是被大量引介，如清华大学出版社2015年出版美国人工智能与神经科学专家承现峻（Sebastian Seung）著，孙天齐译《连接组：造就独一无二的你》，浙江人民出版社2016年出版英国量子生物学家吉姆·艾尔-哈利利（Jim Al-khalili）和约翰乔·麦克法登（Johnjoe McFadden）合著，侯新智、祝锦杰译《神秘的量子生命：量子生物学时代的到来》，以及2017年国内许多出版社推出的大量学术前沿著作，其中包括机械工业出版社出版的英国基因生态学家道恩·菲尔德（Dauon Field）和尼尔·戴维（Neil Davies）著，刘雁译《基因组革命：基因技术如何改变人类的未来》，人民邮电出版社出版的美国生态学家比尔·梅斯勒（Bill Mesler）和H.詹姆斯·克利夫斯（H.James Cleaves）著，张君、王烁译《生命的诞生：我们究竟来自哪里》，电子工业出版社出版的美国遗传学家乔治·丘奇（George Church）和艾德·里吉西（Ed Regis）著，周东译《再创世纪：合成生物学将如何重新创造自然和我们人类》，浙江人民出版社出版的王立铭著《上帝的手术刀：基因编辑简史》，以及南海出版集团推出的日本分子生物学家福冈伸一著，曹逸冰译《生物与非生物之间》和日本科普作家竹内薰著，曹逸冰译《假设的世界：一切不能想当然》等。

欧美日在第二次世界大战之后开始了对脑科学和神经科学的系统研究，到20世纪后期已形成完整的学科，不断展开对人脑、神经元系统、认知系统等微观知识领域的深入研究，出版了大量学术成果，如英国Phoenix出版社1998年出版的英国神经心理学家Rita Carter著《Mapping the Mind》。我国对这方面的研究虽曾长期滞后，却在21世纪奋起直追，首先就表现在大力度引介欧美专家的研究成果，尤其在2010年之后，这种学术专著引介的速度逐渐加快，如上海辞书出版社2012年出版加拿大心理学家保罗·萨伽德（Paul Thagard）著，朱菁、陈梦雅译《心智：认知科学导论》，浙江人民出版社2014年出版美国神经心理学家乔纳·莱勒（Jonah lehrer）著，简学、邓雷群译《想象：创造力的艺术与科学》，浙江大学出版社2016年出版美国认知神经学家安简·查特吉（Anjan Chatterjee）著，林旭文译《审美的脑：从演化角度阐释人类对美与艺术的追求》，浙江人民出版社2016年出版美国认知科学教授格雷戈里·希科克（Gregomy Hickok）著，李婷燕译《神秘的镜像神经元》，三联书店2017年出版美国神经科学与心理学家斯科特·威姆斯（Scott Weems）著，刘书维译《笑的科学：解开笑与幽默感背后的大脑谜团》，以及浙江人民出版社2017年出版的美国神经学专家罗伯特·伯顿（Robert A.Burton）著，黄珏苹，郑悠然译《神经科学讲什么：我们究竟该如何理解心智、意识和语言》和美国认知心理学家斯科特·考夫曼（Scott Barry Kaufman）著，林文韵、杨田田译《绝非天赋：智商、刻意练习与创造力的真相》。此外还有许多关于大脑、感觉和认知的科普读物被引介到中国，如湖南科学技术出版社2013年出版美国科普作家菲丝·希克曼布莱尼（Faith Hickman Brynie）著，李枚珍、匡晓文译《感觉的秘密》等。

人类对自身大脑和神经系统及认知系统的研究一方面如同人类几千年来对身体其他部位的关注与研究一样，是为了健康和生命的正常延续；而另一方面则是为了实现人类社会全方位的人工智能系统。自从两位天才的数学家图灵和诺依曼发明计算机并开启人工智能的研究以来，人类在这方面已获得长足的进步，深蓝计算机已能击败国际象棋和围棋的世界冠军，更不要说当今社会已有越来越多的工作交由人工智能系统来完成，如近年在欧美日和中国获得愈来愈广泛应用的无人机智能系统就是最引人注目的案例之一。以下是最近两年尤其是2017年国内出版的部分关于人工智能研究的著作：中信出版集团2015年出版美国著名作家威廉·庞德斯通（William Poundstone）著，吴鹤龄译《囚徒的困境：冯·诺依曼、博弈论和原子弹之谜》，人民邮电出版社2015年出版集智俱乐部编著《科学的极致：漫谈人工智能》，文汇出版社2017年出版美国人工智能专家胡迪·利普森（Hod Lipson）和梅尔芭·库曼（Melba Kurman）合著，林露茵、金阳译《无人驾驶：人工智能将从颠覆驾驶开始，全面重构人类生活》，浙江人民出版社2017年出版美国著名文化学者约翰·布罗克曼（John Brockman）编著，黄宏峰等译《如何思考会思考的机器》，中信出版集团2017年出版的美国工程学家戴维·明德尔（David Mindell）著，胡小锐译《智能机器的未来》和意大利数学家皮埃罗·斯加鲁菲（Piero Scaruffi）著，牛金霞、闫景立译《人类2.0：在硅谷探索科技未来》，以及机械工业出版社2017年出版的美国著名的人工智能科学家尼尔斯·尼尔森（Nils J.Nillson）著，王飞跃、赵学亮译《理解信念：人工智能的科学理解》和德国信息学家托马斯·瑞德（Thomas Rid）著，王晓、郑心湖、王飞跃译《机器崛起：遗失的控制论历史》等。

归根结底，人类对自身的前途是茫然的，我们赖以生存的地球只是浩瀚无际的宇宙太空中的一粒尘埃，就如同圆周率π的最终数值一样，人类一直希望能算出π的精确值但却永远也得不到；对于宇宙，人类也希望能了解更多，最好能抵达或接近宇宙的边界或端头，但这种愿望至今依然是无法达成的。然而，人类希望更多地研究和了解地球、太空和宇宙万物，并在第二次世界大战后开启航天事业，终于对太空和太阳系、银河等宇宙近景有了越来越多的知识，人们也愈加深刻地认识到，人类在地球上的安危在相当大的意义上取决于我们对宇宙的了解，因此，从广义的设计科学的范畴而言，宇宙学的知识对我们形成完整或正常的设计科学的思维非常重要。国内出版界在21世纪也开始关注这个知识领域有关学术成果的引介，如中信出版集团2016年出版的英国科学大师理查德·道金斯（Richard Dawkins）著，李虎译《解析彩虹：科学、虚忘和对奇观的嗜好》和浙江人民出版社2017年出版的当代最权威的粒子物理学、弦理论和宇宙学大师丽莎·兰道尔（Lisa Randall）所著宇宙学三部曲《叩响天堂之门：宇宙探索的历程》（杨洁、符玥译）、《暗物质与恐龙：宇宙万物的互联》（苟利军、李楠、尔欣中等译）和《弯曲的旅行：隐秘的宇宙之维》（窦旭霞译）等。

我们对宇宙的关注和探索，我们对生命科学和人工智能的投入和研究，最终都在很大程度上归结为人们对未来的担忧与向往，以及对古往今来各种灾难的焦虑。我们面临着环境污染与资源极限的难题，科学失效与人类误测的难题，对已有的科技边界与世界无法确定的难题，以及对未来处于一种失控心理的难题。所有这些难题都是现代设计科学的思维建构的重要组成部分，是所有人类设计问题的宏观大前提。可喜的是，国内近几年已出版有关上述难题的诸多著作，彰显出人类在全球范围内对这些问题的日益关注。以下是国内出版界最近出版的相关作品，如上海世纪出版集团2005年出版的美国地质学家亨利·N·波拉克（Henry N.Pollack）著，李萍萍译《不确定的科学与不确定的世界》和2014年出版的由科学家约翰·M·波利梅尼（John M.Pelimeni），真弓浩三，马里奥·詹彼得罗（Mario Giampietro）和布莱克·奥尔科特（Blake Alcott）合著，徐洁译《杰文斯悖论：技术进步能解决资源难题吗》，重庆出版集团2015年出版德国著名神秘现象研究专家哈特维希·豪斯多夫（Hartwig Hausdorf）著，李楠、李雯译《20世纪不明现象编年史：

111个震惊世界的未解之谜》，以及2017年出版的大量相关著作，其中包括上海译文出版社出版的美国前副总统阿尔·戈尔（Al Gore）著，王立礼译《不愿面对的真相》，中国友谊出版集团出版的斯波特著《极简未来史：人类的趋势、未来与终级命运》，北京联合出版公司出版的美国物理学家马克·布查纳（Mark Buchanan）著，李文君、李高进译《失效的科学：灾难是怎样发生的》，重庆大学出版社出版的美国古生物学家和进化论科学家斯蒂芬·杰伊·古尔德（Stepher Jay Gould）著，柳文文译《人类的误测：智商歧视的科学史》，中信出版集团出版的美国科普作家约翰·C·黑文斯（John C.Havens）著，仝琳译《失控的未来》等。

当今的中国正面临第四次工业革命，这是一场席卷世界的社会大变革。由中国政府主导的中国制造2025，会同德国工业4.0，美国与日本智能制造，正在引领第四次工业革命浪潮。与以往历次工业革命相比，第四次工业革命是以指数级而非线性速度展开，变革窗口已经开启，国家、企业和每个人都将面临千载难逢的重大机遇期，而当代设计科学的思维建构必须适应第四次工业革命的需求。2016年，中信出版集团推出世界经济论坛创始人兼执行主席，德国著名经济学家克劳斯·施瓦布（Klaus Scheab）著，李菁译《第四次工业革命：转型的力量》，该书已在全球范围内引起广泛关注。蒸汽机的发明驱动了第一次工业革命；流水线作业和电力的使用引发了第二次工业革命；半导体、计算机、互联网的发明和应用催生了第三次工业革命；而今，在社会和技术指数级进步的推动下，第四次工业革命的进程又开始了。这一轮工业革命的核心是智能化与信息化，进而形成一个高度灵活、人性化、数字化的产品生产与服务模式。作者强调这场工业革命将数字技术、物理技术和生物技术有机融合在一起，必应会迸发出强大的力量影响着我们的经济和社会，并详细阐述了可植入技术、数字化身份、物联网、3D打印、无人驾驶、人工智能、机器人、区块链、大数据、智慧城市等技术变革对我们这个社会的深刻影响。

同样是在2016年，中信出版集团的三本新书可以被看作是当代广泛科学的思维建构的最新教科书，它们是美国信息学专家内森·伊格尔（Nathan Wagle）和凯特·格林（Kate Greene）著，吕荟、陈菁菁译《现实挖掘》，美国商业与科技专栏作家塞缪尔·格林加德（Samuel Greengard）著，刘林德译《物联网》和美国创新学专家约翰·E·凯利（John Kelly）和史蒂夫·哈姆（Steve Hamm）著，马隽译《机器智能》。

《麻省理工学院科技评论》最近宣布：现实挖掘是即将改变世界的十大技术之一。看我们生活和工作的世界，功能齐备的智能手机，手表，无处不在的Wi-Fi以及日益增多的高密度数据库设备为大数据提供了安身之处。大数据之下隐藏着的是个人以及群体的消费偏好、健康状况、经济水平等一系列有价值的信息，如果它们被合理使用，必将发挥出巨大价值。《现实挖掘》的作者认为，在大数据时代，海量的数据已经扑面而来，接下来我们应该做的就是以负责和谨慎的态度采集数据，挖掘其社会价值、经济价值、文化价值和艺术价值。而后，作者从五个层面，即个体层面、社区和组织层面、城市层面、国家层面和世界层面，全面剖析数据挖掘的重要意义，详细解读现实挖掘以及大数据带来的美好世界。

物联网是继计算机、互联网和移动通信之后的又一次信息产业的革命性发展，在互联网和移动信息网络高速发展的时代，几乎所有行业都有数据联网的需求，联网设备已经不再局限于智能手机和计算机，而是全面覆盖交通物流、智能家居、工业检测和个人健康等多个领域。《物联网》力图以最简洁的方式介绍物联网作为继通信网之后的另一个巨大的市场，必将成为下一个推动世界高速发展的重要生产力。《物联网》作者试图解答如下问题：物联网的真正价值在哪里？其中有哪些不可不知的核心技术？哪些产业将会被重塑甚至消失？未来的机遇和挑战都有哪些？在本书中，作者以其丰富的调研经验和广博视野详细介绍物联网以及基于物联网的超乎想象的未来，最终告诉人们，实现经济指数级增长利器，工业4.0关键技术，互联网发展的终极形态——物联网已经席卷而来。

机器是否可以在未来某天像人类那样思考？从IBM的沃森首次参加电视智力竞赛开始，计算机至今已战胜国际象棋和围棋的世界冠军，而好莱坞最新科幻片中已出现机器人自杀的情节，人工智能开始受到全社会的关注。计算机已经从传统的数据处理工具发展成为具有认知系统的复合型机器，它们开始具有感知、听觉、视觉、嗅觉，甚至能适应人类，自己学习。认知计算离我们遥远吗？我们已经有手机使用认知计算解决复杂的大数据难题，认知计算的智慧医疗也有重大突破，同时在预测天气、制订城市规划等方面的认知计算亦有最新进展。《机器智能》的作者在讲述认知计算的当下发展成果以及未来的无限可能的同时，带我们深入到人工智能领域的最前沿，深入分析人与机器如何高度配合才能创建一个更美好的世界。

作者简介

方海　建筑师，建筑学与设计学专家。芬兰阿尔托大学（原赫尔辛基艺术设计大学）设计学博士，东南大学建筑学硕士、学士。从事建筑与环境设计、工业设计领域的跨学科交叉研究、中西方设计比较研究 30 余年。现为广东工业大学“百人计划”特聘教授、博士生导师，艺术与设计学院院长。

担任CUMULUS国际艺术、设计、媒体院校联盟委员；奥地利国家科学研究基金评审委员；中国教育部“长江学者”通讯评议专家；中国创新设计产业战略联盟中国设计教育工作委员会副主任委员；广东省高等教育学会美术与设计教育专业委员会副理事长。曾任芬兰阿尔托大学、东芬兰大学，以及北京大学、同济大学、江南大学、中南林业科技大学等院校兼职教授。发表论文150余篇，申请专利40余项，主持国内外重大科研课题10余项。

2017年获联合国世界绿色设计组织“绿色设计国际贡献奖”；2016年获芬兰狮子骑士团骑士勋章（Knight of the Order of the Lion of Finland）；2015年获“中国工业设计十佳教育工作者”；2013年获芬兰“阿尔托大学杰出校友奖”；2005年获芬兰“文化成就奖”。

主要出版著作有《现代家具设计中的中国主义》《尤哈尼·帕拉斯玛》《艾洛·阿尼奥》《约里奥·库卡波罗》《城市景观与光环境设计》《芬兰新建筑》《芬兰当代设计》《芬兰现代家具》《建筑与家具》《家具设计资料集》《论建筑》《新中国主义设计科学》《世界现代建筑史论》《艺术与家具》等。

我们已拥有源自古代的园林梦境，

但我们更需要面向新时代的园林天堂

——作者

《红楼梦》《红楼梦图咏》《鸿雪因缘图记》《后汉书》《后现代建筑语言》《后现代思想的数学根源》《湖南方志图
《花草物语：催情植物传奇》《花道》《花的智慧》《花朵的秘密生命：一朵花的自然史》《花儿的私生活》《花卉之
园》《花园的哲理》《化石：洪荒时代的印记》《画本野山草》《画竹歌》《画竹谱》《淮南子》《环翠堂园景图》《
注古本西厢记》《混沌与分形：科学的新疆界》《混沌与秩序：生物系统的复杂结构》《混沌之歌》《火烈鸟的微笑：
即将到来的机器人时代》《机器人科技：技术变革与未来图景》《机器文明数学本质》《机器智能》《机械工程导报》
植物笔记》《极简科学史：人类探索世界和自我的 2500 年》《极简人类史：从宇宙大爆炸到 21 世纪》《极简未来史：
病图文史》《几何天才的杰作：伊斯兰图案设计》《几何原本》《计算进化史：改变数学的命运》《技术简史：从海盗
荡：一部自我毁灭的人类文明史》《假设的世界：一切不能想当然》《简素：日本文化的根本》《简约不简单：极简风
《建筑的未来》《建筑的永恒之道》《建筑空间论：如何品评建筑》《建筑理论译丛》《建筑模式语言》《建筑设计的
东京篇》《建筑中的数学之旅》《剑桥医学史》《江南理景艺术》《江南园林论》《江南园林盛景图册》《江南园林图
题吗》《解析彩虹：科学、虚忘和对奇观的嗜好》《芥子园画传》《芥子园画谱全集》《金刚经感应图说》《金谷诗
画大观》《近代椅子学事始》《近世日本的日常生活：暗藏的物质文化宝藏》《京都手艺人》《荆楚岁时记》《精灵
京史照》《居所中的水与火：厨房、浴室、厕所的历史》《菊谱》《菊与刀：日本文化诸模式》《巨匠教的艺术课
造力的真相》《卡洛斯・克鲁兹－迭斯：色彩的思考》《凯尔特人：铁器时代的欧洲人》《看得见的・看不见的
熙耕织图》《考工记》《考盘余事》《柯比意：城市・乌托邦与超现实主义》《柯布西耶全集》《科技之巅：
漫淡人工智能》《科学的价值》《科学的历程》《科学的历史：改变世界的 100 个重大发现》《科学的旅程》
《科学新闻》《科学与猜想》《科学之美：从大爆炸到数字时代》《可装裱的印度博物艺术》《可装裱的中国
天堂之门：宇宙探索的历程》《库克船长日记：“努力”号于 1768—1771 年的航行》《窥视厕所》《窥视
《昆虫记彩图故事版》《昆虫记大全集》《昆虫漫话》《昆虫学概论》《昆虫之美》《括号里的日本人》《
《老照片》《勒・柯布西耶建筑创作中的九个原型》《勒・柯布西耶书信集》《雷杜德手绘花卉图谱》《
的细节：技术、文明与战争》《历史上的科学》《连接组：造就独一无二的你》《炼金师的厨房：最古
克传》《聊斋志异》《列奥纳多・达・芬奇：第一个科学家》《列奥纳多・达・芬奇：艺术家、思想家
明史》《林泉高致》《临床医学的诞生》《凌烟阁功臣图》《岭南庭园》《留住手艺》《鲁班经匠家
《洛阳伽蓝记》《洛阳古代城市与园林》《洛阳名园记》《旅行从客房开始：日本著名建筑师素描
技评论》《马德里手稿》《马来群岛自然科学考察记》《玛雅历法及其他古代历法》《蚂蚁》《
建筑师的建筑：简明非正统建筑导论》《没有我们的世界》《玫瑰之书》《玫瑰之吻：花的博物学
素材名椅研究》《美丽的椅子：胶合板名椅研究》《美丽的椅子：金属名椅研究》《美丽的椅子
《美丽新视界：我们前所未见的视觉极限》《美索不达米亚：强有力的国王》《魅惑的表面：
奇：新发现破解终极谜团》《梦溪笔谈》《迷人的材料：10 种改变世界的神奇物质和它们背后的
看懂北欧大师经典设计》《名作椅子大全》《明刻传奇图像十种》《明刻历代列女传：仇十洲绘图
治维新生活史》《模度：人性尺度上尺寸平衡的随笔》《模式语言》《魔鬼出没的世界：科学，照亮黑
丹谱》《牡丹亭》《木马沉思录》《哪些科学观点必须去死》《那些科学家们彻夜忧虑的问题》《那些让
《南华录：晚明南方士人生活史》《南极洲：从英雄时代到科学时代》《南极洲》《南天之虹：把“二・二八
《尼耳斯・玻尔传》《拟声与拟态建筑》《鸟：全世界 130 种鸟的彩色图鉴》《鸟》《鸟的感官》《鸟的世界》《
书简》《牛津西方艺术史》《农桑辑要》《农书》《农政全书》《欧式园林》《欧洲奇迹》《欧洲文艺复兴》《欧
倏然消失的城市》《佩文斋耕织图》《偏爱原始性——西方艺术和文学中的趣味史》《平定回疆得胜图》《平定廓尔喀
冈松雪图》《平山堂图志》《瓶花谱和瓶史》《破解达文西：亲眼看见，这份手稿如何启发了人类文明与科学》《普鲁
江山图》《千面地球：地球 46 亿年的传记，从星尘到生命的史诗》《强力与弱力：破解宇宙深层的隐匿魔法》《乔布斯
稗类钞》《清代宫廷版画》《清代洋画与广州口岸》《清宫鹁鸽谱》《清宫海错谱》《清宫海错图》《清宫绘画与西画
智能的未来》《请偷走海报》《囚徒的困境：冯・诺依曼、博弈论和原子弹之谜》《权力与自由：西方崛起的原因与
在硅谷探索科技未来》《人类尺度：一万年后的地球》《人类大百科》《人类的攀升》《人类的误测：智商歧视的科学
类感觉计测应用技术 1991 － 1998》《人类和动物的表情》《人类六万年》《人类起源和性选择》《人类身体史和现代
《人之上升》《人种演变史》《任熊版画》《日本的佛教与神祇信仰》《日本的觉醒》《日本的近代与翻译》《日本的
美术》《日本古代汉文学与中国文学》《日本官僚制研究》《日本汉学史》《日本绘画》《日本建筑》《日本建筑小史
本美术史》《日本民艺馆》《日本人的“真面目”》《日本人的心理结构》《日本人与中国人》《日本手工艺》《日本
史：从石器时代到超级强权的崛起》《日本学术文库》《日本艺术的心与形》《日本与日本人》《日本园林读本》《日
《如果房子会说话：家居生活如何改变世界》《如何观看世界》《如何思考会思考的机器》《瑞士室内与家具设计百年
动学：20 世纪最具启发性的色彩认知理论》《色彩设计的原理：色彩设计所必需的最新信息和技巧》《山》《山海经
化中的风景园林》《山旺昆虫化石》《珊瑚礁的分布和构造》《赏奇画报》《上帝的手术刀：基因编辑简史》《上帝与
无处不在》《设计：人类的本性》《设计传奇：仓俣史朗的设计》《设计大百科全书》《设计的深度》《设计的生态学
的研究》《设计几何学》《设计教育，教育设计》《设计经典译丛》《设计史：理解理论与方法》《设计史与设计的历